U0177726

石墨烯宏观材料及应用

“十三五”国家重点
出版物出版规划项目

高超 许震 编著

战略前沿新材料
——石墨烯出版工程
丛书总主编　刘忠范

Graphene: Macroscopic
Materials and Applications

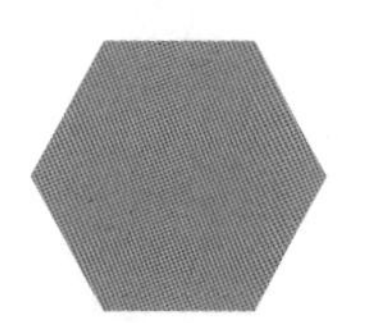

GRAPHENE
14

華東理工大學出版社
EAST CHINA UNIVERSITY OF SCIENCE AND TECHNOLOGY PRESS
·上海·

上海高校服务国家重大战略出版工程资助项目

图书在版编目(CIP)数据

石墨烯宏观材料及应用 / 高超,许震编著. —上海:华东理工大学出版社,2021.11
(战略前沿新材料——石墨烯出版工程 / 刘忠范总主编)
ISBN 978-7-5628-6410-3

Ⅰ. ①石… Ⅱ. ①高… ②许… Ⅲ. ①石墨—纳米材料—研究 Ⅳ. ①TB383

中国版本图书馆CIP数据核字(2020)第253227号

内容提要

本书从简要介绍石墨烯的性质与制备开始,进而详述石墨烯宏观组装的概念、原理及方法。本书以宏观组装材料的维度分类,综述了石墨烯纤维、石墨烯膜及石墨烯三维组装体的研究历程与最新进展,并进一步分析其结构与性能的基本关系。本书同时着力于石墨烯宏观组装材料的应用,从力学、热学、储能、环境净化、光热与光电、电磁屏蔽与吸波、催化等方面展开论述,逐步形成石墨烯宏观组装材料应用的索引地图。

本书适用于从事石墨烯宏观组装材料领域研究工作的工程技术人员,以及科研院所和大中专高校相关专业的学生和科研人员。

项目统筹 / 周永斌　马夫娇
责任编辑 / 陈婉毓
装帧设计 / 周伟伟
出版发行 / 华东理工大学出版社有限公司
地址:上海市梅陇路130号,200237
电话:021-64250306
网址:www.ecustpress.cn
邮箱:zongbianban@ecustpress.cn
印　　刷 / 上海雅昌艺术印刷有限公司
开　　本 / 710 mm×1000 mm　1/16
印　　张 / 23.5
字　　数 / 437千字
版　　次 / 2021年11月第1版
印　　次 / 2021年11月第1次
定　　价 / 298.00元

战略前沿新材料 —— 石墨烯出版工程

丛书编委会

总序　一

2004年,英国曼彻斯特大学物理学家安德烈·海姆(Andre Geim)和康斯坦丁·诺沃肖洛夫(Konstantin Novoselov)用透明胶带剥离法成功地从石墨中剥离出石墨烯,并表征了它的性质。仅过了六年,这两位师徒科学家就因"研究二维材料石墨烯的开创性实验"荣摘2010年诺贝尔物理学奖,这在诺贝尔授奖史上是比较迅速的。他们向世界展示了量子物理学的奇妙,他们的研究成果不仅引发了一场电子材料革命,而且还将极大地促进汽车、飞机和航天工业等的发展。

从零维的富勒烯、一维的碳纳米管,到二维的石墨烯及三维的石墨和金刚石,石墨烯的发现使碳材料家族变得更趋完整。作为一种新型二维纳米碳材料,石墨烯自诞生之日起就备受瞩目,并迅速吸引了世界范围内的广泛关注,激发了广大科研人员的研究兴趣。被誉为"新材料之王"的石墨烯,是目前已知最薄、最坚硬、导电性和导热性最好的材料,其优异性能一方面激发人们的研究热情,另一方面也掀起了应用开发和产业化的浪潮。石墨烯在复合材料、储能、导电油墨、智能涂料、可穿戴设备、新能源汽车、橡胶和大健康产业等方面有着广泛的应用前景。在当前新一轮产业升级和科技革命大背景下,新材料产业必将成为未来高新技术产业发展的基石和先导,从而对全球经济、科技、环境等各个领域的发展产生深刻影响。中国是石墨资源大国,也是石墨烯研究和应用开发最活跃的国家,已成为全球石墨烯行业发展最强有力的推动力量,在全球石墨烯市场上占据主导地位。

作为21世纪的战略性前沿新材料,石墨烯在中国经过十余年的发展,无论在科学研究还是产业化方面都取得了可喜的成绩,但与此同时也面临一些瓶颈和挑战。如何实现石墨烯的可控、宏量制备，如何开发石墨烯的功能和拓展其应用领域，是我国石墨烯产业发展面临的共性问题和关键科学问题。在这一形势背景下，为了推动我国石墨烯新材料的理论基础研究和产业应用水平提升到一个新的高度，完善石墨烯产业发展体系及在多领域实现规模化应用，促进我国石墨烯科学技术领域研究体系建设、学科发展及专业人才队伍建设和人才培养，一套大部头的精品力作诞生了。北京石墨烯研究院院长、北京大学教授刘忠范院士领衔策划了这套“战略前沿新材料——石墨烯出版工程”，共 22 分册，从石墨烯的基本性质与表征技术、石墨烯的制备技术和计量标准、石墨烯的分类应用、石墨烯的发展现状报告和石墨烯科普知识等五大部分系统梳理石墨烯全产业链知识。丛书内容设置点面结合、布局合理，编写思路清晰、重点明确，以期探索石墨烯基础研究新高地、追踪石墨烯行业发展、反映石墨烯领域重大创新、展现石墨烯领域自主知识产权成果，为我国战略前沿新材料重大规划提供决策参考。

参与这套丛书策划及编写工作的专家、学者来自国内二十余所高校、科研院所及相关企业，他们站在国家高度和学术前沿，以严谨的治学精神对石墨烯研究成果进行整理、归纳、总结，以出版时代精品作为目标。丛书展示给读者完善的科学理论、精准的文献数据、丰富的实验案例，对石墨烯基础理论研究和产业技术升级具有重要指导意义，并引导广大科技工作者进一步探索、研究，突破更多石墨烯专业技术难题。相信，这套丛书必将成为石墨烯出版领域的标杆。

尤其让我感到欣慰和感激的是，这套丛书被列入“十三五”国家重点出版物出版规划，并得到了国家出版基金的大力支持，我要向参与丛书编写工作的所有同仁和华东理工大学出版社表示感谢，正是有了你们在各自专业领域中的倾情奉献和互相配合，才使得这套高水准的学术专著能够顺利出版问世。

最后，作为这套丛书的编委会顾问成员，我在此积极向广大读者推荐这套丛书。

中国科学院院士

刘忠范

2020 年 4 月于中国科学院化学研究所

总序　二

“战略前沿新材料——石墨烯出版工程”：一套集石墨烯之大成的丛书

2010 年 10 月 5 日，我在宝岛台湾参加海峡两岸新型碳材料研讨会并作了“石墨烯的制备与应用探索”的大会邀请报告，数小时之后就收到了对每一位从事石墨烯研究与开发的工作者来说都十分激动的消息：2010 年度的诺贝尔物理学奖授予英国曼彻斯特大学的 Andre Geim 和 Konstantin Novoselov 教授，以表彰他们在石墨烯领域的开创性实验研究。

碳元素应该是人类已知的最神奇的元素了，我们每个人时时刻刻都离不开它：我们用的燃料全是含碳的物质，吃的多为碳水化合物，呼出的是二氧化碳。不仅如此，在自然界中纯碳主要以两种形式存在：石墨和金刚石，石墨成就了中国书法，而金刚石则是美好爱情与幸福婚姻的象征。自 20 世纪 80 年代初以来，碳一次又一次给人类带来惊喜：80 年代伊始，科学家们采用化学气相沉积方法在温和的条件下生长出金刚石单晶与薄膜；1985 年，英国萨塞克斯大学的 Kroto 与美国莱斯大学的 Smalley 和 Curl 合作，发现了具有完美结构的富勒烯，并于 1996 年获得了诺贝尔化学奖；1991 年，日本 NEC 公司的 Iijima 观察到由碳组成的管状纳米结构并正式提出了碳纳米管的概念，大大推动了纳米科技的发展，并于 2008 年获得了卡弗里纳米科学奖；2004 年，Geim 与当时他的博士研究生 Novoselov 等人采用粘胶带剥离石墨的方法获得了石墨烯材料，迅速激发了科学界的研究热情。事实上，人类对石墨烯结构并不陌生，石墨烯是由单层碳原子构成的二维蜂窝状结构，是构成其他维数形式碳材料的基本单元，因此关于石墨烯结构的工作可追溯到 20 世纪 40 年代的理论研究。1947 年，Wallace 首次计算了石墨烯的电子结构，并且发现其具有奇特的线性色散关系。自此，石墨烯作为理论模型，被广泛用于描述碳材料的结构与性能，但人们尚未把石墨烯本身也作为一种材料来进行研究与开发。

石墨烯材料甫一出现即备受各领域人士关注，迅速成为新材料、凝聚态物理等领域的“高富帅”，并超过了碳家族里已很活跃的两个明星材料——富勒烯和碳纳米管，这主要归因于以下三大理由。一是石墨烯的制备方法相对而言非常简单。Geim 等人采用了一种简单、有效的机械剥离方法，用粘胶带撕裂即可从石墨晶体中分离出高质量的多层甚至单层石墨烯。随后科学家们采用类似原理发明了“自上而下”的剥离方法制备石墨烯及其衍生物，如氧化石墨烯；或采用类似制备碳纳米管的化学气相沉积方法“自下而上”生长出单层及多层石墨烯。二是石墨烯具有许多独特、优异的物理、化学性质，如无质量的狄拉克费米子、量子霍尔效应、双极性电场效应、极高的载流子浓度和迁移率、亚微米尺度的弹道输运特性，以及超大比表面积，极高的热导率、透光率、弹性模量和强度。最后，特别是由于石墨烯具有上述众多优异的性质，使它有潜力在信息、能源、航空、航天、可穿戴电子、智慧健康等许多领域获得重要应用，包括但不限于用于新型动力电池、高效散热膜、透明触摸屏、超灵敏传感器、智能玻璃、低损耗光纤、高频晶体管、防弹衣、轻质高强航空航天材料、可穿戴设备，等等。

因其最为简单和完美的二维晶体、无质量的费米子特性、优异的性能和广阔的应用前景，石墨烯给学术界和工业界带来了极大的想象空间，有可能催生许多技术领域的突破。世界主要国家均高度重视发展石墨烯，众多高校、科研机构和公司致力于石墨烯的基础研究及应用开发，期待取得重大的科学突破和市场价值。中国更是不甘人后，是世界上石墨烯研究和应用开发最为活跃的国家，拥有一支非常庞大的石墨烯研究与开发队伍，位居世界第一。有关统计数据显示，无论是正式发表的石墨烯相关学术论文的数量、中国申请和授权的石墨烯相关专利的数量，还是中国拥有的从事石墨烯相关的企业数量以及石墨烯产品的规模与种类，都远远超过其他任何一个国家。然而，尽管石墨烯的研究与开发已十六载，我们仍然面临着一系列重要挑战，特别是高质量石墨烯的可控规模制备与不可替代应用的开拓。

十六年来，全世界许多国家在石墨烯领域投入了巨大的人力、物力、财力进行研究、开发和产业化，在制备技术、物性调控、结构构建、应用开拓、分析检测、标准制定等诸多方面都取得了长足的进步，形成了丰富的知识宝库。虽有一些有关石墨烯的中文书籍陆续问世，但尚无人对这一知识宝库进行全面、系统的总结、分析并结集出版，以指导我国石墨烯研究与应用的可持续发展。为此，我国石墨烯研究领域的主要开拓者及我国石墨烯发展的重要推动者、北京大学教授、北京石墨烯研究院创院院长刘忠范院士亲自策划并担任总主编，主持编撰“战略前沿新材料——石墨烯出版工程”这套丛书，实为幸事。该丛书由石墨烯的基本性质与表征技术、石墨烯的制备技术和计量标准、石墨烯的分类应用、石墨烯的发展现状报告、石墨烯科普知识等五大部分共22分册构成，由刘忠范院士、张锦院士等一批在石墨烯研究、应用开发、检测与标准、平台建设、产业发展等方面的知名专家执笔撰写，对石墨烯进行了360°的全面检视，不仅很好地总结了石墨烯领域的国内外最新研究进展，包括作者们多年辛勤耕耘的研究积累与心得，系统介绍了石墨烯这一新材料的产业化现状与发展前景，而且还包括了全球石墨烯产业报告和中国石墨烯产业报告。特别是为了更好地让公众对石墨烯有正确的认识和理解，刘忠范院士还率先垂范，亲自撰写了《有问必答：石墨烯的魅力》这一科普分册，可谓匠心独具、运思良苦，成为该丛书的一大特色。我对他们在百忙之中能够完成这一巨制甚为敬佩，并相信他们的贡献必将对中国乃至世界石墨烯领域的发展起到重要推动作用。

刘忠范院士一直强调“制备决定石墨烯的未来”，我在此也呼应一下：“石墨烯的未来源于应用”。我衷心期望这套丛书能帮助我们发明、发展出高质量石墨烯的制备技术，帮助我们开拓出石墨烯的“杀手锏”应用领域，经过政产学研用的通力合作，使石墨烯这一结构最为简单但性能最为优异的碳家族的最新成员成为支撑人类发展的神奇材料。

中国科学院院士

成会明，2020年4月于深圳

清华大学，清华-伯克利深圳学院，深圳

中国科学院金属研究所，沈阳材料科学国家研究中心，沈阳

丛书前言

石墨烯是碳的同素异形体大家族的又一个传奇，也是当今横跨学术界和产业界的超级明星，几乎到了家喻户晓、妇孺皆知的程度。当然，石墨烯是当之无愧的。作为由单层碳原子构成的蜂窝状二维原子晶体材料，石墨烯拥有无与伦比的特性。理论上讲，它是导电性和导热性最好的材料，也是理想的轻质高强材料。正因如此，一经问世便吸引了全球范围的关注。石墨烯有可能创造一个全新的产业，石墨烯产业将成为未来全球高科技产业竞争的高地，这一点已经成为国内外学术界和产业界的共识。

石墨烯的历史并不长。从 2004 年 10 月 22 日，安德烈 · 海姆和他的弟子康斯坦丁 · 诺沃肖洛夫在美国 *Science* 期刊上发表第一篇石墨烯热点文章至今，只有十六个年头。需要指出的是，关于石墨烯的前期研究积淀很多，时间跨度近六十年。因此不能简单地讲，石墨烯是 2004 年发现的、发现者是安德烈 · 海姆和康斯坦丁 · 诺沃肖洛夫。但是，两位科学家对"石墨烯热"的开创性贡献是毋庸置疑的，他们首次成功地研究了真正的"石墨烯材料"的独特性质，而且用的是简单的透明胶带剥离法。这种获取石墨烯的实验方法使得更多的科学家有机会开展相关研究，从而引发了持续至今的石墨烯研究热潮。2010 年 10 月 5 日，两位拓荒者荣获诺贝尔物理学奖，距离其发表的第一篇石墨烯论文仅仅六年时间。"构成地球上所有已知生命基础的碳元素，又一次惊动了世界"，瑞典皇家科学院当年发表的诺贝尔奖新闻稿如是说。

从科学家手中的实验样品，到走进百姓生活的石墨烯商品，石墨烯新材料产业的前进步伐无疑是史上最快的。欧洲是石墨烯新材料的发源地,欧洲人也希望成为石墨烯新材料产业的领跑者。一个重要的举措是启动"欧盟石墨烯旗舰计划",从2013年起,每年投资一亿欧元,连续十年,通过科学家、工程师和企业家的接力合作,加速石墨烯新材料的产业化进程。英国曼彻斯特大学是石墨烯新材料呱呱坠地的场所,也是世界上最早成立石墨烯专门研究机构的地方。2015年3月,英国国家石墨烯研究院(NGI)在曼彻斯特大学启航;2018年12月,曼彻斯特大学又成立了石墨烯工程创新中心(GEIC)。动作频频,基础与应用并举,矢志充当石墨烯产业的领头羊角色。当然,石墨烯新材料产业的竞争是激烈的,美国和日本不甘其后,韩国和新加坡也是志在必得。据不完全统计,全世界已有179个国家或地区加入了石墨烯研究和产业竞争之列。

中国的石墨烯研究起步很早,基本上与世界同步。全国拥有理工科院系的高等院校,绝大多数都或多或少地开展着石墨烯研究。作为科技创新的国家队,中国科学院所辖遍及全国的科研院所也是如此。凭借着全球最大规模的石墨烯研究队伍及其旺盛的创新活力,从2011年起,中国学者贡献的石墨烯相关学术论文总数就高居全球榜首,且呈遥遥领先之势。截至2020年3月,来自中国大陆的石墨烯论文总数为101913篇,全球占比达到33.2%。需要强调的是,这种领先不仅仅体现在统计数字上,其中不乏创新性和引领性的成果,超洁净石墨烯、超级石墨烯玻璃、烯碳光纤就是典型的例子。

中国对石墨烯产业的关注完全与世界同步,行动上甚至更为迅速。统计数据显示,早在2010年,正式工商注册的开展石墨烯相关业务的企业就高达1778家。截至2020年2月,这个数字跃升到12090家。对石墨烯高新技术产业来说,知识产权的争夺自然是十分激烈的。进入21世纪以来,知识产权问题受到国人前所未有的重视,这一点在石墨烯新材料领域得到了充分的体现。截至2018年底,全球石墨烯相关的专利申请总数为69315件,其中来自中国大陆的专利高达47397件,占比68.4%,可谓是独占鳌头。因此,从统计数据上看,中国的石墨烯研究与产业化进程无疑是引领世界的。当然,不可否认的是,统计数字只能反映一部分现实,也会掩盖一些重要的"真实",当然这一点不仅仅限于石墨烯新材料领域。

中国的"石墨烯热"已经持续了近十年,甚至到了狂热的程度,这是全球其他国家和地区少见的。尤其在前几年的"石墨烯淘金热"巅峰时期,全国各地争相建设"石墨烯产业园""石墨烯小镇""石墨烯产业创新中心",甚至在乡镇上都建起了石墨烯研究院，可谓是“烯流滚滚”，真有点像当年的“大炼钢铁运动”。客观地讲，中国的石墨烯产业推进速度是全球最快的，既有的产业大军规模也是全球最大的，甚至吸引了包括两位石墨烯诺贝尔奖得主在内的众多来自海外的“淘金者”。同样不可否认的是，中国的石墨烯产业发展也存在着一些不健康的因素，一哄而上，遍地开花，导致大量的简单重复建设和低水平竞争。以石墨烯材料生产为例，2018 年粉体材料年产能达到 5100 吨，CVD 薄膜年产能达到 650 万平方米，比其他国家和地区的总和还多，实际上已经出现了产能过剩问题。2017 年1 月 30 日，笔者接受澎湃新闻采访时，明确表达了对中国石墨烯产业发展现状的担忧，随后很快得到习近平总书记的高度关注和批示。有关部门根据习总书记的指示，做了全国范围的石墨烯产业发展现状普查。三年后的现在，应该说情况有所改变，随着人们对石墨烯新材料的认识不断深入，以及从实验室到市场的产业化实践，中国的“石墨烯热”有所降温，人们也渐趋冷静下来。

这套大部头的石墨烯丛书就是在这样一个背景下诞生的。从 2004 年至今，已经有了近十六年的历史沉淀。无论是石墨烯的基础研究，还是石墨烯材料的产业化实践，人们都有了更多的一手材料，更有可能对石墨烯材料有一个全方位的、科学的、理性的认识。总结历史，是为了更好地走向未来。对于新兴的石墨烯产业来说，这套丛书出版的意义也是不言而喻的。事实上，国内外已经出版了数十部石墨烯相关书籍，其中不乏经典性著作。本丛书的定位有所不同，希望能够全面总结石墨烯相关的知识积累，反映石墨烯领域的国内外最新研究进展，展示石墨烯新材料的产业化现状与发展前景，尤其希望能够充分体现国人对石墨烯领域的贡献。本丛书从策划到完成前后花了近五年时间，堪称马拉松工程，如果没有华东理工大学出版社项目课题组的创意、执着和巨大的耐心，这套丛书的问世是不可想象的。他们的不达目的决不罢休的坚持感动了笔者，让笔者承担起了这项光荣而艰巨的任务。而这种执着的精神也贯穿整个丛书编写的始终，融入每位作者的写作行动中，把好质量关，做出精品，留下精品。

本丛书共包括 22 分册，执笔作者 20 余位，都是石墨烯领域的权威人物、一线专家或从事石墨烯标准计量工作和产业分析的专家。因此，可以从源头上保障丛书的专业性和权威性。丛书分五大部分，囊括了从石墨烯的基本性质和表征技术，到石墨烯材料的制备方法及其在不同领域的应用，以及石墨烯产品的计量检测标准等全方位的知识总结。同时，两份最新的产业研究报告详细阐述了世界各国的石墨烯产业发展现状和未来发展趋势。除此之外，丛书还为广大石墨烯迷们提供了一份科普读物《有问必答：石墨烯的魅力》，针对广泛征集到的石墨烯相关问题答疑解惑，去伪求真。各分册具体内容和执笔分工如下：01 分册，石墨烯的结构与基本性质（刘开辉）；02 分册，石墨烯表征技术（张锦）；03 分册，石墨烯基材料的拉曼光谱研究（谭平恒）；04 分册，石墨烯制备技术（彭海琳）；05 分册，石墨烯的化学气相沉积生长方法（刘忠范）；06 分册，粉体石墨烯材料的制备方法（李永峰）；07 分册，石墨烯材料质量技术基础：计量（任玲玲）；08 分册，石墨烯电化学储能技术（杨全红）；09 分册，石墨烯超级电容器（阮殿波）；10 分册，石墨烯微电子与光电子器件（陈弘达）；11 分册，石墨烯薄膜与柔性光电器件（史浩飞）；12 分册，石墨烯膜材料与环保应用（朱宏伟）；13 分册，石墨烯基传感器件（孙立涛）；14 分册，石墨烯宏观材料及应用（高超）；15 分册，石墨烯复合材料（杨程）；16 分册，石墨烯生物技术（段小洁）；17 分册，石墨烯化学与组装技术（曲良体）；18 分册，功能化石墨烯材料及应用（智林杰）；19 分册，石墨烯粉体材料：从基础研究到工业应用（侯士峰）；20 分册，全球石墨烯产业研究报告（李义春）；21 分册，中国石墨烯产业研究报告（周静）；22 分册，有问必答：石墨烯的魅力（刘忠范）。

本丛书的内容涵盖石墨烯新材料的方方面面，每个分册也相对独立，具有很强的系统性、知识性、专业性和即时性，凝聚着各位作者的研究心得、智慧和心血，供不同需求的广大读者参考使用。希望丛书的出版对中国的石墨烯研究和中国石墨烯产业的健康发展有所助益。借此丛书成稿付梓之际，对各位作者的辛勤付出表示真诚的感谢。同时，对华东理工大学出版社自始至终的全力投入表示崇高的敬意和诚挚的谢意。由于时间、水平等因素所限，丛书难免存在诸多不足，恳请广大读者批评指正。

刘忠范

2020 年 3 月于墨园

前 言

“一尺之捶，日取其半，万世不竭。”《庄子・天下》中这一简单朴素的原子观在石墨烯的发现历程中体现得淋漓尽致。石墨晶体在有限次数的“一分为二”中最终会被剥离至单层。2004年，安德烈・海姆（Andre Geim）和康斯坦丁・诺沃肖洛夫（Konstantin Novoselov）就极富洞见地用简单直接的胶带剥离法制备了单层石墨烯。自此，石墨烯打开了人类了解二维世界的大门。石墨烯的发现和研究不仅推进了人们对二维介观物理的认知，而且带来了一种功能强大的“二维材料基因”，给材料的制备与应用带来了无限可能。

石墨烯是碳材料的基本单元，具有众多优越的力学、电学、热学、光学等性质。可以由石墨烯“自下而上”地精确设计、组装、构筑所需要的多级结构和多维度材料，在此思路指引下，石墨烯宏观组装材料领域近年来取得了众多令人刮目相看的进展。新的石墨烯宏观组装材料种类不断被发掘，如石墨烯膜、石墨烯纤维、石墨烯气凝胶等。同时，石墨烯的应用也逐步延伸至各个领域，从高性能材料、透明电极到能源电池、环境保护、生物医用等。石墨烯宏观组装材料已逐渐发展成为覆盖国计民生多个领域的材料门类，其重要性越发凸显出来。

本书从简要介绍石墨烯的性质与制备开始，进而详述石墨烯宏观组装的概念、原理及方法。本书以宏观组装材料的维度分类，综述石墨烯纤维、石墨烯膜及石墨烯三维组装体的研究历程与最新进展，并进一步分析其结构与性能的基本关系。本书同时着力于石墨烯宏观组装材料的应用，从力学、热学、储能、环境净化、光热与光电、电磁屏蔽与吸波、催化等方面展开论述，逐步形成石墨烯宏观组装材料应用的索引地图。

本书增加了绪论和跋，表达了作者对石墨烯产业化及创新创业的观点和希冀，望对石墨烯人和青少年朋友们都有所启发和裨益。

随着越来越多的石墨烯宏观组装材料研究成果走出实验室，石墨烯材料产业化如火如荼。产业界及社会大众对石墨烯材料的知识需求愈发强烈。本书将与“战略前沿新材料——石墨烯出版工程”的系列优秀作品一起，普及石墨烯的基本知识，促进大家对石墨烯材料的科学认识，助推石墨烯的基础研究和产业发展。

为简洁起见，本书书名定为《石墨烯宏观材料及应用》，其中的宏观材料即指宏观组装材料，而由化学气相沉积法等制备的宏观大面积膜材料不在本书讨论范围内。

感谢国家自然科学基金委员会、国家重大科学研究计划等对石墨烯宏观组装方向的大力支持！感谢浙江大学高分子科学与工程学系纳米高分子团队的小伙伴们在该领域十多年的坚持与付出！感谢本书编撰过程中纳米高分子课题组的高微微、杨敏诚、李鹏、畅丹、姜炎秋、姚伟泉、郭凡、王佳庆、徐晗彦、蔡盛赢、彭蠡、方文章、席嘉彬、沈颖、俞丹萍等给予的鼎力支持和帮助！

石墨烯宏观组装研究日新月异，新发现、新方法、新技术不断涌现，加之本书作者涉猎有限、经验不足，不妥之处在所难免，诚望读者提出宝贵意见和建议，以便修订完善。

高　超

2020年8月于浙江大学

目 录

绪　论

石墨烯的诗与远方

石墨烯属于战略前沿材料，研究的创新成果最好既能上书架，又能促进产业化，即产品能上货架。本书侧重讲述石墨烯宏观材料的基础研究进展，希望能对石墨烯初学者有所帮助，也希望能对石墨烯产业化有所启发。因此，本绪论侧重讲述石墨烯产业的战略机遇、产业化路径及未来前景。

1. 石墨烯的历史坐标

简单地讲，石墨烯就是单层石墨，是一种由碳原子以 sp^2 杂化轨道呈 120°夹角形成的平面蜂窝状晶格的二维碳材料。石墨作为一种层状碳材料，1 mm 厚的石墨可以剥离出约 300 万片石墨烯。石墨烯具有神奇的力学、电学、光学、热学、声学等性能，被誉为“新材料之王”及“可以改变 21 世纪的革命性新材料”。2004 年，安德烈·海姆(Andre Geim)及康斯坦丁·诺沃肖洛夫(Konstantin Novoselov)利用胶带剥离法成功从石墨中剥离出石墨烯，两人因此获得了 2010 年诺贝尔物理学奖。

碳是元素周期表中第六号元素，除石墨烯以外，还包括金刚石、石墨、富勒烯、碳洋葱、碳纳米管、石墨炔等多种碳的同素异形体(图 0-1)。金刚石具有四面体结构；石墨具有多层结构，层与层之间通过范德瓦耳斯力堆叠而成；富勒烯是具有笼状碳结构的一个大家族，其中最著名的是 C_{60}；碳洋葱是一种由多层富勒烯组成的洋葱状物质；碳纳米管是一种一维状态的管状物质；碳原子之间以 sp 和 sp^2 杂化轨道连接的平面碳称为石墨炔。当然，关于碳的同素异形体家族的发现还远未及终点。

对中国而言，石墨烯意味着迎来了实现中华民族伟大复兴的重要战略机遇。

笔者曾经写过一首石墨烯的小诗：

烯　望

石陶铜铁竞风流，

信息时代硅独秀。

量子纪元孰占优，

一片石墨立潮头。

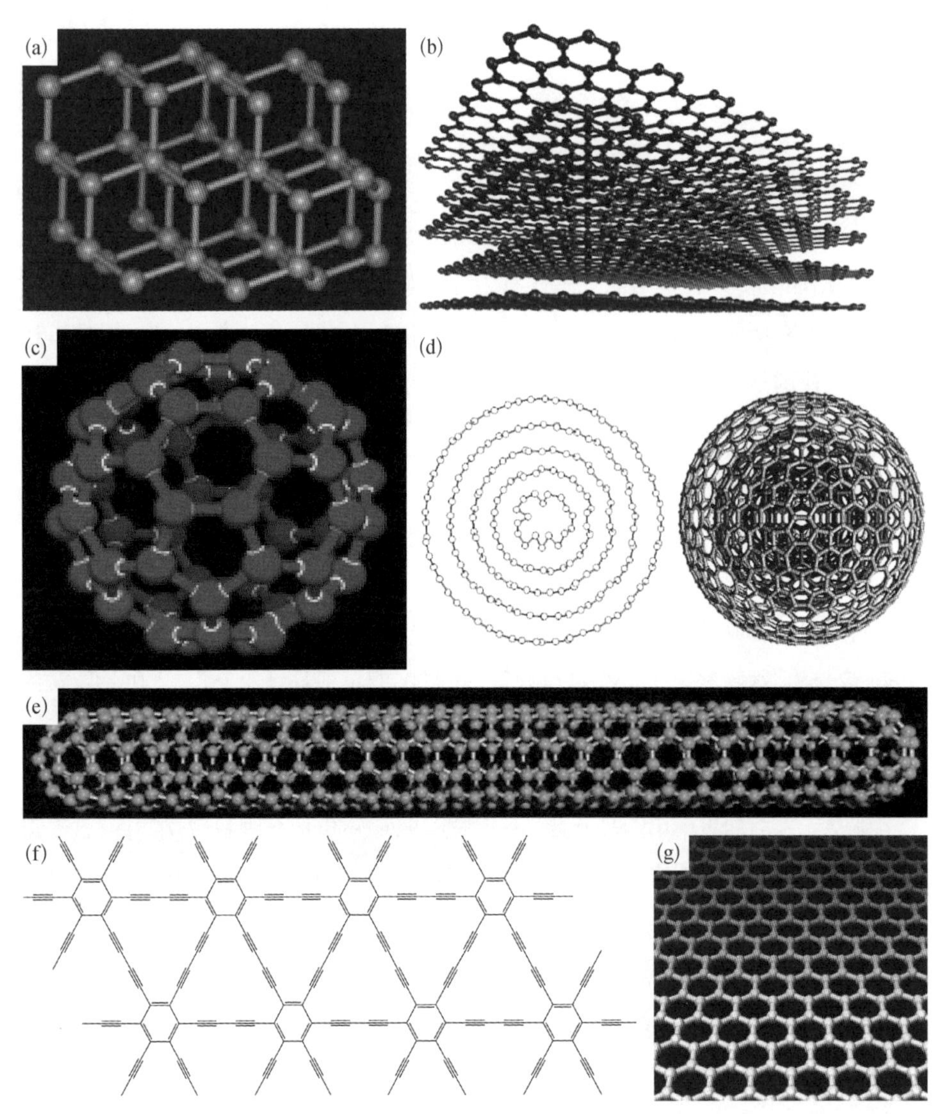

图 0-1 碳的同素异形体

（a）金刚石;（b）石墨;（c）富勒烯;（d）碳洋葱;（e）碳纳米管;（f）石墨炔;（g）石墨烯

人类文明经历了石器、陶器、铜器、铁器时代，正处在硅时代（图 0-2）。下一个时代，称为量子时代，其决定性材料是什么呢？很可能就是石墨烯。所以说，谁掌握了石墨烯核心科技，谁将在下一个人类文明大时代处于主动和引领地位。西方发达国家，如美国、英国等，都纷纷投入巨资开展石墨烯研究。国家要强盛，民族要复兴，文明要创新。我国也要奋力发展石墨烯技术和产业。

图0-2　典型材料及模型

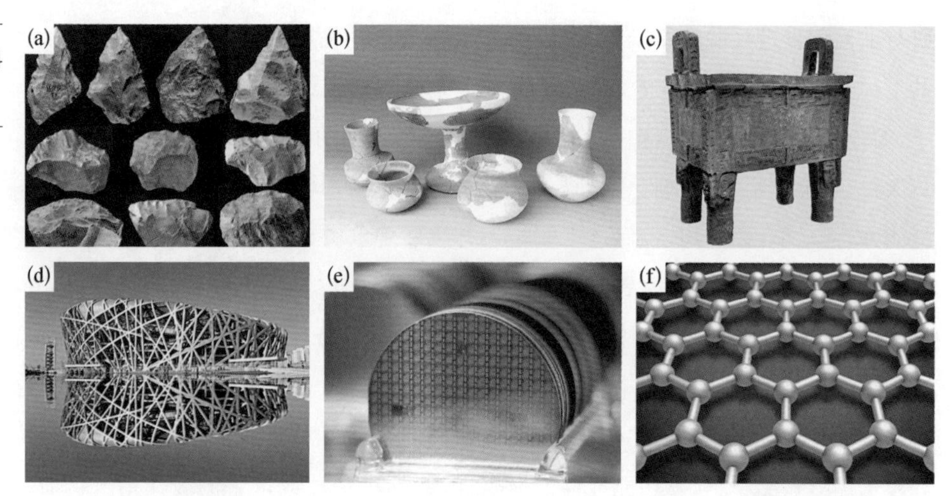

（a）石器；（b）陶器；（c）青铜器；（d）钢铁架构；（e）硅片；（f）石墨烯模型

2. 发展石墨烯产业的“六有”条件

我国具备了发展石墨烯产业的先天优势和后天基础，可概括为“六有”。

一有机会。与钢铁、石油、计算机等传统成熟产业不同，我国与发达国家在石墨烯技术和产业方面的研发是同步的，机会均等，且产业化可能走在前列，有可能引领石墨烯新业态集群。

二有资源。我国的石墨矿产资源丰富，约占全球储量的70%，可以支撑石墨烯产业的可持续发展。

三有技术。我国的科研院所在石墨烯领域做出了适合产业化的原创性成果，如功能复合纤维、防腐涂料、导电剂、透明导电玻璃、电热膜、柔性散热膜、石墨烯纤维、海水淡化滤膜等。

四有人才。从院士到工程师，懂石墨烯的人越来越多，从事石墨烯产业化的高学历人员也越来越多。

五有政策。国家及地方政府出台了多项优惠政策来支持石墨烯产业发展。

六有需求。我国产业齐全，门类众多，转型升级及技术革新需求强烈，加上复杂多变的国际形势，我国要建立自主自控的工业体系，就需要借力石墨烯等新材料和新技术。

3. 石墨烯产业化发展的“三生模型”

石墨烯产业化该何去何从，产业化如何定位与布局？笔者在多年的石墨烯科研与工程化推进经验的基础上，提出了石墨烯产业化发展的“三生模型”，即伴生、共生、创生（图 0-3）。伴生，就是石墨烯作为功能助剂或“工业味精”添加到高分子、陶瓷、金属等传统材料中，以制备纳米复合材料（如功能复合纤维、防腐涂料、散热涂料、导电涂料、导电剂、导热胶、电磁屏蔽涂层等），其用量较少，但可提升产品性能，增强功能，拓宽用途，促进产业转型升级。现已突破分散技术，实现量产，进入市场推广阶段。共生，就是石墨烯作为材料主要成分（如电热膜、散热膜、电池电极、打印电路、电容器、传感器等），起到功能主体作用。现已进入产业化初期阶段，产品在市场上可见，但占有率还不高。创生，就是石墨烯作为材料支撑骨架（如石墨烯电池、海水淡化膜、石墨烯纤维、柔性触摸屏、吸波隐身材料、光电子芯片等），相较于传统竞品材料，有功能或性能颠覆性，起到决定性或杀手锏级作用。目前，石墨烯产业化发展正处于基础研究或技术研发阶段。经过“三生模型”的阶梯式发展，石墨烯产业化先从量变入市，“飞入梅花都不见”；再过渡到高市场占有率，“飞入寻常百姓家”；最终实现质变，飞入“灯火阑珊处”。

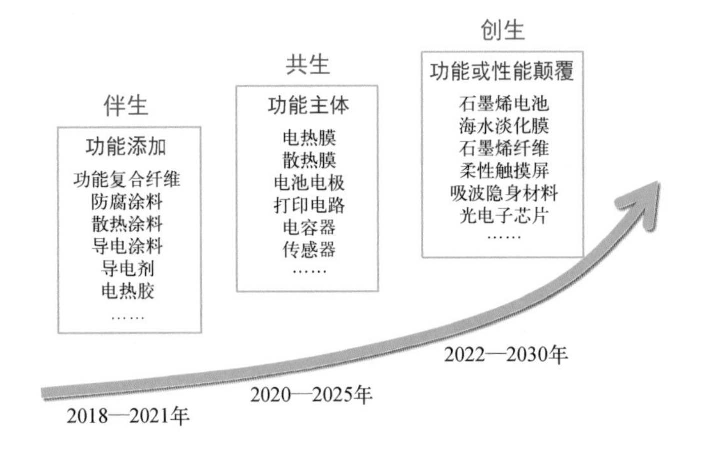

图 0-3　石墨烯产业化“三生模型”发展路线图

4. 打通“料材器造控用”六大产业链节点

有了石墨烯产业化阶梯式发展路线，我们还需要打通每个产业化技术的各个节点。石墨烯属于全新材料，其产业化技术不可能从天上掉下来，需要自掘井来开源引流，联通科学、技术、工程和产品产学研“一条龙”，构建“料材器造控用”（即原料、材料、器件、制造、控制、应用）六要素全生态链。也就是要打通二维分子原料、宏观组装或复合材料、高性能多功能器件系统、智能制造、数字品控及高性价比产品应用全链条，打破现有的分子合成、材料加工、器件集成、设备研发、工艺控制、质量监测、客户应用的单领域、区块式、局部化制造旧模式，建立协同融合化学、材料、装备、控制、终端应用为一体的多维度、全场景、整体式未来制造新范式。

5. 石墨烯产业化的“4M”问题

石墨烯产业化的关键科学技术问题，可以概括为“4M”，即高品质石墨烯原料的宏量制备（macro-production）、纯石墨烯材料的宏观组装（macro-assembly）、复合材料的微观分散（micro-dispersion）及高性能微型器件（micro-device）。

完美的石墨烯不溶解、不浸润、不熔化，难以加工，因而在许多领域的应用中受到限制，氧化石墨烯因此受到越来越多的重视。单层氧化石墨烯是一种含有含氧官能团的单原子层二维大分子（图 0-4），一般经石墨氧化制得，可以经过化学还原、热还原等过程转变成石墨烯。尽管结构上有缺陷，但氧化石墨烯具有诸多优点，如可在水及极性有机溶剂中溶解或分散，可形成液晶，可通过湿法加工成各种宏观材料，容易进行改性、修饰、掺杂，可以规模化生产等。

图 0-4　氧化石墨烯的分子结构模型及显微图

（a）氧化石墨烯的分子结构模型；（b）氧化石墨烯的原子力显微图；（c）大片氧化石墨烯的扫描电子显微图

石墨原料经过插层氧化得到金色的氧化石墨，再经过超声剥离得到单原子层的氧化石墨烯，而氧化石墨烯可在一定浓度的水及极性有机溶剂中形成液晶（图 0-5）。以氧化石墨烯为组装单元制备石墨烯宏观材料，并通过还原修复缺陷，最终得到高性能石墨烯宏观材料。这一过程可用一首诗来表达：

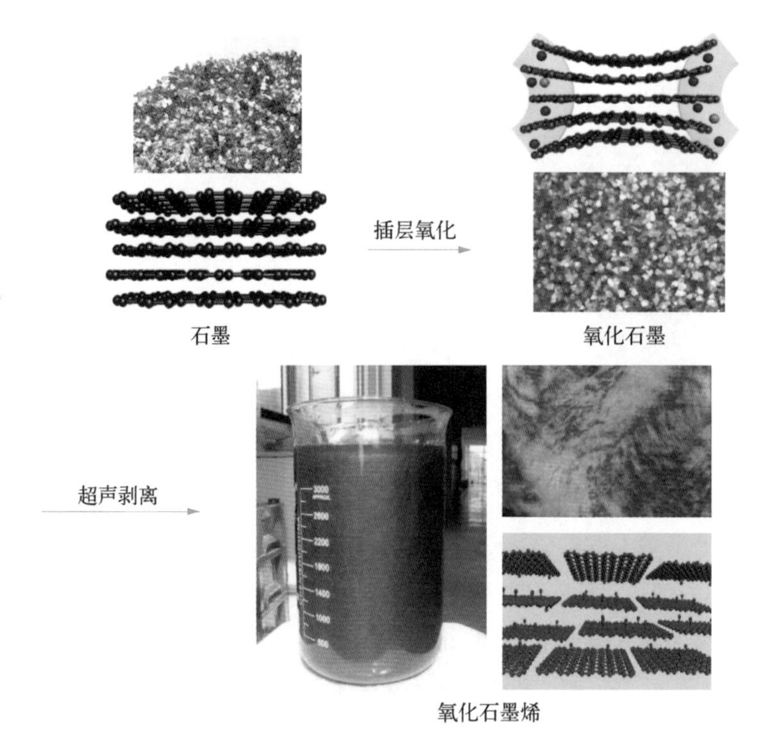

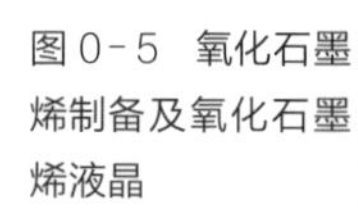

图 0-5 氧化石墨烯制备及氧化石墨烯液晶

氧化石墨烯

插层氧化石成金，
水洗超声片片新。
纵是千疮身百孔，
组装修复变烯神。

笔者团队与杭州高烯科技有限公司产学研合作，已经实现了单层氧化石墨烯的量产，获得了全球第一个由国际石墨烯产品认证中心（International Graphene Product Certificate Center，IGCC）颁发的权威认证证书，为石墨烯的组装、复合及规模应用奠定了原料基础。

氧化石墨烯溶液经过湿纺组装、高温还原等过程可以得到石墨烯宏观材料，如纤维（fiber）、薄膜（film）、气凝胶泡沫（foam）及无纺布（fabric）等，统称为“F4”材料（图 0-6）。石墨烯纤维由石墨烯片在纺丝过程中沿轴向有序堆积排列而成，它体现出石墨烯与生俱来的优越特性，具有优异的力学、电学、热学等性能，是结构功能

图0-6 氧化石墨烯基元及其组装的宏观材料

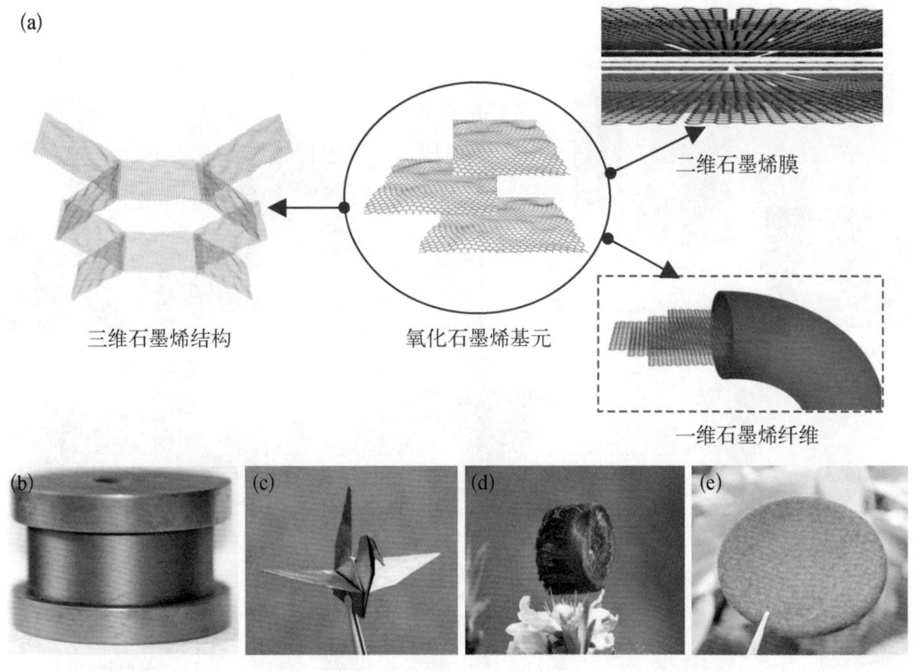

（a）氧化石墨烯基元宏观组装成多维度材料；（b）石墨烯纤维；（c）石墨烯膜；（d）石墨烯气凝胶泡沫；（e）石墨烯无纺布

一体化的新型碳纤维品种。2011 年，笔者课题组研制的第一根石墨烯纤维诞生，由它打结成的石墨烯纤维结与美国“奋进”号航天飞机完成“绝唱”之旅、俄罗斯“联盟号”宇宙飞船成功搭载三名宇航员完成太空行走等共 11 张图片一同入选了《自然》2011 年度最佳图片。石墨烯气凝胶的特点是壁薄孔隙大，且堆积密度非常小，可低至 0.16 mg/cm^3，约为空气密度的 1/7；在性能上，可像海绵一样弹性压缩，像橡皮一样拉伸回弹。

拓展湿法组装策略，还可制备出多维度多结构石墨烯宏观材料，如气凝胶纤维、气凝胶球、仿贝壳复合纤维等(图 0-7)。

笔者团队产学研，十年磨一“纤”，通过原位共聚合及纺丝解决了氧化石墨烯分散难题，制得了石墨烯多功能复合纤维，并已实现量产(图 0-8)。该复合纤维具有抗菌抑菌、抗病毒、远红外发射、紫外防护、抗螨虫、负离子发生六大功能，被称为继天然纤维、化学纤维、功能纤维之后的新一代康护纤维，在公共卫生防护及高端居家纺织品领域应用广泛。

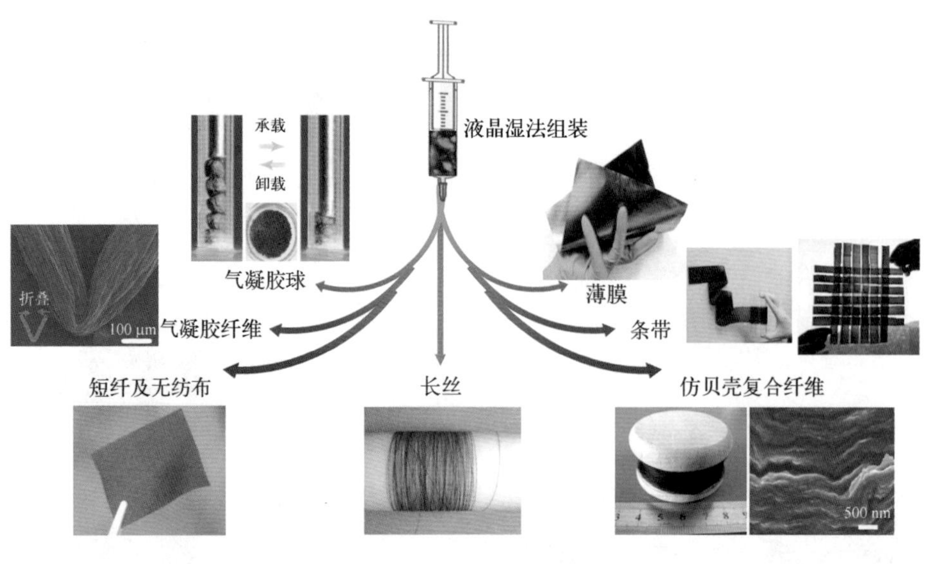

图 0-7 通过湿法组装策略实现多维度多结构石墨烯宏观材料的快速可控制备

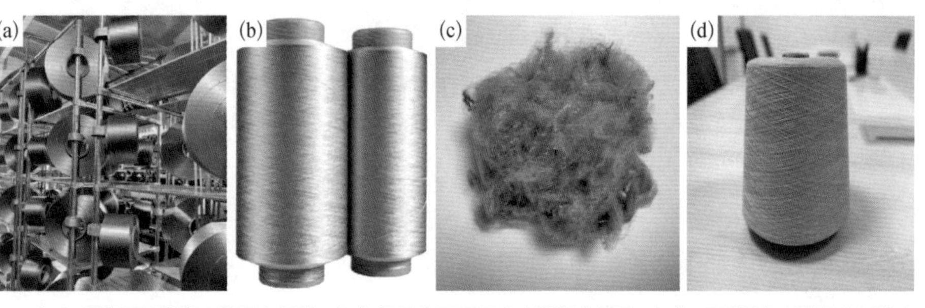

图 0-8 石墨烯多功能复合纤维

（a）量产石墨烯多功能复合纤维；（b）细旦化石墨烯多功能复合纤维；（c）石墨烯多功能复合纤维中空短纤；（d）石墨烯多功能复合纤维纱线

6. 石墨烯的未来

石墨烯的未来已来，石墨烯的远方将至。一首《未来烯世界》，畅想石墨烯的无限应用前景：

未来烯世界

衣住用行玩，

智芯能电感。

星空天地海，

烯用疆无边。

“衣住用行玩”，穿戴服饰、家居用品、百货商品、交通出行、文娱产品等2C端产品用得上石墨烯；“智芯能电感”，智能、芯片、能源、电力、传感等2B端产品技术用得上石墨烯；“星空天地海”，星辰、空天、陆地、海洋等2N端国家需求及人类命运共同体需求技术上要用石墨烯。经过“三生模型”发展，打通“料材器造控用”六大节点，解决“4M”问题，相信石墨烯及其系列产品将逐渐出现在生产生活中，出现在民用、工用、军用等方方面面，无远弗届。

未来，继石陶铜铁硅之后的烯碳文明可期。

第 1 章

石墨烯概述

1.1 石墨烯的结构与性能

1.1.1 石墨烯的结构

早在 1986 年，Boehm 等将石墨（graphite）与烯烃后缀（-ene）结合，定义了新词——石墨烯（graphene），用以描述石墨中的单层结构[1]。一直以来，石墨烯的意义仅仅是作为描述富勒烯、碳纳米管的理论模型，因为从经典的统计热力学可以推断，二维晶体的长程有序结构不能在室温中独立稳定存在。这是由于二维晶体法线方向的热扰动会随着晶体横向尺寸的扩大而趋于无穷大，从而破坏面内的长程有序晶体结构。直到 2004 年，英国曼彻斯特大学的 Andre Geim 和 Konstantin Novoselov 教授利用机械剥离法从高定向石墨中成功剥离了石墨烯（图 1－1），将石墨烯从理论模型带到了现实[2]。这一工作不但颠覆了长久以来二维晶体不能独立稳定存在的推断，而且掀起了石墨烯等二维纳米材料的研究热潮[3]。

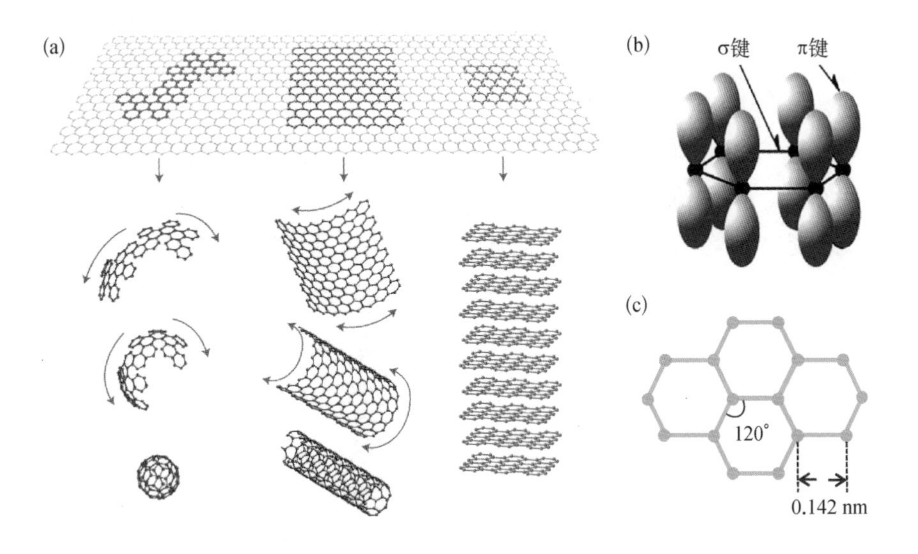

图 1－1 石墨烯的结构示意图[3]

理想的单层石墨烯是由 sp^2 杂化碳原子共价键连接形成的蜂窝状二维平面结构。sp^2 杂化碳原子在面内形成 σ 键，面外形成 π 键［图 1－1(b)］。其中，三个 σ 键彼此等效形成 120° 的夹角，碳碳键的键长为 0.142 nm［图 1－1(c)］。共平面的大 π

键体系使得弱局域化的π电子可以在平面内相邻碳原子间自由跳跃。石墨烯的化学结构及其独特的二维拓扑特性赋予了其优异的力学、电学、光学、热学等特性。

1.1.2 石墨烯的力学性能

碳碳键是一种极强的共价键,其中碳碳单键的键长为0.154 nm,键能为346 kJ/mol;碳碳双键的键长为0.139 nm,键能为610 kJ/mol。石墨烯中的 sp^2 碳碳键的键能介于碳碳单键和碳碳双键之间,这赋予了其面内方向上优异的力学性能。早期对于石墨和碳纳米管力学性能的研究发现,块体石墨的面内杨氏模量可达1 TPa,碳纳米管的模量也有0.27~1.47 TPa,同时拥有3.6~63 GPa的断裂强度,这些优异的力学性能本质上源于它们的基本组成单元——石墨烯。

2008年,Hone课题组将胶带剥离的无缺陷石墨烯悬空置于经预处理的硅片上,通过纳米压痕方法测量了其杨氏模量和断裂强度(图1-2)。通过分析计算,自由态单片石墨烯具有(1±0.1)TGa的杨氏模量和(130±10)GPa的本征断裂强度[4]。这一结果与基于第一性原理的模拟值相似[5]。基于经验作用势的分子动力学模拟同样验证了这一结果[6]。

石墨烯优异的力学性能是由碳碳键直接提供的,因而结构缺陷、表面褶皱等因素都会影响石墨烯的力学性能。在实际制备过程中,石墨烯并非以完美形式存在,总是或多或少带有缺陷及褶皱结构。因此,弄清这些因素对性能的影响规律就显得尤为重要。Hone课题组[7]利用氧等离子体对石墨烯进行辐射以制备含缺陷的石墨烯。随着辐射时间的增加,石墨烯内 sp^3 结构逐渐增加,辐射时间进一步增加还会产生孔洞。实验结果表明,石墨烯内 sp^3 结构的增加对其杨氏模量的影响很小,但断裂强度会降低,孔洞的引入则会进一步造成杨氏模量和断裂强度的急剧降低。

褶皱是石墨烯另一个典型的结构特征,这是由具有原子层厚度的石墨烯较小的弯曲模量造成的。Nicholl等利用干涉轮廓法测量了表面褶皱对化学气相沉积(chemical vapor deposition, CVD)法生长石墨烯力学性能的影响。这种非接触式的测量方法可以有效避免应力对表面褶皱的破坏。褶皱石墨烯的刚度仅有20~100 N/m,与Hone课题组测得平整石墨烯340 N/m的刚度相差甚远。同时,在超低温(10 K)环境下,随着石墨烯长径比的增大,其刚度可逐渐恢复至300 N/m。

图 1-2 石墨烯的力学性能

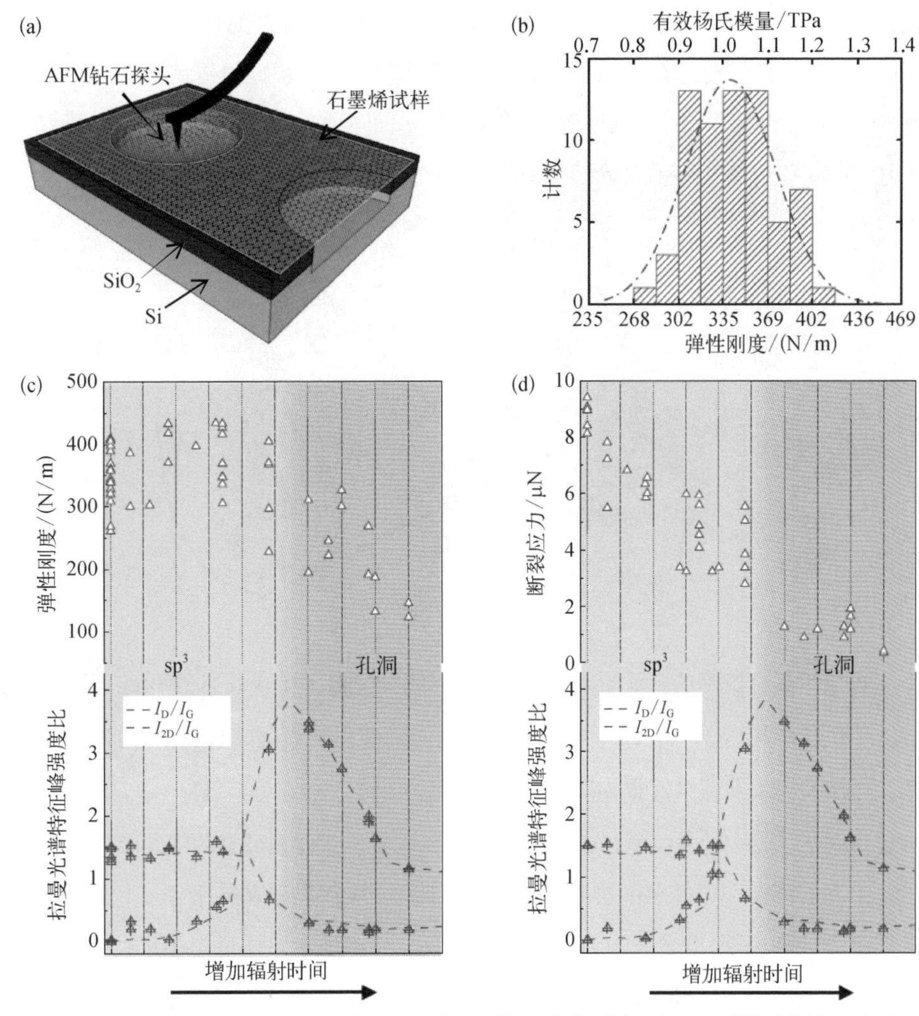

（a）测量方法示意图；（b）完美单层石墨烯的杨氏模量；（c）弹性刚度与石墨烯缺陷的关系；（d）断裂应力与石墨烯缺陷的关系[4,7]

Min 等[8]通过分子动力学模拟得到在剪切作用下褶皱石墨烯的断裂强度约为 60 GPa，与平整石墨烯的 97.5 GPa 相比降低了约 1/3，进一步证实了褶皱对石墨烯力学性能的影响。

1.1.3 石墨烯的电学性能

石墨烯中碳原子以 sp^2 杂化形式存在，使得垂直于石墨烯平面的 p_z 轨道电子形成 π

键。这一特殊结构带来的结果是石墨烯的费米面处于布里渊区的狄拉克点$K(K')$上，意味着石墨烯价带被完全填满而导带全部空缺(图 1-3)。由此可以认为石墨烯是一种零带隙的半金属材料。与此同时，石墨烯在费米面附近存在线性的能带关系，其载流子有效静质量为零，并具有极高的运动速度(达到 10^6 m/s，为光速的 1/300)[3]。

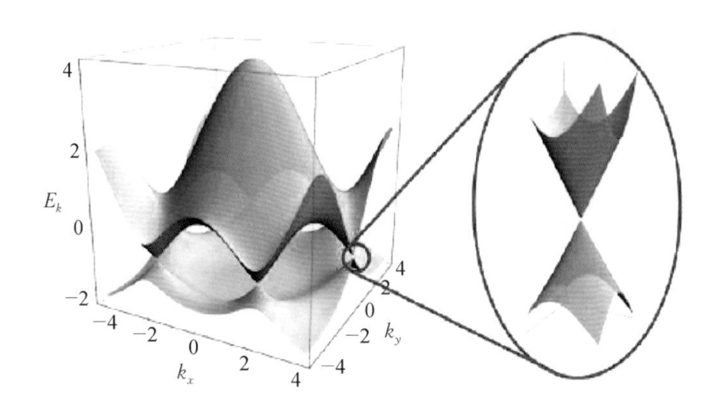

图 1-3 石墨烯的能带结构

石墨烯具有极高的载流子迁移率。悬空石墨烯拥有 10^{13} cm^{-2}的载流子密度，其载流子迁移率高达 2×10^5 $cm^2/(V\cdot s)$。将石墨烯置于二氧化硅基底上，其与基底的相互作用使得其载流子迁移率大大降低，但仍可达 1.5×10^4 $cm^2/(V\cdot s)$，是单晶硅的近 100 倍。超高的载流子迁移率使得石墨烯在电子器件领域有广阔的应用。

由于石墨烯单原子层的独特性质，其电子波传输被局限在一个原子层厚度内，在高磁场的作用下，电子波容易形成朗道能级。与传统半导体材料不同的是，石墨烯对声子散射不敏感和零载流子有效静质量，使其在室温条件下即能观察到量子霍尔效应[9]。此外，石墨烯的电阻率仅为 10^{-6} Ω/cm，比铜和银更低，是作为纳米电路的又一理想材料。

1.1.4 石墨烯的光学性能

与日常所见石墨的黑色不透明不同，理想的单层石墨烯是透明的(图 1-4)，在 400～800 nm 可见光波段内的光吸收率为 $\pi\alpha\approx2.3\%$，其中 α 是宇宙精细结构常数($\alpha=e^2/\hbar c\approx1/137$，其中 e 为电子质量，$\hbar$ 为约化普朗克常量，c 为光速)。除了可见光波段，石墨烯在紫外和红外波段(300～2500 nm)同样具有较好的透光性，唯有在 270 nm 波长附近具有一个共轭吸收峰。Dawlaty 等[10]对石墨烯在太赫兹(terahertz, THz)波段的光吸收光谱进行分析,发现其吸收与频率存在近似 Drude 模型的关系。通过对石墨烯电子费米能级的调控,可以改变石墨烯的透光率。实验还发现,石墨烯的透光率会随着层数增加而减少,这为石墨烯厚度的光学分辨提供了便利[11]。由于具有良好的透光率和优异的电导率,石墨烯可用作柔性透明电极材料,有望替代氧化铟锡用于透明电极、太阳能电池中。

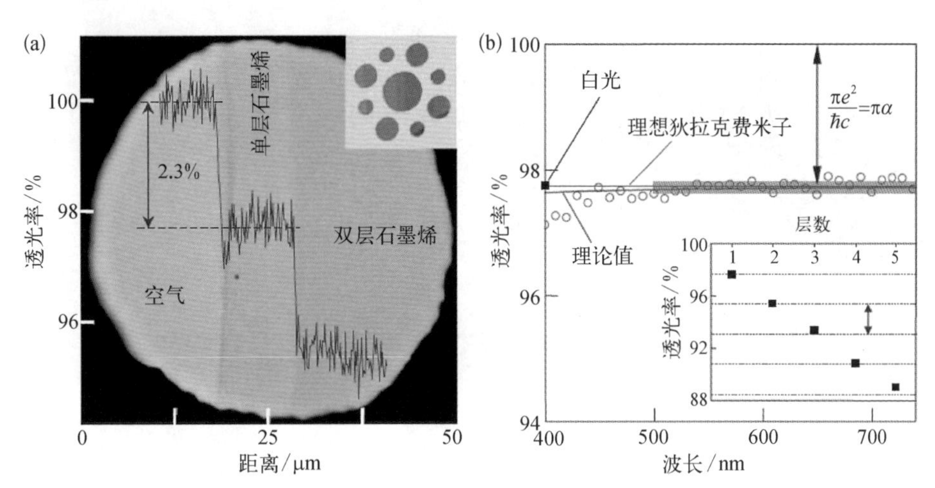

图 1-4 不同层数石墨烯的透光率比较及石墨烯在可见光波段的吸收

1.1.5 石墨烯的热学性能

固体材料的导热一般可分为声子振动和电子运动两种形式,它们在固体材料中都会存在,但占比在各个材料中有所不同。在金属材料中,由于大量自由电子的存在,电子导热成为主体,而声子导热仅占导热总量的 1%～2%。石墨烯等碳材料则恰恰相反,导热主要通过声子振动的方式进行传递[12]。

石墨烯的导热主要受片层内声子振动的影响,其二维特性限制了声子在垂直于平面方向上的传导,减少了晶界界面及界面声子的散热,使得石墨烯在沿平面方向上具有极高的热传导速度,在垂直于平面方向上的热传导速度很低。Balandin 等[12]通过无接触拉曼光谱法测定了悬空单层石墨烯的热导率(图 1-5)。结果表明,无缺陷单层石墨烯的热导率高达 5300 W/(m·K),是碳纳米管的 1.5 倍、金刚石的 2 倍、金属铜的 13 倍。

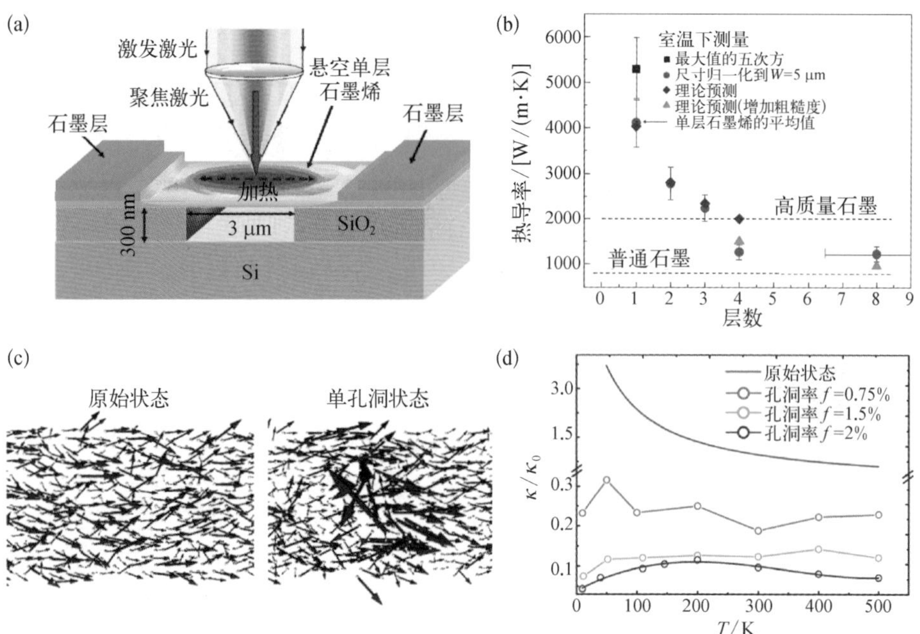

图 1-5　石墨烯的热导率及缺陷影响

（a）测量方法示意图；（b）石墨烯及石墨的热导率对比；（c）石墨烯声子在缺陷处传递方向；（d）缺陷对石墨烯热导率的影响[12-14]

石墨烯的热导率受晶格尺寸、缺陷或掺杂、基底类型、石墨烯层数等因素影响。石墨烯边缘结构可视为缺陷，但随着晶格尺寸增大，边缘缺陷所占比例减小，缺陷的散热比例减小，热导率提高。同时，晶格尺寸增大抑制了声子在垂直方向上的传导，使得水平方向上的热导率提高。石墨烯内部的缺陷成为声子散射点，缺陷越多，声子散射越厉害，热导率下降越明显。Hao 等通过分子模拟方法确定了这一规律。Ruoff 教授通过同位素掺杂的方法研究了不同同位素比例对石墨烯热导率的影响。少量^{13}C 同位素作为重原子出现在石墨烯晶格中，破坏了石墨烯完美的声子振动，从而导致热导率降低。通常情况下，石墨烯热导率都是在悬空状态下测定的，如果将石墨烯转移到基底或支撑物上，声子会向基底方向泄露，使得石墨烯热导率降低。当 CVD 法制备的石墨烯转移到硅基底后，其热导率降到 600 W/(m・K)，仅为原来 1/8[13]。此外，石墨烯层数对热导率也有很大的影响。当石墨烯从单层增加到四层时，热导率降至 2800 W/(m・K)，继续增加层数，热导率基本保持不变。层数增加使得石墨烯层间出现声子耦合，从而降低了热导率。在层数达到四层之后，声子耦合到达饱和，其热导率也趋于稳定[14]。

1.1.6　石墨烯的其他性能

石墨烯具有高达 2630 m^2/g 的比表面积，超高的比表面积使其可以作为理想的载体材料。此外，离子或小分子在石墨烯表面的吸附和脱附过程会造成石墨烯局部的载流子浓度变化，进而影响石墨烯的导电特性。因此，石墨烯可以作为灵敏度极高甚至是单分子的检测器[15]。

2014 年，Geim 课题组[16]首次发现了质子可以有效地穿过包括石墨烯在内的一些原子晶体，同时阻止氢气、水等小分子的穿过(图 1-6)。这一发现表明石墨烯可以用于隔膜材料的设计及研究质子的传输行为。

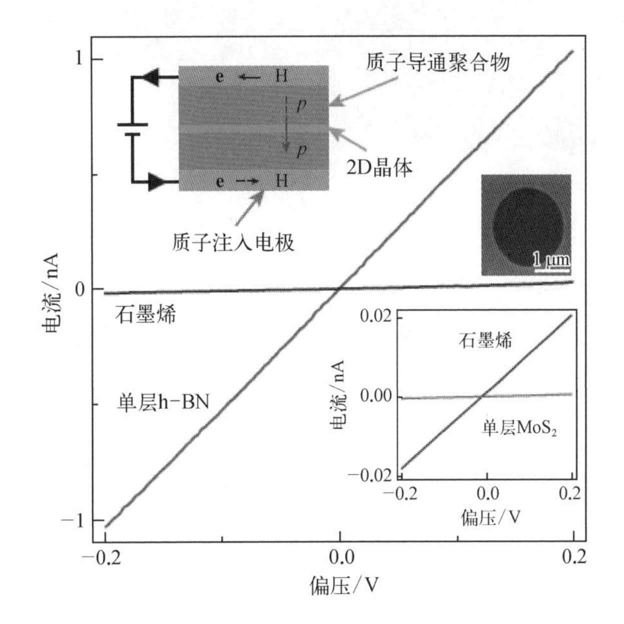

图 1-6　石墨烯的质子透过行为[16]

1.2　石墨烯的制备

1.2.1　机械剥离法

石墨由多层石墨烯片堆叠而成，层间存在较弱的范德瓦耳斯力。机械剥离法是通过机械力作用破坏石墨层间的范德瓦耳斯力，使石墨烯从石墨中剥离出来。

2004年，Geim课题组[2]利用胶带在高定向裂解石墨（highly ordered pyrolytic graphite，HOPG）两面不断进行剥离，反复多次，最后用丙酮溶解胶带，最终得到单层石墨烯（图1-7）。胶带剥离法可以获得结构完整完美的石墨烯晶体，缺陷少，适用于石墨烯基本性质的确定与研究。但该方法存在工艺严苛、产率低、石墨烯尺寸小等不足，只能局限于模型器件及理论研究，难以大规模生产。

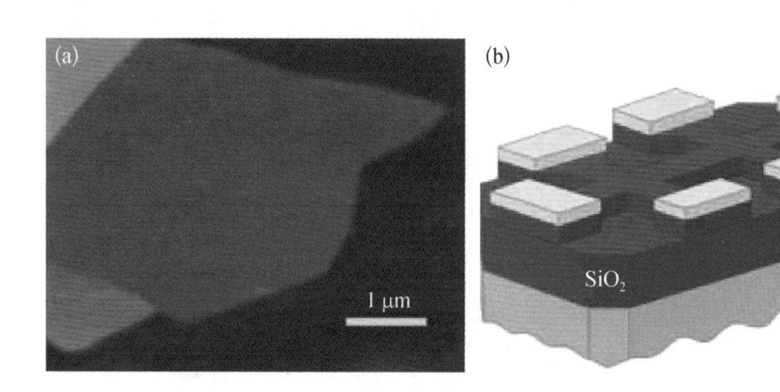

图1-7 单层石墨烯的AFM图及其场效应晶体管装置[2]

针对胶带剥离法产率低、工艺要求高等问题，球磨、高速剪切等方法被开发以代替手工的胶带剥离来实现石墨烯的大量制备。Zhao等[17]首先采用球磨法，通过在反应体系中加入N,N-二甲基甲酰胺（DMF）作为石墨烯稳定剂制备得到了少层石墨烯。相较于胶带剥离法，球磨法更加廉价、可重复性好，适用于石墨烯电子器件原料的制备。

总的来说，机械剥离法可以获得结构完整、缺陷极少的石墨烯，适用于石墨烯基本性质、微电子器件的研究，且可以实现石墨烯的大规模制备。但通过机械剥离法获得的石墨烯，横向尺寸通常小于2 μm，由于边缘效应的影响，降低了石墨烯的性能；获得的石墨烯产品厚度不均，难以完全发挥石墨烯本身的优异性能，且可能会影响石墨烯电子器件性能的稳定。另外，球磨法引入的溶剂或表面活性剂给后期的应用带来了不便。

1.2.2 电化学剥离法

电化学剥离法是将石墨作为电极置于电解液中，通过电能驱动使石墨层剥离制备石墨烯。根据插层离子价态的不同，石墨电极可以作为阳极发生氧化反应或作为阴极发生还原反应。早在20世纪80年代，电化学就被运用于石墨烯插层复合物的制备。Shioyama和Fujii利用浓硫酸对石墨进行电化学插层，制备得到了氧化石墨。为防止石墨被浓硫酸氧化，后来普遍采用稀硫酸代替浓硫酸。

2011年，Li课题组[18]首先采用电化学的手段在硫酸溶液中剥离石墨片，制备得到了少层的石墨烯(图1-8)。制备得到的少层石墨烯具有17 $cm^2/(V \cdot s)$的载流子迁移率、210 Ω/□的方块电阻和96%的透光率。为使石墨烯在电解液中稳定存在，通常会在电解液中加入表面活性剂或稳定剂。例如，在电解液中加入甘氨酸作为活性剂，从而避免石墨烯片发生絮凝；将三聚氰胺作为稳定剂加入硫酸电解液中以防止石墨烯片过度氧化，制得石墨烯的碳氧比可达26.2[19]。其他表面活性剂如十二烷基磺酸钠、聚苯乙烯磺酸钠也适用于硫酸体系。硫酸电解液中的硫酸根离子直径为0.46 nm，与石墨层间距相近，同时硫酸根离子在电化学反应过程中与水共同作用生成二氧化硫、氧气、氢气等气体，有利于剥离石墨(图1-9)[20]。但是，硫酸的强氧化性和高反应活性使得剥离得到的石墨烯面临过氧化的问题。Müllen课题组[21]采用不同的硫酸盐溶液代替硫酸溶液进行电化学剥离，大大提高了少层石墨烯的产率(超过85%的石墨烯片小于3层)，同时石墨烯的平均尺寸可达44 μm。此外，碱性电解液如氢氧化钠电解液也能用于电化学剥离，其主要的插

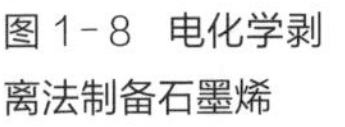
图1-8 电化学剥离法制备石墨烯

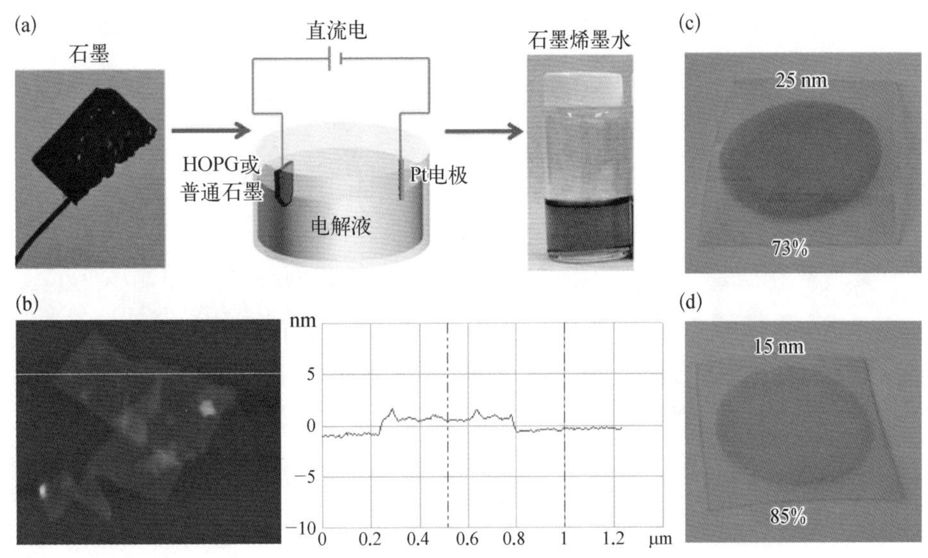

(a) 电化学剥离法示意图；(b) 石墨烯的AFM图；(c)(d) 不同厚度石墨烯膜的透光性[18]

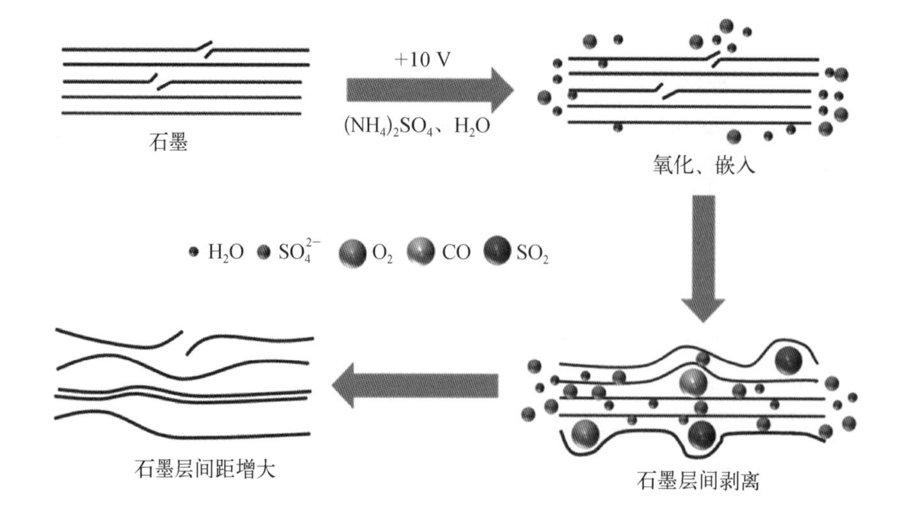

图 1-9 电化学剥离法的原理示意图[20]

层离子为氧负离子和氢氧根离子[22]。

除了水相电解液，有机电解液同样可以实现石墨的剥离。在有机电解液体系中，石墨通常作为阴极参与反应，阳离子的还原可以有效地避免石墨发生过度氧化。Wang 等[23]在碳酸丙烯酯和锂离子的体系中成功剥离石墨，得到了少层石墨烯。由于剧烈的超声作用，大部分制得的石墨烯片尺寸小于 2 μm。其他有机溶液如二甲亚砜（DMSO）、*N*-甲基吡咯烷酮（NMP）等也能作为电解液进行电化学剥离[24]。

电化学剥离法是一种高效获得少层石墨烯的方法，其效率高、工艺要求较低的特点使其性价比较高，但生产得到石墨烯的尺寸、层数难以调控，石墨烯难以纯化分离的问题限制其应用范围。

1.2.3 超声辅助溶液剥离法

超声辅助溶液剥离法是以超声波为驱动力，破坏石墨层间的范德瓦耳斯力，使溶液进入石墨层间进行剥离的方法。为了避免剥离出来的石墨烯发生团聚，通常会在溶液中加入表面活性剂或使用与石墨烯表面能相当的溶剂以稳定分散石墨烯（图 1-10）。Coleman 课题组[25]在 NMP 溶液中超声处理石墨片，之后通过离心分离除杂得到 0.01 mg/mL 的石墨烯溶液，其中包含质量分数约为 1%的单层石墨烯。经过进一步分离处理，单层石墨烯的质量分数可达 7%～12%。随后，该课题组尝试在含有表面活性剂的水溶液中超声剥离石墨，最终获得少层石墨烯的水溶

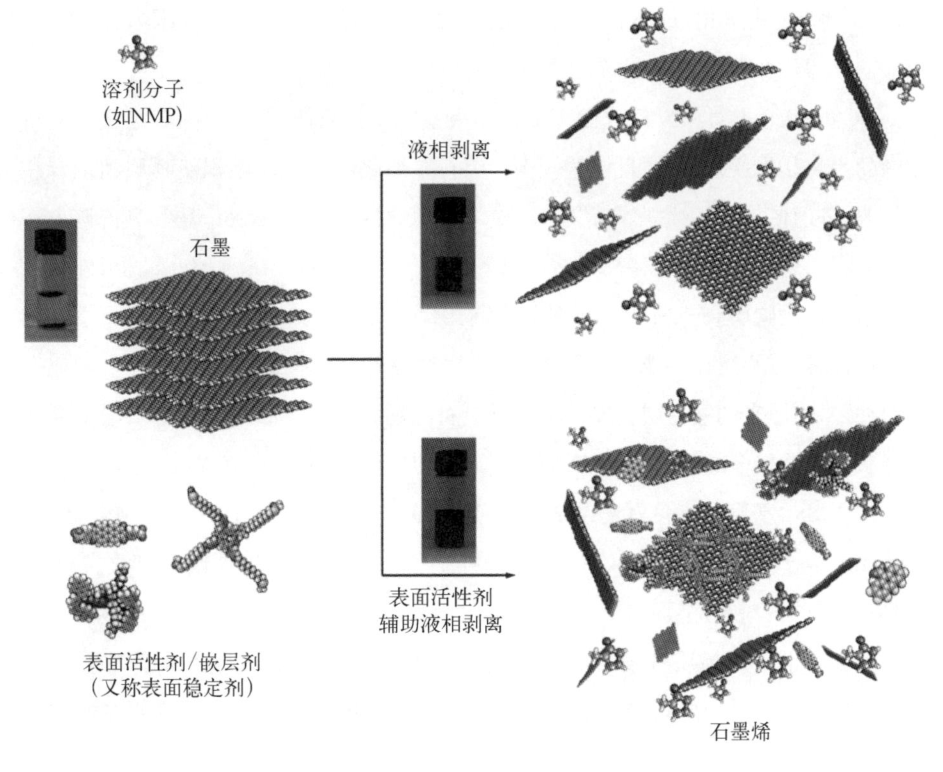

图 1-10 超声辅助溶液法的原理示意图[26]

液(包含质量分数为3%的单层石墨烯)。除了常见的表面活性剂,一些具有大共轭结构单元的聚合物也可以用来稳定剥离石墨。Seo 课题组利用嵌二萘修饰的 DNA 分子作为稳定剂,利用超声辅助溶液剥离法得到了石墨烯,再通过 DNA 的连接作用得到了石墨烯/纳米粒子的复合物,为石墨烯在生物相容材料、药物材料的应用提供了新思路。Mariani 课题组[26]在离子液体中剥离得到少层石墨烯溶液,并进一步提高了石墨烯溶液浓度,达到 5.33 mg/mL。

总的来说,超声辅助溶液剥离法是一种温和的、可规模化的石墨烯制备方法。通过溶剂、稳定剂的调节,可以实现石墨烯在不同领域中的应用,甚至可以通过稳定剂的选择赋予石墨烯其他性能。但与机械剥离法相类似,该法同样存在厚度不均、横向尺寸小的问题,难以实现厚度均一化的控制(尤其是单层石墨烯)及大尺寸石墨烯制备。

1.2.4 外延生长法

外延生长法是利用 SiC 在高温和极高真空条件下,其表面的 Si 原子被蒸发,剩余的 C 原子发生碳化，最终在 SiC 基底上得到石墨烯。反应过程中压力、保护气、反应温度等因素都会对石墨烯的质量产生影响。

SiC 的 C 终止面和 Si 终止面都可以作为基底生长石墨烯。其中，C 终止面上石墨烯的生长是无序堆积的，且层数较多。但石墨烯之间的无序堆积使其层间耦合相对较弱，进而使得石墨烯能保持其单层电子传输的特性。Robinson 等[27]测得该方法生长的石墨烯的载流子迁移率可达 1.81×10^4 $cm^2/(V\cdot s)$。在 Si 终止面上，外延生长的第一过渡碳层会与 Si 原子形成共价键，因而不具有 sp^2 结构，也不具有石墨烯的电子特性，被称为缓冲层；随后，C 原子会在缓冲层与 SiC 基底之间继续生长，形成新的缓冲层，而原来的缓冲层会发生重构形成石墨烯。Si 终止面上生长的石墨烯存在重掺杂和缺陷较多的问题，大大影响了石墨烯的质量(载流子迁移率低)[28]。

由于 SiC 基底具有良好的绝缘性能，附着在 SiC 基底上的石墨烯无须转移，可直接用于电子器件中。但 SiC 在分解过程中不可避免地会出现缺陷和多晶畴结构，使获得的石墨烯厚度不均，进而使得到的石墨烯材料性能降低。目前，SiC 外延生长法获得的石墨烯质量较高，适用于电子器件中。如能通过改进制备工艺以实现石墨烯横向尺寸、厚度的精确控制，外延生长法获得的石墨烯也有可能在电子产业中得到广泛应用。

1.2.5　化学气相沉积法

CVD 法是利用气相碳源(如乙醇、甲烷等)在高温下裂解产生气相 C 原子，C 原子在相应基底上沉积生长得到石墨烯。通过调节碳源流速、沉积温度和压力、升降温速度、基底种类和特性等因素，可以实现对石墨烯质量的调控。

Yu 等[29]利用甲烷碳源在金属 Ni 基底上制备得到了少层石墨烯。甲烷分子先在 1000℃高温下裂解，随后 C 原子从 Ni 基底表面渗入，最后在降温过程中，C 原子从 Ni 表面析出并生长形成少层石墨烯(图 1 - 11)。在反应过程中，Ni 不仅作为石墨烯的生长基底，而且是反应的关键催化剂。实验发现，过慢的降温速度(0.1℃/s)使 C 原子有充足的时间进入 Ni 基底中而无法在 Ni 表面析出，过快的降温速度(20℃/s)又会使过多的 C 原子析出而来不及形成稳定的结晶态。只有在合适的降温速度(10℃/s)下，C 原子才会在 Ni 表面形成石墨烯。除了降温速度，Ni 基底的微结构也会影响石墨烯的形貌。通常情况下，Ni 基底表面尤其是边缘会存在大量的多晶结构，这种多晶结构容易形成多层石墨烯。因此，在气相沉积石墨烯前，先对 Ni 基底进行热处理，在增大表面单晶区域的同时，还可以除去基底表面的杂质。Zhang 等[30]比较了单晶 Ni 和多晶 Ni 基底上石墨烯的生长效果，发现单晶 Ni 基底上能够形成更多的少层石墨烯，这也证实了基底结构对石墨烯质量有很大影响。

图 1-11 CVD 法制备石墨烯

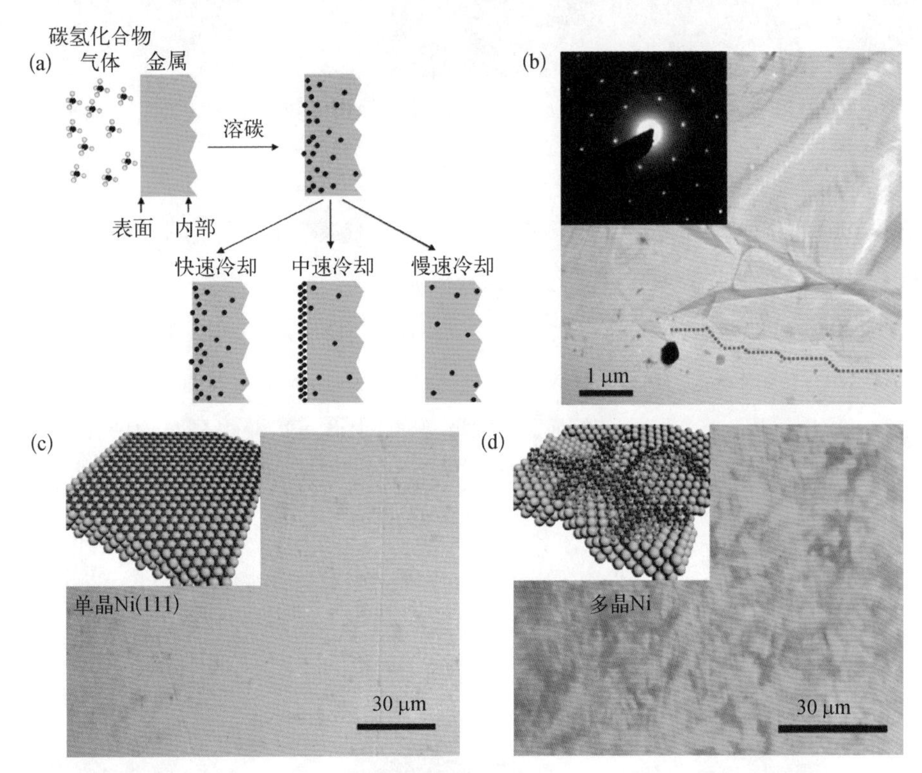

（a）C 原子在 Ni 基底上沉积生长石墨烯的示意图；（b）石墨烯的 TEM 图和 SAED 图；（c）（d）单晶 Ni 和多晶 Ni 基底上生长石墨烯的光学显微镜图及原子示意图[29,30]

除了金属 Ni，Cu、Re、Pt、Co、Pd、Ru、Ir 等金属也展现出溶碳和催化作用，可以用作 CVD 法制备石墨烯的基底。其中，金属铜作为一种廉价金属备受人们关注和青睐。

2009 年，Ruoff 课题组[31]首先采用 Cu 作为基底，利用 CVD 法在其表面生长石墨烯（图 1-12）。首先 Cu 模板在 1000℃的 H_2 氛围中除去表面杂质，再引入甲烷碳源沉积生长石墨烯。通过条件控制和优化，在 1 cm^2 内所生成的石墨烯中，单层率可以达到 95%。与金属 Ni 模板的生长机理不同，金属 Cu 的溶碳能力较差，使得 CVD 法生长所需碳源主要由气氛中的甲烷提供。在 Cu 表面形成了一层石墨

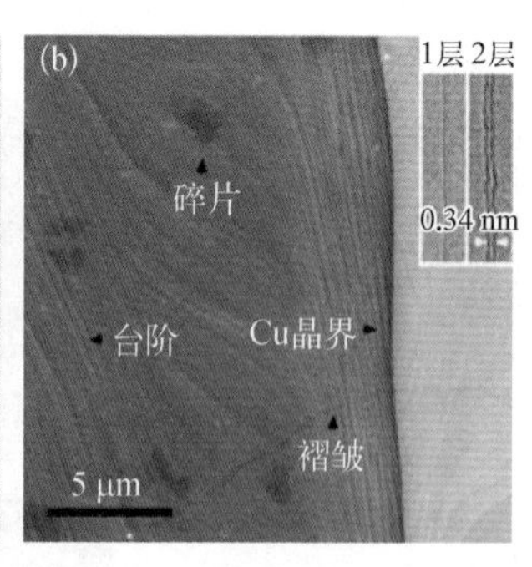

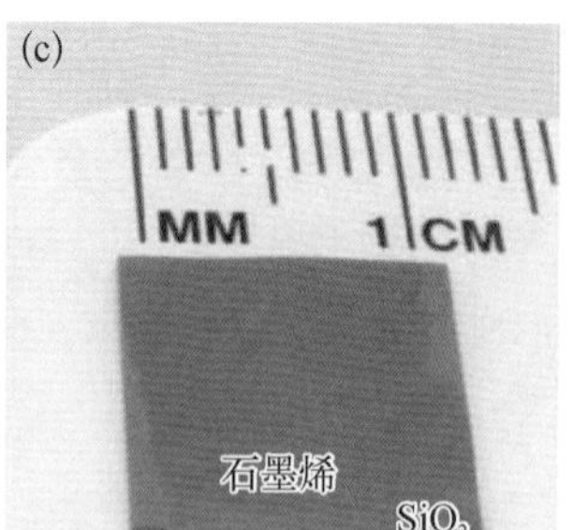

图 1－12　Cu 基底上生长石墨烯

（a）Cu 基底上石墨烯的 SEM 图；（b）石墨烯的高分辨 SEM 图及TEM 图；（c）石墨烯转移到 SiO_2 基底上的照片[31]

烯后，Cu 的催化作用被模板上的石墨烯限制，无法继续有效地催化碳进行生长，使得 Cu 模板上的单层石墨烯含量远高于 Ni 模板。

除了传统的固态金属，液态金属也可以用作 CVD 基底。2012 年，刘云圻院士课题组[32]首次以液态 Cu 作为 CVD 基底，成功制备了单层石墨烯膜（图 1－13）。相较于固态金属，液态金属的表面是各向同性的，由此可以获得分布均匀、形状规整（正六边形）的石墨烯单晶。付磊课题组[33]针对液态金属上利用 CVD 法生长石墨烯的机理进行了一系列的研究，发现相较于固态 Cu，液态 Cu 具有很强的溶碳能力。在降温过程中，表面的液态 Cu 会重新形成固态 Cu，阻止内部碳进一步析出，确保石墨烯的单层结构。这一机理使反应条件（如碳源流速、生长温度、生长时间

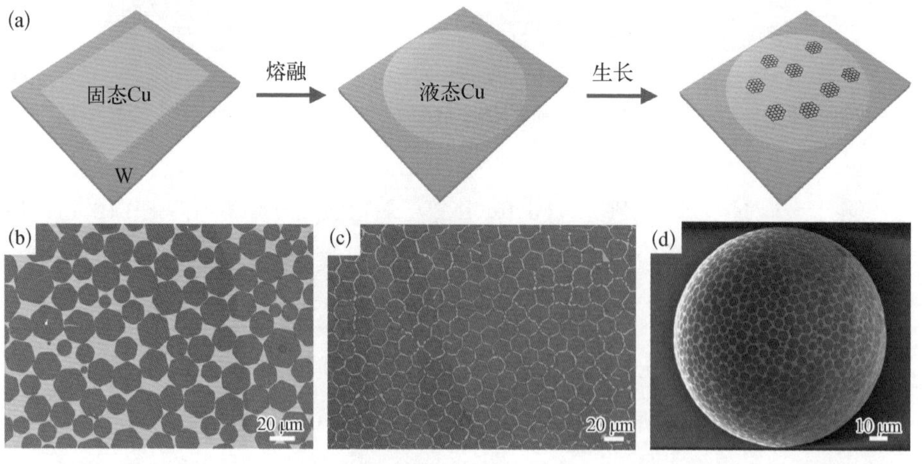

图 1－13　液态 Cu 上生长石墨烯

（a）C 原子在液态 Cu 上沉积生长石墨烯的示意图；（b）（c）石墨烯在平面液态 Cu 上生长的 SEM 图；（d）石墨烯在球状液态 Cu 上生长的 SEM 图[32]

等）对液态金属上生长石墨烯质量的影响较小。该课题组还发现液态金属表面的石墨烯成核密度远低于固态金属，而液态金属的流动性可以让石墨烯成核均匀分布，制备得到的石墨烯的载流子迁移率高达 7400 $cm^2/(V \cdot s)$。

金属基底上生长的石墨烯往往需要转移到绝缘基底上再使用。石墨烯的转移过程面临着褶皱形成、薄膜破损、杂质引入等问题，如果能在绝缘基底或电子器件固有基底上直接生长石墨烯，则从根本上解决了石墨烯的转移问题。刘云圻院士课题组在 800℃下通入氧气对二氧化硅或石英基底进行预处理，随后升至 1100℃通入碳源生长石墨烯。通过调节反应参数，可实现在绝缘基底上百纳米级石墨烯单晶的生长。随后，该课题组对碳化硅基底上石墨烯的生长机理进行了研究，发现绝缘基底在成核阶段需要更高浓度的碳源。根据此机理，该课题组通过调节成核阶段和生长阶段的碳源浓度，避免在石墨烯生长阶段重复成核，在绝缘基底上成功制备得到了 11 μm 的石墨烯单晶，其载流子迁移率高达 5000 $cm^2/(V \cdot s)$。除了硅基底，其他功能性绝缘基底也可以实现 CVD 法生长石墨烯，如六方氮化硼基底可以有效减少石墨烯载流子散射，高介电常数的钛酸锶基底可以降低石墨烯器件能耗、提高石墨烯器件性能。

近几年，如何通过调控实验参数制备得到高质量（单层多或层数可控）、少缺陷（单晶面积大、晶界少）的石墨烯并实现连续化生产成为热点话题。Duan 课题组通过控制成核密度，实现了石墨烯大单晶的生长，最大单晶尺寸可达 5 mm，最高载流子迁移率高达 16000 $cm^2/(V \cdot s)$。刘忠范院士课题组通过调节碳源中甲烷与氢气的比例，实现了石墨烯单晶快速生长，生长速度达 320 μm/min，同时尺寸达到毫米级。随后，该课题组又使用乙烷代替常用的甲烷作为 CVD 碳源，在铜基底上实现了石墨烯的快速生长（420 μm/min），远远高于普遍的生长速度（50 μm/min），进一步提高了石墨烯的生产效率。同时，乙烷作为碳源还能实现 750℃下石墨烯的制备，节约了反应所需的能源。此外，该课题组[34]还利用低压 CVD 法成功在 25 in①（63.5 cm）的石英玻璃上制备得到了石墨烯，拓展了石墨烯在非金属基底上的快速生长方法（图 1－14）。Vlassiouk 等[35]通过控制碳源流速，利用提拉的方式成功在多晶的镍铜合金基底上生长了超过 30 cm 的石墨烯单晶，为制备大尺寸、高质量的石墨烯提供了新的思路。

CVD 法是一种制备石墨烯及其他二维材料的有效方法[36]。其制备的石墨烯面

① 1 in＝2.54 cm。

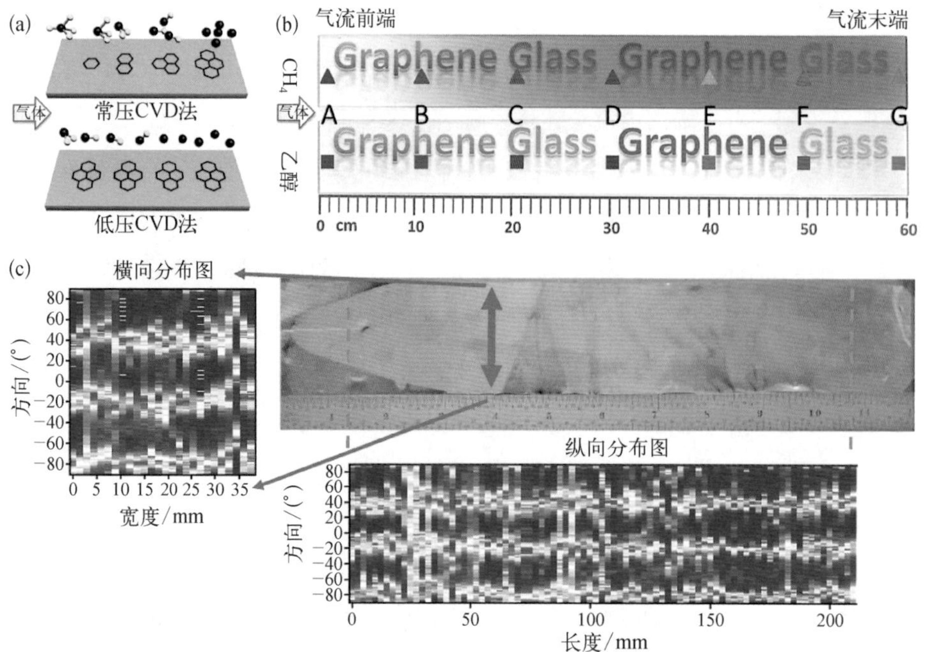

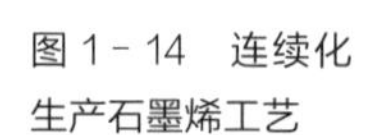
图 1-14 连续化生产石墨烯工艺

（a）（b）常压 CVD 法和低压 CVD 法对在石英玻璃上连续生产石墨烯质量的影响；（c）通过控制碳源流速的方法在多晶基底上生长超过 30 cm 的石墨烯单晶[34,35]

积可控、层数可调、透明性好、缺陷较少，在精密仪器、透明电极、传感器等领域都有巨大的应用前景。但是，CVD 法仍存在一些问题须引起重视。一方面，铜箔上的石墨烯大多数为多核生长，石墨烯膜存在晶界、晶畴，这使得石墨烯电子、声子在界面间的传输会有很大损耗，降低了石墨烯的电导率和热导率。另一方面，CVD 法对能源消耗很大，对基底要求很高，同时生长速度仍然很慢，性价比低。此外，如何将制备的石墨烯膜高效无损地转移到其他基底上也是一个亟待解决的问题。

1.2.6 氧化还原法

氧化还原法是以石墨为原料，通过氧化的方法得到氧化石墨，再通过剥离得到单层的氧化石墨，即氧化石墨烯(graphene oxide, GO)，氧化石墨烯再经过化学还原、热还原等过程可得到石墨烯。相较于前几种石墨烯的制备方法，氧化还原法具有以下几个优点：① 以易得的石墨为原料，产率较高；② 前驱体 GO 直接溶于多种溶剂，便于溶液加工及宏观组装体的制备；③ GO 丰富的官能团为改性、功能化等应用提供了良好的平台。综合这些优势，氧化石墨烯已经成为制备石墨烯的可靠前驱体之一，在化学、材料等方面的应用极广。

1.3 氧化石墨烯的结构与性能

1.3.1 氧化石墨烯的结构

氧化石墨烯作为石墨烯的一种重要衍生物，阐明其化学结构极为重要，但是有关其化学结构的争论从未停止。不同于石墨烯及其他大分子，氧化石墨烯受制备工艺的影响，没有恒定的化学计量数，同时又缺乏对其结构精细的表征手段，使得其化学结构难以确定。尽管如此，研究人员还是通过实验结果与理论模型结合的方法，不断加深对氧化石墨烯结构的认识和理解。现有的结构模型主要包括早期的 Hofmann 模型、Ruess 模型、Scholz - Boehm 模型，到如今被普遍接受的 Lerf - Klinowski 模型[37]。其中，Lerf 课题组利用固态核磁的手段对氧化石墨烯内部的化学结构进行了详细的表征，提出了著名的 Lerf - Klinowski 模型。如图 1 - 15 所示，氧化石墨烯表面的 sp^2 碳原子被含氧官能团分割，不能形成连续的共轭网络；与此同时，大量含氧官能团的存在使得氧化石墨烯的层间距增大，从石墨烯的 0.334 nm 增大到 0.8～1.2 nm。目前，广为接受的观念是氧化石墨烯含氧官能团主要包括羧基、羟基、环氧基和酯基。

图 1 - 15 Lerf - Klinowski 模型[37]

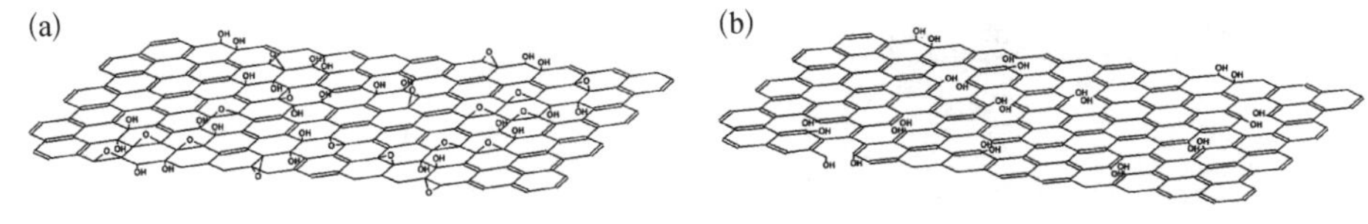

（a）氧化石墨烯模型；（b）热还原后的氧化石墨烯模型

1.3.2 氧化石墨烯的性能

大量含氧官能团的存在破坏了石墨烯本身的共轭网络结构，同时氧化作用在面内形成孔洞缺陷，导致氧化石墨烯并不具有导电性，且力学性能较单层石墨烯有明显的下降。Ruoff 课题组测得单层氧化石墨烯的断裂强度为 63 GPa，约为石墨烯的一半。Gomez - Navarro 等测得经化学还原的氧化石墨烯的杨氏模量可达 0.25 TGa，约为石墨烯的四分之一。结构的破坏还使得氧化石墨烯的热导率大大降低，低于 10 W/(m·K)。含氧官能团的存在降低了氧化石墨烯的物理性质，却极大地丰富了其化学性质。含氧官能团和共轭网络结构的共存使得氧化石墨烯表现出两亲性，既可以分散在水中，又可以分散于有机溶剂中，同时还能作为表面活性剂(图 1 - 16)。常见的氧化石墨烯良溶剂包括水、*N*，*N* -二甲基甲酰胺(DMF)、四氢呋喃(THF)、*N* -甲基吡咯烷酮(NMP)等[38]。

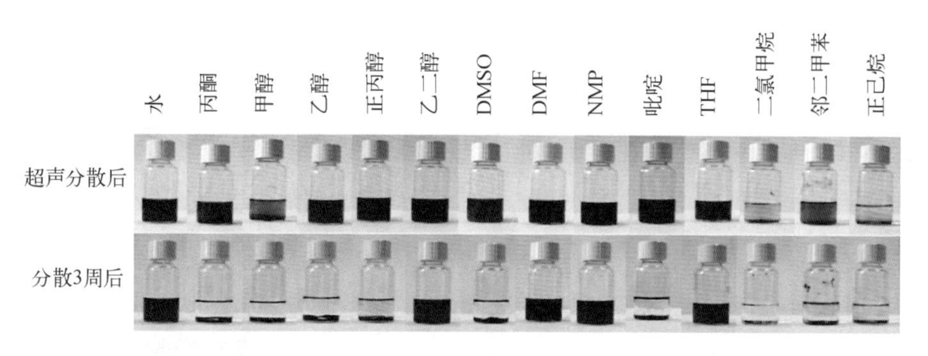

图 1 - 16 氧化石墨烯在不同溶剂中的分散性[38]

1.4 氧化石墨烯的制备与还原

1.4.1 氧化石墨烯的制备

关于氧化石墨烯的研究，可以追溯到 19 世纪中期。1840 年，Schafhaeutl 首先发现了石墨在硝酸溶液中反应生成一种“含碳的酸”。1859 年，Brodie 通过氯酸钾和发烟硝酸对鳞片石墨进行处理，发现用强氧化剂处理后的产物包含碳、氢、氧三种元素，这种被称为“石墨酸”的产物能稳定分散于中性和碱性的水中。这种“石墨酸”就是我们所熟知的氧化石墨。后来通过改变氧化石墨的制备条件，又衍生出了 Staudenmaier 法与 Hummers 法[39]，它们均是利用强酸加强氧化剂的组合对石墨进行处理。强酸进入石墨层间形成石墨插层化合物，随后强氧化剂对石墨进行氧化，在石墨烯表面及边缘引入大量亲水的含氧官能团(如羟基、羧基、环氧基等)，破坏石墨层间的范德瓦耳斯力，使片层剥离，从而形成氧化石墨烯。

随着2004年石墨烯被发现，氧化石墨烯的制备研究重新进入研究人员的视线。其中，以浓硫酸为强酸、高锰酸钾为氧化剂的改进Hummers法被广泛使用。通过对反应体系的控制和优化，可以得到不同类型的GO。Tour课题组[40]使用磷酸代替Hummers法中的硝酸钠制备了GO，避免了反应过程中氮氧化物的产生。石高全课题组[41]在没有其他辅助试剂的情况下，在浓硫酸/高锰酸钾体系中制备得到了GO，避免了有毒气体释放的同时还减少了其他杂质的引入。随后，该课题组[42,43]采用低温反应、硫酸稀释的手段降低氧化活性，制备得到了低氧化程度的GO。需要注意的是，硫酸稀释的时机对GO的化学结构有很大的影响。当制备低氧化程度的GO时，在反应后期缓慢向反应体系中加入水以降低反应速度。如果直接使用稀释的硫酸发生反应，则会使GO的氧化程度升高(图1-17)[44]。卢红斌课题组[45]利用鳞片石墨预插层膨胀的方法制备得到了横向尺寸更大的GO，筛分后的平均尺寸可达128 μm。对于GO形成的机理，Tour课题组[46]利用显微

图1-17 水引入和高温反应对Hummers法制备GO的结构影响[44]

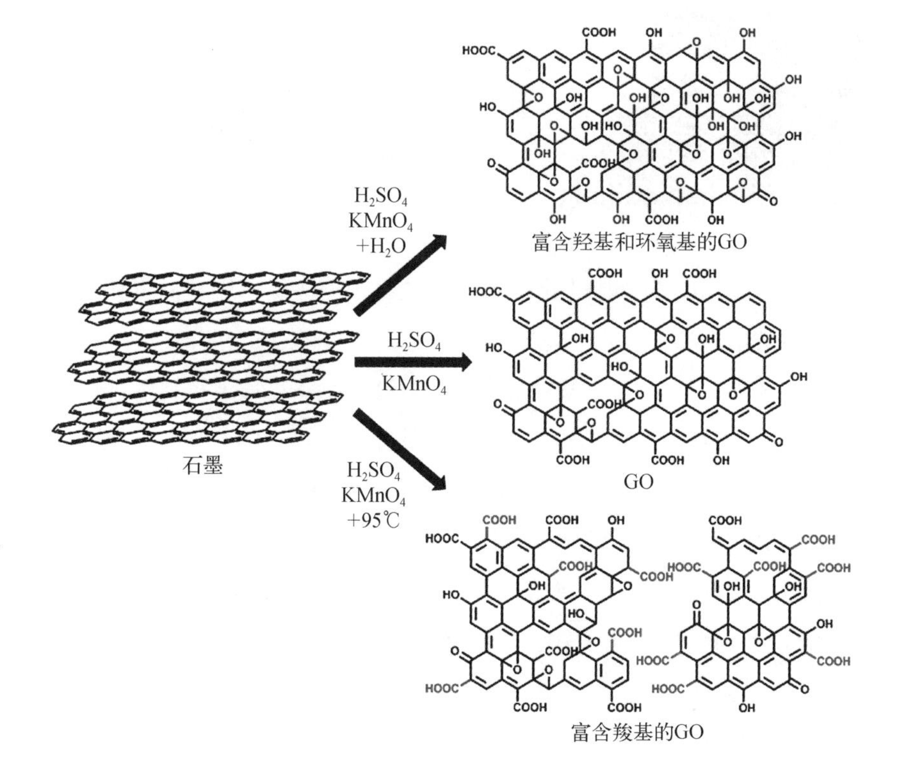

镜、拉曼光谱、X 射线衍射(X - ray diffraction, XRD)等进行了研究,发现鳞片石墨经硫酸插层、氧化剂渗入反应、水分子渗入剥离三个阶段后转换为氧化石墨烯(图1 - 18)。

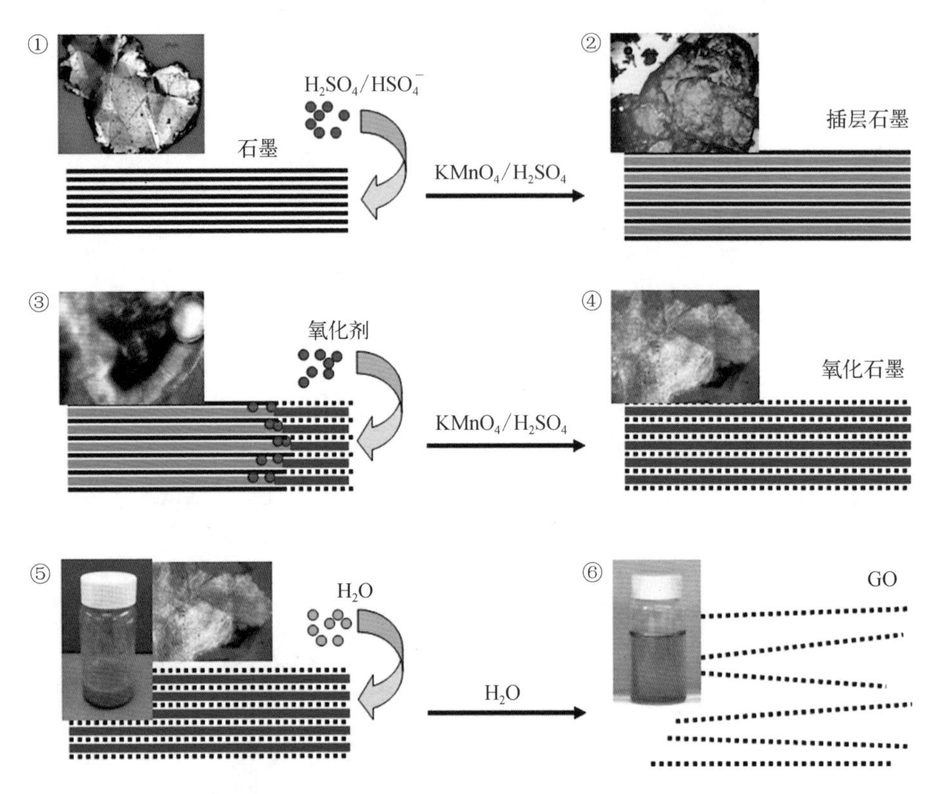

图 1 - 18 GO 制备过程的反应机理[46]

此外,Hu 课题组成功地利用 Hummers 法将多壁碳纳米管剥离得到了带状的GO,为 GO 的结构和形态提供了更多的可能。

除了基于 Hummers 法的优化方案(表 1 - 1),Abdelkader 等利用电化学氧化法,以石墨为阳极在柠檬酸钠电解液中成功剥离并制备了 GO,其碳氧比可达 7.6。在电解液中加入 0.2 mol/L 的硝酸,GO 的碳氧比可降低到 4.0。Yu 等以硫酸盐为电解液的电化学氧化法同样制备得到了 GO。利用该方法制得的 GO 薄膜比常规化学氧化法得到的 GO 薄膜的性能更好。相较于传统化学氧化法,电化学氧化法产生的化学废弃物少、反应条件温和、安全性更高,是一类极具潜力的氧化方法。但到目前为止,电化学氧化法还存在 GO 剥离不完全、尺寸较小等问题,与前文提及的各种优化方案制得 GO 的质量仍有差距。

表 1-1 不同 Hummers 法优化方案制备 GO 的总结

优化方案	氧化程度			尺寸/μm	特点
	I_D/I_G 1	碳氧比	A_G/A_O 2		
H_2SO_4 + $KMnO_4$ + $NaNO_3$，35℃[39]	—	2.1～2.9	—	—	高氧化程度的 GO 呈亮黄色，低氧化程度的 GO 呈墨绿色
H_2SO_4/H_3PO_4(9∶1) + $KMnO_4$，35℃→50℃[40]	0.835	—	0.45	—	磷酸可以避免氮氧化物产生
H_2SO_4 + $KMnO_4$，40℃[41]	0.825	2.36	0.92	<5	无硝酸盐杂质，无氮氧化物产生
H_2SO_4(46 mL) + $KMnO_4$(3 g) + H_2O(0～12 mL)[44]	0.997～0.930	—	0.49～0.87	19.6～16.2	水的引入使 GO 氧化程度增高，环氧基、羟基增多
H_2SO_4 + $KMnO_4$ + $NaNO_3$，<10℃[43]	1.06	—	0.94	—	羧基极少(XPS 图谱中无明显碳氧双键峰)
H_2SO_4 + $KMnO_4$，<5℃，反应 16 h 后再逐滴加入 H_2O[42]	1.05	2.25	0.99	1～15	反应后期加水，降低反应活性和氧化程度
石墨→膨胀石墨，H_2SO_4 + $KMnO_4$，35℃[45]	0.92～0.96	3.03	—	83.4	实验过程避免搅拌等剪切力对片层破坏

注：1. I_D/I_G表示拉曼光谱中 D 峰强度与 G 峰强度的比值；2. A_G/A_O表示 XPS 图谱中石墨碳原子峰面积与氧化碳原子峰面积的比值。

1.4.2 氧化石墨烯的还原

在得到氧化石墨烯后，通过适当的还原处理便能得到石墨烯。常见的还原方法可以分为两大类：化学还原法和热还原法。

1. 化学还原法

常见的化学还原法包括还原剂还原法、电化学还原法和溶剂热还原法。三种还原方法各有特点，对 GO 的还原效果也有所不同，下面将逐一进行介绍。

还原剂还原法即利用具有还原性的化学物质对 GO 进行还原。常用的还原剂包括肼(N_2H_4)、硼氢化钠($NaBH_4$)、α-抗坏血酸、氢碘酸(HI)等。在石墨烯被发现之前，Kotov 等利用 N_2H_4 对氧化石墨进行还原，提高了氧化石墨的导电能力。受此启发，Ruoff 课题组使用 N_2H_4 对 GO 水溶液进行还原，通过在水中添加表面活性剂(聚苯乙烯磺酸钠，PSS)使还原后的石墨烯能稳定分散在水中。如果不添加表面活性剂，还原后的石墨烯会产生聚集，干燥后得到黑色粉末，其碳氧比和电导率都有显著提高。除了在水溶液中还原 GO，N_2H_4 也可以作用于 GO 的宏观组装体。高超课题组[47]利用 N_2H_4 蒸气还原 GO 气凝胶，得到超轻、导电的弹性石墨烯气凝胶，并在当时入选“世界最轻材料”的吉尼斯世界纪录。N_2H_4 还原 GO 过程中会产生大量气体，气体从层间逸出，最终导致还原产物产生大量孔洞结构，堆积密实度大大下降。所以，N_2H_4 更适合于制备多孔石墨烯材料。

$NaBH_4$ 是有机化学中一种常用的还原剂，也能用于 GO 的还原。Shin 等利用 $NaBH_4$ 对 GO 薄膜进行还原，得到的透明导电薄膜比用水合肼得到的薄膜具有更低的方块电阻和更高的透光率。Periasamy 等研究发现，$NaBH_4$ 的还原效果具有强烈的选择性，其对 GO 中的碳氧双键具有较好的还原效果，对环氧和羧基的还原效果很差。此外，$NaBH_4$ 会水解的特性使得其在还原 GO 水溶液时效果不理想，限制了它的应用。

α-抗坏血酸作为 GO 的一种较为绿色的还原剂，具有无毒、反应温和的特点，被视为水合肼还原剂的替代品。Fernandez - Merino 等利用 α-抗坏血酸对 GO 进行还原，得到了碳氧比为 12.5、电导率为 77 S/cm 的石墨烯。

HI 是一种极强的还原剂，也是目前 GO 及其材料主要的还原剂之一。成会明院士课题组提出了 HI 还原 GO 薄膜的方法，并与 $NaBH_4$、N_2H_4 进行了对比，发现 HI 还原后的石墨烯膜不仅具有更高的拉伸强度、电导率，同时在水中浸泡 16 h 后仍能保持薄膜的完整性(图 1 - 19)。Lee 课题组[48]也报道了利用 HI/醋酸的体系还原 GO 薄膜，得到了具有 300 S/cm 电导率的石墨烯膜，这一结果比前面三种还原剂还原得到的石墨烯膜的电导率都要高，并接近于 1100℃ 处理后的石墨烯膜电极。

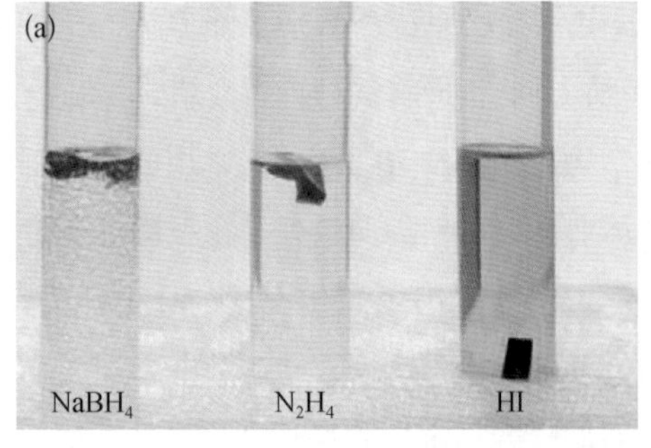

（a）浸泡 10 s 后；（b）浸泡 16 h 后

图 1 - 19 GO 薄膜在不同还原剂作用下的形态变化

除了以上几种还原剂，研究人员还尝试用热碱、对苯二酚、羟胺、二甲肼、尿素等物质还原 GO，并取得一定的成果，但其还原效果不如前面介绍的几种还原剂，因此并未被广泛应用。

还原剂还原法主要通过引入还原介质进行还原,相较于热还原法高温、真空或惰性氛围的严苛体系要简单很多,是一种更加高效、节能的还原方法。但在还原过程中往往需要引入新的物质参与反应,得到的副产物或剩余反应物若不能完全处理干净,会对石墨烯后处理和石墨烯性能产生影响[49]。

为了减少还原反应带来的新杂质,电化学还原法被提出。电化学还原法是通过简单的电池反应使电荷在 GO 和电极间转移,从而达到还原目的。Ramesha 和 Sampath 将 CVD 法制备的 GO 膜置入 0.1 mol/L 的硝酸钾溶液中进行电化学还原,在循环伏安测试中发现 GO 在 −0.6 V 时开始反应,在 −0.87 V 时反应达到最大限度。同时,他们还注意到 GO 膜仅在第一次循环过程中发生反应,说明该反应是不可逆的,预示着 GO 在这一过程被还原。Zhou 等发现通过调节电解液的 pH 可以控制 GO 的还原效果,随着 pH 的降低,GO 的还原效果提高,经条件优化后可制备得到碳氧比为 23.9、电导率接近 85 S/cm 的石墨烯膜。通过该方法还可以实现对 GO 薄膜的定向还原,制备图案化的石墨烯膜。

溶剂热还原法是指特定溶剂在高温高压环境下对石墨烯材料进行还原的方法。若溶剂为水,又称为水热法。Zhou 等利用水热法对 GO 溶液进行还原,发现不仅脱除了含氧官能团,还部分修复了石墨烯的共轭结构。该研究还发现溶液 pH 对还原效果影响很大,在 pH = 11 的碱性溶液中反应后可以形成稳定的还原氧化石墨烯(reduced graphene oxide, rGO)溶液,而在 pH = 3 的酸性溶液中反应后则会形成 rGO 聚集体。石高全课题组[50]利用一步水热法制备得到了石墨烯水凝胶,通过调节水热时间可以控制石墨烯的碳氧比、改变石墨烯的亲水性,进而实现对石墨烯水凝胶含水量的控制(图 1-20)。Wang 等在 GO 的 NMP 溶液中滴加了少量水合肼进行溶剂热还原。经 12 h 180℃ 的还原反应后,rGO 的碳氧比高达 14.3,优于水合肼常压还原效果。此外,由于溶剂中氮元素的存在,该方法还会引起石墨烯的氮掺杂,还原与氮掺杂过程合二为一,适用于一些需要元素掺杂的应用,如超级电容器。Dubin 等将 GO 的 NMP 溶液在常压下加热到 200℃(NMP 在大气压下的沸点为 202℃)进行还原,证实了 NMP 溶液对 GO 也有还原作用。还原后的 rGO 溶液经抽滤得到 rGO 薄膜,其电导率为 374 S/m,碳氧比也仅为5.15。溶剂热还原法是一种简单、快捷的还原方法,无须特别的后处理,可实现大规模制备 rGO。但该方法制备的 rGO 的导电、导热等特性不如其他化学还原方法,适用于对导电、导

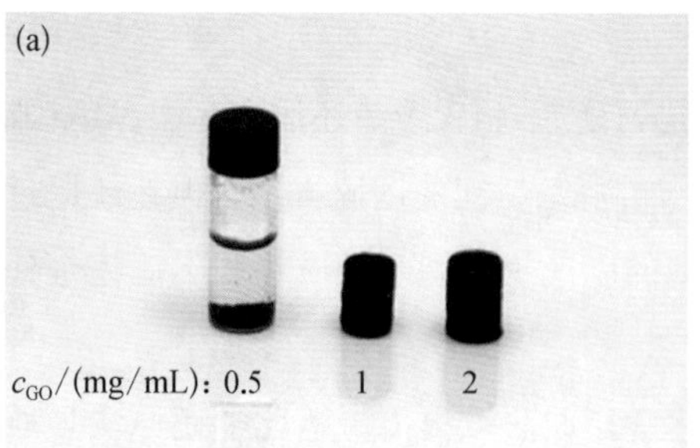

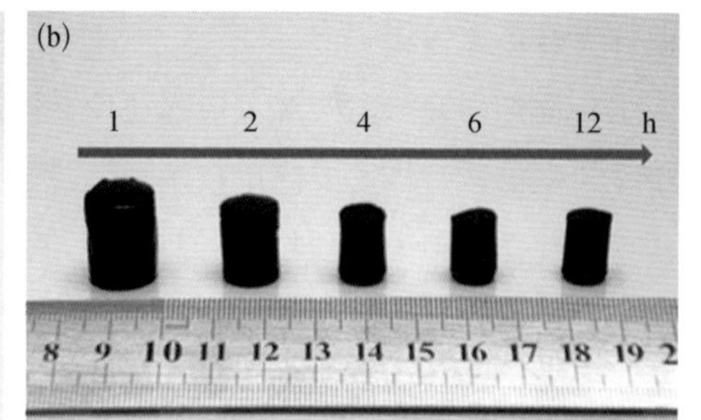

图 1-20　一步水热法制备石墨烯水凝胶[50]

热性质要求不高的材料。

2. 热还原法

热还原法即通过高温(200～3000℃)并辅以适当的气氛对 GO 进行还原，去除 GO 中的含氧官能团，修复石墨烯的共轭结构。在石墨烯研究初始阶段，Aksay 课题组对氧化石墨进行了高温处理，在 2000℃ /min 的升温速度下，含氧官能团会形成 CO_2 并从片层中逸出，还原氧化石墨的同时迫使片层剥离。还原后的氧化石墨的碳氧比从 2∶1 变成 10∶1，导电性有所提高。Müllen 课题组研究了不同处理温度对石墨烯透明电极导电性能的影响。随着还原温度的提高(550～1100℃)，透明电极的电导率从 49 S/cm 提高到 550 S/cm。当还原温度提高到 2000℃时，石墨烯膜的电导率可以达到 2000 S/cm，碳氧比达到 15～18。当还原温度达到 3000℃时，GO 的结构得到更进一步的修复，石墨烯晶区面积更大，含氧官能团几乎被去除干净(碳氧比为 443.1)，石墨烯膜的电导率达到 10^4 S/cm，并拥有1940 W/(m・K)的热导率[51]。

除了还原温度，还原氛围对 GO 还原效果也有影响[52]。热还原过程中会不断生成气体产物，因此在真空或者流动的惰性氛围(如 N_2、Ar)中进行反应有助于气体排出。陈永胜课题组研究发现，在制备石墨烯透明电极的过程中，1100℃的还原反应必须在高真空(<10^{-5} Torr①)的环境下进行，否则石墨烯透明电极可能与反应体系中的残余氧气反应而被消耗掉。如果在惰性氛围中增加还原性或功能性物质，可以更好地还原 GO 或得到功能性的类石墨烯材料。Lopez 等通过近似 CVD 法，以乙烯分子作为碳源修复 GO，得到了高电导率的单层石墨烯。Su 等在热还原

① 1 Torr≈133.322 Pa。

处理中引入芳香族分子，利用其修补 GO 中存在的缺陷，使得到的石墨烯结构更加完美，电导率相比没有引入芳香族分子的石墨烯要至少提升 4 倍。

前面提及的热还原都是间接加热还原，即反应在一定的容器中进行，先让容器升温，再通过热传递使样品升温。近几年来，研究人员通过微波加热、电加热等方式将其他形式的能量直接转换成热能作用在缺陷石墨烯上，同样达到了热还原的效果。黄嘉兴课题组用氙灯对 GO 薄膜进行照射，还原 GO 的同时可以得到图案化器件。实验中，氙灯辐射区域的温度快速提升，大量气体逸出，形成蓬松的结构。经测定，还原区域的密度仅为 0.14 g/cm^3，电导率达到 10 S/cm。Loh 课题组用 663 nm 的激光对 GO 薄膜分别在空气氛围和氮气氛围进行辐射，发现空气氛围中 GO 薄膜被刻蚀而氮气氛围中 GO 薄膜被还原。胡良兵课题组[53]率先采用电加热的方式还原 GO 薄膜，利用通电后产生的焦耳热让薄膜在 1 min 内达到约 2480℃ 的高温，进而使薄膜脱除含氧官能团，达到还原效果（图 1 - 21）。经过电热法还原的石墨烯膜的电导率可达 3112 S/cm。相较于间接加热法，直接加热法节能高效、方法简单，是一种极具潜力的热还原法。

图 1 - 21　电热法直接还原 GO 薄膜

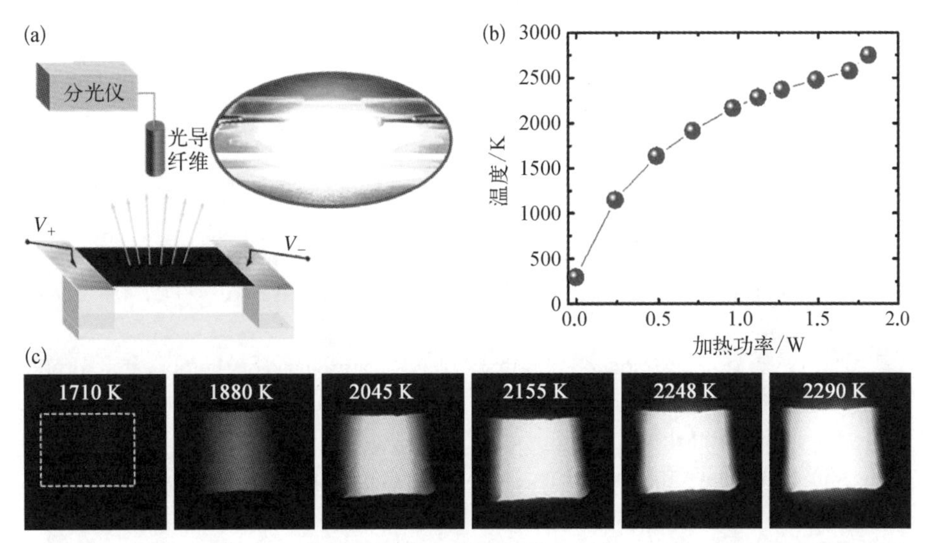

（a）实验装置示意图；（b）薄膜温度随加热功率的变化趋势；（c）薄膜在不同温度下的数码照片[53]

总的来说，热还原法是一种行之有效的 GO 还原方法。经热还原的石墨烯内部的含氧官能团被脱除，共轭结构被修复。随着还原温度的升高，石墨烯的碳氧比逐渐提升，电导率和热导率也显著提高。但还原温度越高，对设备要求越高，所需能量越大，性价比越低。如何平衡材料性能与制备能耗之间的关系，寻找更加高效的还原方法或如何综合利用各类还原方法将成为今后研究的重点。

参考文献

[1] Boehm H P, Setton R, Stumpp E. Nomenclature and terminology of graphite intercalation compounds (IUPAC Recommendations 1994) [J]. Pure and Applied Chemistry, 1994, 66(9): 1893 - 1901.

[2] Novoselov K S, Geim A K, Morozov S V, et al. Electric field effect in atomically thin carbon films[J]. Science, 2004, 306(5696): 666 - 669.

[3] Geim A K, Novoselov K S. The rise of graphene[J]. Nature Materials, 2007, 6(3): 183 - 191.

[4] Lee C, Wei X D, Kysar J W, et al. Measurement of the elastic properties and intrinsic strength of monolayer graphene[J]. Science, 2008, 321(5887): 385 - 388.

[5] Liu F, Ming P B, Li J. Ab initio calculation of ideal strength and phonon instability of graphene under tension[J]. Physical Review B, 2007, 76(6): 064120.

[6] Lindsay L, Broido D A. Optimized Tersoff and Brenner empirical potential parameters for lattice dynamics and phonon thermal transport in carbon nanotubes and graphene[J]. Physical Review B, 2010, 81(20): 262 - 265.

[7] Zandiatashbar A, Lee G H, An S J, et al. Effect of defects on the intrinsic strength and stiffness of graphene[J]. Nature Communications, 2014, 5: 3186.

[8] Min K, Aluru N R. Mechanical properties of graphene under shear deformation[J]. Applied Physics Letters, 2011, 98(1): 013113.

[9] Zhang Y B, Tan Y W, Stormer H L, et al. Experimental observation of the quantum Hall effect and Berry's phase in graphene[J]. Nature, 2005, 438(7065): 201 - 204.

[10] Dawlaty J M, Shivaraman S, Strait J, et al. Measurement of the optical absorption spectra of epitaxial graphene from terahertz to visible[J]. Applied Physics Letters, 2008, 93(13): 131905.

[11] Nair R R, Blake P, Grigorenko A N, et al. Fine structure constant defines visual transparency of graphene[J]. Science, 2008, 320(5881): 1308.

[12] Balandin A A, Ghosh S, Bao W Z, et al. Superior thermal conductivity of single-layer graphene[J]. Nano Letters, 2008, 8(3): 902 - 907.

[13] Seol J H, Jo I, Moore A L, et al. Two-dimensional phonon transport in supported graphene[J]. Science, 2010, 328(5975): 213 - 216.

[14] Ghosh S, Bao W Z, Nika D L, et al. Dimensional crossover of thermal transport in few-layer graphene[J]. Nature Materials, 2010, 9(7): 555 - 558.

[15] Ren Y J, Zhu C F, Cai W W, et al. Detection of sulfur dioxide gas with graphene field effect transistor[J]. Applied Physics Letters, 2012, 100(16): 163114.
[16] Hu S, Lozada - Hidalgo M, Wang F C, et al. Proton transport through one-atom-thick crystals[J]. Nature, 2014, 516(7530): 227 - 230.
[17] Zhao W F, Fang M, Wu F R, et al. Preparation of graphene by exfoliation of graphite using wet ball milling[J]. Journal of Materials Chemistry, 2010, 20(28): 5817 - 5819.
[18] Su C Y, Lu A Y, Xu Y P, et al. High-quality thin graphene films from fast electrochemical exfoliation[J]. ACS Nano, 2011, 5(3): 2332 - 2339.
[19] Chen C H, Yang S W, Chuang M C, et al. Towards the continuous production of high crystallinity graphene via electrochemical exfoliation with molecular in situ encapsulation[J]. Nanoscale, 2015, 7(37): 15362 - 15373.
[20] Xia Z Y, Pezzini S, Treossi E, et al. The exfoliation of graphene in liquids by electrochemical, chemical, and sonication-assisted techniques: A nanoscale study[J]. Advanced Functional Materials, 2013, 23(37): 4684 - 4693.
[21] Parvez K, Li R J, Puniredd S R, et al. Electrochemically exfoliated graphene as solution-processable, highly conductive electrodes for organic electronics[J]. ACS Nano, 2013, 7(4): 3598 - 3606.
[22] Rao K S, Senthilnathan J, Liu Y F, et al. Role of peroxide ions in formation of graphene nanosheets by electrochemical exfoliation of graphite [J]. Scientific Reports, 2014, 4: 4237.
[23] Wang J Z, Manga K K, Bao Q L, et al. High-yield synthesis of few-layer graphene flakes through electrochemical expansion of graphite in propylene carbonate electrolyte[J]. Journal of the American Chemical Society, 2011, 133(23): 8888 - 8891.
[24] Yang S, Lohe M R, Müllen K, et al. New-generation graphene from electrochemical approaches: Production and applications[J]. Advanced Materials, 2016, 28(29): 6213 - 6221.
[25] Hernandez Y, Nicolosi V, Lotya M, et al. High-yield production of graphene by liquid-phase exfoliation of graphite[J]. Nature Nanotechnology, 2008, 3(9): 563 - 568.
[26] Ciesielski A, Samorì P. Graphene via sonication assisted liquid-phase exfoliation[J]. Chemical Society Reviews, 2014, 43(1): 381 - 398.
[27] Robinson J A, Wetherington M, Tedesco J L, et al. Correlating Raman spectral signatures with carrier mobility in epitaxial graphene: A guide to achieving high mobility on the wafer scale[J]. Nano Letters, 2009, 9(8): 2873 - 2876.
[28] Geim A K. Graphene: Status and prospects[J]. Science, 2009, 324(5934): 1530 - 1534.
[29] Yu Q K, Lian J, Siriponglert S, et al. Graphene segregated on Ni surfaces and transferred to insulators[J]. Applied Physics Letters, 2008, 93(11): 113103.

[30] Zhang Y, Gomez L, Ishikawa F N, et al. Comparison of graphene growth on single-crystalline and polycrystalline Ni by chemical vapor deposition[J]. The Journal of Physical Chemistry Letters, 2010, 1(20): 3101 - 3107.

[31] Li X S, Cai W W, An J, et al. Large-area synthesis of high-quality and uniform graphene films on copper foils[J]. Science, 2009, 324(5932): 1312 - 1314.

[32] Geng D C, Wu B, Guo Y L, et al. Uniform hexagonal graphene flakes and films grown on liquid copper surface[J]. Proceedings of the National Academy of Sciences of the United States of America, 2012, 109(21): 7992 - 7996.

[33] Zeng M Q, Tan L F, Wang J, et al. Liquid metal: An innovative solution to uniform graphene films[J]. Chemistry of Materials, 2014, 26(12): 3637 - 3643.

[34] Chen X D, Chen Z L, Jiang W S, et al. Fast growth and broad applications of 25-inch uniform graphene glass[J]. Advanced Materials, 2017, 29(1): 1603428.

[35] Vlassiouk I V, Stehle Y, Pudasaini P R, et al. Evolutionary selection growth of two-dimensional materials on polycrystalline substrates[J]. Nature Materials, 2018, 17(4): 318 - 322.

[36] Cai Z Y, Liu B L, Zou X L, et al. Chemical vapor deposition growth and applications of two-dimensional materials and their heterostructures[J]. Chemical Reviews, 2018, 118(13): 6091 - 6133.

[37] He H Y, Klinowski J, Forster M, et al. A new structural model for graphite oxide [J]. Chemical Physics Letters, 1998, 287(1 - 2): 53 - 56.

[38] Paredes J I, Villar - Rodil S, Martínez-Alonso A, et al. Graphene oxide dispersions in organic solvents[J]. Langmuir, 2008, 24(19): 10560 - 10564.

[39] Hummers W S Jr, Offeman R E. Preparation of graphitic oxide[J]. Journal of the American Chemical Society, 1958, 80(6): 1339.

[40] Marcano D C, Kosynkin D V, Berlin J M, et al. Improved synthesis of graphene oxide[J]. ACS Nano, 2010, 4(8): 4806 - 4814.

[41] Chen J, Yao B W, Li C, et al. An improved Hummers method for eco-friendly synthesis of graphene oxide[J]. Carbon, 2013, 64: 225 - 229.

[42] Zhang M, Wang Y L, Huang L, et al. Multifunctional pristine chemically modified graphene films as strong as stainless steel[J]. Advanced Materials, 2015, 27(42): 6708 - 6713.

[43] Eigler S, Enzelberger - Heim M, Grimm S, et al. Wet chemical synthesis of graphene[J]. Advanced Materials, 2013, 25(26): 3583 - 3587.

[44] Chen J, Zhang Y, Zhang M, et al. Water-enhanced oxidation of graphite to graphene oxide with controlled species of oxygenated groups[J]. Chemical Science, 2016, 7(3): 1874 - 1881.

[45] Dong L, Chen Z X, Lin S, et al. Reactivity-controlled preparation of ultralarge graphene oxide by chemical expansion of graphite[J]. Chemistry of Materials, 2017, 29(2): 564 - 572.

[46] Dimiev A M, Tour J M. Mechanism of graphene oxide formation[J]. ACS Nano,

2014, 8(3): 3060 - 3068.

[47] Sun H Y, Xu Z, Gao C. Multifunctional, ultra-flyweight, synergistically assembled carbon aerogels[J]. Advanced Materials, 2013, 25(18): 2554 - 2560.

[48] Shin H J, Kim K K, Benayad A, et al. Efficient reduction of graphite oxide by sodium borohydride and its effect on electrical conductance[J]. Advanced Functional Materials, 2009, 19(12): 1987 - 1992.

[49] Chua C K, Pumera M. Chemical reduction of graphene oxide: A synthetic chemistry viewpoint[J]. Chemical Society Reviews, 2014, 43(1): 291 - 312.

[50] Xu Y X, Sheng K X, Li C, et al. Self-assembled graphene hydrogel via a one-step hydrothermal process[J]. ACS Nano, 2010, 4(7): 4324 - 4330.

[51] Peng L, Xu Z, Liu Z, et al. Ultrahigh thermal conductive yet superflexible graphene films[J]. Advanced Materials, 2017, 29(27): 1700589.

[52] Pei S F, Cheng H M. The reduction of graphene oxide[J]. Carbon, 2012, 50(9): 3210 - 3228.

[53] Chen Y N, Fu K, Zhu S Z, et al. Reduced graphene oxide films with ultrahigh conductivity as Li-ion battery current collectors[J]. Nano Letters, 2016, 16(6): 3616 - 3623.

第2章

石墨烯宏观组装概述

2.1 宏观组装概念

1959年，物理学家理查德·费曼在题为“There's Plenty of Room at the Bottom”的演讲中阐述了人类材料制备的“终极梦想”：从单个原子“自下而上”设计和制造材料[1]。这一简单但深刻的思路揭开了纳米科学与技术的序幕。在随后的半个世纪里，纳米科学与技术迅速发展，已经成为人类社会前进的“第一技术推动力”，全方位地推动化学、材料、生物、医疗、计算机等领域的发展。

在材料领域，纳米科学与技术的发展不但大大延伸了人们对材料结构与性能的认知，而且拓展了人们利用材料的能力。丰富多样的纳米材料不断涌现，形成了庞大的纳米材料体系。在整个纳米材料发展历程中，不同维度碳同素异形体(零维的富勒烯[2]、一维的碳纳米管[3]和二维的石墨烯)的发现具有标志性的意义。其中，罗伯特·柯尔、哈罗德·克罗托、理查德·斯莫利因发现富勒烯于1996年获得了诺贝尔化学奖，随后安德烈·海姆和康斯坦丁·诺沃肖洛夫因石墨烯的开创性研究于2010年被授予诺贝尔物理学奖[4]。

不断涌现的纳米材料让“自下而上”的材料设计和制备成为可能。有别于扫描隧道显微镜在纳米尺度对单个原子的精确操纵，宏观组装是沟通纳米材料与宏观材料的桥梁[5]。它是将纳米材料“组装单元”按照设计的结构精确排布，达到至少一个维度上宏观材料的结构精确设计和控制。纳米材料宏观组装不但可以将纳米材料的优越性质表达为宏观材料的优异性能，还具备高通量、大规模制备的优势，是将理想的“自下而上”概念变成现实材料的新型制备方法。

2.2 宏观组装原理及方法

在宏观组装过程中，大量的纳米粒子在粒子间相互作用或在外场作用下以特定的方式形成宏观尺度的聚集体。从这一过程出发，宏观组装系统就有以下几个方面的重要内涵。

（1）组装单元

正如原子是组成物质的基本单元，在宏观组装系统中，纳米粒子就是最基本的“原子”单元。现如今，纳米粒子的种类数量已经远远超过元素周期表中元素的种类数量，表明了通过宏观组装方法设计、制备材料的巨大空间和潜力。

按维度的不同，纳米组装单元可以大致分为零维、一维、二维及三维四种，对称性依次降低。零维纳米组装单元可以被视为具有无穷对称性的球形粒子，如富勒烯、量子点、球形胶体粒子等。一维纳米组装单元包括碳纳米管、纳米线、纳米棒、纳米带等。二维纳米组装单元主要有石墨烯及其衍生物、黏土胶体、过渡金属硫化物、合成二维高分子、纳米片、纳米板。三维纳米组装单元包含各类特异形状和组成的三维粒子，其几何结构与组成造成了破缺的球形对称性，因此不可被视为球形粒子，如纳米锥、纳米笼、纳米异面体等。纳米组装单元的化学组成很广泛，从单质到化合物，从碳质到金属、无机物和合成分子。

面对如此丰富的纳米组装单元，宏观组装不但可以选取单一的纳米粒子，而且可以选取多种具有相同及不同维度、组成、性质的组装单元来实现材料的设计和制备。

（2）表界面性质

随着粒子粒度进入纳米尺度，表界面的原子比例逐渐占优，因此表界面的性质就成为决定性的要素。在“自下而上”的宏观组装过程中，表界面的性质不但决定了单个粒子本身及凝聚体的性质，还决定了组装形成的凝聚结构及组装方法。例如，纳米粒子具有表面能，倾向于聚集形成无序团簇，从而丧失纳米材料的性能优势。确保纳米粒子的单分散一直是宏观组装的前提，一般可以通过表面改性来实现。通过纳米粒子表面的化学官能团修饰改性，增强与溶剂的溶剂化作用，引入静电斥力相互作用，抑或表面接枝长链分子，引入体积排斥作用，从而达到纳米粒子在溶剂中均匀分散的效果。改性接枝可以让纳米粒子的分散体系由水相到油相自由转换，还能够调节与其他物质间相互作用的大小，从而设计与调控宏观组装体的结构和性能。

（3）环境与外场作用

从统计热力学来看，宏观组装过程的自由能（包括焓及熵）的变化决定了所设计的组装结构是否能够自发形成。在非平衡条件下，调节环境与外场作用可以控制宏观组装过程的自由能，从而让平衡态下热力学禁阻的组装结构得以生成。环境与外场作用在宏观组装过程中尤为重要，因为现实的大多体系都是远离平衡态的。环境与外场作用的调控方式多变，为宏观材料的结构设计与性能调控提供了丰富的手段。常见的环境与外场作用主要有界面作用（如油水界面、气液表面、固体表面等）、可控流动（如微流控设计、定向流动等）、电磁场控制、应力场、光控作用等，不胜枚举。

（4）宏观组装体结构

宏观组装体结构的主要特点在于其跨越尺度大、层次多，表现出较强的复杂性。宏观组装体结构可以逐级展开：从组装单元的原子及拓扑结构出发，跨过组装单元间的界面作用，再到具有局域化特征的初级结构，最后形成宏观尺度上的高级结构。多级多层次的结构特点赋予了宏观组装体丰富且复杂的性能，例如电学性能跨越了绝缘体、半导体及导体，力学性能从高强高模到柔性可拉伸等，其涵盖了广阔的材料范畴。宏观组装体多级多层次结构的解析以及与性能间构效关系的建立是宏观组装的基础，组装单元、表界面性质以及环境与外场作用的调控提供了实现材料设计的方法与手段。

2.3　石墨烯宏观组装体概述

自成功剥离得到石墨烯之后，其二维拓扑结构及众多独特的理化性质引起了介观物理学领域的研究热潮，揭开了二维材料的研究序幕，为新一代电子材料、信息处理器件、光电器件带来了新的契机[6]。除此之外，石墨烯在碳宏观材料领域也带来了范式的改变。宏观组装是沟通石墨烯与碳宏观材料的桥梁[7-14]。

在石墨烯被发现之前，传统碳材料的发展历经了两个阶段（图 2－1）：“石墨粉体机械加工”和“热裂解分子融合”。前者主要采用机械压制方法对石墨粉体进行加工，典型代表为等静压石墨及其加工制品以及石墨片；后者主要通过先热裂解为有机小分子及高分子再融合生成石墨烯单元，代表性的有碳纤维（聚丙烯腈、沥青、黏胶基三类）、聚酰亚胺石墨膜及多孔炭。在传统碳材料中，石墨晶体大尺度边界缺陷及完整石墨烯过小尺寸的核心问题限制了其结构、性能与功能的提高。受制于热处理条件，碳材料的制备过程能耗高，而且不易与其他物质材料集成，结构可设计性差，功能性受限。碳材料的电学、热学、光学等功能性主要来源于其中的石

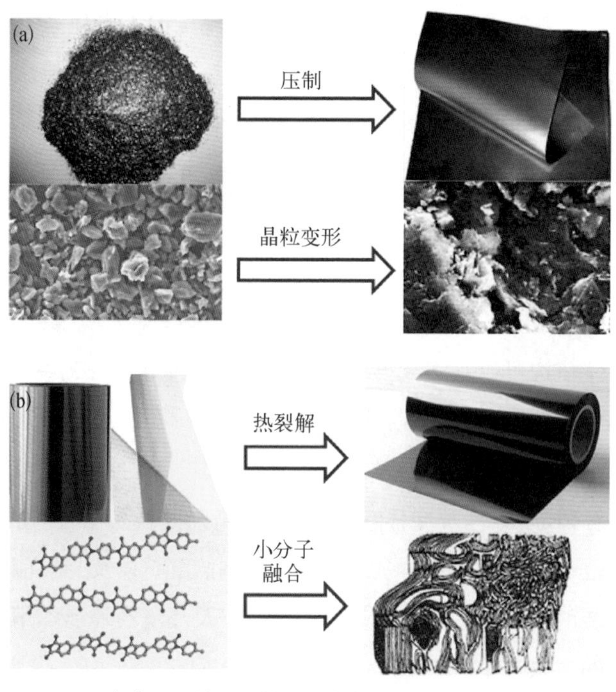

图2-1 传统碳材料制备思路及原理方法

（a）石墨粉体机械加工；（b）热裂解分子融合

墨烯基本单元，因此在材料的功能性设计与制备上存在一个重要的问题：高质量完整的石墨烯结构仅能由高温热裂解生成，随之伴生的是结构复杂、可控性差的交联结构。这也是热裂解碳材料表现出极大脆性、无柔性的原因。

一直以来，对石墨烯这一理论存在的单元的认识是指导碳材料制备的中心理念。石墨烯被成功剥离出及可大量制备给碳材料的制备带来了新的契机，即从石墨烯单元直接组装碳宏观材料。石墨烯宏观组装材料的研究就此展开，并取得了惊人的成果进展。石墨烯宏观组装材料可以克服传统碳材料制备方法的缺陷，为新型结构功能一体化碳材料的制备提供了新的思路(图 2-2)，如具有高导热导电石墨烯纤维、高导电柔性石墨烯膜、超轻弹性石墨烯气凝胶材料。同时，石墨烯宏观组装材料还能更好地与异质材料集成，通过简单易行的化学湿法就可以得到具备优异功能特性的柔性材料，迥异于传统的脆性碳材料。在这一新的碳宏观材料制备方式的指引下，石墨烯宏观组装材料在诸如结构功能一体化材料、柔性可穿戴器件、吸附材料、光电器件、热管理、能源方面初现巨大的应用潜力和价值，极大地拓宽了碳材料的应用领域[7-9]。

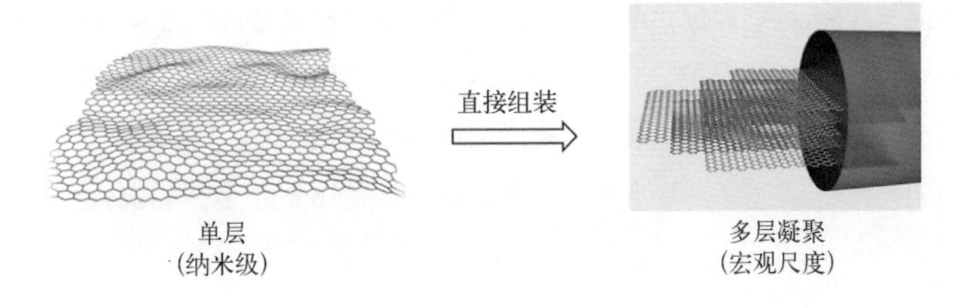

图2-2 石墨烯宏观组装思路及原理

沿着宏观组装原理、方法、材料及应用的主线，以下对石墨烯宏观组装体的发展进行总领式的概述。

(1) 石墨烯组装单元

石墨烯宏观组装主要面向材料的大量制备及规模化应用。目前，已经能够实现大量制备的石墨烯种类主要有两种：一种是通过气相沉积方法制备的大面积石墨烯膜；另一种是从石墨通过化学或物理方法剥离制备的大批量石墨烯浆料或粉体。前者主要适用于平面化的器件；后者由于原料来源广泛和制备方法简单，其成本更低、应用范围更广，涵盖如纳米复合材料、新型碳纤维和薄膜、储能材料等领域。正因为此，石墨烯宏观组装大多基于剥离石墨烯展开。

剥离方法影响所得石墨烯的综合特性，如层数、横向尺寸、表面官能团种类及密度等[8-10]。物理机械剥离方法所制备的石墨烯的层数分布较宽，横向尺寸一般较小，而且随着单层含量的增多，横向尺寸也随之减小。由于没有引入过多的官能团，其结构完整性较好，单片内的电子性质得到较好的保留。但是强的剥离作用带来横向尺寸小的缺点在宏观材料中引入了更多的边缘缺陷，从而造成单片性质优越但材料性能受限的困境。

化学剥离方法制备的多为功能化石墨烯，其中重要的代表是氧化石墨烯。随着化学剥离方法的改进，目前氧化石墨烯的层数可以达到单层，横向尺寸分布也从纳米达到百微米，同时其溶解性优异，在多种溶剂中可以溶解分散加工。氧化石墨烯具有丰富的官能团，一方面有利于其溶解分散加工并提供了丰富的化学调控改性位点，为材料的加工及界面调控提供了可能与便利；另一方面破坏了石墨烯的完整结构，需要进一步的化学及热处理来消除官能团并修补缺陷。经过高效的还原处理，氧化石墨烯组装材料可以表现出优异的电子和声子传输性能。

由于具有单原子层结构，石墨烯被誉为“终极的表面材料”，组成原子全部是表面态而非体相。石墨烯的表面特性不但决定了组装方法的选择，还决定了宏观材料中的界面与性能，因此通过化学方法调控石墨烯表面性质是进行宏观组装的首要步骤(图2-3)。例如，大量的含氧官能团促使氧化石墨烯可以高浓度分散于溶剂中，甚至形成液晶结构，为液相组装加工提供了便利，同时赋予其与极性分子、高分子间较强的相互作用，促进了与异质粒子的分散以及与高分子间的力学载荷传递。

图2-3 石墨烯组装单元的调控因素

除化学结构外，石墨烯片层分子的构象(如褶皱、卷曲等)结构也是一个重要的影响要素。分子构象形态的调控成为宏观组装中的一个重要方面。增加石墨烯的褶皱程度可以减弱其面面堆叠的倾向，增强电化学活性，增强石墨烯材料的柔性；减少褶皱可以促进其密实堆叠，提升石墨烯材料的力学及传导性能。

(2) 组装方法

石墨烯熔点极高，远在其分解温度之上。因此，液相组装是制备石墨烯宏观组装材料的首选方法，也是目前通用的方法。

石墨烯的稳定分散可由两种途径实现。一是针对原始石墨烯或改性石墨烯挑选具有适合表面能的溶剂，如分散原始石墨烯的 N-甲基吡咯烷酮(NMP)、二氯苯等，以及分散氧化石墨烯的 N,N-二甲基甲酰胺(DMF)、水、醇类等。二是针对特定的溶剂对石墨烯进行改性，如实现石墨烯在水中的分散，可以接枝大量的含氧官能团以与表面活性剂进行吸附，或者通过分散剂配体的交换使氧化石墨烯分散于油性溶剂中。

石墨烯片层分子具有原子级厚度与大的横向尺寸，因而具有极强的结构不对称性。在良溶剂中，均匀分散的石墨烯在临界浓度之上可以自组织形成液晶结构，即液相有序结构，而在临界浓度之下则表现为无序结构。石墨烯分散液的自组织状态对其宏观材料的结构有序性有着决定性的影响。通过选择适当的溶剂、调节表面官能团相互作用及静电屏蔽作用等手段，可以调节石墨烯分散液的有序组织结构。

石墨烯的"终极表面特性"使得其对界面作用力极为敏感,这也为设计和调控石墨烯宏观组装材料结构提供了诸多方法。按照外场作用的形式,组装方法可以大致分为表界面模板作用[冰模板冷冻干燥、利用朗格缪尔-布洛杰特(Langmuir - Blodgett, LB)膜、模板表面涂覆等]、剪切流动场(刀片刮涂、旋涂、液晶纺丝等)、应力场(拉伸、表面预拉伸、纤维牵伸干燥等)、电磁场(电场排列及磁场排列等)、化学作用诱导(离子凝胶化及水热凝胶化等)。通过组装方法的选择,可以将石墨烯以极为丰富的方式与其他物质材料进行有效的复合,或者自身组装形成庞杂的石墨烯组装材料体系。在各种组装方法中,通过参数的控制可以实现对石墨烯材料多级多尺度结构的有效控制。

(3) 宏观组装体

石墨烯宏观组装体包含的种类众多(图 2 - 4)[11-14]。从组装材料的维度来看,可以分为零维颗粒材料(石墨烯褶皱微米花、球、卷等)、一维石墨烯纤维(包含纯质、复合、杂化石墨烯纤维)、二维石墨烯膜及巴基纸(石墨烯过滤纸、浇铸纸及涂覆膜等)和三维石墨烯凝胶(气凝胶及水凝胶等)。如此多的材料种类使得石墨烯能够以多变的形式集成至现有的应用材料及技术系统,其应用得以大大拓展。从组成来看,石墨烯宏观组装体可以分为纯质、复合、杂化等类别。

图 2-4 典型的石墨烯宏观组装体

不同维度的石墨烯材料利用石墨烯的不同性质,其用途也不同,关注的结构与性能关系也随之不同。如对于结构功能一体化石墨烯纤维,就需要实现石墨烯的密实有序排列,从而达到高强度模量及优越传导特性;对于柔性功能化石墨烯纤维,需要引入较多的褶皱结构;高强度二维石墨烯膜需要高取向及高致密程度,其过滤性能与有序性、层间距密切相关。因此,在探索石墨烯宏观组装材料的高效、可控制备的同时,针对其用途建立对应的结构与性能关系尤为重要。然而,对于二维分子组装材料的"制备-结构-性能"关系还缺乏系统的认知,有待引入合适的理论体系来进行系统描述。

(4) 应用

通过形成种类丰富的石墨烯宏观组装材料,石墨烯的应用得以在各个领域延伸。制备石墨烯宏观组装材料,需要利用石墨烯的诸多优越性质,因此可以从石墨烯的性质着手来进行应用的分类(图 2-5)。利用其超强的力学性能,石墨烯可以应用在增强复合材料、结构功能一体化纤维、高强膜等领域;利用其良好的弯曲柔性,石墨烯可以应用在柔性碳质气凝胶、纤维、薄膜、传感器等领域;利用其优越的电学性能,石墨烯在导电复合材料、导电纤维、导电涂层、电池添加剂、电磁屏蔽、电热、透明电极等领域具有广阔的应用前景;利用其高比面积及全表面特性,石墨烯可以应用于吸附、电容器、电池、催化等领域。石墨烯宏观组装材料的各类应用将在后面的章节中进行详细阐述。

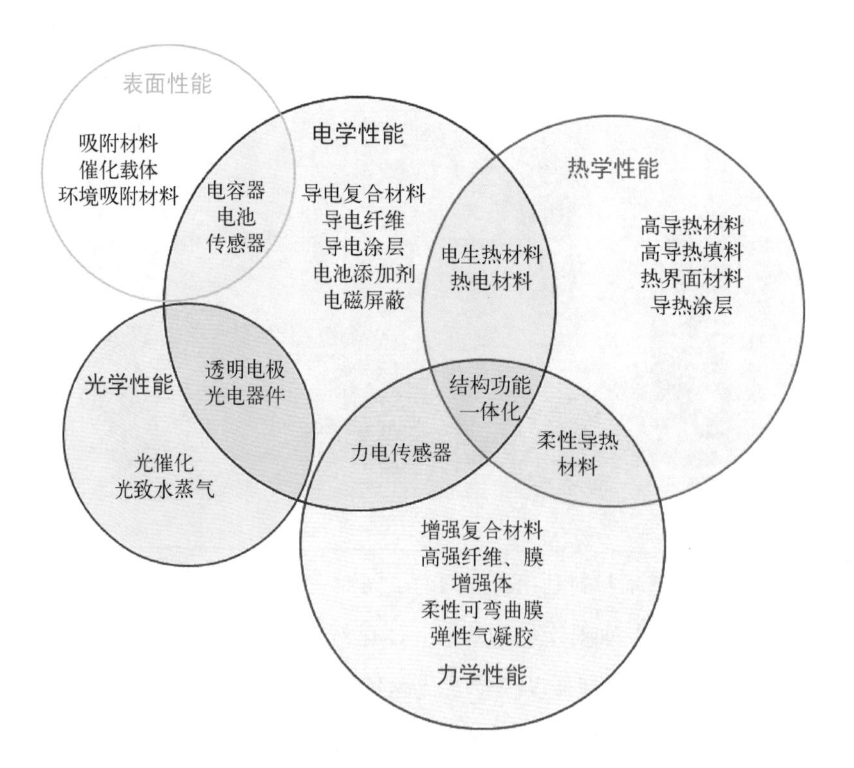

图 2-5 石墨烯的性质及其典型应用

参考文献

[1] Feynman R P. There's plenty of room at the bottom[J]. Engineering and Science, 1960, 23(5): 22 - 36.

[2] Kroto H W, Heath J R, O'Brien S C, et al. C_{60}: Buckminsterfullerene[J]. Nature, 1985, 318(6042): 162 - 163.

[3] Iijima S. Helical microtubules of graphitic carbon[J]. Nature, 1991, 354(6348): 56 - 58.

[4] Novoselov K S, Geim A K, Morozov S V, et al. Electric field effect in atomically thin carbon films[J]. Science, 2004, 306(5696): 666 - 669.

[5] Whitesides G M, Boncheva M. Beyond molecules: Self-assembly of mesoscopic and macroscopic components[J]. Proceedings of the National Academy of Sciences of the United States of America, 2002, 99(8): 4769 - 4774.

[6] Geim A K, Novoselov K S. The rise of graphene[J]. Nature Materials, 2007, 6(3): 183 - 191.

[7] Li Z, Liu Z, Sun H Y, et al. Superstructured assembly of nanocarbons: Fullerenes, nanotubes, and graphene[J]. Chemical Reviews, 2015, 115(15): 7046 - 7117.

[8] Compton O C, Nguyen S T. Graphene oxide, highly reduced graphene oxide, and graphene: Versatile building blocks for carbon-based materials[J]. Small, 2010, 6(6): 711 - 723.

[9] Park S, Ruoff R S. Chemical methods for the production of graphenes[J]. Nature Nanotechnology, 2009, 4(4): 217 - 224.

[10] Dreyer D R, Park S, Bielawski C W, et al. The chemistry of graphene oxide[J]. Chemical Society Reviews, 2010, 39(1): 228 - 240.

[11] Xu Z, Gao C. Graphene fiber: A new trend in carbon fibers[J]. Mateirals Today, 2015, 18(9): 480 - 492.

[12] Xu Z, Gao C. Graphene chiral liquid crystals and macroscopic assembled fibres[J]. Nature Communications, 2011, 2: 571.

[13] Sun H Y, Xu Z, Gao C. Multifunctional, ultra-flyweight, synergistically assembled carbon aerogels[J]. Advanced Materials, 2013, 25(18): 2554 - 2560.

[14] Chen Z P, Ren W C, Gao L B, et al. Three-dimensional flexible and conductive interconnected graphene networks grown by chemical vapour deposition[J]. Nature Materials, 2011, 10(6): 424 - 428.

第3章

石墨烯纤维

3.1 石墨烯纤维概述

纤维材料的诞生促进了人类社会的发展,在现代科技文化中承担着重要的角色。19世纪以前,天然纤维在人类生活中占据主要地位,其加工方式以手工编织为主。直到第一次工业革命,人类对于纤维制品的需求诱导了棉花的加工工艺革新,自此人类开始大规模批量化加工天然纤维[1,2]。随后合成纤维走进了人类的生活,并逐渐占据了大部分的纤维市场。其中,碳纤维是一种含碳量高于90%,集高性能和多功能于一体的纤维材料,在航空航天、汽车、电子、化工、轻纺等领域都有着重要的应用。碳纤维的制备最早可以追溯到1883年,Swan使用碳化的天然纤维素纤维制备电灯泡灯丝,这也是黏胶基碳纤维的雏形。当前使用的碳纤维主要由聚丙烯腈、沥青等原材料经高温碳化处理得到,传统碳纤维与新型碳质纤维的结构单元示意图如图3-1所示。碳化过程可以消除多余的官能团,并形成取向性良好的石墨化结构,从而使得碳纤维具有高强度、高模量、轻质和良好的导电导热性能等一系列优点。这些优异的性质赋予了碳纤维在现代社会中无可替代的战略地位[3,4]。

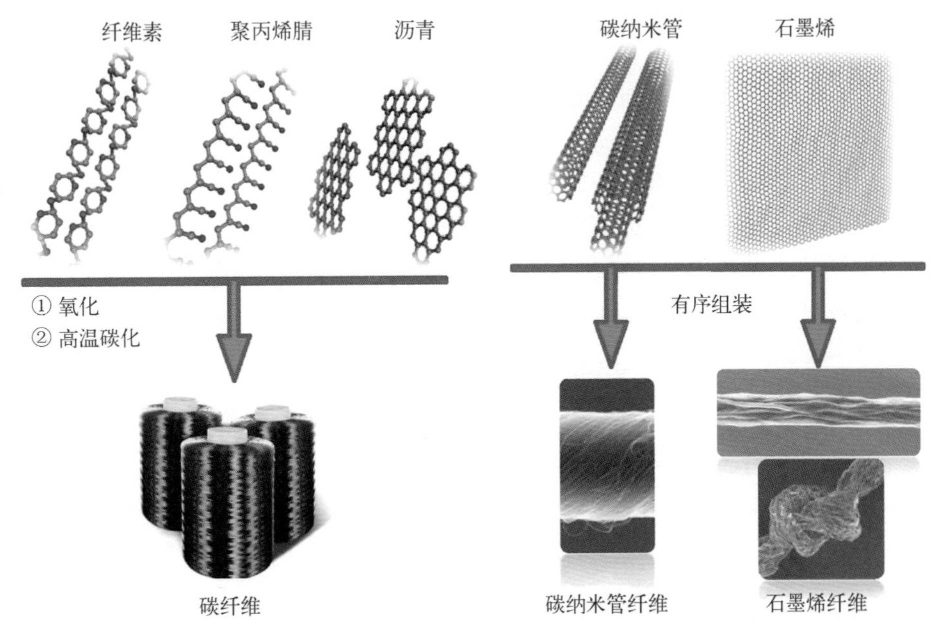

图3-1 传统碳纤维与新型碳质纤维的结构单元示意图[4]

尽管碳纤维已经具有如此多的优点，但是实际上碳纤维内部的结构单元是石墨晶须，其理论强度为 20 GPa，电导率达 1.5×10^6 S/m，远高于目前碳纤维能达到的强度和电导率[5,6]。长久以来，对更高性能碳质纤维探索的脚步从未停歇。碳纳米管(carbon nanotube，CNT)和石墨烯的发现为结构功能一体化碳纤维的实现提供了新的思路。CNT 是二维石墨烯片卷绕成的一维石墨烯管，与石墨烯一样，碳原子在 CNT 中互相以 sp^2 杂化的方式共价键接。作为石墨最基本的结构单元，石墨烯的强度高达 130 GPa，拉伸模量达 1.1 TPa[7,8]。如果可以将石墨烯片有序组装成纤维，同时使宏观纤维组装体最大化地保留单层石墨烯的优异性能，那么石墨烯纤维将成为未来最有发展潜力的新型碳质纤维之一(图 3-1)。

石墨烯纤维是由单片石墨烯沿轴向紧密有序排列而成的一维连续组装材料，目前主要通过液晶湿法纺丝制备得到。与传统碳纤维的制备方法截然不同，石墨烯纤维是将大尺寸石墨烯直接有序组装而成，其石墨烯单元尺寸较大，因此，其机械强度、导电性能与导热性能有望突破传统碳纤维的性能极限，成为新一代结构功能一体化纤维[9]。同时，石墨烯纤维制备的自由度较高，可以与多种功能化物质相杂化复合，具有较高的结构功能可设计性。石墨烯纤维在柔性超级电容器、纤维状电池、智能传感、功能织物、催化等诸多领域具有广泛的应用潜力。本章主要从石墨烯纤维的可控制备、高性能化、多功能应用，以及其复合纤维四个方面展开介绍。

3.2 石墨烯纤维的制备方法

石墨烯纤维是由单层石墨烯组装而成的。目前，已发展出液晶湿法纺丝、一维受限水热组装成丝、薄膜加捻成丝、模板辅助化学气相沉积等制备方法，其中液晶湿法纺丝因其巨大的工业前景，被寄予厚望。

3.2.1 液晶湿法纺丝

石墨烯不可熔融加工，因此石墨烯纤维的制备只能采用基于液相的方法。在高分子纤维及碳纳米管纤维等传统材料的液相组装过程中，分子链之间的缠结有助于纤维的连续收集，而对于石墨烯纤维的组装来说，液相有序化成为关键[10]。氧化石墨烯液晶的发现，为石墨烯的液相有序化和固相有序化材料的制备奠定了基础。基于氧化石墨烯液晶，通过传统的湿法纺丝可实现石墨烯纤维的连续制备，这一方法也被称为液晶湿法纺丝[11]，这是目前使用最广泛的石墨烯纤维的制备方法，具有操作简单、连续性好、效率高、易放大等优点。石墨烯加工的路径选择示意图如图3-2所示。

图3-2 石墨加工的路径选择示意图

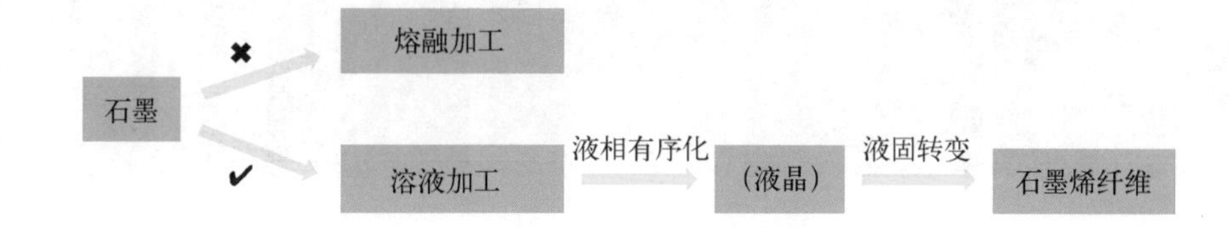

（1）石墨烯液晶

石墨烯溶致液晶是实现石墨烯有序宏观组装的基础，也是连通单层石墨烯优越性能和宏观材料高性能化的桥梁。从胶体液晶经典理论推断，当二维胶体的分散体积分数达到 $4d/w$（d 和 w 分别为二维粒子的厚度和宽度）时就可能形成向列相液晶[12,13]。石墨烯通常具有结构不对称性，即大的宽厚比，按照液晶理论预测，只需要满足良好分散度的要求，石墨烯应该就可以在分散体系中形成液晶。对于超声剥离的少层石墨烯而言，由于分散液中石墨烯浓度低于1 mg/mL，限制了其形成液晶。后来受到碳纳米管液晶的启发，Behabtu 等[14]利用氯磺酸强质子酸的作用，将石墨剥离成单层或者少层石墨烯，达到2 mg/mL 的高浓度状态，在偏光显微镜下呈现出典型的向列型液晶织构。但是由于溶剂的环境不友好及剥离效率低等因素，这种方法几乎没有后续尝试。氧化石墨烯作为石墨烯重要的前驱体，具有良好的双亲型，可以在众多溶剂中良好分散，且与超声剥离的石墨烯相比，氧化石墨烯具有更大的宽厚比，因此理论上氧化石墨烯液晶是存在的。

2011年，高超课题组[15]首次观察到氧化石墨烯的溶致液晶行为。在宽厚比约为2600（平均片径为2.1 μm，厚度为0.8 nm）的氧化石墨烯体系中，当质量分数为0.025%时，溶液体系出现明暗相间的条纹，说明有序区域开始逐渐形成；当质量分数增加到0.5%时，液晶织构就充满了整个溶液体系，且出现多彩的颜色，说明此时已经形成向列型液晶；当质量分数继续增加到1%，整个体系就呈现出层状液晶的典型织构（图3-3）。

同年，Xu 等[16]在窄分布的氧化石墨烯溶液（分散度为13%）中发现了一种新

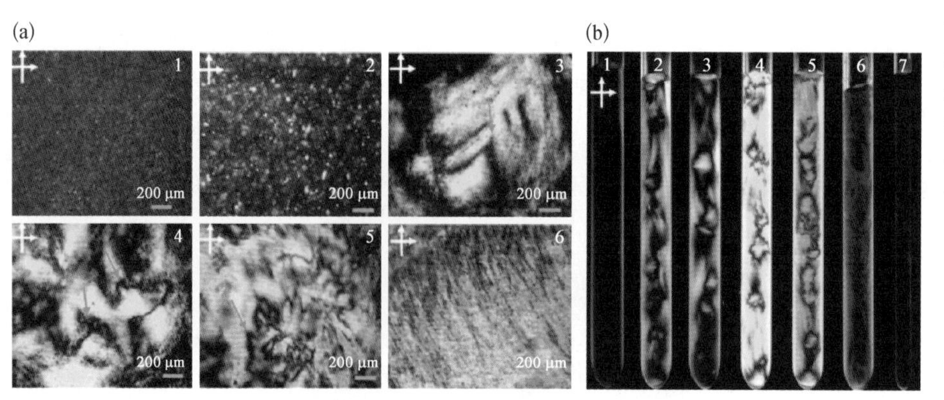

图 3-3 不同质量分数的氧化石墨烯在偏光下的彩色液晶织构[15]

型手性液晶，证明了二维胶体除通常的向列相与层状相外，也可以形成奇异的手性液晶。如图 3-4 所示，在对氧化石墨烯液晶的光学观察中，黑刷是排列指向矢发生扭曲所形成的，在黑刷附近，亮区和暗区的指向矢是相互垂直的。由低浓度到高浓度，丝状织构转变为排列的彩色条纹，类似指纹状织构，这种指纹状织构的指向矢互相垂直，形成螺旋结构。二维胶体的手性相存在的原因是不对称螺旋指向矢与层状结构的连续性不匹配，从而形成具有晶界边缘规整螺旋阵列的受挫结构。

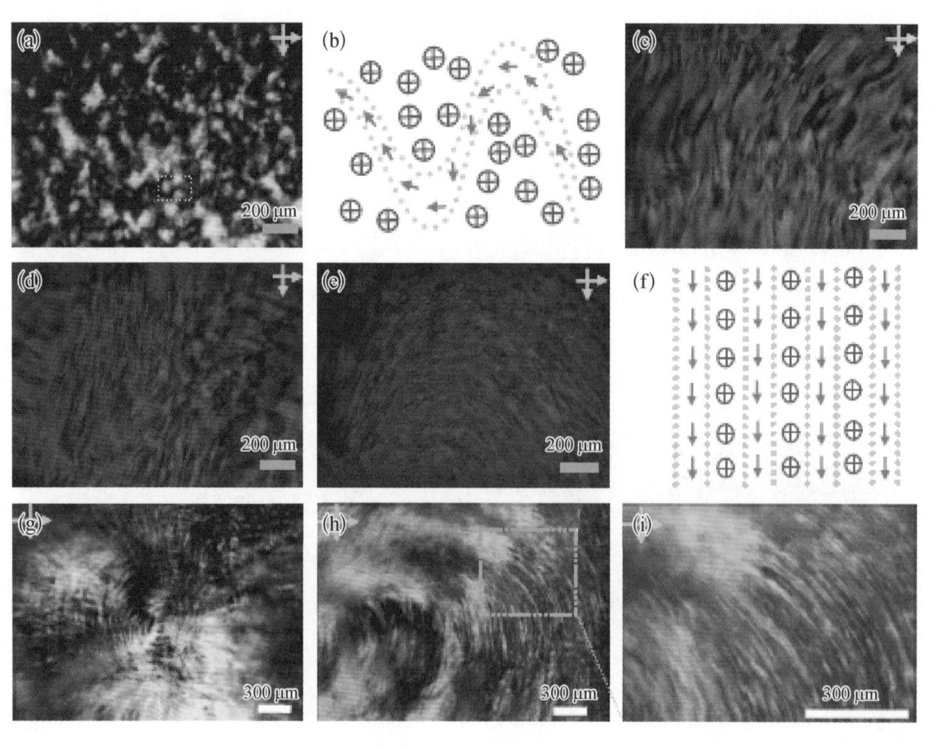

图 3-4 氧化石墨烯手性液晶在偏光显微镜下的指纹状织构[16]

氧化石墨烯液晶不同区域间的取向结构是无规的，类似于“粉末晶体”的结构。利用液晶对外场的响应可以实现对氧化石墨烯液晶取向结构的调节控制。Shen等[17]对薄层氧化石墨烯液晶施加电场，发现能够改变氧化石墨烯的排列取向(图3-5)。当对浓度较低的氧化石墨烯施加电压，氧化石墨烯排列取向，可以观察到均匀的液晶现象，即使撤掉电压，取向结构仍能保留。Lin等[18]对少层石墨烯施加强磁场，成功诱导石墨烯片沿着磁场方向进行排列(图3-6)。他们对比了少层石墨烯、多层石墨烯的 N-甲基吡咯烷酮分散液在强磁场中的响应，由于少层石墨烯片的抗磁性为 0.31×10^{-4}(emu/g)/Oe，多层石墨烯的抗磁性为 0.23×10^{-4}(emu/g)/Oe，因此少层石墨烯在强磁场中的响应更大。流动场控制取向在液晶湿纺过程中尤为重要，是实现石墨烯纤维有序结构的重要因素。Liu等[19]在湿法纺膜时，记录分析了氧化石墨烯液晶在流道中的取向过程，如图3-7所示。从不同阶段的SEM图中可以看出，在剪切流动场作用下，氧化石墨烯液晶逐渐沿着喷膜孔平面完成取向。

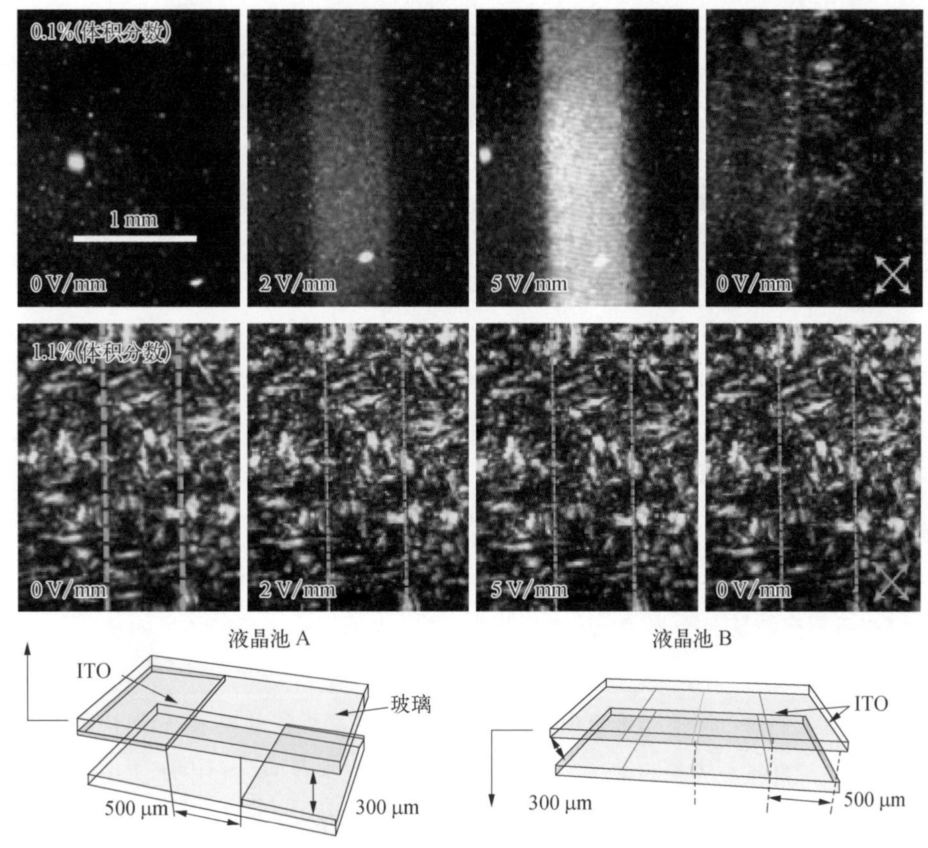

图3-5 氧化石墨烯液晶在电场下的调控[17]

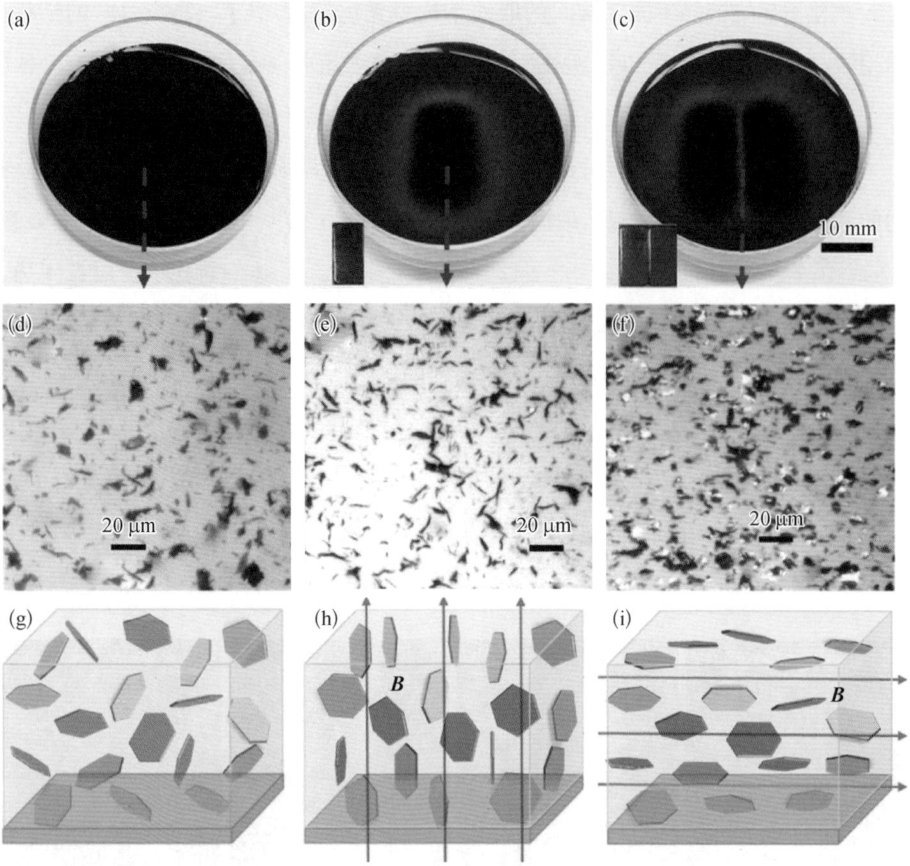

图 3-6 少层石墨烯在强磁场中的取向[18]

(2) 液晶湿法纺丝

氧化石墨烯液晶的发现解决了氧化石墨烯液相的有序性，但如何实现由液相有序向固相有序转变，得到具有有序结构的宏观组装体成为一大研究难题。高超课题组[16]在首次发现氧化石墨烯溶致液晶现象后，继续深入探索，并借鉴高分子湿法纺丝方法，将高浓度(57 mg/mL)的氧化石墨烯液晶注射到旋转的氢氧化钠/甲醇或者氯化钙/乙醇等强凝固体系中，在流场和凝固场的共同作用下形成凝胶纤维，再依次经过水洗、干燥、还原等步骤，最终收集到长度达数米的石墨烯纤维(图 3-8)。

随着人们对石墨烯纤维更深入的认识及对其更高性能的要求，如何快速连续制备石墨烯纤维成为新的挑战。考虑到石墨烯纤维制备的过程中所使用的氧化石墨烯溶液和凝固浴都是水相体系，在实际操作时存在一系列的问题，如水的

图 3-7　氧化石墨烯液晶在湿法纺膜中排列取向的原位观测[19]

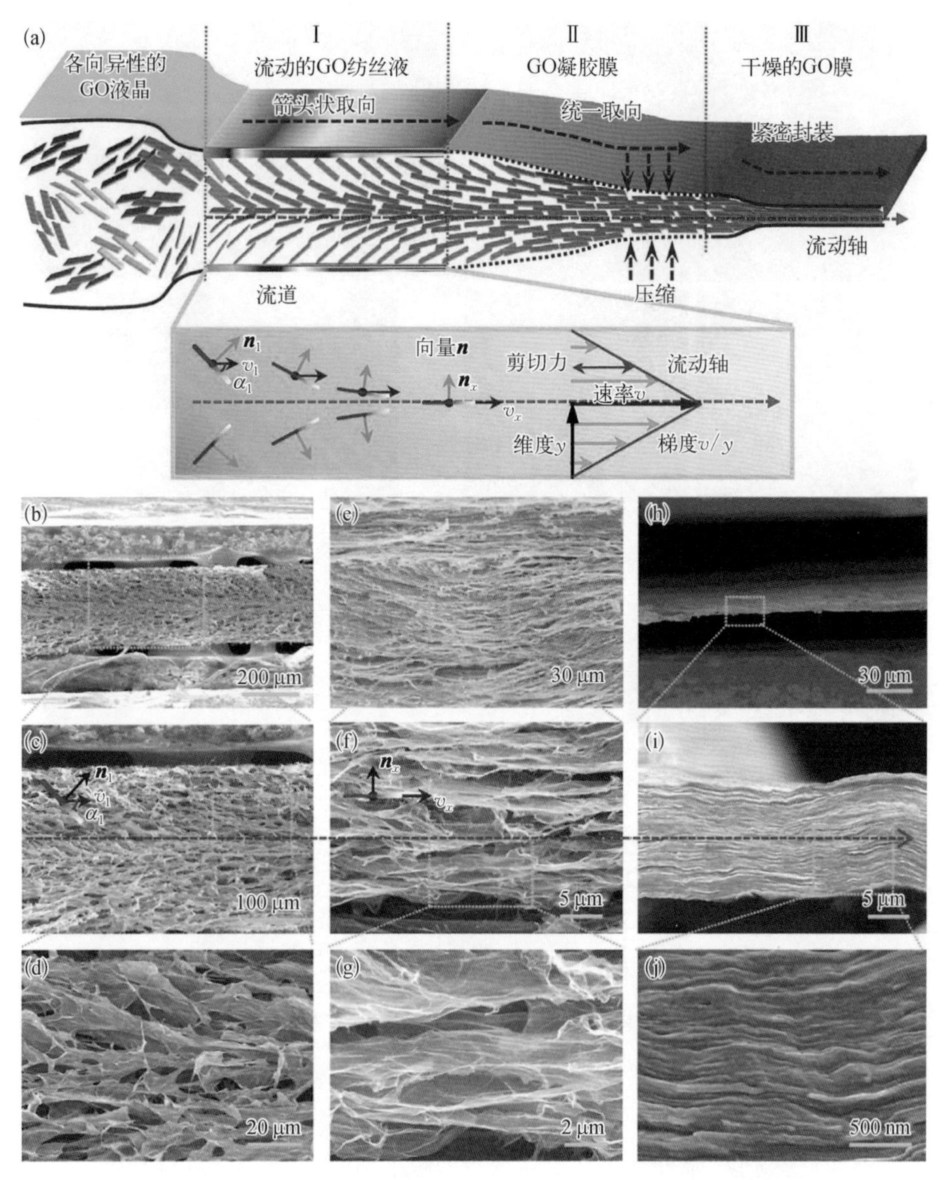

挥发速度与氧化石墨烯凝胶纤维干燥时间不匹配；表面张力过大，常常会伴有纤维的变形和不均匀拉伸等现象；后续需要水洗，步骤烦琐且会引入杂原子物质等。针对这些问题，Xu 等进一步发展了有机相湿法纺丝技术，即将低浓度的氧化石墨烯分散于 N,N-二甲基甲酰胺（DMF）中，凝固浴选用乙酸乙酯，凝胶纤维经过牵伸和干燥，直接收集得到连续的氧化石墨烯纤维（图 3-9）。由于凝胶纤维中的乙酸乙酯挥发速度较快，这一体系极大提高了石墨烯纤维的制备

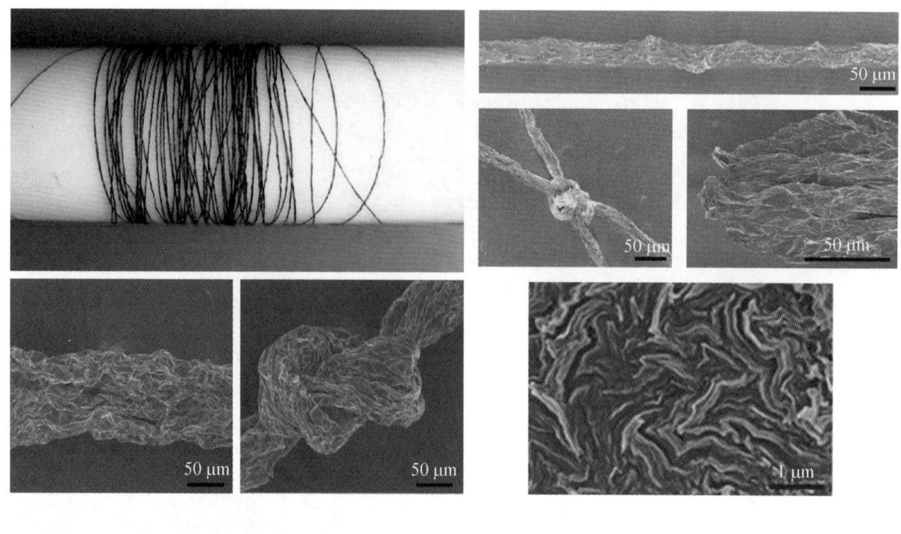

图 3-8 液晶湿法纺丝制备的石墨烯纤维表面与截面的典型结构[16]

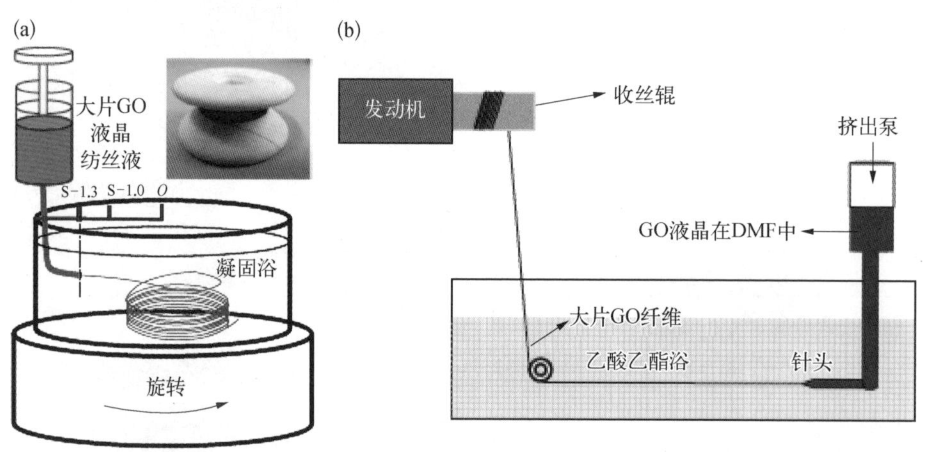

图 3-9 液晶湿法纺丝的装置示意图

（a）水相湿法纺丝装置示意图[9]；（b）有机相连续湿法纺丝装置示意图[20]

效率[20]。

随着石墨烯单丝高效率连续制备的技术越来越成熟，石墨烯纤维开始从单丝向丝束发展。Xu 等[21]将氧化石墨烯液晶纺丝液通过多孔喷丝头，制备得到大批量石墨烯纤维丝束，如图 3－10 所示。

氧化石墨烯纤维的结构和形式较容易被控制，因此出现了中空石墨烯纤维、多孔石墨烯纤维、带状石墨烯纤维等多种形式的纤维。如 Xu 等[22]将氧化石墨烯液晶纺丝液直接纺到液氮里，制备得到了多孔石墨烯纤维（图 3－11）。Zhao 等[23]使用同轴纺丝头，内管通甲醇，外管通氧化石墨烯液晶纺丝液，纺入甲

图 3-10　石墨烯纤维丝束小试生产线[21]

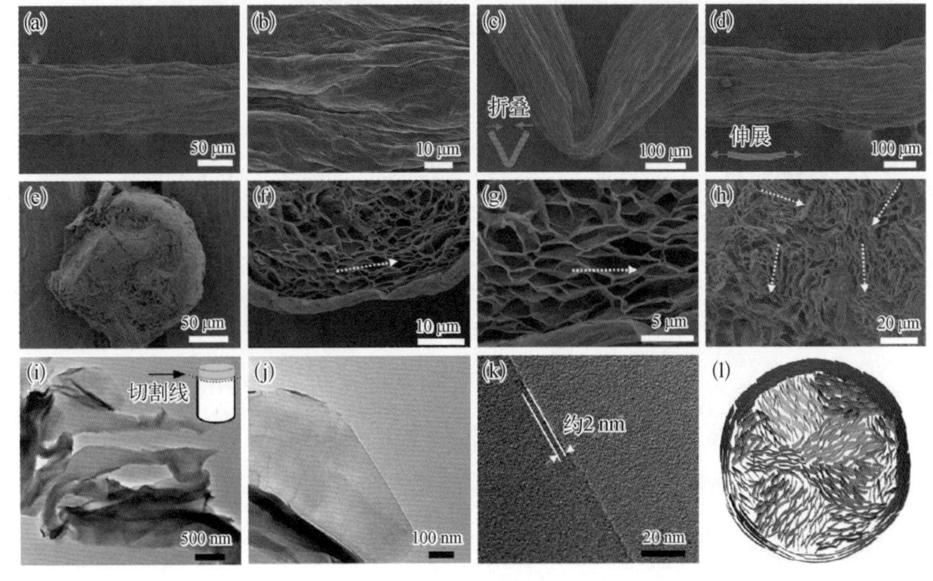

图 3-11　多孔石墨烯纤维的结构[22]

醇中得到了中空石墨烯纤维(图 3-12)。同时,氧化石墨烯与其他高分子混溶后仍能保持液晶状态,因此也有诸多复合纤维的工作,这些工作将在 3.5 节进行详细介绍。

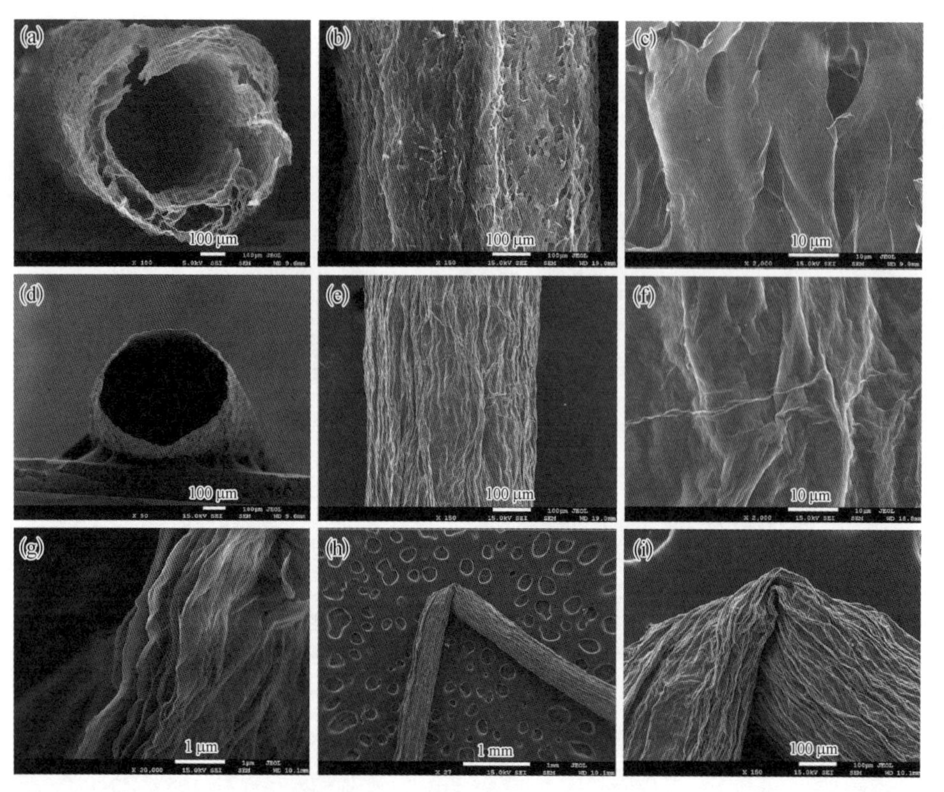

图 3-12 中空石墨烯纤维的结构[23]

3.2.2 其他制备方法

(1) 一维受限水热组装成丝

水热法是构筑石墨烯三维网络结构的有效方法。氧化石墨烯水溶液在加热的过程中,其含氧官能团会逐渐被还原,片层之间的相互作用增强,致使石墨烯片互相聚集,并组装成具有模具形状的宏观材料。曲良体课题组[24]在水热法的基础上,提出了一维受限水热组装制备石墨烯纤维的方法。将 8 mg/mL 的氧化石墨烯水溶液置于 0.4 mm 的毛细玻璃中,将其两端密封后,于 230℃ 热处理 2 h,最终干燥制备得到直径约为 33 μm 的石墨烯纤维。此方法操作简便,可以通过调节玻璃管的内径和 GO 溶液的浓度来控制纤维的直径,同时在水热的过程中可以引入功能性的纳米粒子,如四氧化三铁、二氧化钛、二氧化锰等,得到具有一定功能性的复合纤维[25],然而由于这种方法的连续性低,纤维长度完全取决于毛细管的长度，难以适应石墨烯纤维的大量制备。随后，Li 等[26]改进了这种方法，在水热处理的过程中向氧化石墨烯溶液中加入了适当的还原剂，如维生素 C(VC)，来降低水热处理的温度、提高凝胶化的速度，这一方法较适用于实验室研究，难以用于规模化制备。

(2) 薄膜加捻成丝

Cruz - Silva 等[27]通过对氧化石墨烯膜进行加捻来制备高柔性石墨烯纤维，首先将氧化石墨烯膜裁剪成长条状，一端固定不动，另一端用电动机进行加捻，形成螺旋状氧化石墨烯纤维，然后经过还原得到石墨烯纤维。这种方法制备的石墨烯纤维柔性较好，断裂伸长率可以达到 60%。一方面，由于氧化石墨烯膜脆性大，易撕裂，在加捻卷绕成丝的过程中，需要不断地调节空气湿度，以便增加氧化石墨烯膜的可加工性；另一方面，在后续的还原过程中，加捻的螺旋状石墨烯纤维易发生解螺旋。针对这一问题，Wang 等[28]改进了卷绕工艺，先对氧化石墨烯膜进行化学还原与热还原，然后将还原的石墨烯膜加捻成纤维，这样不仅简化了制备工艺，而且获得了柔韧性和导电性更好的石墨烯纤维材料，其韧性高达 22.45 MJ/m^3，电导率高达 6×10^5 S/m。

(3) 模板辅助化学气相沉积

化学气相沉积法是制备高质量、大面积石墨烯膜的一种重要方法。Dai 课题组[29]将铜箔催化剂换成铜线，通过高温裂解甲烷碳源，在铜线表面生长了连续的石墨烯，接着用氯化铁溶液将铜刻蚀掉，获得了管状中空石墨烯纤维。从溶液中提拉到空气中，由于溶剂挥发，管状中空石墨烯纤维逐渐收缩，最后形成多褶皱的表面。Hu 课题组[30]同样采用模板辅助化学气相沉积法制备了表面多褶皱的石墨烯纤维，纤维外表面包裹聚合物后，形成剑鞘结构的复合纤维，用作安全的力学传感器。此外，Zhu 课题组[31]将化学气相沉积的石墨烯膜转移到水或者乙醇溶液的表面，然后提拉到空气中，借助溶剂挥发时的张力，可以得到厘米级别长度直径为 20～50 μm 的石墨烯短纤维。

3.2.3 石墨烯纤维制备方法的发展趋势

在所有石墨烯纤维的制备方法中，液晶湿法纺丝最有利于批量化的制备，发展潜力大。在液晶湿法纺丝中，纤维由液相有序到固相有序的凝固过程仍不清晰，纤维内部石墨烯片的排列取向未加控制,这些问题仍困扰着石墨烯纤维的可控制备及性能提升。因此,未来还需要投入更大的精力,更快地推进石墨烯纤维的结构功能一体化。

3.3 石墨烯纤维的高性能化与功能化

石墨烯纤维是由石墨烯有序组装而成的新型碳质纤维,结合单层石墨烯的高强度、高导电、高导热的特性,石墨烯纤维的高性能化即被细分为三个发展方向,即高强度石墨烯纤维、高导电石墨烯纤维、高导热石墨烯纤维。

3.3.1 高强度石墨烯纤维

高强度碳纤维作为关键结构材料在汽车、特种服装、高速飞行器、航空航天等领域发挥着重要的作用。作为新一代的碳质纤维,石墨烯纤维有望集成并发挥单层石墨烯基元优异的力学性质。石墨烯纤维诞生之际,其拉伸强度仅有140 MPa,杨氏模量仅为7.7 GPa[16],低于传统碳纤维至少一个数量级,与单层石墨烯基元相差甚远。通过结构优化、缺陷控制来提高石墨烯纤维的力学性能,是推动石墨烯纤维发展的关键。令人受到鼓舞的是,短短几年内,石墨烯纤维的拉伸强度已经从最初的140 MPa发展到2.2 GPa[21]。为了提高石墨烯纤维的力学性能,需要对石墨烯纤维的整个制备过程进行调控,减少缺陷的数量。其中,片径大小、共价交联、取向度、致密化和缺陷后处理五个方面对石墨烯纤维强度的影响最大。

(1) 片径大小

传统高分子纤维高性能化的一个重要手段是提高聚合物的分子量,即通过提高聚合物分子量,减少链末端引起的缺陷,从而得到高强度纤维材料。石墨烯作为一种新型的二维大分子,组装成丝时也逃不过片层边缘带来的缺陷。因此,高超课题组[9]采用大片的氧化石墨烯纺丝液,制备了强度为501.5 MPa的纤维,与之前该团队用小片的氧化石墨烯纺的纤维(140 MPa)相比,有了巨大的提高。

(2) 共价交联

石墨烯是一种二维平面大分子，在组装成宏观纤维材料后，片层间范德瓦耳斯力的大小决定了纤维的整体强度。因此，如果在石墨烯片间引入共价键，能够提高纤维的强度。Xu 等[9]通过引入二价金属离子与氧化石墨烯边缘的羧基形成离子键，增强石墨烯片间的相互作用，抑制石墨烯片的滑移，与未引入二价金属离子相比，纤维强度提高了 65.35%。程群峰课题组[32]在钙离子交联的基础上，进一步采用有机分子 PCDO 共价交联，在离子键和共价键的协同作用下，石墨烯纤维的拉伸强度提高到 842.6 MPa。最近，乔金梁课题组[33]采用氧化石墨烯与酚醛树脂的混合溶液纺丝，酚醛树脂的加入填补了边缘缺陷，且在经过 1000℃热处理后，酚醛树脂碳化交联石墨烯，增强了片间的相互作用。当酚醛树脂的含量为 10%(质量分数)时，石墨烯纤维的拉伸强度由 680 MPa 提高到1.45 GPa，增加了 113%，其杨氏模量从 57 GPa 提高到 120 GPa，增加了 111%。

(3) 取向度

石墨烯纤维制备过程涉及喷丝孔的选择、氧化石墨烯的流动取向、成纤过程中的液-固转变、干燥过程的均匀程度等一系列复杂的问题，因此在纺丝过程中取向度对最终石墨烯纤维的性能有重要影响。高超课题组[21]研究了喷丝孔直径对纤维力学性能的影响，该研究发现喷丝孔的直径越小，纤维的线密度越小，石墨烯基元在纤维基体中的取向度越高，符合 Hall－Petch 效应，如图 3－13 所示。通过调控纺丝液浓度和喷丝孔直径，可以达到纤维细旦化的作用，结合后续超高温石墨化，制备得到直径仅有1.6 μm 的石墨烯纤维，拥有当时最高的强度 (2.2 GPa)。Xu 等[9]通过调整喷丝口距离凝固浴中心的位置，实现了对石墨烯凝胶纤维不同程度的拉伸，发现距离中心位置越远，旋转凝固浴线速度越大，对凝胶纤维的拉伸越明显，得到的石墨烯纤维强度也越高。这是由于对于初生凝胶纤维拉伸有助于提高氧化石墨烯在纤维中的排列取向，进而提高石墨烯纤维的力学强度。Sun 等[34]研究了凝胶纤维干燥过程中施加的张力对石墨烯纤维力学性能和形貌的影响。他们发现，纤维干燥时若完全紧绷，其拉伸强度最高(160 MPa)，断裂伸长率最低(1.8%)，纤维表面褶皱沿着拉伸方向趋向明显；而自由态干燥时，纤维的拉伸强度仅为 40 MPa，而断裂伸长率高达 14%，纤维长度方向上收缩严重，表面褶皱较多；部分松弛干燥时，纤维表面出现鲨鱼皮状褶皱。

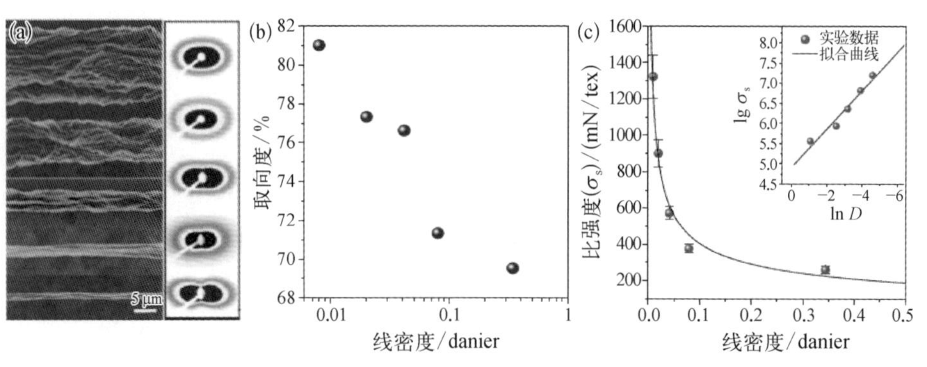

图 3-13 喷丝孔直径与纤维力学性能的对应关系[21]

（4）致密化

通过提高石墨烯纤维的密度，也可以提高纤维的力学强度。Lian 课题组[35]深入研究了氧化石墨烯片径对纤维密度和取向度的影响。他们认为，大片氧化石墨烯制备的纤维取向度较高，但纤维孔隙率过大，影响纤维的密度；小片氧化石墨烯制备的纤维密度较大，通过引入适量的小片 GO，可以减少纤维内部的孔隙率，从而得到高密度石墨烯纤维。结果表明，当小片 GO 含量为 30%时，可以使纤维密度达到最大，同时保持较高的取向度。

（5）缺陷后处理

湿法纺丝是目前能实现规模化制备石墨烯纤维的唯一方法，但是得到的原丝由氧化石墨烯组成，通过常规的化学还原难以使氧化石墨烯固有的结构缺陷完全恢复，石墨烯层间距较大且排列不规整。因此，需要通过高温热还原进一步除去含氧官能团，缩减石墨烯片层间距，提高石墨烯排列的规整度，增加石墨烯片层间的相互作用，进而增强石墨烯纤维的强度。Lian 课题组[35]系统研究了热处理温度对石墨烯纤维力学性能的影响。当热处理温度从 1200℃ 升高到 1800℃ 时，石墨烯纤维的拉伸强度由 200～300 MPa 提高到 900～1000 MPa，继续升高热处理温度，石墨烯纤维的拉伸强度降低并维持在 700～800 MPa。而随着热处理温度从 1200℃ 升高到 2850℃，石墨烯纤维的拉伸模量从 20 GPa 逐渐增加到 100～120 GPa。这是由于随着热处理温度升高，石墨烯纤维密度从 1.65 g/cm^3 逐渐提高至1.86 g/cm^3，而相应的孔隙率从 25%降低到 18.5%，纤维密度的升高、孔隙率的降低说明了纤维内部的缺陷减少。高超课题组[21]同时比较不同的热处理温度对石墨烯纤维力学性能的影响，如图 3-14 所示。通过全尺度调控缺陷含量，得到性能最佳的纤维原丝后，经过 1300℃ 处理，得到拉伸强度为 1.8 GPa、杨氏模量为 156 GPa 的石墨烯纤

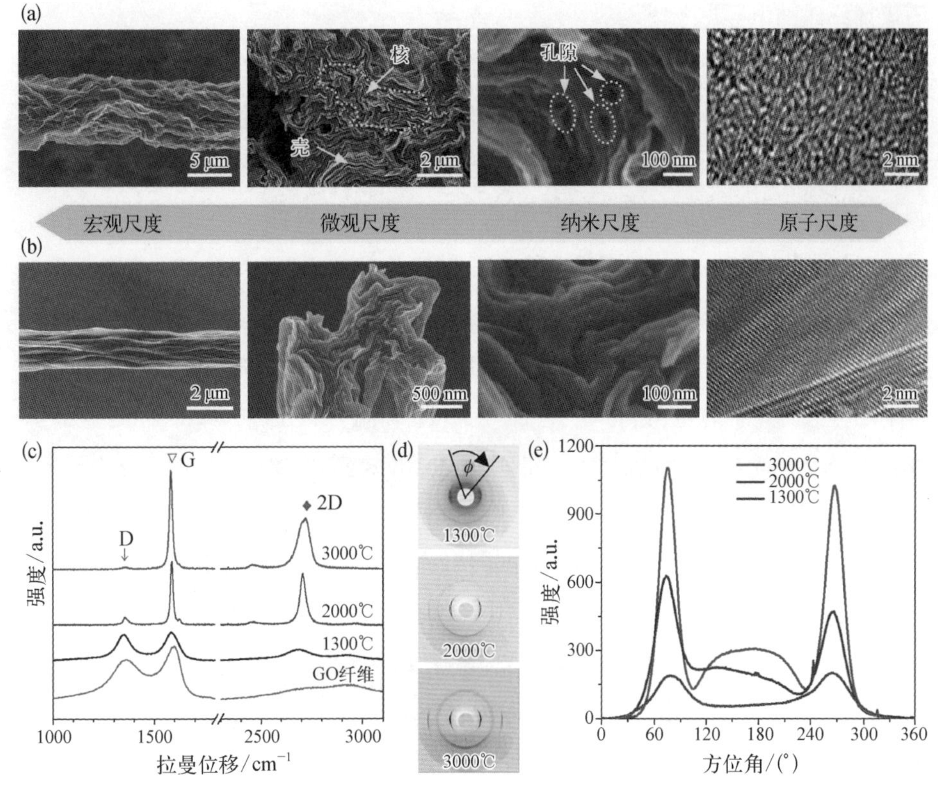

图 3-14 石墨烯纤维结构随热处理温度的变化[21]

维;经过 3000℃处理,得到拉伸强度达 2.2 GPa、杨氏模量为 282 GPa 的石墨烯纤维。这说明通过高温热处理来消除缺陷,可以显著提高石墨烯纤维的力学性能。

3.3.2 高导电石墨烯纤维

寻找新型轻质导电纤维材料来替代金属导线,对于轻量型电子装备的发展、航空航天飞行器的减重等具有重要的战略意义。石墨烯纤维作为一种新型碳质纤维材料,有望应用于电力输运系统及高导电功能复合材料。提高石墨烯纤维导电性能的方法主要从两方面出发,一是提高载流子的迁移速度,二是提高载流子的浓度。载流子迁移速度与石墨烯纤维内部的缺陷紧密相关,缺陷越少,载流子迁移速度越快,因此高温热处理消除石墨烯纤维的缺陷是提高石墨烯纤维电导率的一种有效手段;石墨烯中每个碳原子有一个电子离域形成大 π 键,因此其与金属材料相比,具有较少的载流子浓度,通过掺杂,增加石墨烯纤维的载流子浓度亦可以提高石墨烯纤维的电导率[36-38]。

石墨烯纤维一般由氧化石墨烯纤维经过还原得到,还原程度越高,宏观材料性能越接近于单层石墨烯的性能。因此,纤维还原程度的强弱直接决定了其导电性能的高低。通过高温热还原及超高温石墨化处理,可以进一步除去含氧官能团,同时提高石墨烯纤维的结晶度、晶区尺寸和取向度等结构参数,从而获得具有高电导率的石墨烯纤维。Xin 等[35]利用高温热处理制备了高导电石墨烯纤维。当热处理温度从 1400℃提高到 2850℃时,优化的石墨烯纤维电导率从 0.5×10^5 S/m 提高到 2.2×10^5 S/m。Xu 等[21]利用高温热处理比较了化学还原、1300℃还原与 3000℃还原下石墨烯纤维的电导率,并验证了通过高温热还原可以得到高电导率(8×10^5 S/m)的石墨烯纤维,而且高温热处理温度越高,石墨烯纤维的电导率越高。

异种原子掺杂是提高石墨烯纤维电导率的另一种手段。Xu 等[20]通过在湿法纺丝过程中原位引入银纳米线,制备出银掺杂石墨烯纤维。经过化学还原后,其电导率达到了 9.3×10^4 S/m,而未掺杂石墨烯纤维的电导率仅为 0.2×10^4～4×10^4 S/m。银掺杂石墨烯纤维的载流能力也有了大幅度提高,最高可达 7.1×10^3 A/cm^2,是未掺杂石墨烯纤维的 15 倍(图 3-15)。Liu 等[39]将氯化铁、溴和钾分别通过气相掺杂的方式插层到石墨烯纤维中,分别得到掺杂量为 15%的 $FeCl_3$-GF、掺杂量为 10%的 Br_2-GF 和掺杂量为 26%的 K-GF(图 3-16)。通过观察掺杂后石墨烯纤维的状态发现,$FeCl_3$-GF 和 Br_2-GF 颜色变暗,而 K-GF 由

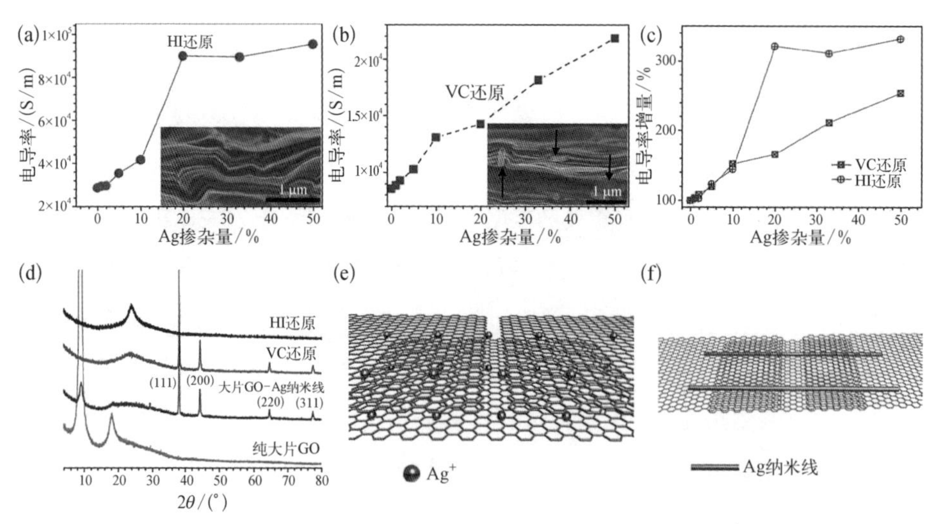

图 3-15 银掺杂石墨烯纤维的结构与性能[20]

图 3-16 异相原子掺杂石墨烯的过程[39]

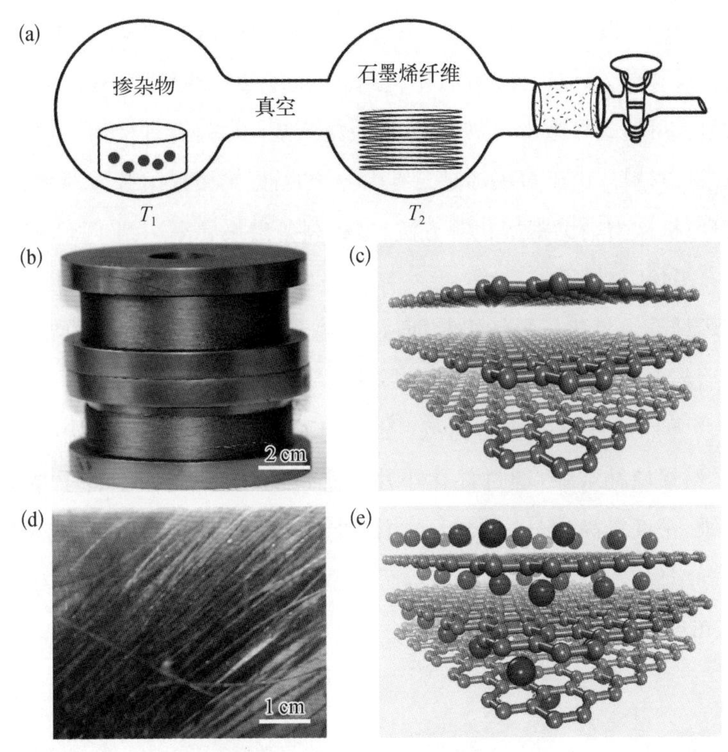

（a）异相原子气相反应装置示意图；（b）（c）初始石墨烯纤维；（d）（e）钾掺杂石墨烯纤维

银灰色变成了金黄色。从电流-电压($I-V$)曲线计算出纯石墨烯纤维的电导率约为8×10^5 S/m，而掺杂后石墨烯纤维的电导率显著提高，分别为 7.7×10^7 S/m、1.5×10^7 S/m和2.24×10^7 S/m。其中钾掺杂的石墨烯纤维的电导率高于镍(1.5×10^7 S/m)，接近铝(3.5×10^7 S/m)和铜(5.9×10^7 S/m)。且由于石墨烯纤维的密度较低，以比电导率为标准，则与铝金属相当，约是镍的 8 倍、铜的 2 倍，这些优异性能使得石墨烯纤维在轻质导线、电动马达、信号传输、能源储存与转化、电磁屏蔽等领域有巨大的潜在应用价值。另外，Liu 等[40]用金属钙对石墨烯纤维进行掺杂，制备了具有超导特性的石墨烯纤维，超导转变温度为 11 K，与商用 NbTi 超导线相当，实现了宏观碳材料领域首例超导纤维。

3.3.3 高导热石墨烯纤维

碳材料一般具有较高的热导率，例如高定向裂解石墨的热导率可以达到

2000 W/(m・K),其导热特性来源于石墨基元面内晶格的振动,即声子传热。所以石墨晶格尺寸越大、取向度越高、结构越完善,碳材料的热导率就越高。氧化石墨烯尺寸最大可达数百微米,将如此大的石墨烯基元通过合理地组装,可以获得高导热的石墨烯材料。由于石墨烯是二维大分子,石墨烯极易组装成薄膜材料,通过高温热处理、机械力辅助密实化等方法,已经制备出热导率达到 1900 W/(m・K)的高导热石墨烯膜材料[41]。

石墨烯纤维由氧化石墨烯组装而成,考虑到石墨烯单元极佳的导热性能,高温热处理后的石墨烯纤维亦会表现出不凡的导热性能。具代表性的是 Lian 课题组[35]结合了不同尺寸石墨烯的优点(图 3-17),大片石墨烯提供热量传输的通道,小片石墨烯填补空隙,通过优化小片石墨烯的比例,成功制备了结构致密的石墨烯纤维,密度最高为 1.8 g/cm^3。当热处理温度达到 2850℃时,纯大片石墨烯纤维的热导率仅有 1000 W/(m・K),而大小片复合的石墨烯纤维的热导率高达 1290 W/(m・K)。

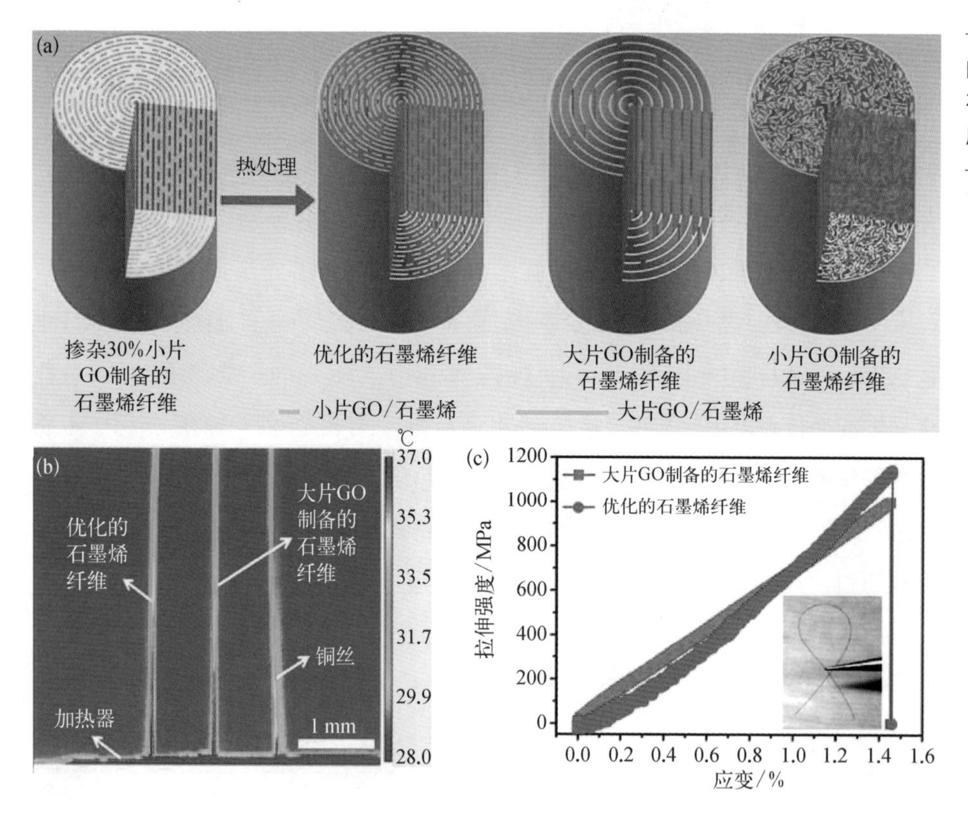

图 3-17 高密度石墨烯纤维的制备原理与性能[35]

3.4 石墨烯纤维的多功能化应用

石墨烯纤维具有强度高、柔性好、电/热传导性能优异等特性，而且结构设计性强、性能上升空间大，在纤维状超级电容器、纤维状电池、智能驱动器、多功能织物、催化等领域都展示出了良好的应用前景。

3.4.1 纤维状超级电容器

随着电子科技产品的飞速发展，特别是柔性显示器、可折叠移动电话、智能服饰等新概念的提出及实现，轻质、便携、可穿戴已经成为下一代电子产品的重要发展方向。传统的储能元件由于存在体积大、携带不方便、容量低、充放电速度慢等缺点，难以满足未来可穿戴电子设备对柔性和便携性的要求。因此，亟须开发可以集成到织物、服饰、手表、移动电话等电子设备的新型柔性储能器件。

碳材料由于具有低密度、高电导率、高电化学活性、大的比表面积等特性，在发展柔性储能器件中有独特的优势。目前，碳纤维布、碳纳米管、石墨烯及其复合物已在超级电容器的研究中发挥了重要作用。特别是近几年来，石墨烯纤维的迅速发展带动了石墨烯纤维超级电容器的研究。

2013 年，曲良体课题组[42]首次报道了石墨烯纤维超级电容器[图 3-18(a)]。首先用一维受限水热成丝制备了石墨烯纤维，并以此为电极，通过电化学的方法将氧化石墨烯沉积在纤维表面。在电场的驱动下，氧化石墨烯沉积的同时发生还原反应，最终形成了一种以三维多孔石墨烯为壳、致密石墨烯纤维为核的石墨烯纤维。将这种具有多级复合结构的全石墨烯纤维作为电极，以聚乙烯醇/硫酸（PVA/H_2SO_4）作为凝胶电解质，组装成全固态石墨烯纤维超级电容器。其中内层致密的石墨烯纤维提供良好的导电性和柔性，具有高比表面积的三维多孔的石墨烯壳层提供电化学活性，面积比电容可达 1.7 mF/cm^2。这种石墨烯纤维超级电容器具有独特的柔性和可编织特性，还可以通过结构设计制备成具有压缩和拉伸性能的弹簧状超级电容器。

高超课题组[43,44]在石墨烯纤维超级电容器这一领域做了系统性的研究工作[图3-18(b)]。将液晶湿法纺丝制备的连续石墨烯纤维组装成超级电容器，面积

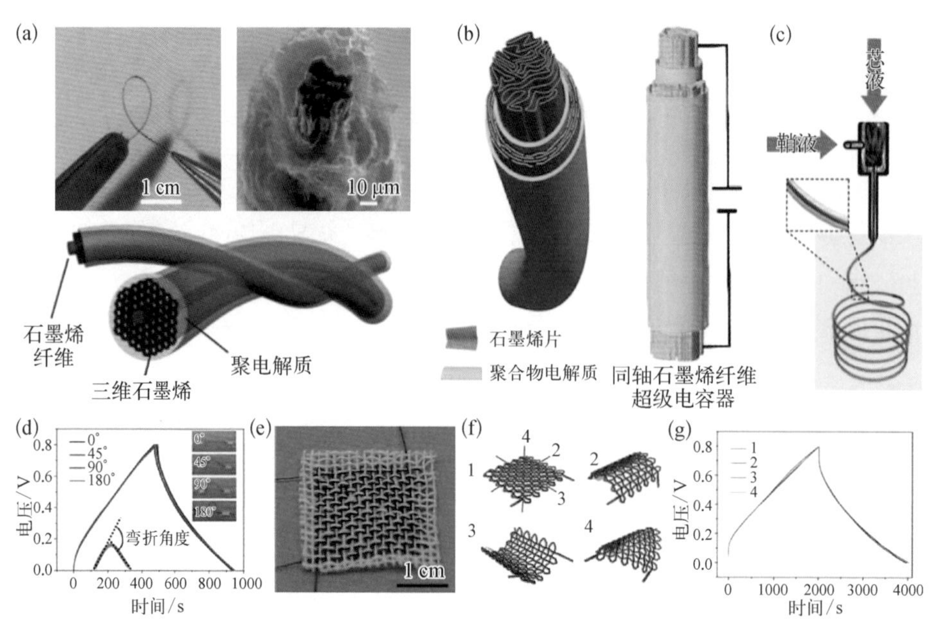

图 3-18 石墨烯纤维超级电容器的制备、结构与性能

（a）全固态石墨烯纤维超级电容器[42]；（b）同轴石墨烯纤维超极电容器[43,44]；（c）同轴纺丝制备剑鞘结构纤维；（d）柔性石墨烯纤维超级电容器在不同弯曲状态下的充放电曲线；（e）柔性石墨烯纤维超级电容器编织布；（f）（g）柔性石墨烯纤维超级电容器编织布的不同弯曲状态及对应的充放电曲线[43,45]

比电容可达 3.3 mF/cm²，接枝聚苯胺后的面积比电容提高到 66.6 mF/cm²。利用石墨烯和碳纳米管复合纺丝，制备的石墨烯/碳纳米管纤维电容器的面积比电容为 32.6 mF/cm²，引入二氧化锰纳米粒子后的面积比电容进一步提高到 59.2 mF/cm²，通过设计非对称结构，可将操作电压提高到 1.6 V，体积能量密度高达 11.9 mW·h/cm³。以羧甲基纤维素钠为壳、石墨烯/碳纳米管复合纤维为核，发展了同轴湿法纺丝技术，羧甲基纤维素钠的存在有效地避免了电容器在组装过程中的短路现象，且由于石墨烯与碳纳米管之间的协同作用，这种同轴纤维状电容器同时具有高的功率密度（面积功率密度为0.02 mW/cm²，体积功率密度为 0.018 W/cm³）和能量密度（面积能量密度为3.84 μW·h/cm²，体积能量密度为 3.5 mW·h/cm³），同时这种同轴纤维具有非常好的柔性和编织性，可以与棉纱混编成织物，形成织物状超级电容器，为纤维状电容器在可穿戴电子设备、智能服饰等领域的应用奠定了基础；同样利用同轴纺丝技术，在核层内继续加入 PEDOT：PSS，进一步降低纤维内阻，制备得到性能更佳的同轴纤维状电容器。利用纤维之间的可融合性，开发了石墨烯纤维无纺布超级电容器。

Yu 等将湿法纺丝制备的石墨烯纤维作为内电极，在浸渍凝胶电解质后，利用离子诱导组装的方法在凝胶电解质上组装出外电极，开发了在单根石墨烯纤维上集成两个电极的超级电容器。这种高度集成的结构缩短了两电极之间的距离，极大程度地减少了溶液电阻，面积比电容高达 205 mF/cm^2，体积能量密度为 17.5 $mW \cdot h/cm^3$，电容性能明显胜过传统的平行排列或者缠绕成股的方式。另外，他们利用受限水热法制备了具有多级结构的氮掺杂石墨烯/碳纳米管复合纤维，通过调节石墨烯和碳纳米管的比例，获得了比表面积高达 396 m^2/g、电导率为 10200 S/m 的电极材料。组装成的电容器的体积比电容为 305 F/cm^3，且经过 1000 次弯折 90°后基本保持不变，从而保证了其在可穿戴电子设备中的耐弯折性。

虽然石墨烯纤维超级电容器取得了一定的研究进展，但仍存在一些关键问题待解决，比如石墨烯纤维的内阻较大会影响电容器的充放电速度及电能的使用效率。还原一方面可以增加电导率，减小纤维内阻；另一方面会降低电解质对石墨烯纤维的浸润性，不利于离子的传输。如何权衡内阻和离子迁移速度，获得最优的电容性能是一个挑战。

3.4.2 纤维状电池

为了满足未来可穿戴电子设备轻量化、微型化的发展要求，除了研发纤维状超级电容器外，纤维状电池也是一个重要的研究方向。相比于传统的平板太阳能电池或者块状二次电池（如铅酸电池、纽扣电池等），纤维状电池具有更好的便携性和柔顺性，可与织物、服装高度集成，因此发展纤维状电极材料、制备纤维状电池对未来可穿戴电子器件、智能服饰的发展具有重要的意义。

彭慧胜课题组[46]结合石墨烯和碳纳米管纤维，开发了一系列新型的纤维状太阳能电池。其中，代表性工作之一是高性能石墨烯纤维状太阳能电池（图 3 - 19）。通过电化学的方法将铂纳米粒子沉积到石墨烯纤维表面，形成了具有优异电催化活性的复合纤维电极。进一步通过阳极氧化法在钛线表面生长出二氧化钛纳米管阵列。将复合纤维和表面包覆二氧化钛纳米管阵列的钛线分别作为对电极和工作电极，互相缠绕组成电池。通过调节铂纳米粒子的比例及工作电极的结构，获得了光电转化效率高达 8.45%的纤维状染料敏化太阳能电池，这是纤维状太阳能电池的最高纪录[45,46]。

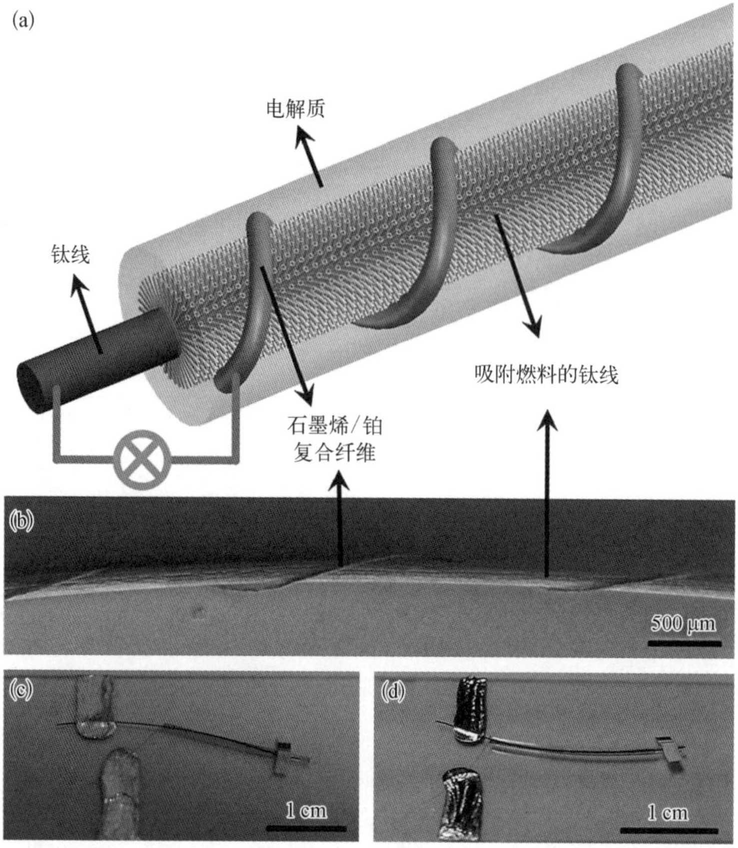

图 3-19 高性能石墨烯纤维太阳能电池的结构示意图[46]

然而由于铂纳米粒子价格昂贵，石墨烯/铂复合纤维并不适于规模化制备，因此有必要发展无须铂纳米粒子的石墨烯纤维电极[45]。Dai课题组[29]利用模板辅助化学气相沉积法，制备了基元结构完整、电导率优异、比表面积大的多孔石墨烯纤维，以此组装成的染料敏化太阳能电池光电转换效率可达3.25%。

3.4.3 智能驱动器

智能驱动器是能够接受外界环境如温度、湿度、光照、电流电压等的刺激，内部结构做出适应性调整并产生形变的一种器件。传统的铁电、压电驱动材料柔性低、加工性能差，严重制约了其在智能驱动器、软体机器人领域的应用。石墨烯纤维具有柔性好、易加工等优点，是制作智能驱动器的理想材料[45]。

曲良体课题组[47]在石墨烯纤维智能驱动器领域做出了一系列有趣的研究工

作(图3-20)。利用激光对石墨烯纤维进行区域选择性还原,获得了一系列具有非对称结构的石墨烯/氧化石墨烯复合纤维。氧化石墨烯含有大量的含氧官能团,亲水性良好,当空气湿度增加时,能迅速吸收水分而发生溶胀;当空气湿度降低时,水分能够从氧化石墨烯层间脱离,使层间距减小而收缩。利用这一原理,非对称结构的石墨烯/氧化石墨烯复合纤维可根据环境湿度的变化,做出复杂的弯曲、弯折、扭曲等运动形式。这种湿度相应特性可以指示天气湿度变化,还可以做成湿度驱动的机械手、爬行器件等。另外,通过对凝胶纤维进行旋转加工制备了具有螺旋结构的氧化石墨烯纤维。当环境湿度增加时,水分子使氧化石墨烯溶胀,促使纤维高速旋转;当环境湿度降低时,氧化石墨烯层间收缩,又返回初始状态。这种行为特性被进一步用来制作湿度响应开关和湿度发电机。除了湿度响应外,在石墨烯纤维制备过程中引入磁性纳米粒子,可以得到磁驱动的石墨烯驱动器,用作磁控开关。

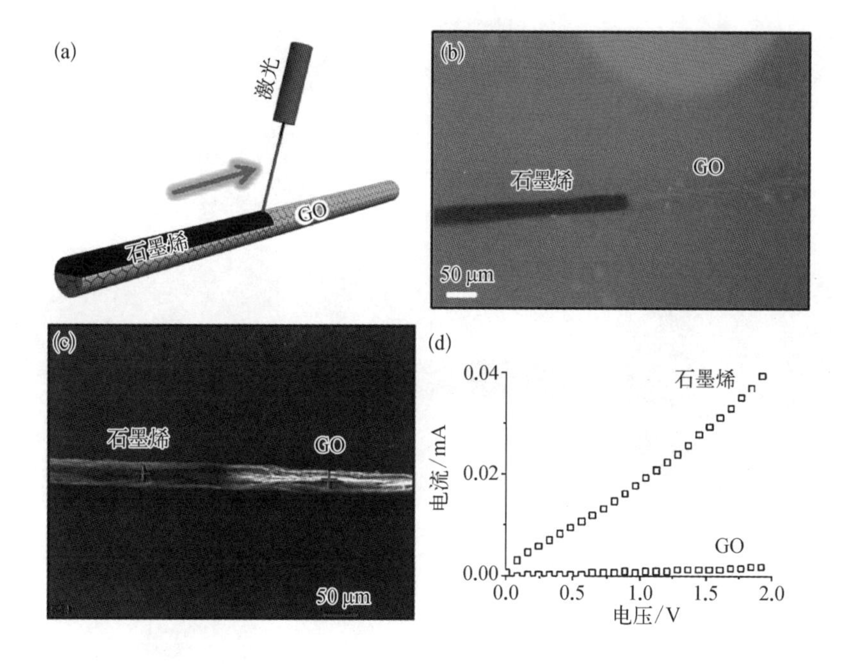

图3-20 湿度敏感智能驱动器的制备过程[47]

3.4.4 多功能织物

碳质纤维织物在可穿戴器件和能源等领域发挥着重要的作用。作为一种新型碳质纤维，如何对功能性石墨烯纤维进行编织以获得石墨烯纤维编织物，这是石墨烯纤维面向应用过程中必须要解决的一个问题[45]。

李清文课题组借助3D打印技术，在基底上程序化地打印出石墨烯纤维，石墨烯纤维之间彼此搭接融合形成网状结构，具有应力感应特性(图3－21)[45]。Razal课题组利用干喷湿纺技术，制备了柔性良好的石墨烯纤维，并和尼龙一起混纺，首次实现了石墨烯纤维的机械编织[45]。高超课题组利用薄膜加捻法制备了石墨烯纤维编织布，具有非常好的电热性能；另外在连续化湿法纺丝技术的基础上，利用氧化石墨烯纤维的自融合现象，成功地实现了石墨烯纤维无纺布的制备，表现出较高的电导率和热导率，同时其密度只有0.22 g/cm^3，比电导率和比热导率远远高于商用碳纤维织物[45]。

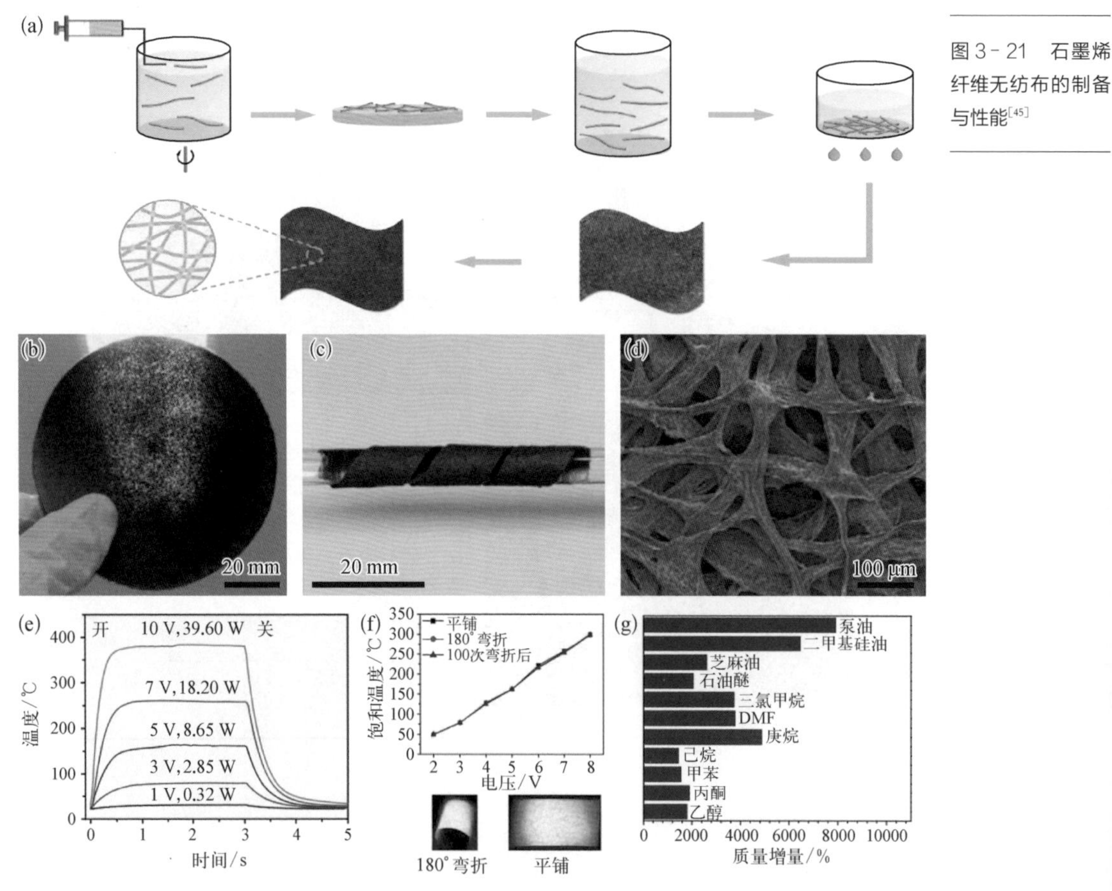

图3－21 石墨烯纤维无纺布的制备与性能[45]

(a) 石墨烯纤维无纺布的制备过程；(b)～(d) 石墨烯纤维无纺布的照片、微观结构；(e)～(g) 石墨烯纤维无纺布的电热响应和吸油性能

3.5 石墨烯复合纤维

为了更有效地实现石墨烯基纤维的高性能化(如高强度、高电导率、高韧性等)及多功能性(如磁性响应、光电响应等),常使用其他材料与石墨烯纤维进行复合。石墨烯复合纤维材料通常是将其他组分分散在氧化石墨烯溶液中,然后湿法纺丝而成。即在石墨烯纤维中利用原位/非原位的方法,通过物理/化学作用在石墨烯片层上引入其他功能性组分,使其在维持原有优异性能的基础上某些性能得到进一步提升或具备某些新的功能性。自 2012 年 Shin 等[48]首先制备出石墨烯复合纤维以来,已有多种组分被引入石墨烯纤维中。按照第二组分的种类可将石墨烯基杂化/复合纤维分为高分子-石墨烯纤维、金属-石墨烯纤维、无机非金属-石墨烯纤维。总体来讲,制备方法包括原位法和非原位法,即在石墨烯上原位生长其他组分或将已经制备好的其他组分通过共价键/非共价键的方式接在石墨烯片上。具体地,原位杂化/复合的方法是在石墨烯上预先复合高分子、金属前驱体而后在一定条件下原位聚合生成高分子或还原生成金属纳米颗粒、纳米线等,或者直接在化学气相中原位沉积生成希望得到的杂化组分。非原位杂化/复合的方法是石墨烯片上接的官能团与其他组分通过缩合等反应形成共价连接,或通过其他组分与石墨烯间的非共价相互作用(疏水相互作用、范德瓦耳斯力、$\pi-\pi$ 堆积、静电相互作用等)实现复合。原位复合法,尤其是化学气相沉积法,对石墨烯无改性要求,且过程中对石墨烯材料的形貌影响较小,是比较通用简单的一种方法。而非原位复合法则更利于引入形貌、尺寸精确控制的其他组分,不受石墨烯带来的空间受限等影响。石墨烯基杂化/复合纤维的高性能及功能性推进其进一步应用于传感器、超级电容器、光伏、柔性多功能器件、催化等领域。

3.5.1 高分子-石墨烯纤维

高分子按照结构划分可分为线型、支链型、体型结构。石墨烯片是相对硬度较大的二维单元。受天然生物材料——贝壳的启发,Hu 等发现若将含有官能团的高分子与石墨烯结合起来,有序组装成层状交错堆叠结构的纤维,即可得到强韧兼备的高分子-石墨烯仿贝壳纤维。其中，高分子充当贝壳中的壳角蛋白类物质，氧化石墨烯片充当文石晶体类物质。基于此仿生思想，一系列的高分子-石墨烯纤维被开发出来。目前，常用的高分子包括链状高分子、超支化聚合物、生物大分子（聚乙烯醇、聚丙烯腈、超支化大分子、海藻酸钠）等。制备得到的纤维结构一般是高分子链通过化学键接枝或以氢键、离子键等作用结合在石墨烯的片层间。制备方法包括纺丝前在氧化石墨烯中加入高分子/高分子前驱体或将纤维后处理。

纺丝前在氧化石墨烯中加入的高分子链上一般含有丰富的官能团（如—OH），能与氧化石墨烯片以氢键、π-π堆叠等作用结合（氧化石墨烯片的平面和边缘上也有丰富的氧官能团），包覆在片层上。抑或是加入高分子前驱体，前驱体原位聚合，以化学键接枝在氧化石墨烯片上。形成复合纺丝液后一般以湿纺或电纺等进行纺丝。湿纺中纺丝液形成高分子-氧化石墨烯-高分子三明治结构。进一步地，利用氧化石墨烯液晶的自模板效应，在湿纺过程中三明治单元部分取向排列，有利于单元之间产生相互作用，从而形成凝胶纤维。干燥后得到的高分子-石墨烯纤维具有层状结构，其中三明治结构单元层层堆叠排列。这种仿生结构以及氧化石墨烯与高分子的强相互作用使得纤维的拉伸强度较高。实际上，将石墨烯作为一种填料添加进高分子基体的体系已经有了很多报道。在高分子中加入少量的石墨烯就能显著改善高分子的力学强度、电学性能。高超课题组在制备石墨烯基复合纤维方面进行了多种尝试（如将超支化聚甘油、聚乙烯醇、聚丙烯腈、海藻酸钠等添加到氧化石墨烯纺丝液中），并取得了相应进展。他们将超支化聚甘油（HPG）与氧化石墨烯机械共混作为纺丝液，利用湿法纺丝制备得到连续的超支化聚甘油-石墨烯仿贝壳复合纤维[49]，如图3-22所示。这种仿生结构以及氧化石墨烯与超支化分子的强相互作用使得纤维的拉伸强度（125 MPa）高于一般的层状材料和仿生复合材料（如壳聚糖-蒙脱土仿生膜的拉伸强度约为76 MPa，聚乙烯醇-蒙脱土仿生膜的拉伸强度为105 MPa）。后来他们又在此工作的基础上，采用钙离子交联超支化聚甘油-石墨烯复合纤维，使拉伸强度有了较大的提高，达到555 MPa。除此之外，他们还将链状聚合物（聚乙烯醇、聚丙烯腈）、生物大分子（海藻酸钠）等引入氧化石墨烯纺丝体系中。聚乙烯醇（PVA）链上的—OH、—O—可与氧化石墨烯片氢键连接形成涂覆三明治结构。制备的聚乙烯醇-石墨烯纤维的拉伸强度约为160 MPa。将丙烯腈单体、偶氮二异丁腈（AIBN）

图3-22 超支化聚甘油-石墨烯仿贝壳复合纤维的制备过程及相应照片[49]

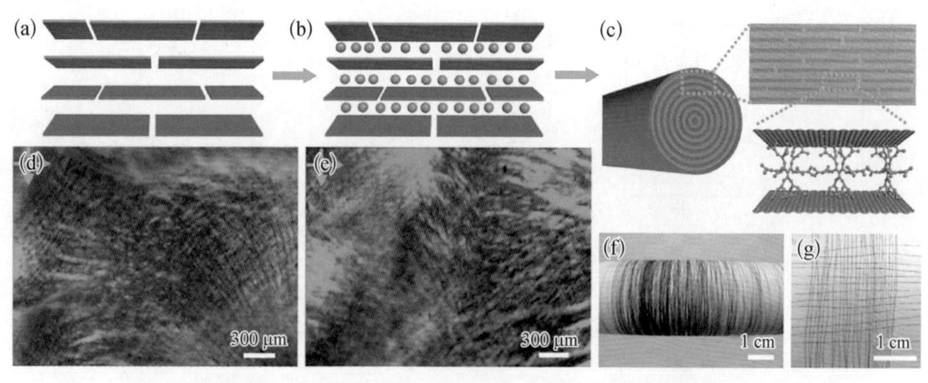

(a)~(c)液晶自模板法制备主客体层状复合物的过程;(d)(e)氧化石墨烯液晶、超支化聚甘油-氧化石墨烯复合液晶的偏光显微镜照片;(f)(g)超支化聚甘油-石墨烯仿贝壳复合纤维及其编织成网的照片

引发剂与氧化石墨烯在 *N*,*N*-二甲基甲酰胺(DMF)中充分混合,在 65℃下自由基聚合 48 h,再将产物沉降下来,用 DMF 反复清洗即可得到聚丙烯腈(PAN)接枝的 GO 纺丝液,再进行湿法纺丝即可得到聚丙烯腈-石墨烯纤维。聚丙烯腈链之间的强相互作用使制得的纤维有较高的拉伸强度(452 MPa)。海藻酸钠(SA)主要由海藻酸的钠盐组成,SA 分子上丰富的—OH、—O—、—COO— 提供了与 GO 上含氧基团的氢键作用力。最终制得与钙离子交联的海藻酸钠-石墨烯复合纤维,拉伸强度为 780 MPa。

纺丝后将纤维后续用高分子处理也是有效杂化/复合的一种手段。程群峰课题组[32]将钙离子交联的氧化石墨烯纤维浸泡在 10,12-二十五碳二炔-1-醇(PCDO)的四氢呋喃溶液中,PCDO 即以氢键等相互作用结合在氧化石墨烯片层上,如图 3-23 所示。紫外光照射后,PCDO 的二炔单元通过 1,4-加成聚合,完成石墨烯纤维的交联,经过氢碘酸还原后最终得到拉伸强度为 843 MPa 的复合纤维,超过了其他的石墨烯基仿贝壳纤维材料。

链状/超支化高分子-石墨烯复合纤维的拉伸断裂行为模式与贝壳类似,即为剪切-滞后模型。应变较低时为弹性变形,主要是高分子链之间的滑移。应变较大时为塑性变形,高分子链将剪切力传递给石墨烯片,高分子与氧化石墨烯相互之间的作用网络不断被破坏和重建,直到高分子-石墨烯复合单元彻底滑移脱开,裂纹扩展到整个横截面导致纤维断裂。交联高分子-石墨烯复合纤维的拉伸断裂机理有所不同,有研究人员认为纤维最终断裂是交联结构中化学键的断裂所致。

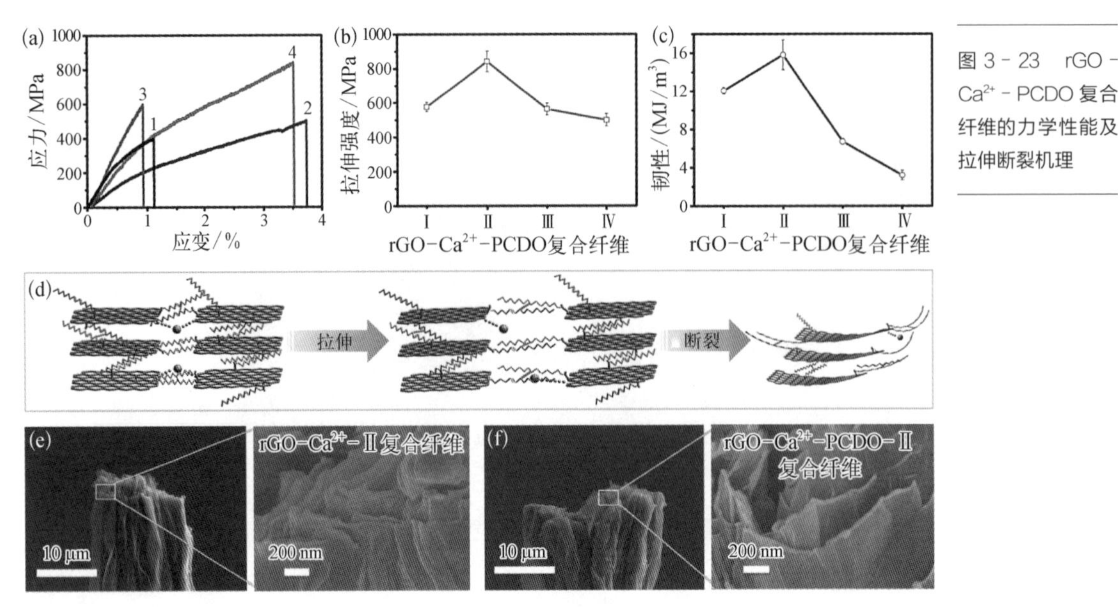

图 3-23 rGO-Ca^{2+}-PCDO 复合纤维的力学性能及拉伸断裂机理

（a）不同复合纤维的拉伸曲线图；（b）（c）rGO-Ca^{2+}-PCDO 复合纤维中不同聚合物含量对应的拉伸强度、韧性变化；（d）复合纤维可能的拉伸断裂机理；（e）（f）不同复合纤维的扫描电镜照片[32]

3.5.2 金属-石墨烯纤维

利用金属的导电性好、催化活性高等特点，将它掺入石墨烯纤维中，可以提高纤维的导电性，赋予其新的功能，在柔性致动器、可编织光电转换器件等领域有较大的应用前景。目前，将金属掺入石墨烯纤维中的方法有非原位和原位两种方法，前者包括混合液纺丝法等，后者包括电化学沉积法、气相反应沉积法等。

铂经常作为催化剂使用，因此科研人员通过电化学沉积法、基底增强非电镀沉积法（base enhanced electroless deposition, SEED）等方法，将铂纳米颗粒复合在石墨烯纤维中，发挥其功能性。曲良体课题组[50]通过 SEED 将金属 Pt 复合到中空管状石墨烯纤维中，用作微型致动器，如图 3-24 所示。致动器又称作动器或执行机构，其作用是将非机械量转变为应变、位移、力等机械力学量，以实现对控制对象的应变驱动、位移驱动、力驱动的目的，因此它是机械化控制系统中必不可少的一个环节，纤维状致动器将致动赋予了新的载体。SEED 是指将铜基底浸泡在含铂离子/铅离子的溶液（K_2PtCl_4/H_2PdCl_4）中，金属离子会自发被还原成纳米颗粒沉积

图3-24 中空管状石墨烯纤维微马达[50]

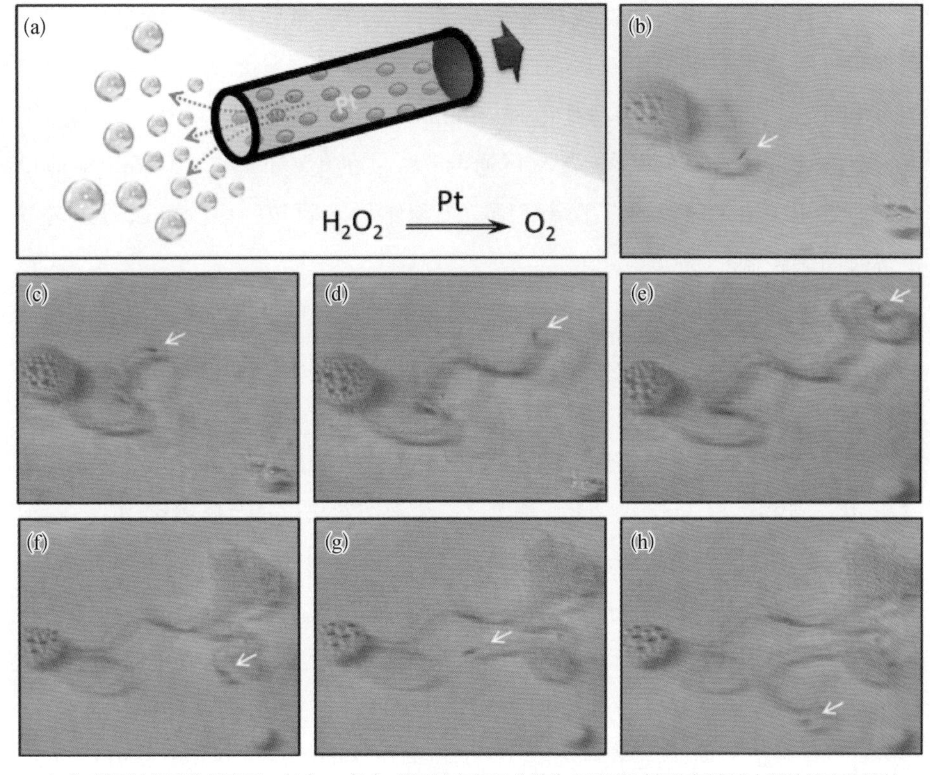

（a）微马达运动的机理图；（b）~（h）微马达在质量分数为20%的过氧化氢溶液中运动的实物照片

在基底上。具体地，首先通过双重受限水热法，在中间插有铜线的玻璃细管中灌入氧化石墨烯的水分散液，密封好后在230℃下加热2.5 h。水热过程中氧化石墨烯被部分还原并向中心的铜线聚集为凝胶态纤维，干燥后用氯化铁/盐酸的混合溶液刻蚀掉中间的铜线，得到具有中空管状结构的石墨烯纤维。接着利用SEED实现在石墨烯微管纤维的不同部位（管外壁、管内壁）可控非电镀沉积铂（Pt）/铅（Pd）纳米颗粒。如仅在管内壁沉积铂纳米颗粒的方法如下：将铜线浸泡在15.4 mmol/L的 K_2PtCl_4 溶液中约2 min，铂离子被还原成铂纳米颗粒沉积在铜线表面，接着将该铜线插入玻璃细管中水热制备石墨烯纤维，刻蚀掉铜线后即可。内部沉积铂的石墨烯微管纤维一端密封后，在过氧化氢中可用作微马达。基本原理就是利用铂催化过氧化氢歧化反应产生氧气排出到溶液中，通过反作用力推动铂-石墨烯微管运动。彭慧胜课题组通过电沉积法制备了表面沉积铂的石墨烯纤维。由于铂的参与降低了石墨烯纤维的内阻，将铂-石墨烯纤维作为对电极，与表面生长有二氧化钛纳米管阵列的钛线组成光伏器件时的能量转换效率高达 8.45%。电沉积过程采用双电位阶跃法，在三电极体系(石墨烯纤维为工作电极，铂丝为对电极，饱和甘汞电极为参比电极，5 mmol/L H_2PtCl_6 和 0.5 mol/L H_2SO_4 混合溶液为电解液)中，先在 −5 V 下通电 5 s，再在 0 V 下通电 10～500 s，即得到表面沉积铂纳米颗粒的石墨烯纤维。沉积铂纳米颗粒的多少可以通过调节电解时间来控制。

除此之外，将金属掺入石墨烯纤维中可以提高纤维的导电性或改变其电学性质，制备出具有超高电导率或特定电学性质的石墨烯纤维。导电性好、强度较高的石墨烯纤维可代替金属用作线缆，实现能量和信号传输。且其独有的轻质特点使其比电导率远远高于金属，因此在实际应用中有较大的前景。制备方法有混合纺丝法、化学气相沉积法、电化学沉积法等。混合液纺丝法是将金属颗粒、纳米线、纳米棒等组分与氧化石墨烯纺丝液共混进行湿法纺丝的方法。例如，将银纳米线与氧化石墨烯以一定比例共混配成纺丝液，通过湿法纺丝制备成凝胶纤维，干燥后在氢碘酸中 90℃下还原 12 h，得到银-石墨烯复合纤维。银纳米线在纺丝过程中被包裹在石墨烯片层中。复合纤维的电导率高达 9.3×10^4 S/m，且具有较好的柔性。将复合纤维排成阵列，固定在预先有 150%拉伸应变的硅橡胶基底上。100℃下加热后可使硅橡胶恢复，银-石墨烯复合纤维也因为硅橡胶的恢复产生屈曲而不断丝。整个器件能在应变小于 150%的情况下反复拉伸。化学气相沉积法是将金属气相物质扩散掺杂进石墨烯纤维中。例如，将金属钾和经过 3000℃热处理的石墨烯纤维一同放在玻璃管内，抽真空 1 h 后密封。在 250℃下反应 48 h 后，钾升华成钾蒸气，掺杂进石墨烯纤维中。钾-石墨烯纤维的电导率高达 2.24×10^7 S/m。电化学沉积法是利用电解原理将金属离子还原成金属进而沉积在石墨烯纤维表面的一种方法。常见的金属如铜、铁、锌、银等都可以通过这种方法沉积在石墨烯纤维表面。其中，铜-石墨烯纤维、金-石墨烯纤维实现了在 15～300 K 的温度内电阻温度系数为 0/℃的独特性质。这种独特性质可以使石墨烯纤维作为电学器件在超低温下继续稳定工作而不出现电阻升高失效的情况。

3.5.3 无机非金属-石墨烯纤维

无机非金属的种类繁多，掺入不同的第二组分可实现石墨烯纤维的性能(如韧性、电导率等)协同增强和多种多样的功能性(如磁性、阻燃性、光电效应等)。常见的加入石墨烯纤维中的第二组分有碳纳米管、纳米碳纤维、二氧化锰纳米棒、四氧化三铁粒子、蒙脱土等。一般的制备方法有混合纺丝法、气相反应沉积法、浸涂法等。

碳纳米管是主要由 sp^2 杂化的碳原子构成的单层到数十层的圆管,具有良好的力学和电学性能。作为性能优异的一维纳米碳材料,自 1991 年 Iijima[5] 报道以来受到了广泛的关注和研究。碳纳米管具有与石墨烯相似的结构,因此它可以看作由石墨烯片层卷曲而成。将碳纳米管与石墨烯复合构成全碳复合材料,在协同效应下,复合材料的性能优于纯材料,能同时突显出两种材料的优势。Shin 等将不同比例的还原氧化石墨烯/单壁碳纳米管作为纺丝液、聚乙烯醇为凝固浴,采用湿法纺丝制备了石墨烯-碳纳米管-聚乙烯醇复合纤维,如图 3-25 所示。这是科研人员首次用复合体系制备出石墨烯基纤维。这种复合纤维的质量韧性最高为 1000 J/g,远远超过了蜘蛛丝(165 J/g)和 Kevlar 纤维(78 J/g)。高的韧性得益于碳纳米管束与 rGO 片在湿纺过程中协同自组装形成取向的网络结构。这种结构有利于发生断裂时的裂纹转向和 PVA 链在其中的耗能变形,从而表现出高的韧性。他们发现,这种复合纤维的韧性与纺丝液中石墨烯与碳纳米管的比例、氧化石墨烯的氧化度有关。除此之外,复合纤维可以被热定型成弹簧状,相应的弹性系数为 41 N/m,约为纯碳纳米管丝束弹簧的 400 倍。此外,还能利用气相反应沉积法原位地在石墨烯纤维上复合碳纳米管,即通过化学气相沉积法先制备得到碳纳米管-石墨烯复合组装体、再进一步制备成纤维,或将石墨烯纤维直接通过化学气相沉积处理原位生长碳纳米管。如将乙醇作为碳源、二茂铁作为催化剂、噻吩和水作为促进剂并配成混合液注入 1150℃的气体发生装置中,气体通过管式炉时将在炉体内一端沉积成碳纳米管-石墨烯组装体。组装体拉伸拖拽、加捻后形成碳纳米管-石墨烯复合纤维。得到的复合纤维由于石墨烯包裹在碳管丝束外围而使丝束具有相对较高的强度(300 MPa)和电导率(10^5 S/m)。也可预先在石墨烯纤维中复合催化剂,再进一步放入炉体中通过化学气相法沉积碳纳米管,最后也能得到碳纳米管-石墨烯复合纤维。

电纺法常用来制备碳-石墨烯纳米复合纤维。电纺法即静电纺丝法,具体地,有一定黏度的纺丝液在电场作用下从针头处喷出连续的细流,该细流能运行一定距离,到达基底上收集固化成纳米级的纤维。碳-石墨烯纳米复合纤维中碳的前驱

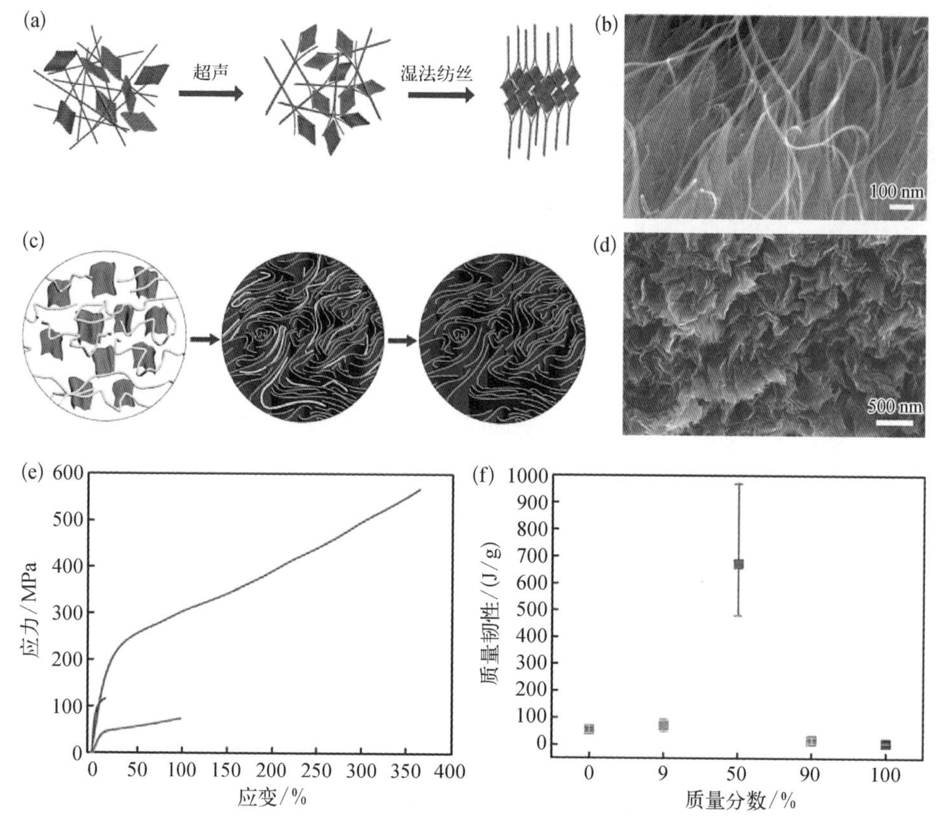

图 3-25 石墨烯-碳纳米管-聚乙烯醇复合纤维的制备、结构与性能

（a）制备复合纤维的过程中石墨烯片与单壁碳纳米管取向网络结构的形成；（b）复合纤维的 SEM 图；（c）制备石墨烯纤维过程中石墨烯片层间形成相互连接的网络；（d）石墨烯纤维的 SEM 图；（e）复合纤维的拉伸性能测试；（f）复合纤维的质量韧性与不同石墨烯片质量分数的关系

体一般是含有官能团的高分子(聚乙烯醇、聚醋酸乙烯酯、聚丙烯酸、聚丙烯腈等)。例如,将聚丙烯腈与少量石墨烯纳米带复合成纺丝液后电纺成复合纳米纤维丝束,随后加捻、高温碳化,最终得到复合纳米纤维丝束。在电纺过程中,石墨烯纳米带在针头处受到剪切力而取向,因此即使加入含量较少的石墨烯,也能提高复合纳米纤维丝束的力学性能。

在石墨烯纤维中加入功能性组分,可以制备出刺激响应性智能纤维或其他功能性纤维,进一步拓展石墨烯纤维在传感、光电器件等领域的应用。如利用四氧化三铁易被磁化的特点,将四氧化三铁粒子复合到石墨烯纤维中,可使纤维具有磁性响应[24];或是将钛白粉(TiO_2)与石墨烯复合,两者之间的能级匹配使其在光电器件中有良好的应用。Dong 等将四氧化三铁粒子和二氧化钛粒子引入石墨烯纤维中，制备得到四氧化三铁-石墨烯纤维及二氧化钛-石墨烯纤维。不同的是，制备四氧化三铁-石墨烯纤维是将四氧化三铁粒子在水热形成的过程中引入，制备二氧化钛-石墨烯纤维是水热后的湿态纤维浸泡在二氧化钛分散液中从而引入二氧化钛粒子。四氧化三铁-石墨烯纤维具有磁性，能从初始位置弯曲到磁铁上。二氧化钛-石墨烯纤维展现出重复性较好的光电响应。这说明二氧化钛粒子在光激发下与石墨烯片之间形成了直接的电子/空穴注入，因此该杂化纤维在光探测器、光催化剂、光伏电池等光电体系中有较大的应用前景。蒙脱土是一类由表面带负电的纳米厚度硅酸盐片层依靠层间的静电作用而堆积在一起构成的土状矿物，其晶体结构中的晶胞由两层硅氧四面体中间夹一层铝氧八面体构成，具有阻燃性。同样是表面带有负电荷的二维层状物，氧化石墨烯与蒙脱土易于复合组装，复合纤维具有阻燃性。Fang 等将不同比例的蒙脱土与氧化石墨烯混合均匀配成纺丝液，挤出到氯化钙凝固浴中，40℃下干燥得到蒙脱土-石墨烯复合纤维。高温下空气中处于基态的三线态氧气分子被激发成单线态氧气分子，易与材料中的碳原子结合成共价键而使材料燃烧分解。蒙脱土分子可以有效地阻隔氧气分子与石墨烯片层上的碳原子发生反应，所以可以避免复合纤维在过低温度下被过快地氧化分解，起到阻燃的效果。

总之，基于改善石墨烯纤维的力学性能、电导率、功能性的目的，将石墨烯与其他组分进行杂化/复合，可以制备得到比纯的石墨烯纤维性能更为优异的石墨烯杂化/复合纤维，从而提升其实际应用的价值。不足之处在于，尽管各种杂化/复合纤维性能优异，但碍于力学性能等的限制，仍未能真正实现工业化生产。若要更大限度地发挥石墨烯杂化/复合纤维的作用，还需要着力于提高纤维的综合性能。

参考文献

[1] Hill D W. Fibres, old and new[J]. Nature, 1952, 170(4334): 865 - 868.

[2] Deane P. The first industrial revolution [M]. 2nd ed. Cambridge: Cambridge University Press, 1980.

[3] Jeffries R. Prospects for carbon fibres[J]. Nature, 1971, 232(5309): 304 - 307.

[4] Xu Z, Gao C. Graphene fiber: A new trend in carbon fibers[J]. Materials Today, 2015, 18(9): 480 - 492.

[5] Iijima S. Helical microtubules of graphitic carbon[J]. Nature, 1991, 354(6348): 56 - 58.
[6] Bacon R. Growth, structure, and properties of graphite whiskers[J]. Journal of Applied Physics, 1960, 31(2): 283 - 290.
[7] Geim A K. Graphene: Status and prospects[J]. Science, 2009, 324(5934): 1530 - 1534.
[8] Allen M J, Tung V C, Kaner R B. Honeycomb carbon: A review of graphene[J]. Chemical Reviews, 2010, 110(1): 132 - 145.
[9] Xu Z, Sun H Y, Zhao X L, et al. Ultrastrong fibers assembled from giant graphene oxide sheets[J]. Advanced Materials, 2013, 25(2): 188 - 193.
[10] 许震. 石墨烯液晶及宏观组装纤维[D]. 杭州: 浙江大学, 2013.
[11] Liu Y J, Xu Z, Gao W W, et al. Graphene and other 2D colloids: Liquid crystals and macroscopic fibers[J]. Advanced Materials, 2017, 29(14): 1606794.
[12] Onsager L. Anisotropic solutions of colloids[J]. Physical Review, 1942, 62: 558.
[13] Onsager L. The effects of shape on the interaction of colloidal particles[J]. Annals of the New York Academy of Sciences, 1949, 51(4): 627 - 659.
[14] Behabtu N, Lomeda J R, Green M J, et al. Spontaneous high-concentration dispersions and liquid crystals of graphene[J]. Nature Nanotechnology, 2010, 5(6): 406 - 411.
[15] Xu Z, Gao C. Aqueous liquid crystals of graphene oxide[J]. ACS Nano, 2011, 5(4): 2908 - 2915.
[16] Xu Z, Gao C. Graphene chiral liquid crystals and macroscopic assembled fibres[J]. Nature Communications, 2011, 2: 571.
[17] Shen T Z, Hong S H, Song J K. Electro-optical switching of graphene oxide liquid crystals with an extremely large Kerr coefficient[J]. Nature Materials, 2014, 13(4): 394 - 399.
[18] Lin F, Zhu Z, Zhou X F, et al. Orientation control of graphene flakes by magnetic field: Broad device applications of macroscopically aligned graphene[J]. Advanced Materials, 2017, 29(1): 1604453.
[19] Liu Z, Li Z, Xu Z, et al. Wet-spun continuous graphene films[J]. Chemistry of Materials, 2014, 26(23): 6786 - 6795.
[20] Xu Z, Liu Z, Sun H Y, et al. Highly electrically conductive Ag-doped graphene fibers as stretchable conductors[J]. Advanced Materials, 2013, 25(23): 3249 - 3253.
[21] Xu Z, Liu Y J, Zhao X L, et al. Ultrastiff and strong graphene fibers via full-scale synergetic defect engineering[J]. Advanced Materials, 2016, 28(30): 6449 - 6456.
[22] Xu Z, Zhang Y, Li P G, et al. Strong, conductive, lightweight, neat graphene aerogel fibers with aligned pores[J]. ACS Nano, 2012, 6(8): 7103 - 7113.
[23] Zhao Y, Jiang C C, Hu C G, et al. Large-scale spinning assembly of neat, morphology-defined, graphene-based hollow fibers[J]. ACS Nano, 2013, 7(3): 2406 - 2412.

[24] Dong Z L, Jiang C C, Cheng H H, et al. Facile fabrication of light, flexible and multifunctional graphene fibers[J]. Advanced Materials, 2012, 24(14): 1856 - 1861.
[25] Chen Q, Meng Y N, Hu C G, et al. MnO_2 - modified hierarchical graphene fiber electrochemical supercapacitor[J]. Journal of Power Sources, 2014, 247: 32 - 39.
[26] Li J H, Li J Y, Li L F, et al. Flexible graphene fibers prepared by chemical reduction-induced self-assembly[J]. Journal of Materials Chemistry A, 2014, 2(18): 6359 - 6362.
[27] Cruz - Silva R, Morelos - Gomez A, Kim H I, et al. Super-stretchable graphene oxide macroscopic fibers with outstanding knotability fabricated by dry film scrolling [J]. ACS Nano, 2014, 8(6): 5959 - 5967.
[28] Wang R, Xu Z, Zhuang J H, et al. Highly stretchable graphene fibers with ultrafast electrothermal response for low-voltage wearable heaters [J]. Advanced Electronic Materials, 2017, 3(2): 1600425.
[29] Chen T, Dai L M. Macroscopic graphene fibers directly assembled from CVD - grown fiber-shaped hollow graphene tubes[J]. Angewandte Chemie-International Edition, 2015, 54(49): 14947 - 14950.
[30] Wang X N, Qiu Y F, Cao W W, et al. Highly stretchable and conductive core-sheath chemical vapor deposition graphene fibers and their applications in safe strain sensors[J]. Chemistry of Materials, 2015, 27(20): 6969 - 6975.
[31] Li X M, Zhao T S, Wang K L, et al. Directly drawing self-assembled, porous, and monolithic graphene fiber from chemical vapor deposition grown graphene film and its electrochemical properties[J]. Langmuir, 2011, 27(19): 12164 - 12171.
[32] Zhang Y Y, Li Y C, Ming P, et al. Ultrastrong bioinspired graphene-based fibers via synergistic toughening[J]. Advanced Materials, 2016, 28(14): 2834 - 2839.
[33] Li M C, Zhang X H, Wang X, et al. Ultrastrong graphene-based fibers with increased elongation[J]. Nano Letters, 2016, 16(10): 6511 - 6515.
[34] Sun J K, Li Y H, Peng Q Y, et al. Macroscopic, flexible, high-performance graphene ribbons[J]. ACS Nano, 2013, 7(11): 10225 - 10232.
[35] Xin G Q, Yao T K, Sun H T, et al. Highly thermally conductive and mechanically strong graphene fibers[J]. Science, 2015, 349(6252): 1083 - 1087.
[36] Dresselhaus M S, Dresselhaus G. Intercalation compounds of graphite[J]. Advances in Physics, 1981, 30(2): 139 - 326.
[37] Jarosz P, Schauerman C, Alvarenga J, et al. Carbon nanotube wires and cables: Near-term applications and future perspectives[J]. Nanoscale, 2011, 3(11): 4542 - 4553.
[38] Enoki T, Suzuki M, Endo M. Graphite intercalation compounds and applications [M]. Oxford: Oxford University Press, 2003.
[39] Liu Y J, Xu Z, Zhan J M, et al. Superb electrically conductive graphene fibers via doping strategy[J]. Advanced Materials, 2016, 28(36): 7941 - 7947.
[40] Liu Y J, Liang H, Xu Z, et al. Superconducting continuous graphene fibers via

calcium intercalation[J]. ACS Nano, 2017, 11(4): 4301 - 4306.
[41] Peng L, Xu Z, Liu Z, et al. Ultrahigh thermal conductive yet superflexible graphene films[J]. Advanced Materials, 2017, 29(27): 1700589.
[42] Meng Y N, Zhao Y, Hu C G, et al. All-graphene core-sheath microfibers for all-solid-state, stretchable fibriform supercapacitors and wearable electronic textiles[J]. Advanced Materials, 2013, 25(16): 2326 - 2331.
[43] Cong H P, Ren X C, Wang P, et al. Wet-spinning assembly of continuous, neat and macroscopic graphene fibers[J]. Scientific Reports, 2012, 2: 613.
[44] Zhao X L, Zheng B N, Huang T Q, et al. Graphene-based single fiber supercapacitor with a coaxial structure[J]. Nanoscale, 2015, 7(21): 9399 - 9404.
[45] 刘英军.高性能石墨烯纤维[D].杭州：浙江大学,2017.
[46] Yang Z B, Sun H, Chen T, et al. Photovoltaic wire derived from a graphene composite fiber achieving an 8.45% energy conversion efficiency[J]. Angewandte Chemie-International Edition, 2013, 52(29): 7545 - 7548.
[47] Zhao Y, Song L, Zhang Z P, et al. Stimulus-responsive graphene systems towards actuator applications [J]. Energy & Environmental Science, 2013, 6 (12): 3520 - 3536.
[48] Shin M K, Lee B, Kim S H, et al. Synergistic toughening of composite fibres by self-alignment of reduced graphene oxide and carbon nanotubes [J]. Nature Communications, 2012, 3: 650.
[49] Hu X Z, Xu Z, Gao C. Multifunctional, supramolecular, continuous artificial nacre fibres[J]. Scientific Reports, 2012, 2: 767.
[50] Hu C G, Zhao Y, Cheng H H, et al. Graphene microtubings: Controlled fabrication and site-specific functionalization[J]. Nano Letters, 2012, 12(11): 5879 - 5884.

第4章

石墨烯膜

石墨烯在纳米尺度上具有诸多性能优势，通过宏观组装可以得到性能优异、种类丰富的宏观组装体材料。石墨烯组装体的制备是纳米性能宏观化的过程。通过对组装单元的选择、组装方法的优化，石墨烯组装体可以拓宽组装单元的功能和应用范畴。作为石墨烯最常见的衍生物，氧化石墨烯的大规模生产对石墨烯组装体的发展起到了巨大的推动作用。

石墨烯及氧化石墨烯都是典型的二维平面分子，具有相对平整的平面结构、巨大的宽厚比及片层间的多重相互作用，因此非常容易组装成宏观薄膜类材料。其一般具有相对规整的层层堆叠方式，并且可通过调节内部组成及堆叠方式，赋予石墨烯膜材料良好的光透过性能、力学强度、电传输性能、热传导能力及磁学性能等。与这些性能相对应，宏观组装石墨烯膜材料在许多领域表现出了巨大的应用潜力。例如，低缺陷的石墨烯膜可以作为锂离子电池的电极材料、导热材料、气体阻隔或分离材料、电热材料等；高缺陷的石墨烯基薄膜可以用于超级电容器、纳滤膜、湿度传感器、高灵敏度驱动器等领域。

目前，二维石墨烯宏观膜材料大都通过溶液湿法组装而成，其适用的原料有两种：物理法制备的寡层小尺寸石墨烯和化学法制备的各种尺寸的氧化石墨烯。通常情况下，物理法制备的寡层石墨烯必须采用表面活性剂或者表面改性等方法来实现其在溶剂中的分散，这是因为石墨烯片间具有强烈的范德瓦耳斯力，极易团聚。由此类石墨烯制备的二维膜材料主要有以下问题：① 寡层石墨烯片层本身亲水性差、容易团聚，在干燥过程中，表面活性剂等的作用逐步削弱，进而发生团聚使得石墨烯膜结构规整性变差；② 需要额外的手段去除表面活性剂或者高沸点不易挥发的有机溶剂；③ 物理法制备的寡层石墨烯片的尺寸较小，以它为原料制备的石墨烯膜性能可调控范围比较窄。相对而言，氧化石墨烯具有良好的溶解性、尺寸的可调节性及成熟的制备工艺等，由氧化石墨烯为结构单元组装的石墨烯膜具备以下优势：① 氧化石墨烯具有巨大的长径比，片层厚度较为均一，可以达到单层的级别，这样就保证了所制备材料的均匀性，可实现薄膜厚度从纳米级到微米级的精确调控；② 氧化石墨烯表面含有亲水的含氧官能团(如羧基、羟基、环氧基等),同时也有局部不连续的岛状共轭结构区域,两者共同作用赋予了氧化石墨烯两亲性,可以适用于水和高极性有机溶剂两种溶剂体系;③ 氧化石墨烯尺寸可控性好,从量子点级别到几百微米的尺寸都可以做到,因此石墨烯膜的性能调控能力较强。此外,氧化石墨烯自身具有独特的性质,如良好的透光性、极好的亲水性等,使得其自身有很广的应用领域。但氧化石墨烯也有自身的不足,如氧化石墨烯溶液固含量很低,只适用于制备厚度小于 100 μm 的薄膜。其原因在于氧化石墨烯的成膜过程需要一定的浓度范围才能保证薄膜的均匀性。当浓度过高时,氧化石墨烯溶液过高的黏度会使石墨烯膜均匀性变差,薄膜中的氧化石墨烯片也难以规整取向。一般而言,当氧化石墨烯浓度在20 mg/mL 以下时,其黏度可以适用于薄膜制备,此时的厚度一般在 100 μm以下。如果超出 100 μm 的厚度要求,氧化石墨烯膜的均匀性不能得到保证。

本章主要介绍以氧化石墨烯为组装单元的宏观石墨烯膜材料的研究进展,将从石墨烯膜的制备方法、性能与结构调控和应用等方向进行解读,并对石墨烯膜材料存在的问题及前景进行探讨。

4.1 石墨烯膜的制备方法

材料制备方法的创新与改进是其性能优化与实际应用的基础。由于全球范围内对氧化石墨烯膜材料的研究热潮,迄今为止,已经发展了多种行之有效的液相制备方法,典型的有抽滤诱导自组装法、刮涂法、纺膜法、喷涂法、旋涂法、电泳法、Langmuir - Blodgett 法、浸涂法、层层自组装等。

4.1.1 抽滤诱导自组装法

抽滤诱导自组装法是宏观组装纳米粒子、纳米线及二维材料常用的方法之一。其原理可以归结为气压差迫使物质移动至滤膜孔洞处进行堆叠。以氧化石墨烯为例,在抽滤过程中,真空作用下基底膜孔洞处的液体流动速度很快,附近压力变小,与非孔洞部分形成压差,促使液体向孔洞处移动,进而降低压差。在压差的作用下，氧化石墨烯片向基底膜聚集并堆叠成膜。随着抽滤的进行，疏松的氧化石墨烯层缓慢堆叠成致密的氧化石墨烯膜。当溶剂完全去除后，便形成了高度取向的层状氧化石墨烯结构(图 4-1)[1]。

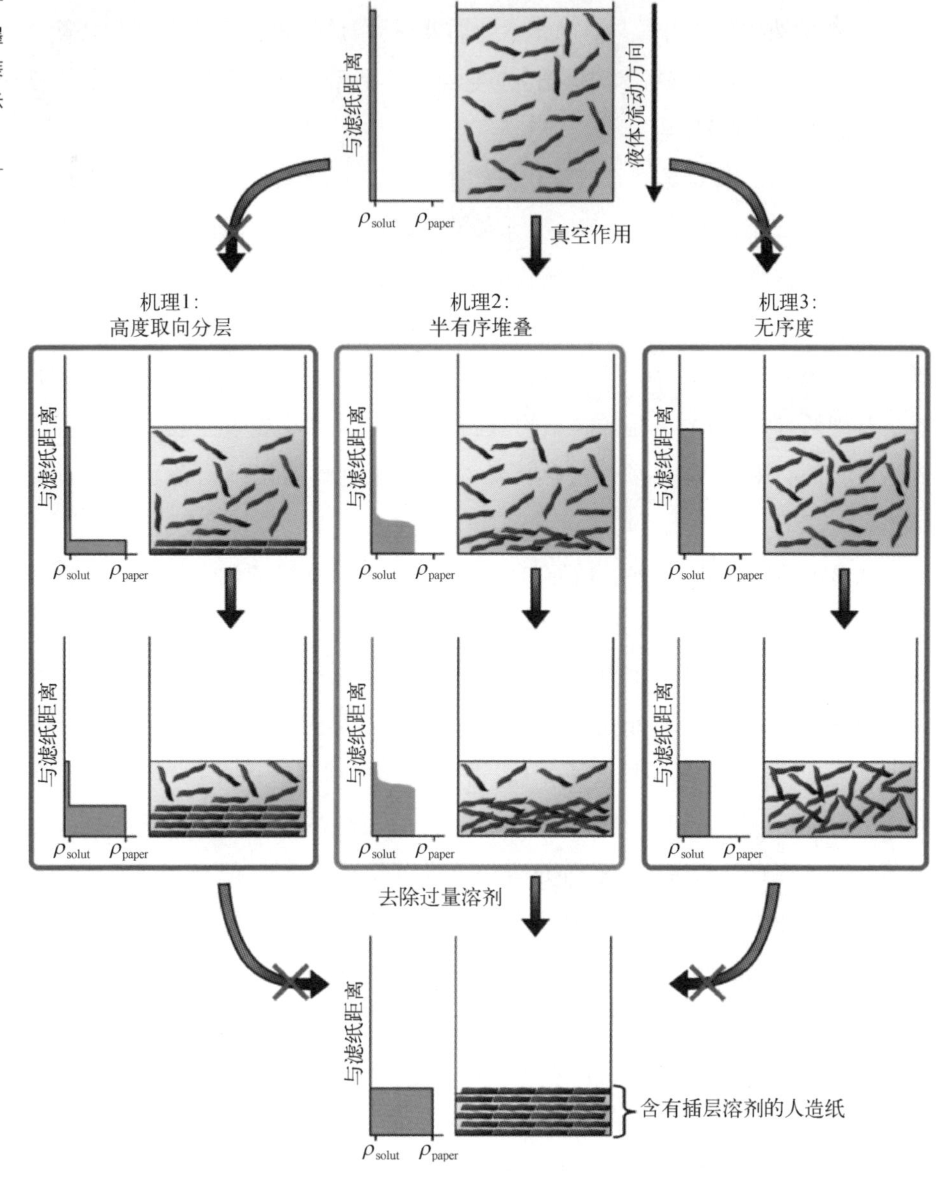

图 4-1 氧化石墨烯抽滤诱导自组装成膜的机理示意图[1]

抽滤诱导自组装法的优点在于所制备的氧化石墨烯膜的结构非常致密、平整度好，而且厚度可控性好，厚度为 10 nm 到几十微米。但是该法有以下几个缺点：

① 制备的氧化石墨烯膜不能连续，一套装置只能间断地制备一张膜；② 抽滤时间很长，往往 10 μm 厚的氧化石墨烯膜就需要数天的时间才能完全干燥，这是因为底层的氧化石墨烯封堵住了基底膜微孔，阻隔了压力差的传递并极大地降低了溶液中的压力差，因此导致抽滤越来越慢；③ 氧化石墨烯膜尺寸受到抽滤装置尺寸的限制，一般的抽滤装置内径只有厘米级。因此，抽滤诱导自组装法无论在制备过程、最终产品尺寸以及能源和时间消耗方面都达不到工业应用的要求，只能用于科研中制备氧化石墨烯膜。

2008 年，Ruoff 课题组[1]首先用真空抽滤的方式将氧化石墨烯组装成致密的宏观氧化石墨烯膜（图 4－2），并研究了其强度及柔性性能的来源。自此以后，石墨烯宏观组装材料在各个领域得到广泛关注。随后，Li 课题组[2]将此方法的组装原料扩展到通过水合肼还原制备的均匀分散化学还原石墨烯，抽滤得到了具有金属光泽的石墨烯膜。Teng 等[3]将此方法原料扩展到球磨法制备的寡层石墨烯，所制备的石墨烯膜结构致密性稍差、表面平整度也较差。为了得到高质量的石墨烯膜，必须经过热压后才可以通过高温烧结制备高性能石墨烯膜。

这里需要指出的是，抽滤诱导自组装法制备石墨烯膜的最大优势在于它对厚度的控制可以精确到纳米级。Liu 等[4]在纳米级厚度氧化石墨烯膜抽滤完成后，用氢碘酸在底部往上熏蒸还原氧化石墨烯。在蒸气的熏蒸作用下，一方面薄膜受冲击力的作用，跟基底有一定程度的脱离，减少了接触面积，并产生向上的弯曲；另一方面薄膜被还原，表面疏水作用增强。因此，当把薄膜放在水面上时，表面张力的作用使薄膜向两边均匀拉伸，从而和基底膜脱离。向上弯曲褶皱的存在使得薄膜在拉伸过程中可以适应材料拉伸导致的形变，从而不产生破损。此方法制备的化学还原的纳米级溶剂支撑的氧化石墨烯膜厚度最薄可以达到 17 nm（其对应氧化石墨烯膜厚度为 34 nm 左右）。紧随其后，Wang 等[5]直接用 N,N－二甲基甲酰胺和还原氧化石墨烯进行抽膜（图 4－3），抽滤完成后，将薄膜连同基底倾斜插入水中，用表面张力的作用将石墨烯膜直接从基底和水面的界面上剥落。此方法制备的石墨烯膜的厚度相对较厚（100 nm 以上），而且不均匀的表面张力会撕裂石墨烯膜表面，使得石墨烯膜表面粗糙度很差。Sun 等[6]改进了此方法，选取了合适的溶剂将氧化石墨烯膜从基底上直接剥离，其厚度最薄可以达到45 nm，可用作湿度传感器的传

图4-2 真空抽滤法制备的氧化石墨烯膜的实物及微观结构

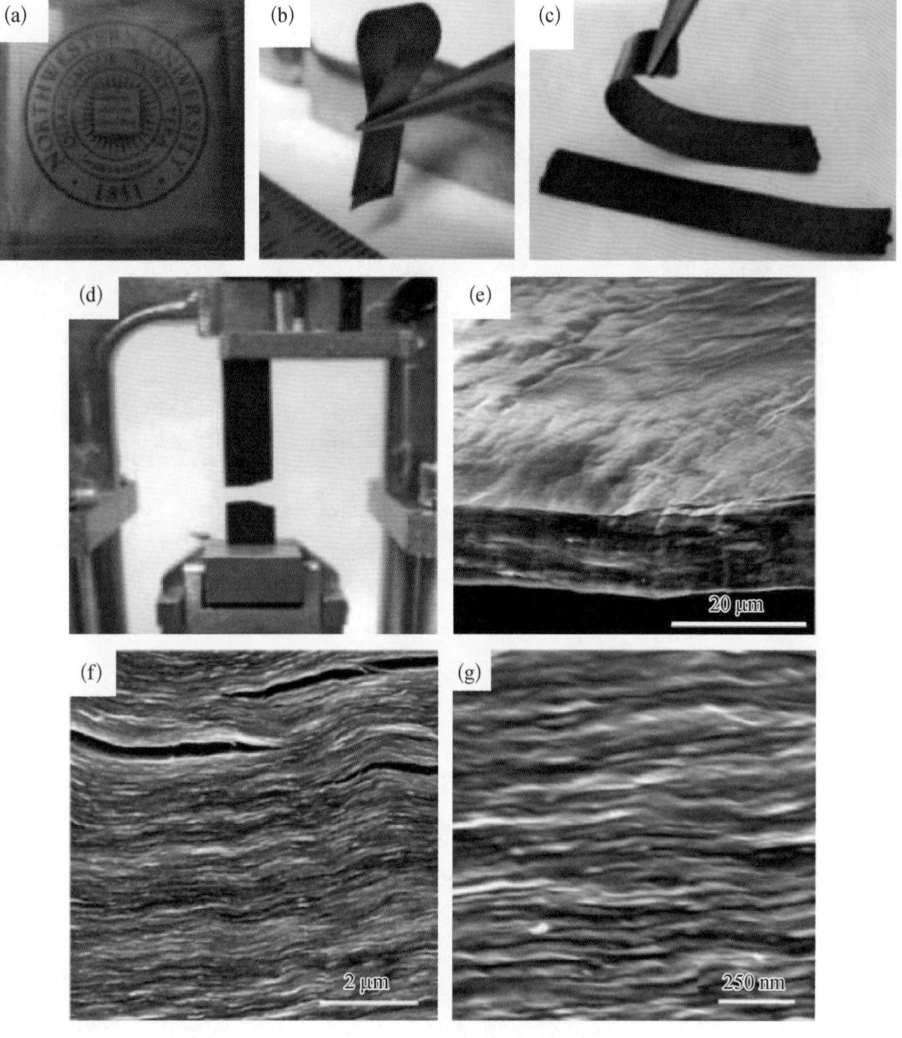

(a)~(c)氧化石墨烯膜的光学照片;(d)氧化石墨烯膜的拉伸照片;(e)~(g)氧化石墨烯膜截面的 SEM 图[1]

感单元。

由于方法简单、实验设备要求低,抽滤诱导自组装法已经发展成为实验室最广泛采用的制备石墨烯膜的方法。抽滤诱导自组装法的优势在于设备要求简单、成膜均匀,同时可以制备超薄石墨烯膜,适合实验室水平的基础研究。但是抽滤诱导自组装法制备的石墨烯膜一般面积较小,难以实现工业化连续生产。

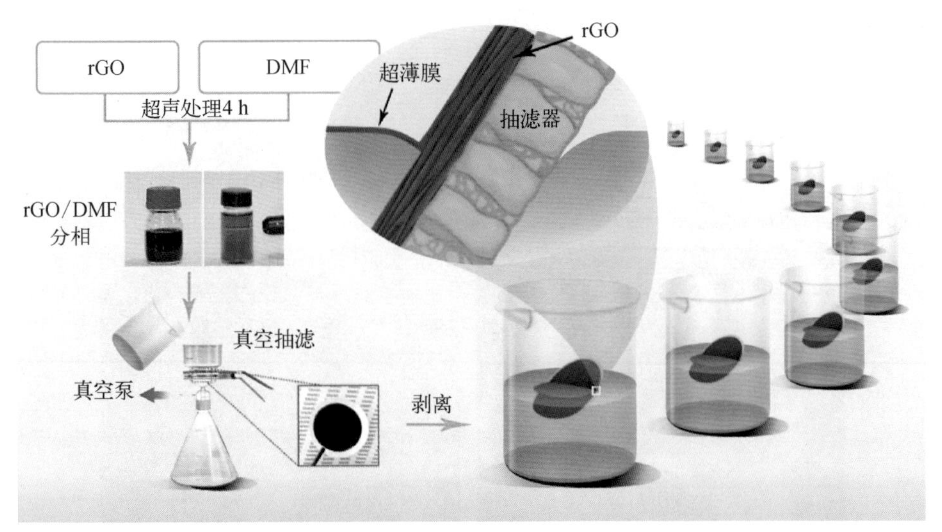

图 4-3 超薄还原氧化石墨烯膜的制备示意图[5]

4.1.2 刮涂法

Zhou 等[7]用溶液浇筑法制备了石墨烯和聚合物复合薄膜。其后，Shen 等[8]将此方法演变成刮涂法用于纯氧化石墨烯膜的制备，两者机理基本一致。经过反复的机械刮涂后，氧化石墨烯溶液在空气中自然晾干，通过控制干燥过程的湿度和温度得到结构致密的氧化石墨烯膜(图 4-4)。此方法的好处在于可以制备大面积氧化石墨烯膜、横向尺寸可以调控、纵向尺寸不受限制。但相对于抽滤诱导自组装法来说，这种方法得到的氧化石墨烯膜内部氧化石墨烯片层的堆叠结构相对较差。原因如下：随着表层水分的挥发，氧化石墨烯膜表面会形成相对致密的皮层；皮层的存在限制了氧化石墨烯膜内部溶剂的挥发，从而增加了石墨烯内部空穴的存在；空穴的存在会使得氧化石墨烯在外在压力下形成折叠结构，进而影响氧化石墨烯膜的性能。另外，刮涂法制备氧化石墨烯膜的过程中有两大问题需要解决：① 自然晾干过程耗时很长，皮层的存在使得薄膜中水分挥发越来越慢，往往需要较长时间才能完成厚度较大膜的干燥，影响了氧化石墨烯膜的成膜效率；② 在不影响薄膜质量的情况下，氧化石墨烯膜跟基底的完美快速脱离还没有得到解决。

图 4-4 刮涂法制备的氧化石墨烯膜的实物及微观结构

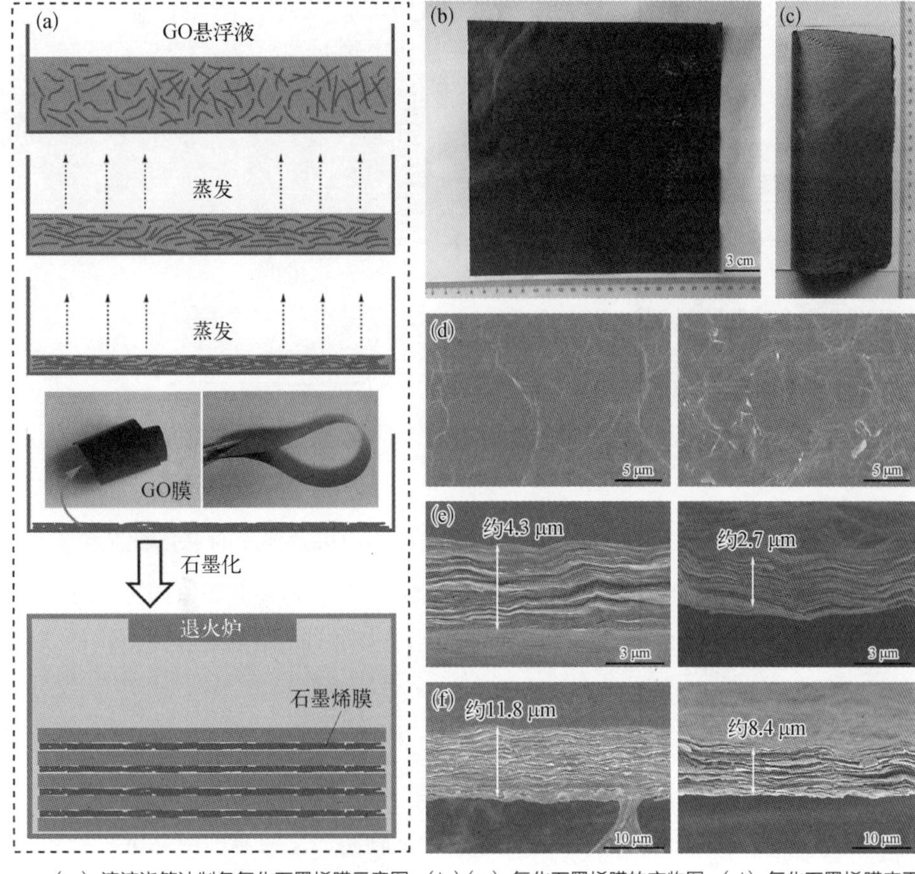

（a）溶液浇筑法制备氧化石墨烯膜示意图；（b）（c）氧化石墨烯膜的实物图；（d）氧化石墨烯膜表面的 SEM 图；（e）（f）氧化石墨烯膜截面的 SEM 图[8]

4.1.3 纺膜法

在石墨烯宏观组装材料领域，湿法纺膜法最初用于高强度及功能性石墨烯纤维的制备。Liu 等[9]以氧化石墨烯溶液为原料，根据高浓度氧化石墨烯固有的液晶性质，使氧化石墨烯溶液从不同厚度的流道中经过，最终进入氯化钙溶液中发生凝结并得到连续完整的氧化石墨烯膜（图 4-5）。流道的逐级拉伸设计及外力的牵引作用赋予了氧化石墨烯膜较好的取向结构[10]；凝固浴的存在使得氧化石墨烯内部结构随时间变得越来越致密。两者共同作用保证了石墨烯膜的性能。相对于刮涂法，没有基底束缚的湿法纺膜法得到的氧化石墨烯膜具有更好的取向度，也没有了

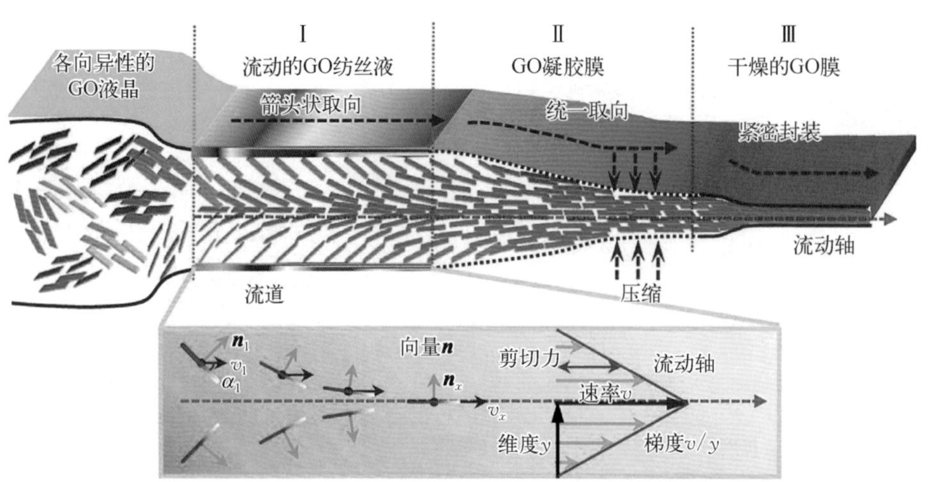

图 4-5　湿法纺膜法的过程示意图[9]

揭膜的困扰。更为重要的是，此方法可以在短时间内得到干燥的氧化石墨烯膜，非常适合连续制备氧化石墨烯膜。尽管此方法有各种优势，但其中凝固浴中存在各种小分子或离子，为了能维持石墨烯膜的性能，需要额外的去除过程。

4.1.4　喷涂法

喷涂法的原理是利用喷射装置将含有目标物料的小液滴喷射并沉积到预热基底上进行加热成膜。根据喷涂的动力源不同，可以将喷涂法分为气压喷涂法和电喷涂法。Gilje 等[11]用气压喷涂法将氧化石墨烯沉积在二氧化硅基底上，制备了氧化石墨烯透明薄膜。Pham 等[12]整合了成膜和还原过程，以氧化石墨烯和还原剂混合物为原料，在 240℃的基底上喷涂沉积成膜，制备了石墨烯透明电极薄膜，其表面粗糙度可以控制在 2 nm 以下。Min 等[13]将此方法的原料扩展到化学还原后的氧化石墨烯，所制备的薄膜不受基底材质的限制。气压喷涂法简单方便，但是受限于液滴的尺寸和接触角，所制备石墨烯膜的均匀性较差。为解决这一问题，Kim 等[14]在喷涂法中加入了超声过程，使得液滴颗粒度减小，并加速液滴中溶剂的气化过程，提高了石墨烯膜沉积的均匀性，减少了石墨烯片层间的空穴含量及堆积缺陷。电喷涂法是在喷射头和基底之间加一个电场，使喷射的小液滴带电荷，带相同属性电荷的小液滴相互排斥，从而保证制备薄膜的均匀性。Wang 等[15]借助电喷涂法实现了大面积基底上石墨烯膜的均匀喷涂涂覆。以上方法都只能用来制备石墨烯膜涂层，其原料的性能限制了其最终的应用高度。

值得一提的是，Xin 等[16]以 1000℃处理过的导电石墨烯为原料，结合电喷涂法和卷对卷工艺，连续化地制备了自支撑的石墨烯膜。该薄膜经过高温(2850℃)处理后，石墨烯膜的结构致密，可与高定向热解石墨(highly oriented pyrolytic graphite, HOPG)薄膜相媲美。同时，这种薄膜的性能极为优越，实现了1434 W/(m·K)的热导率及 1.83×10^5 S/m的电导率。

总而言之，喷涂法大都用于制备超薄透明石墨烯膜。其均匀性受到喷涂工艺的限制，因此不适合于精密器件的制备，只适合于制备对精度要求不高的表面涂层等，可以用于柔性导电、防腐、抗紫外线及吸光等领域。

4.1.5 其他方法

除了以上方法外，还有其他众多方法用于石墨烯膜的制备。例如，陈永胜课题组[17]用旋涂的方法在硅基底上制备 3～20 nm 厚的氧化石墨烯膜。此方法可以通过控制旋涂的速度、温度、溶液的黏度等对薄膜的形貌及厚度进行较好的控制。但是旋涂法有以下几个问题：① 制备的氧化石墨烯膜厚度需要控制在 10 nm 以下，以保证薄膜的均匀性；② 鉴于旋涂时溶剂的快速挥发，旋涂面积不能过大，以保证薄膜的均匀性。

电泳法制备石墨烯膜是利用不同荷电性的原料，在导电基底表面镀上一层石墨烯。2009 年，成会明课题组[18]首次提出了在有机溶剂中用电泳法制备石墨烯膜。电泳法制备的石墨烯涂层和基底的黏附性好，能够实现对基底材料的绝对保护；其结构和形貌可调节性好；石墨烯膜的电学等性质可以通过增加电压，增加氧化石墨烯还原程度等方式进一步调控。

Langmuir - Blodgett 法是将单层石墨烯在液面铺展，通过栅栏的移动压缩气液界面石墨烯膜的面积，实现对石墨烯膜层数的调节，最后再用浸涂法将薄膜转移到硅、金属、塑料等平面基底上，从而制备出不同厚度的石墨烯膜[19]。此种方法对操作要求很高，同时可控性很强，一般常用于石墨烯的表面改性、透光性、导电性等研究。

Wang 等[20]用浸涂法制备了超薄化学还原石墨烯膜，并用于太阳能电池中。通过基底对表面性质的调控和液体的选择，可以控制石墨烯膜的均匀性；通过调控氧化石墨烯溶液的浓度及基底的提拉速度，可以调整氧化石墨烯膜的厚度。

层层自组装法是通过静电作用将携带不同电荷属性的材料依次交替组装在基底材料上的方法。Zhu 等[21]依托于基底，用自组装的方式制备了超薄透明导电石墨烯膜。

以上众多的方法都可以用来制备高透明导电石墨烯膜，但都受限于方法本身而不能大面积制备，且基底一般都不耐高温，以致石墨烯膜的性能不能通过热处理等进一步提升。值得一提的是，有一种方法可以简单连续地大面积制备超薄导电透明石墨烯膜——梅尔棒（Meyer rod）法。如图 4－6 所示，仅需要一根梅尔棒和聚酯纤维（聚对苯二甲酸乙二醇-酯，PET）基底膜，便可连续大面积制备超薄透明石墨烯膜[22]。但此方法同样不可以进一步提升石墨烯膜的性能。

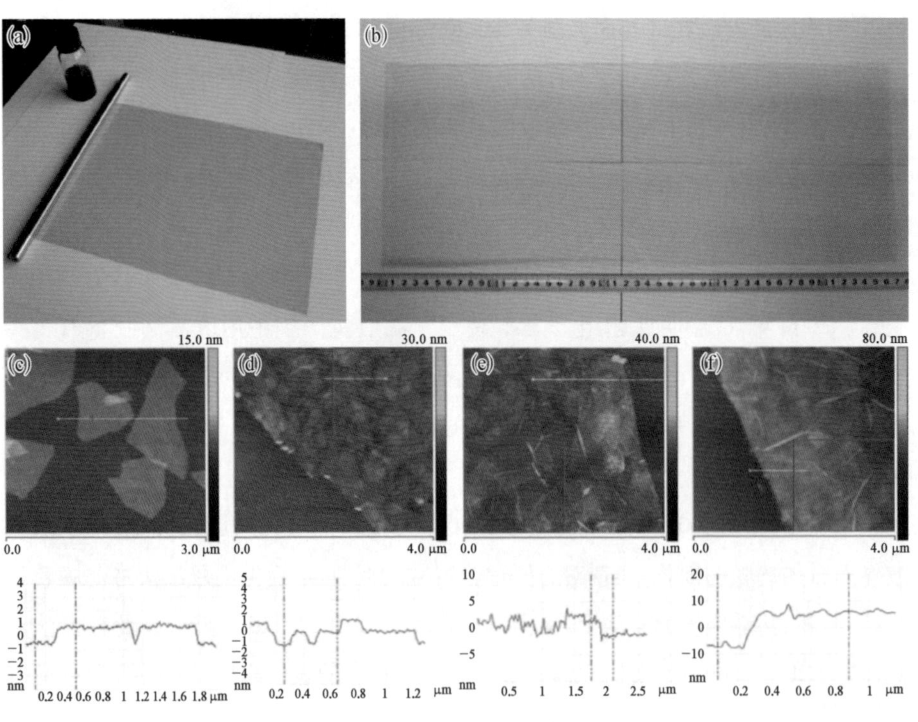

图 4－6　梅尔棒法制备超薄透明石墨烯膜

（a）超薄透明石墨烯膜的装置；（b）超薄透明石墨烯膜的照片；（c）～（f）超薄透明石墨烯膜的 AFM 图[22]

通过对上述多种石墨烯膜制备方法的总结，我们可以看出，只有刮涂法和纺膜法可以大规模连续制备自支撑石墨烯膜，但是这两种方法难以制备厚度在100 nm以下的石墨烯膜；抽滤诱导自组装法可以制备纳米级石墨烯膜，并且可以使得石墨烯膜在溶剂中独立存在，但是不能大量制备，更不能连续制备；梅尔棒法可以连续制备透明石墨烯膜，但是其基底不能脱除，因此其结构受到限制，性能低于化学还原的石墨烯膜。

4.2 石墨烯膜的结构与性能调控

在二维石墨烯膜材料中，石墨烯片与片之间由于π-π作用互相堆叠，形成典型的层状结构。这种规整的层状结构赋予了石墨烯二维组装体优异的机械强度、导电性、导热性等多种性能优势。二维石墨烯膜的结构对其性能有着决定性的影响。总的来说，影响石墨烯膜性能的因素可以归结于其内部缺陷，主要有边缘缺陷和内部结构缺陷。我们以氧化石墨烯基石墨烯膜为例，分别介绍这些缺陷对石墨烯膜结构的影响及调控优化的方法。

4.2.1 边缘缺陷优化

氧化石墨烯是石墨烯膜宏观组装的基本单元之一，其化学结构、尺寸是影响石墨烯膜材料综合性能的关键要素。一般而言，化学法所制备的氧化石墨烯由大尺寸氧化石墨烯及氧化石墨烯碎片共同构成。不同尺寸的氧化石墨烯具有各自的结构特点，适用于不同的用途。氧化石墨烯碎片携带数量众多的电化学活性位点、具有良好的生物相容性，因而广泛应用于石墨烯量子点、催化剂、传感器及药物载体等领域。相较而言，大尺寸、无碎片氧化石墨烯具有内部缺陷少、共轭结构较多及边缘较少等优势，适用于提升宏观组装材料的机械强度、导电性及导热性。另外，不同尺寸的氧化石墨烯宏观组装过程中也有可能呈现协同效应，但是协同效应的最佳比例却不是通常制备的氧化石墨烯所天然具备的。为此，将氧化石墨烯进行可控的分级制备对于提升氧化石墨烯宏观组装材料的性能至关重要，同时也可以充分发挥不同尺寸氧化石墨烯在各自领域的作用。

已报道的氧化石墨烯尺寸分级方法的原理都是基于不同尺寸氧化石墨烯流体力学体积的不同或者极性的区别。基于氧化石墨烯片层的流体力学体积的方法有离心法、液晶相分离法、真空过滤法(图 4-7)及冰晶法等[23, 24]。这类方法都是通过物理作用将氧化石墨烯片层分开，一般要求所使用的氧化石墨烯浓度要小(<5 mg/mL)，而且操作过程不能连续，没有明显的可操作的分离边界，因此分离效率很低。而基于氧化石墨烯极性的 pH 响应沉淀法、极性溶剂沉淀法等，则需要加入额外的化学物质以辅助分离。这类方法有两个问题：① 需要加入额外的化学试剂，后续仍需要除掉，增加了分离操作的复杂性；② 氧化石墨烯溶液中没有明确清晰的尺寸边界，分离操作模糊、效率和收率都很低。需要指出的是，所有这些方法都是从氧化石墨烯或者膨胀石墨出发，具有耗时长、能耗大、操作复杂、不能连续制备等缺点，只能用于科学研究，不能满足工业大规模制备高性能宏观组装材料对原料的要求。

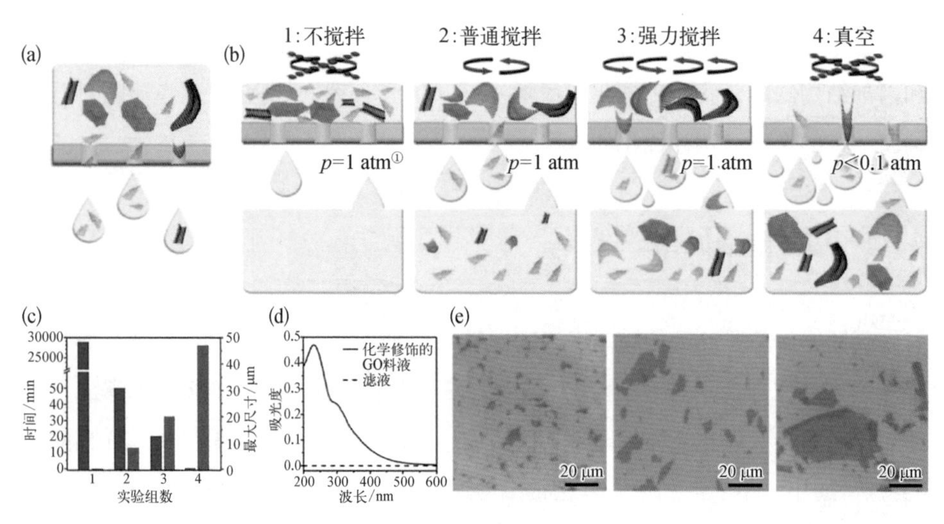

图 4-7 真空过滤法筛分氧化石墨烯片层[23]

4.2.2 内部结构缺陷优化

石墨烯内部结构优化主要是石墨烯片层内原子空位的修复及官能团的移除。

① 1 atm=101325 Pa。

缺陷及官能团的存在阻碍了电子迁移，增加了声子的散射位点，严重影响了石墨烯膜的力学、电学及热学性能。石墨烯内部碳碳键作用很强，因此石墨类材料具有很高的熔点（3200℃以上）。目前，报道的大部分宏观石墨烯膜内部结构修复方法都是热修复方法，只是热驱动方式有所不同，主要有微波还原法、电加热还原法和高温热还原法三种方法。这三种方法都是利用不同的能量产生与传导方式，将石墨烯材料局部或者整体加热到极高的温度，以实现石墨烯上碳原子的重排及堆叠结构的调整。

1. 微波还原法

微波还原法的主要原理是让石墨烯吸收微波从而升温，以达到官能团脱去、化学结构重排的目的。但是，普通的微波还原法只能去除石墨烯表面易热分解的不稳定官能团，并不能修复愈合孔洞及原子结构缺陷。究其原因在于，起始的功能化石墨烯内部结构缺陷过多，并不足以吸收足够的微波能量。为此，Bao 等[25]首先将氧化石墨烯放于高温炉中进行 500℃ 热还原处理，然后将得到的热还原的氧化石墨烯进行微波加热，几秒钟内使得石墨烯温度升到极高，进而促进原子振动。经检测，微波加热还原后得到的石墨烯膜内部结构缺陷很少，可以和化学气相沉积法制备的石墨烯膜相媲美（图 4-8）。

微波还原法的最大优点是可以在几秒钟内修复石墨烯的内部结构缺陷，针对石墨烯进行加热，无额外能量损耗。但是，微波还原法对设备要求较高，暂时还没有类似的工业化设备出现。另外，此方法中的加热速度过快，容易导致气体的快速释放而形成气泡与孔洞，不利于形成膜材料内部石墨烯片层紧密的堆叠结构。

2. 电加热还原法

经过化学还原后的石墨烯膜具有一定的导电性，此时在石墨烯膜内部通入电流，利用焦耳热效应可以对其进行加热，几分钟的时间内其温度可达约 3000 K（图 4-9）[26]。在高温作用下，电还原后的氧化石墨烯膜表面官能团被移除，内部结构缺陷也被修复。此方法的好处在于，可以在短时间内修复石墨烯的缺陷；可以控制高温区加热时间，进而控制石墨烯内部 AB 堆叠结构含量，实现对石墨烯膜内部结构进行更为精准的调控；同时，电加热过程可以将电能直接转化为石墨烯膜的热能，无额外能源损耗。不过，在电还原之前，石墨烯膜必须经过缓慢的升温

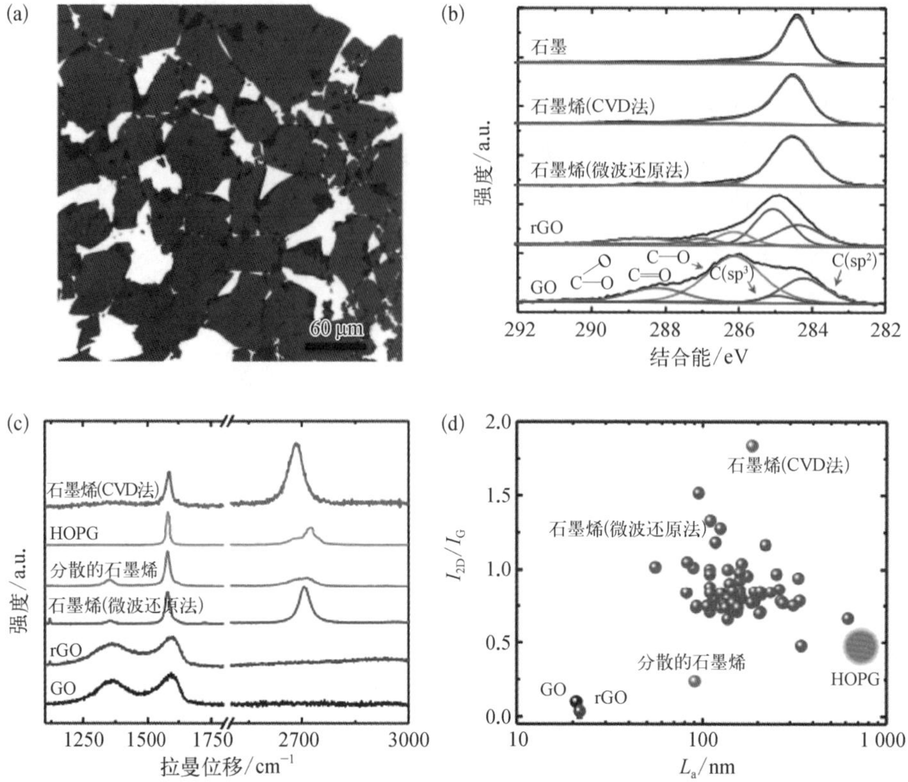

图 4-8 微波还原法修复氧化石墨烯

(a) 氧化石墨烯的 SEM 图；(b) 各种形式石墨烯的 XPS 图谱；(c) 各种形式石墨烯的拉曼图谱；(d) 微波还原石墨烯的晶区大小[25]

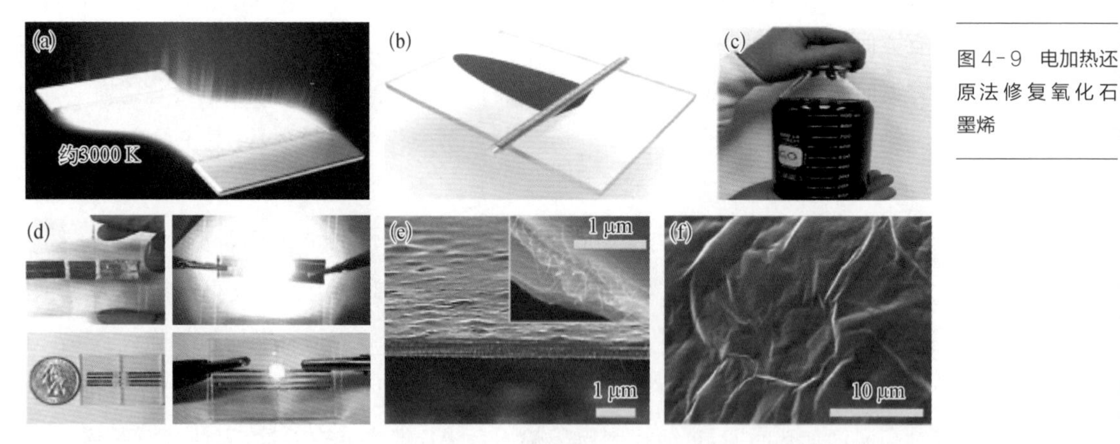

图 4-9 电加热还原法修复氧化石墨烯

(a) 电加热还原石墨烯/碳纳米管膜示意图；(b)(c) 梅尔棒法制备氧化石墨烯/碳纳米管膜；(d) 电还原后的石墨烯/碳纳米管膜用作发光导线；(e)(f) 电还原后的石墨烯/碳纳米管截面与表面的 SEM 图[26]

(1℃ /min) 处理，此过程耗时较长，而且电加热过程难以进行连续制备，不适用于工业大规模制备高质量石墨烯膜。

3. 高温热还原法

高温热还原是制备高质量石墨膜的常规手段，在高温作用下，石墨烯类材料发生两种转变过程：① 石墨烯骨架上杂原子官能团的脱除；② 石墨烯堆叠结构的修复。Song 等[26]利用高温热还原法对氧化石墨烯基石墨烯膜进行还原处理。随着处理温度的提高，石墨烯官能团缓慢脱落、缺陷逐步愈合。在2500℃ 左右，石墨烯层间开始出现热力学更稳定的 AB 堆叠结构。当温度升高到 2850℃时，石墨烯的性能得到最终的优化，其电导率达到 1.83×10^{5} S/m，热导率达到1434 W/(m・K)。

石墨烯膜的高温石墨化过程有一定的片层融合现象，小尺寸的氧化石墨烯在高温过程中会进行片层融合，形成大尺寸的石墨烯结构。这一过程减少了边缘缺陷，有助于提升石墨烯膜的电学、热学性能。Rozada 等[27]用原子隧道显微镜观察了不同温度处理的石墨烯膜表面的粗糙度情况。他们发现，随着处理温度的提高，石墨烯膜表面粗糙度逐渐减小，直至变得相对光滑。更进一步地，他们模拟了石墨烯膜结构演变示意图(图 4-10)。在低温退火过程中，内部石墨烯片层的边缘和外

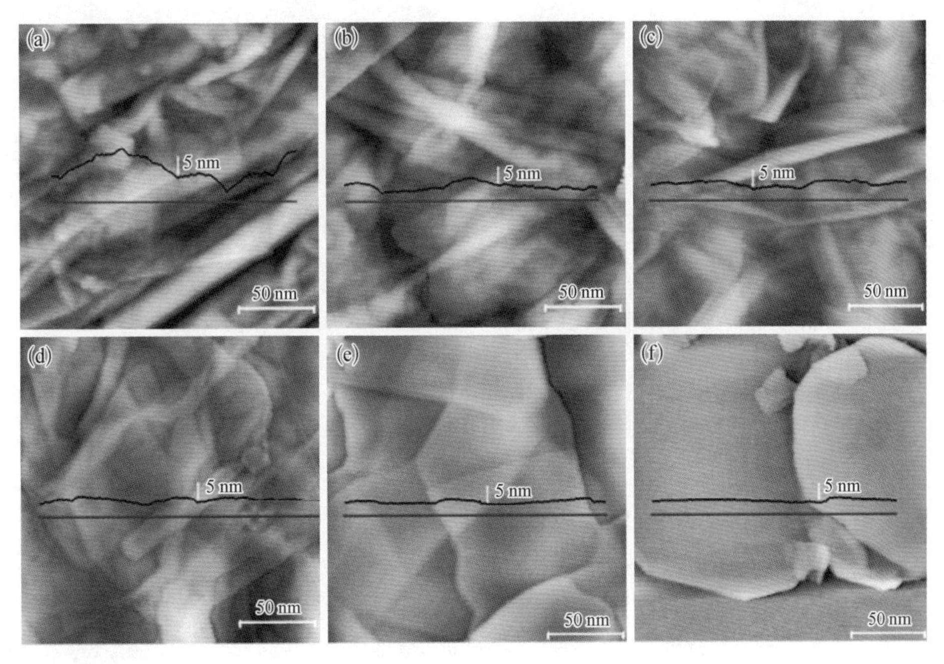

图 4-10 石墨烯膜结构演变示意图[27]

层石墨烯进行搭接，随着处理温度提高，搭接的边缘长度越来越大，搭接的单原子数量逐步增长，直至完全搭接。当温度高于 2540 K 时，石墨烯大部分孔洞结构得到修复，同时搭接的石墨烯相互分离，以维持石墨烯最低能态结构。然而，Liw 等[28]认为石墨烯高温缺陷的修补过程是上层石墨烯碳原子对下层石墨烯缺陷的修补，不涉及片层的融合现象。

无论哪种修补机理，高温过程最终的结果都是石墨烯片层可以得到较大程度修复，这也是高温修复区别于微波还原法及电加热还原法之处。然而，在高温过程中，石墨烯孔洞修复过程和 AB 结构堆叠过程是同时进行的，不能分离，这就使得高温还原过程不能对石墨烯的 AB 堆叠结构进行有效的调控。同时，其耗能较为严重、成本较高。

总结以上，对于高质量石墨烯的内部结构缺陷的修复过程，微波还原法耗时耗能最少，但对石墨烯膜结构的有效控制较差，应用阻力最大，不易于工业化应用；高温热还原法是目前已经工业化的方法，但是其成本较高，对石墨烯膜内部结构调控能力不足；电加热还原法综合了两者的优点，既可以在短时间内还原石墨烯膜，又可以调控石墨烯膜的结构，是最理想的还原方法，但是难以实现连续制备。

4.2.3 压力对石墨烯膜结构的调控

石墨烯膜的性能跟石墨烯层间组装结构有关，通过控制石墨烯层间组装结构，便可以对石墨烯膜的性能进行针对性的调控。通常来说，热处理可以使得石墨烯膜内官能团快速分解逸散并修复石墨烯内部结构。然而，只有极其缓慢（<1℃ /min）的升温过程才可以使得石墨烯内部结构修复过程中产生的气体（水蒸气、二氧化碳和一氧化碳）缓慢释放，以保护石墨烯膜的结构完整性。快速的升温过程只能导致石墨烯内部结构膨胀并形成微气囊，而慢速的升温过程会导致时间和能源的大量浪费。

在碳材料的研究早期，压力石墨化的概念已经被提出，即压力可以诱使乱层石墨在相对低的温度下实现石墨化转变。具体来说，压力可以加速非结晶石墨区域向结晶结构转变的动力学过程，从而加速石墨化过程。在早期无定形态石墨高压石墨化的研究中，压力在整个过程中有两方面的作用：① 降低石墨化转变温度，使得石墨化过程可以在相对较低的温度下进行；② 加快石墨化速度，降低石墨化过程对时间和能源的依赖性。

Zhang 等[29]发现，还原氧化石墨烯膜在 1500℃高温及 40 MPa 压力下，其内部官能团被移除、共轭结构得到了有效的修复。Hong 等[30]发现，在 300 MPa 压力下，氧化石墨烯膜在 200℃下就可以发生局部的石墨化过程。Chen 等[31]发现，300℃热膨胀的石墨烯膜在 1000℃、70 MPa 下会形成致密的局部石墨化的石墨烯膜。另外，相对于直接 2750℃烧结的石墨烯膜，2000℃液压后再进行烧结的石墨烯膜具有更致密的结构及更好的性能。究其原因在于，在石墨烯热压石墨化过程中，压力的存在抑制了石墨烯逸散气体对石墨烯膜结构的破坏。一方面减少了气囊及褶皱的产生，增加了石墨烯膜内部的取向；另一方面减少了石墨烯膜内部的分层，增加了 AB 堆叠结构的含量，从而提升了石墨烯膜的性能。

通过上面的介绍可以看出，目前常用的方法一般都只能针对某一种性能来调节石墨烯膜的结构，实现对该性能的优化。例如，将氧化石墨烯分级以调节石墨烯膜中边缘声子逸散，但未能控制氧化石墨烯内部大量缺陷；通过不同的高温退火方法控制石墨烯内部结构缺陷的修复，但同时引入 AB 堆叠结构缺陷；热压石墨化过程可加速石墨化的进程，但目前的技术并不能保证热压完成后石墨烯片层内部结构完美修复。我们只有按照需求选择合适、有效的方法，或者将这些方法协调使用，才能实现对石墨烯膜结构与性能的有效调控。

4.3 二维石墨烯膜的应用

通过对制备工艺的选择和调控，二维的石墨烯膜可以很好地继承石墨烯本身出众的力学、电学、光学和热学等性能。因此，二维石墨烯膜材料在结构材料、储能材料、导热散热材料、透明电极、吸波和电磁屏蔽、离子分离及催化等领域都有着广泛的应用。本节将简要介绍二维石墨烯膜材料在这些领域的应用，后续的章节中将会对其进行详细的分析与解读。

4.3.1 结构材料

完美的石墨烯是目前已知强度最高的材料，即使是氧化石墨烯，仍然有着很高的强度与模量。因此，石墨烯膜材料在高强度、高模量的碳材料方面有着巨大的应用前景。需要指出的是，尽管石墨烯及氧化石墨烯都有着极高的强度与模量，但是当把它们组装成宏观的膜材料时，由于石墨烯片层之间仅有 π-π 和氢键相互作用，其力学性能会大打折扣[32]。当石墨烯膜受到载荷时，首先发生的是石墨烯片间的滑移，而不是片内碳碳键的断裂。因此，增加石墨烯片间的相互作用是提升宏观石墨烯膜力学性能的关键。Li 等[33]将聚乙烯醇(PVA)分子嵌入氧化石墨烯片层间，由于 PVA 分子与氧化石墨烯之间具有丰富的氢键作用，这种膜的力学性能有了显著的提升。当加入质量分数为 20%的 PVA 时，氧化石墨烯膜的拉伸强度从67.1 MPa 增加到了118 MPa，模量也从4.1 GPa 增加到了11.4 GPa(图 4-11)。Chen 等[32]将水溶性的还原氧化石墨烯过滤组装成自支撑膜，并对其进行了热处理。由于这种膜有着比氧化石墨烯膜更致密的结构和更小的层间距，其片与片之间的相互作用会大幅提升，这种膜的拉伸强度达到

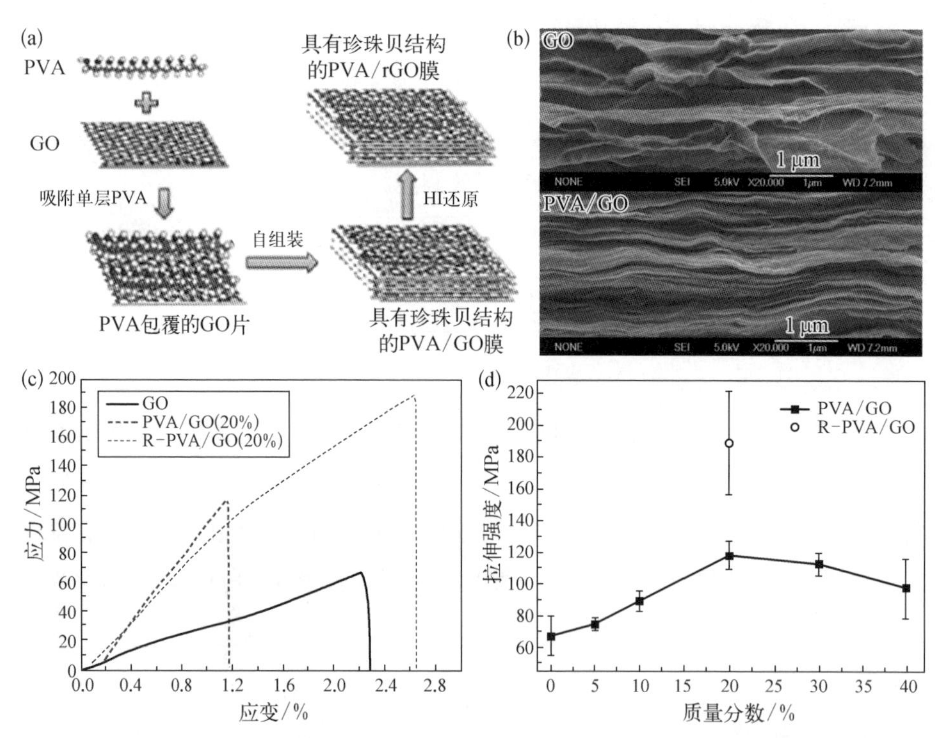

图 4-11 PVA/氧化石墨烯复合膜及其力学性能

(a) PVA/氧化石墨烯复合膜的制备过程示意图；(b) 氧化石墨烯膜和 PVA/氧化石墨烯复合膜断面的 SEM 图；(c) 氧化石墨烯膜和 PVA/氧化石墨烯复合膜的应力-应变曲线；(d) PVA/氧化石墨烯复合膜的拉伸强度与 PVA 质量分数的关系[33]

300 MPa、模量为 42 GPa。

4.3.2 储能材料

超级电容器是一种能量储存器件，具有充放电速度快和循环寿命长等优点。根据能量储存机理的不同，可以将超级电容器分为双电层电容器和赝电容电容器。还原氧化石墨烯材料就是一种理想的双电层电容器电极材料。双电层超级电容器的容量跟电极材料的比表面积直接相关，比表面积越大，电容量就越高。它的充放电速度则与电极材料的导电性有关，导电性越好，充放电速度就越快。而还原氧化石墨烯材料不仅具有超高的比表面积，还有着很好的导电性，这些优点让石墨烯膜材料很适合用来作为超级电容器的电极材料。

Huang 等[34]通过纺膜法制备了多褶皱的氧化石墨烯膜，化学还原后这种膜制得的超级电容器的质量比电容可以达到 177 F/g，并且在 100 A/g 的超快充放电速度下仍能保持 79%的电容量，远高于传统的碳电极材料。石高全课题组[35]首先将氧化石墨烯溶液与聚苯胺纳米纤维混合，然后利用真空抽滤的方法得到了石墨烯-聚苯胺复合膜，由这种膜制得的超级电容器的质量比电容高达 210 F/g。Yang 等[36]通过引入水或电解质溶液来阻止氧化石墨烯片的堆叠，进一步提高了氧化石墨烯膜的有效比表面积(图 4 - 12)。当使用离子液体时，制得的超级电容器的质量比电容达到了 273.1 F/g，其质量能量密度(150.9 W・h/kg)甚至接近锂离子电池的水平。

4.3.3 导热散热材料

理想的单层石墨烯膜具有极高的热导率，然而其厚度极小，只有 0.334 nm，热通量极低，不能直接用作散热用热管理材料。而在宏观组装石墨烯膜中，热传导性能不仅与其内部基元结构有关，还与石墨烯组装结构有关，包括石墨烯内部微结构、层间堆叠方式、片层取向、热界面及孔洞结构等。

Wu 等[37]以机械剥离石墨烯纳米片为原料，经过真空抽滤成膜，然后采用 350℃高温处理去除聚合物残留，最后用高压压制的方式制备了高纯度石墨烯膜。其将机械剥离石墨烯纳米片的尺寸从 1 μm 提高到 15 μm，从而将热导率从20.2 W/(m・K)提升到 204 W/(m・K)，热导率提升了近 10 倍。Shen 等[7]用湿法纺膜法制备了连

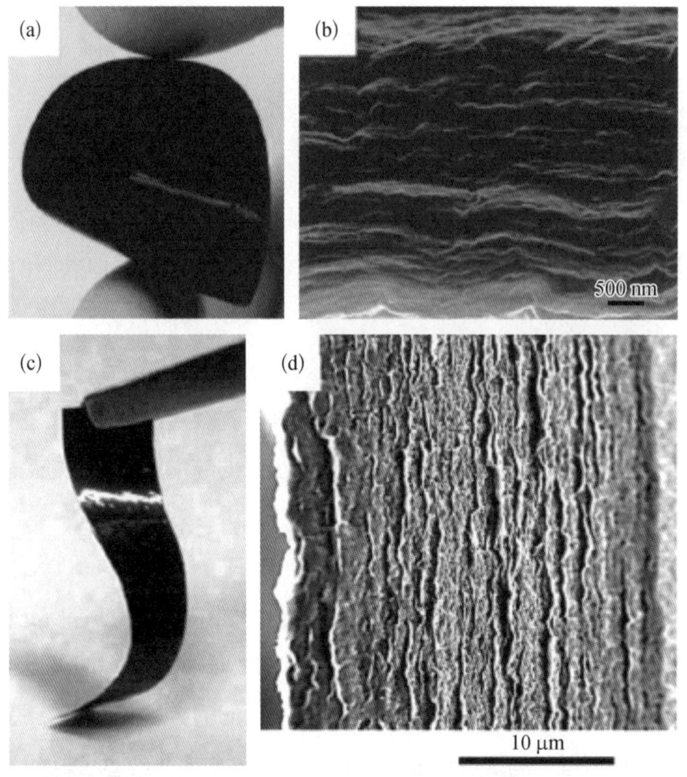

图 4-12 层间嵌有水或硫酸的氧化石墨烯膜

（a）层间嵌有水的氧化石墨烯膜的照片；（b）层间嵌有水的氧化石墨烯膜截面的 SEM 图；（c）层间嵌有硫酸的氧化石墨烯膜的照片；（d）层间嵌有硫酸的氧化石墨烯膜截面的 SEM 图[36]

续的氧化石墨烯膜，氢碘酸还原后其热导率达到890 W/(m·K)。高超课题组等[38]利用超大片的氧化石墨烯制备了石墨烯膜，并通过热处理的方式在消除缺陷的同时引入大量的微褶皱。这些微褶皱在赋予石墨烯膜高柔性的同时，低缺陷与石墨烯基元的大尺寸保证了石墨烯膜的高热导率，所得到的石墨烯膜的热导率高达 1940 W/(m·K)（图 4-13）。

4.3.4 透明电极

目前，市面上使用最广泛的透明导电电极材料为氧化铟锡（ITO）玻璃。但由于 ITO 本身不耐酸碱环境、成本昂贵，再加上地球上的铟元素储量十分有限，寻找新的替代材料势在必行。石墨烯因具有优异的导电性和透光性而引起了人们开发它作为透明电极的兴趣。陈永胜课题组等[16]通过旋涂的方法结合热还原制备了

图 4-13 柔性高导热石墨烯膜

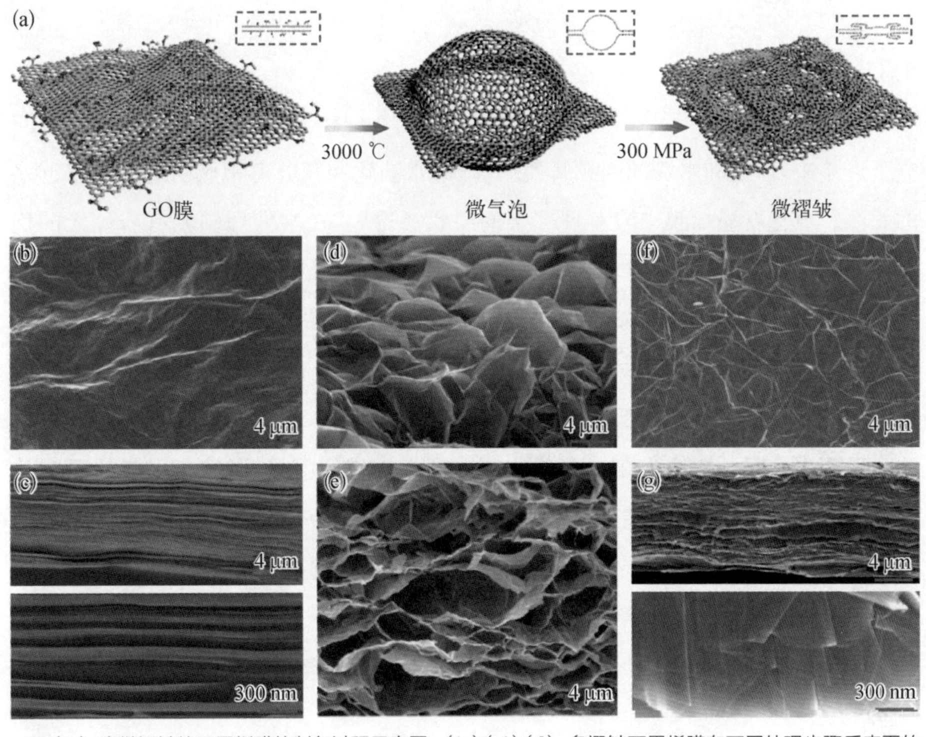

（a）含微褶皱的石墨烯膜的制备过程示意图；（b）（d）（f）多褶皱石墨烯膜在不同处理步骤后表面的 SEM 图；（c）（e）（g）多褶皱石墨烯膜在不同处理步骤后截面的 SEM 图[38]

透明的还原氧化石墨烯膜，这种膜可以用来作为导电透明电极。Müllen 课题组[20]采用浸涂的方法在石英片上涂覆了一层氧化石墨烯，通过热还原得到了性能优异的透明导电氧化石墨烯膜电极。

4.3.5 吸波和电磁屏蔽

随着高新科技的发展，电磁污染已经成为不容忽视的严重问题，因此开发高性能的吸波和电磁屏蔽材料是十分必要的。相关研究表明，石墨烯是目前导电性能佳、力学性能好的材料之一，同时还具有高导热、低密度、高透光性和耐腐蚀等诸多优点，是制备吸波和电磁屏蔽材料的最佳选择。Jang 等[39]利用酰胺化反应，通过聚乙烯亚胺将氧化石墨烯片进行共价交联，得到了复合的氧化石墨烯膜。经过 3000 K 的高温热处理以后，这种复合膜的电导率可以达到 76900 S/m，其电磁屏蔽效能在 30 dB 左右，最高能达到 32 dB。

4.3.6 分离膜材料

近年来，环境和水资源问题日益严峻，海水淡化和膜分离领域引起了越来越多的关注。氧化石墨烯膜作为一种二维的层状渗透膜，在水处理领域有着先天的优势，引起了人们的研究兴趣。氧化石墨烯膜层状的堆叠结构使得石墨烯片层间能够形成规整的纳米级通道，可以实现对分子、离子的高度选择透过。Geim 课题组[40]率先报道了氧化石墨烯膜对气体和液体分子的渗透性能。他们发现，氧化石墨烯膜对各种气体和绝大部分液体分子都完全不通透，却可以让水分子高速透过。这一发现揭示了石墨烯膜在海水淡化领域巨大的应用前景，引发了大量的研究热潮。高超课题组[41]通过抽滤法制备了还原氧化石墨烯膜，并研究了这种膜的渗透性能。他们发现，还原氧化石墨烯膜可以实现对有机小分子几乎 100%的截留效果，对各种无机盐离子也有着较高的截留率。此外，这种膜还有着很高的水通量，在海水淡化领域有很大的潜力。关于分离膜材料的详细内容见第 10 章。

4.3.7 催化膜材料

氧化石墨烯膜大量的层间孔道和丰富的官能团提供了大量的物理化学活性位点，使得石墨烯膜成为一种高性能的催化剂负载材料。Chen 等[42]利用过氧化氢打孔的氧化石墨烯制备了掺杂的氧化石墨烯膜，并将其与镍钴合金纳米粒子复合得到了自支撑的氧生成催化膜材料。

4.4 总结

可以看出，尽管关于二维石墨烯组装体的研究工作已经数不胜数，但我们仍然需要更多的技术来实现对二维石墨烯组装体结构的精确调控和功能性的进一步拓展。此外，对二维石墨烯宏观组装体各种性能背后的机理也还需要进一步的研究探索，这对于我们更好地认识和利用二维石墨烯膜材料至关重要。目前，宏观石墨烯膜的各项性能指标与理想的石墨烯相比还有很大的提升空间，如何进一步优化石墨烯膜的结构、提升它的性能是未来二维石墨烯组装体研究的重点。

参考文献

[1] Dikin D A, Stankovich S, Zimney E J, et al. Preparation and characterization of graphene oxide paper[J]. Nature, 2007, 448(7152): 457-460.

[2] Li D, Müller M B, Gilje S, et al. Processable aqueous dispersions of graphene nanosheets[J]. Nature Nanotechnology, 2008, 3(2): 101-105.

[3] Teng C, Xie D, Wang J F, et al. Ultrahigh conductive graphene paper based on ball-milling exfoliated graphene [J]. Advanced Functional Materials, 2017, 27 (20): 1700240.

[4] Liu H Y, Wang H T, Zhang X W. Facile fabrication of freestanding ultrathin reduced graphene oxide membranes for water purification[J]. Advanced Materials, 2015, 27(2): 249-254.

[5] Wang X W, Xiong Z P, Liu Z, et al. Exfoliation at the liquid/air interface to assemble reduced graphene oxide ultrathin films for a flexible noncontact sensing device[J]. Advanced Materials, 2015, 27(8): 1370-1375.

[6] Sun J W, Xie X, Bi H C, et al. Solution-assisted ultrafast transfer of graphene-based thin films for solar cells and humidity sensors[J]. Nanotechnology, 2017, 28 (13): 134004.

[7] Zhou S X, Zhu Y, Du H D, et al. Preparation of oriented graphite/polymer composite sheets with high thermal conductivities by tape casting[J]. New Carbon Materials, 2012, 27(4): 241-249.

[8] Shen B, Zhai W T, Zheng W G. Ultrathin flexible graphene film: An excellent thermal conducting material with efficient EMI shielding[J]. Advanced Functional Materials, 2014, 24(28): 4542-4548.

[9] Liu Z, Li Z, Xu Z, et al. Wet-spun continuous graphene films[J]. Chemistry of Materials, 2014, 26(23): 6786-6795.

[10] Kim J E, Han T H, Lee S H, et al. Graphene oxide liquid crystals[J]. Angewandte Chemie-International Edition, 2011, 50(13): 3043-3047.

[11] Gilje S, Han S, Wang M S, et al. A chemical route to graphene for device applications[J]. Nano Letters, 2007, 7(11): 3394-3398.

[12] Pham V H, Cuong T V, Hur S H, et al. Fast and simple fabrication of a large transparent chemically-converted graphene film by spray-coating[J]. Carbon, 2010, 48(7): 1945-1951.

[13] Min K, Han T H, Kim J, et al. A facile route to fabricate stable reduced graphene

oxide dispersions in various media and their transparent conductive thin films[J]. Journal of Colloid and Interface Science, 2012, 383(1): 36 - 42.

[14] Kim D Y, Sinha - Ray S, Park J J, et al. Self-healing reduced graphene oxide films by supersonic kinetic spraying[J]. Advanced Functional Materials, 2014, 24(31): 4986 - 4995.

[15] Wang L J, Li L, Yu J F, et al. Large-area graphene coating via superhydrophilic-assisted electro-hydrodynamic spraying deposition[J]. Carbon, 2014, 79: 294 - 301.

[16] Xin G Q, Sun H T, Hu T, et al. Large-area freestanding graphene paper for superior thermal management[J]. Advanced Materials, 2014, 26(26): 4521 - 4526.

[17] Becerril H A, Mao J, Liu Z F, et al. Evaluation of solution-processed reduced graphene oxide films as transparent conductors[J]. ACS Nano, 2008, 2(3): 463 - 470.

[18] Wu Z S, Pei S F, Ren W C, et al. Field emission of single-layer graphene films prepared by electrophoretic deposition[J]. Advanced Materials, 2009, 21(17): 1756 -1760.

[19] Li X L, Zhang G Y, Bai X D, et al. Highly conducting graphene sheets and Langmuir - Blodgett films[J]. Nature Nanotechnology, 2008, 3(9): 538 - 542.

[20] Wang X, Zhi L J, Müllen K. Transparent, conductive graphene electrodes for dye-sensitized solar cells[J]. Nano Letters, 2008, 8(1): 323 - 327.

[21] Zhu Y W, Cai W W, Piner R D, et al. Transparent self-assembled films of reduced graphene oxide platelets[J]. Applied Physics Letters, 2009, 95(10): 103104.

[22] Wang J, Liang M H, Fang Y, et al. Rod-coating: Towards large-area fabrication of uniform reduced graphene oxide films for flexible touch screens[J]. Advanced Materials, 2012, 24(21): 2874 - 2878.

[23] Geng H Y, Yao B W, Zhou J J, et al. Size fractionation of graphene oxide nanosheets via controlled directional freezing[J]. Journal of the American Chemical Society, 2017, 139(36): 12517 - 12523.

[24] Wang X L, Bai H, Shi G Q. Size fractionation of graphene oxide sheets by pH - assisted selective sedimentation[J]. Journal of the American Chemical Society, 2011, 133(16): 6338 - 6342.

[25] Bao W Z, Pickel A D, Zhang Q, et al. Flexible, high temperature, planar lighting with large scale printable nanocarbon paper[J]. Advanced Materials, 2016, 28(23): 4684 - 4691.

[26] Song L, Khoerunnisa F, Gao W, et al. Effect of high-temperature thermal treatment on the structure and adsorption properties of reduced graphene oxide[J]. Carbon, 2013, 52: 608 - 612.

[27] Rozada R, Paredes J I, López M J, et al. From graphene oxide to pristine graphene: Revealing the inner workings of the full structural restoration[J]. Nanoscale, 2015, 7(6): 2374 - 2390.

[28] Liu L L, Gao J F, Zhang X Y, et al. Vacancy inter-layer migration in multi-layered

graphene[J]. Nanoscale，2014，6(11)：5729－5734.

[29] Zhang Y P，Li D L，Tan X J，et al. High quality graphene sheets from graphene oxide by hot-pressing[J]. Carbon，2013，54：143－148.

[30] Hong J Y，Kong J，Kim S H. Spatially controlled graphitization of reduced graphene oxide films via a green mechanical approach[J]. Small，2014，10(23)：4839－4844.

[31] Chen X J，Li W，Luo D，et al. Controlling the thickness of thermally expanded films of graphene oxide[J]. ACS Nano，2017，11(1)：665－674.

[32] Chen H Q，Müller M B，Gilmore K J，et al. Mechanically strong，electrically conductive，and biocompatible graphene paper[J]. Advanced Materials，2008，20 (18)：3557－3561.

[33] Li Y Q，Yu T，Yang T Y，et al. Bio-inspired nacre-like composite films based on graphene with superior mechanical，electrical，and biocompatible properties[J]. Advanced Materials，2012，24(25)：3426－3431.

[34] Huang T Q，Zheng B N，Liu Z，et al. High rate capability supercapacitors assembled from wet-spun graphene films with a $CaCO_3$ template[J]. Journal of Materials Chemistry A，2015，3(5)：1890－1895.

[35] Wu Q，Xu Y X，Yao Z Y，et al. Supercapacitors based on flexible graphene / polyaniline nanofiber composite films[J]. ACS Nano，2010，4(4)：1963－1970.

[36] Yang X W，Zhu J W，Qiu L，et al. Bioinspired effective prevention of restacking in multilayered graphene films：Towards the next generation of high-performance supercapacitors[J]. Advanced Materials，2011，23(25)：2833－2838.

[37] Wu H，Drzal L T. Graphene nanoplatelet paper as a light-weight composite with excellent electrical and thermal conductivity and good gas barrier properties[J]. Carbon，2012，50(3)：1135－1145.

[38] Peng L，Xu Z，Liu Z，et al. Ultrahigh thermal conductive yet superflexible graphene films[J]. Advanced Materials，2017，29(27)：1700589.

[39] Jang J，Hong J S，Cha C. Effects of precursor composition and mode of crosslinking on mechanical properties of graphene oxide reinforced composite hydrogels[J]. Journal of the Mechanical Behavior of Biomedical Materials，2017，69：282－293.

[40] Nair R R，Wu H A，Jayaram P N，et al. Unimpeded permeation of water through helium-leak-tight graphene-based membranes [J]. Science，2012，335 (6067)：442－444.

[41] Han Y，Xu Z，Gao C. Ultrathin graphene nanofiltration membrane for water purification[J]. Advanced Functional Materials，2013，23(29)：3693－3700.

[42] Chen S，Qiao S Z. Hierarchically porous nitrogen-doped graphene－NiCo(2)O(4) hybrid paper as an advanced electrocatalytic water-splitting material[J]. ACS Nano，2013，7(11)：10190－10196.

第5章

石墨烯宏观三维材料

近年来，石墨烯作为一种新兴的二维碳纳米材料，因其独特的光学、电学、热学、力学等性能而被广泛研究[1]。如今，将石墨烯组装成三维形式已经成为石墨烯研究领域的一个重要方向。三维石墨烯材料可以继承石墨烯的优异性能，比如高比表面积、良好的导电性和机械强度等[2]。现有的三维石墨烯材料主要包括石墨烯气凝胶、石墨烯水凝胶和石墨烯块体材料等，不同种类的三维石墨烯材料被广泛应用于柔性电子器件、污染物吸附材料、隔热或隔声材料、储能器件和电磁屏蔽/吸收材料等领域[3-8]。

5.1 石墨烯气凝胶

气凝胶是由纳米颗粒或者聚合物分子相互聚集而形成的三维多孔固体材料，具有高孔隙率、低表观密度、大比表面积、低热导率等特点[9]。自从 Kistler[10] 在 1931 年首次制备出二氧化硅气凝胶之后，气凝胶的材质已经发展到金属、无机氧化物、聚合物、碳材料等，应用领域也拓展到催化、吸附、能量存储等多方面。其中石墨烯气凝胶作为一种新型多孔碳材料，以其密度低、电导率高、弹性好等优点受到广泛关注。

十几年来，以碳纳米管（CNT）为组装单元的大量研究为三维石墨烯宏观组装积累了宝贵的经验。目前，石墨烯气凝胶的制备方法主要可以分为以模板导向化学气相沉积（CVD）法为代表的干法组装和以溶胶凝胶自组装法为代表的湿法组装。前者在 CVD 生长过程中，通过不同模板的选择得到各种微观结构的三维石墨烯材料。相比于干法组装，湿法组装则以溶液中的化学改性石墨烯（chemically modified graphene，CMG）为对象，借鉴了丰富的聚合物溶液和胶体加工手段，结合了 CMG 的二维结构和各种优异的性能，具有结构与性能设计富于变化且可规模化的特点。

5.1.1 干法组装

1. 模板导向 CVD 法

模板导向 CVD 法,顾名思义即先在模板表面沉积石墨烯,然后将模板刻蚀而得到石墨烯气凝胶。这种方法复制了模板的微观结构,对石墨烯气凝胶的结构控制精确,实现了超低的密度和优越的弹性,但是基于模板本身尺寸限制,该方法难以实现石墨烯气凝胶的大规模生产。

Cheng 课题组[11]率先利用模板导向 CVD 法制备了石墨烯气凝胶。首先,他们以泡沫镍为模板、甲烷气体为碳源,在 1000℃下利用 CVD 法在泡沫镍表面沉积石墨烯层。此石墨烯层彼此连接、没有间断,完全复制和继承了泡沫镍相互连接的三维网络结构。随后,他们用 $FeCl_3$/HCl 溶液刻蚀泡沫镍骨架,即可得到石墨烯气凝胶(图 5-1)。这种高品质石墨烯及其完美三维网络结构赋予了石墨烯气凝胶出色的电学性能。此外,Yavari 等[12]使用 CVD 法和泡沫镍制备了石墨烯泡沫(graphene foam, GF),其对空气中的 NH_3 和 NO_2 检测具有超高灵敏度。其他碳源,如乙醇和乙炔,也可用于在泡沫镍上生长石墨烯以制备石墨烯气凝胶[13]。

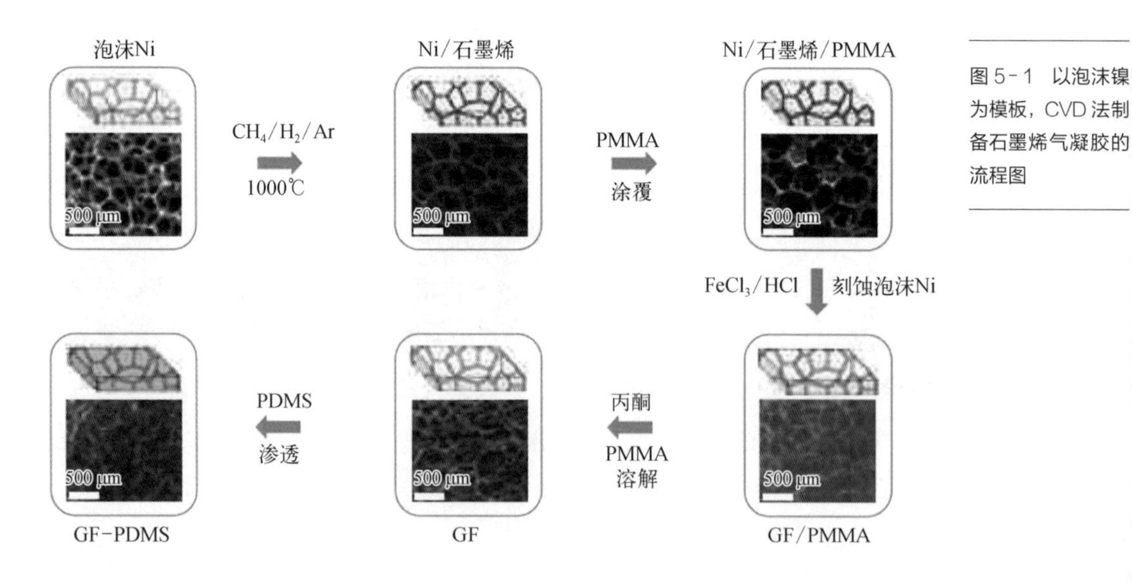

图 5-1 以泡沫镍为模板,CVD 法制备石墨烯气凝胶的流程图

将泡沫镍换成更大颗粒的棒状ZnO,以甲苯为碳源,利用CVD法在ZnO表面沉积石墨烯膜,刻蚀模板之后得到空心管状的石墨烯气凝胶[14]。模板的比表面、碳源气流的速度、生长时间等都会对石墨烯气凝胶的密度产生影响,最低可以达到0.18 mg/cm^3。Huang课题组[15]在水热法制备的二氧化硅气凝胶模板上CVD生长石墨烯气凝胶(图5-2)。得到的石墨烯气凝胶由管状石墨烯搭接而成,且其管壁厚度可通过生长时间控制,从而控制石墨烯气凝胶的密度和力学性能。这种管状石墨烯气凝胶展现出良好的弹性(耐95%应变压缩)、抗疲劳性(可经1000次80%~90%应变压缩)和机械强度(1.74 MPa)。

图5-2 以二氧化硅气凝胶为模板,CVD法制备管状石墨烯气凝胶

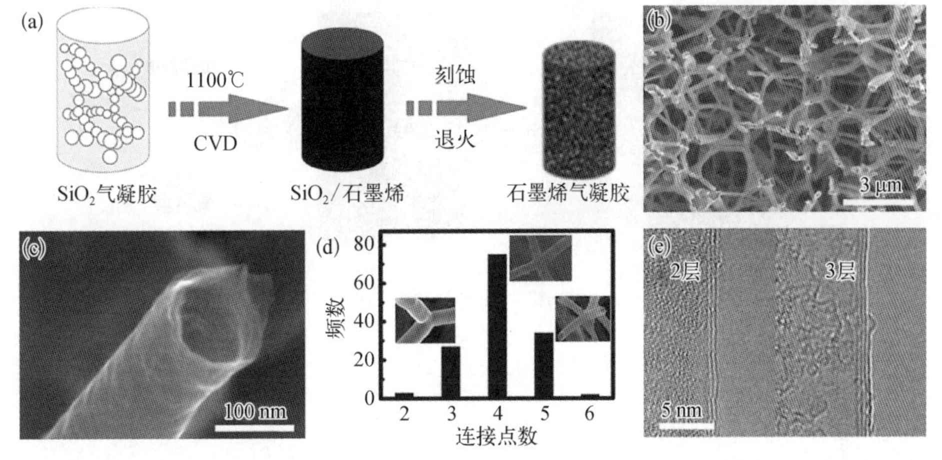

(a)制备管状石墨烯气凝胶的流程图;(b)(c)管状石墨烯气凝胶的SEM图;(d)管状石墨烯气凝胶连接点数的直方图;(e)少层管状石墨烯管壁的TEM图

2. 聚合物热解法

当利用模板导向CVD法制备石墨烯气凝胶时,刻蚀模板的步骤显著增加了实验工序及成本。若以碳纳米管气凝胶作为模板,相似的成分和性能使得去除模板显得不重要。首先将单壁碳纳米管制成水凝胶,再经超临界干燥变成气凝胶。此时在碳纳米管表面涂覆一层聚丙烯腈,经过热处理之后形成石墨烯包覆的碳纳米管气凝胶[16]。虽然在包覆石墨烯后,材料密度由8.8 mg/cm^{3}上升至14.0 mg/cm^3,但是石墨烯对碳纳米管气凝胶连接点起到加固作用,从而获得弹性(图5-3)。

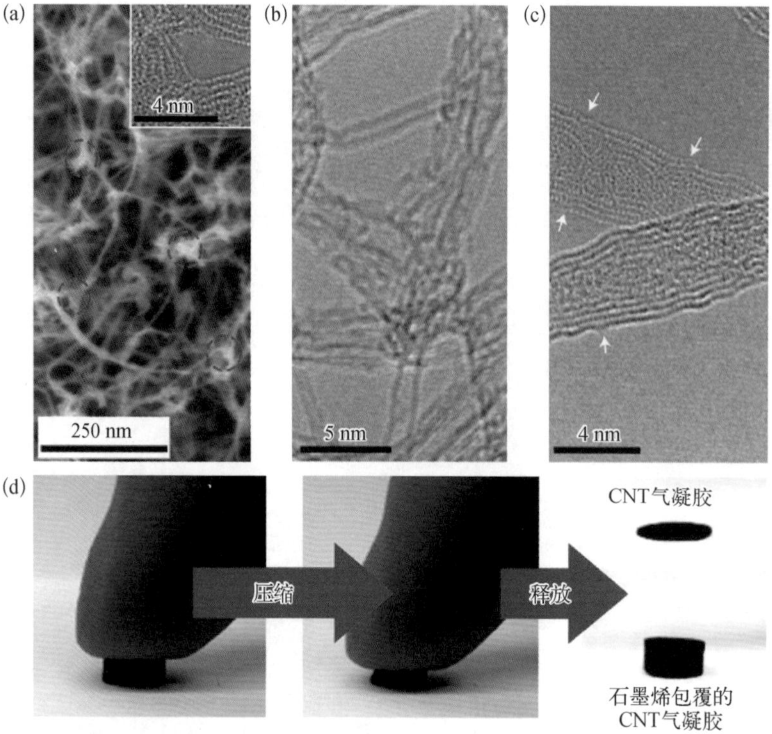

图 5-3 石墨烯包覆的碳纳米管气凝胶

(a) ~ (c) 石墨烯包覆的碳纳米管气凝胶的 SEM 图和 TEM 图;(d) 碳纳米管气凝胶不具备弹性，经石墨烯包覆之后获得弹性

5.1.2 湿法组装

通过模板导向 CVD 法制备石墨烯气凝胶，可以复制甚至优化模板的三维结构，从细节上控制气凝胶内部结构，但是受限于模板本身，难以实现石墨烯气凝胶的宏量制备。而基于 CMG，特别是 GO 的溶液凝胶自组装法则可以解决生产规模的问题，但对气凝胶网络细节控制相对不足。

1. 冰模板组装法

低温下 GO 分散液中的水凝固成冰，此时 GO 片会贴合在冰晶表面连成网络，随后将冰去除，即可得到三维多孔石墨烯材料[17]，该过程常用的操作手段为冷冻干燥。增加 GO 分散液固含量，体系流动性降低，自发形成凝胶状，对其进行超临界干燥或者冷冻干燥即可得到 GO 气凝胶。在氩气中经过 300℃ 处理 5 h 得到的石墨烯气凝胶，仍然保持三维连通的大孔结构，并且导电性得到提升。将其组装成超级电容器，当扫描速度为 20 mV/s 时，质量比电容达到 120 F/g。

Gao 课题组[18]开发了一种协同组装石墨烯和 CNT 的方法，用于宏量生产超轻弹性气凝胶。石墨烯和 CNT 的完美组合使气凝胶拥有出色的性能，包括超低的密度、超高的弹性、良好的导电性和热稳定性。

在样品制备过程中，辅以温度梯度和 GO 还原程度的控制，可以有效调节气凝胶孔洞结构[17]。从作用力上说，GO 的组装行为主要就是石墨区域（sp^2 区域）引起的范德瓦耳斯引力与氧化区域结合溶剂分子引起的片间斥力共同作用的结果。因此，GO 片上石墨区域和氧化区域的比例对其组装具有显著的影响。Li 课题组[19]先将轻度还原的 GO 分散液冷冻结冰，部分还原的 GO 片沿着冰晶生成方向排列，在冰晶边界处聚集，形成连续蜂窝状网络结构；随后将冰溶解，继续对已经形成的 GO 网络还原并冷冻干燥，得到蜂窝状石墨烯气凝胶。分步还原的方法将各向同性的孔洞结构转变为定向排布，材料也由非弹性转变成弹性，可以压缩 80%并回弹。

Gao 等[20]使用壳聚糖/GO 混合液通过双向冷冻法制备出具有层状多拱微结构的复合石墨烯气凝胶（图 5-4）。这种仿生设计的气凝胶具有出色的抗疲劳性

图 5-4 具有层状多拱微结构的复合石墨烯气凝胶

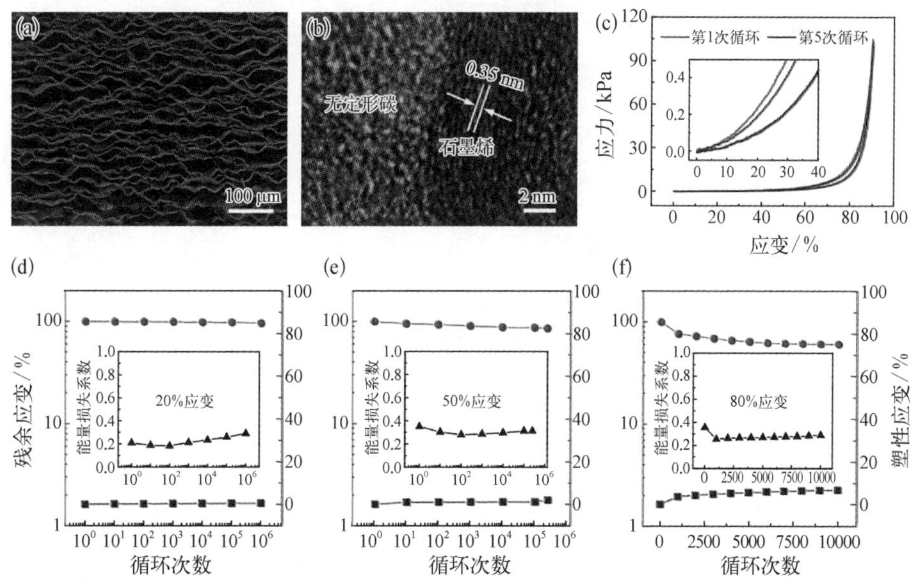

（a）（b）复合石墨烯气凝胶的 SEM 图和高分辨 TEM 图；（c）复合石墨烯气凝胶在大应变（90%）下的应力-应变曲线；（d）～（f）不同应变下的疲劳性能测试[20]

(20%应变下 10^6 次压缩后保持结构完整)和超快的恢复速度(约 580 mm/s)。

2. 硬模板组装法

冰模板组装法以原位生成的冰晶作为模板,对于气凝胶孔洞尺寸控制困难,而硬模板组装法则是添加客体材料作为模板,可以有效控制颗粒的形态及孔径。常用的模板有聚苯乙烯微球、碳酸钙、空心二氧化硅等,制备出的气凝胶孔径通常在几百纳米到几微米。大孔在 BET(Brunauer - Emmett - Teller)测试时对材料的比表面积基本没有贡献,且在实际使用时常常导致材料的机械强度降低,而大孔转换成纳米级孔洞则可以同时提高材料的比表面积和机械强度。将 GO 与甲基接枝的二氧化硅微球在水中共混,在疏水作用驱动下,GO 包覆在二氧化硅微球模板表面,形成复合材料。再经惰性气体中热还原及刻蚀二氧化硅模板的处理,即可得到孔径分布在 30~120 nm、单位质量孔体积高达 4.3 cm^3/g 的石墨烯气凝胶[21]。

3. 乳液模板组装法

Shi 等使用改进的水热方法,由含有己烷液滴的 GO 水性乳液制备出高度可压缩的石墨烯气凝胶(图 5 - 5)。由于 GO 的两亲性,它会聚集在己烷液滴周围。形成的石墨烯气凝胶表现出高弹性、低密度和良好的导电性[22]。Menzel 等[23]通过乳液模板组装法合成的超轻可压缩、导热导电多孔还原氧化石墨烯(rGO)气凝胶可进行焦耳加热。他们在较低电压(约 1 V)和体积比功率(约 2.5 W/cm^3)下重复焦耳加热至 200℃,展示了 rGO 气凝胶的焦耳加热特性,其可调的恒定温度实现了便捷的低电压加热功能。

4. 溶胶凝胶自组装法

溶胶凝胶自组装法是以 GO 分散液为起始原料,由湿凝胶制备气凝胶。GO 溶胶凝胶自组装法是制备石墨烯气凝胶的有效方法。GO 片表面大量的含氧官能团,如羧基、羟基、环氧基等,极大地提高了它的亲水性能,而其未被破坏的共轭结构则提供了疏水性能,因此 GO 片从结构上可视为同时具有亲水性和疏水性的两亲性物质。此外,GO 片表面带有负电荷,依靠相互之间的静电斥力可以稳定分散在水中。当这些作用力减弱或消失时,GO 分散液就会开始凝胶化,GO 片相互搭接形成水凝胶。因此,石墨烯水凝胶的形成由许多超分子作用力决定,例如范德瓦

图 5-5 乳液模板组装法制备弹性石墨烯气凝胶

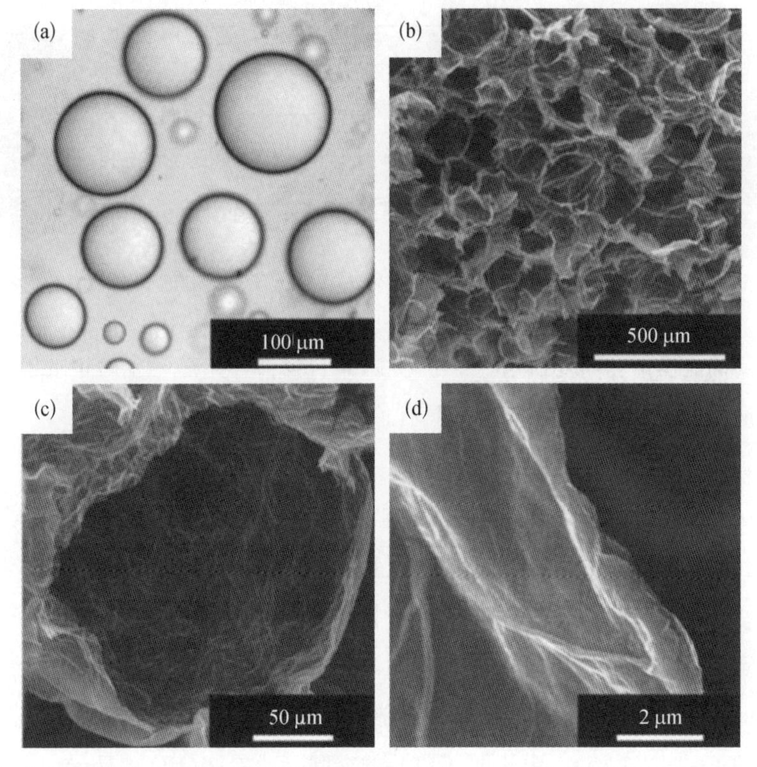

（a）己烷液滴和 GO 水性乳液的光学显微镜图；（b）~（d）石墨烯气凝胶截面的 SEM 图

耳斯力、π-π 堆叠相互作用、氢键、静电相互作用和偶极相互作用。CMG 分散液在没有任何添加剂的情况下，超过一定浓度时就会发生自凝胶化，但同时实现低密度和高机械强度是很困难的。在这种情况下，使用水热法和化学还原进行自组装是形成水凝胶最常用的手段。此外，控制 GO 分散液的 pH、引入交联剂或化学反应都是引发 GO 分散液凝胶化的常用方法。去除湿凝胶中溶剂，保持石墨烯三维网络结构，即可得到石墨烯气凝胶。在干燥过程中，应尽量避免气液界面的出现，减小表面张力，防止结构坍塌，最大限度地保留石墨烯孔洞结构和保持比表面积，因此常常选用冷冻干燥或者超临界干燥来制备高性能石墨烯气凝胶。

（1）水/溶剂热还原自组装法

Chen 课题组[24] 报道了利用 GO 自组装制备石墨烯海绵（图 5-6）。他们将 GO 分散在乙醇中并进行溶剂热反应，经热处理得到了具有超高弹性和零泊松比的材料。这些石墨烯海绵具有超低密度和可重复压缩性，并且可在很宽的温度范围（-196～900℃）内完全恢复。有趣的是，这种石墨烯海绵表现出与温度和频率

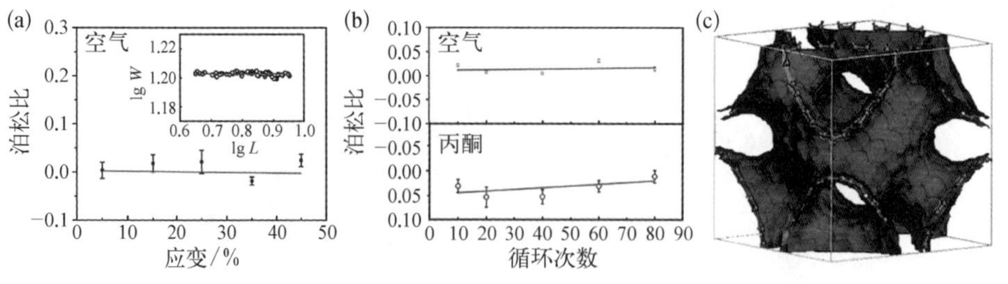

图 5-6　石墨烯海绵的泊松比

（a）（b）石墨烯海绵的泊松比与应变和循环次数的关系；（c）用于泊松比建模的 sp^2 碳相 Schwartzite 模型[24]

无关的高储能模量和损耗模量。一般来说，聚合物弹性体都表现出正泊松比，而零泊松比或负泊松比的石墨烯气凝胶具有独特的应力分布和机械性能。

（2）交联剂诱导自组装法

利用 Ca^{2+} 交联的方法，结合湿法纺球技术，Gao 课题组[25]实现了具有"群体效应"的超轻、高弹性石墨烯气凝胶球的宏量连续制备。该石墨烯气凝胶球具有特殊的核壳结构，表现出优异的弹性和抗疲劳性。此外，石墨烯气凝胶球可在静电力的操纵下定向移动，实现快速、高效吸油，吸附量可达自身质量的 70～195 倍。

Qiu 课题组[26]提出了基于改进的水热反应结合冷冻成型方法制备超轻石墨烯气凝胶的策略（图 5-7）。由于弱还原性的交联剂乙二胺（EDA）诱导组装，GO 片在水热条件下通过 π-π 相互作用有序连接形成稳定的 GO 水凝胶，然后经过真空

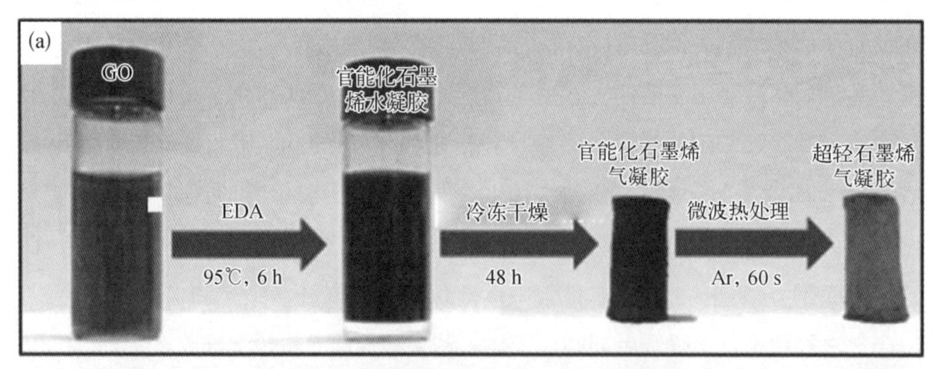

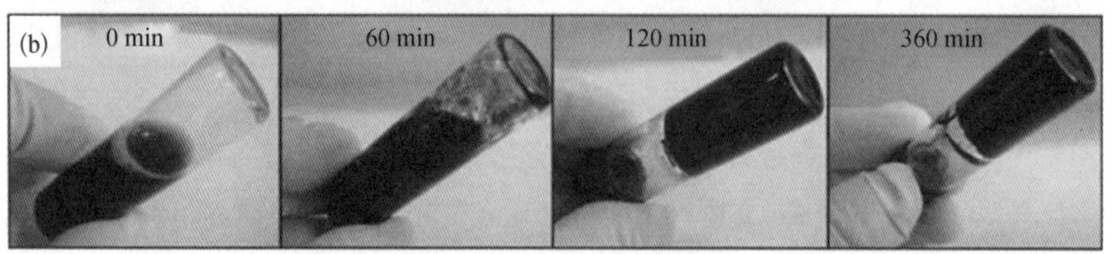

图 5-7　EDA 诱导自组装法制备超轻石墨烯气凝胶的流程图

（a）超轻石墨烯气凝胶的制备过程；（b）功能化石墨烯水凝胶的形成过程[26]

低温冷冻干燥和微波热处理得到石墨烯气凝胶。该材料表现出超轻(密度约为5.4 mg/cm³)、结构稳定、高度可压缩(应变约为90%)和抗疲劳等特性。

Li等[27]也使用乙二胺实现了GO同步还原和自组装,冷冻干燥后制备出超轻、可压缩、耐火的石墨烯气凝胶。Moon等[28]通过水热和热退火的方法,使用六亚甲基四胺(HMTA)作为还原剂,以及氮源和石墨烯分散稳定剂,制备出具有高弹性和导电性的氮掺杂rGO气凝胶(图5-8)。该材料在零应变下的电导率为11.74 S/m,在80%单轴压缩应变下的电导率约为704.23 S/m。此外,氨也可被用作GO分散液水热处理形成氮掺杂rGO气凝胶的氮前驱体[29]。

图5-8 具有高弹性和导电性的氮掺杂rGO气凝胶

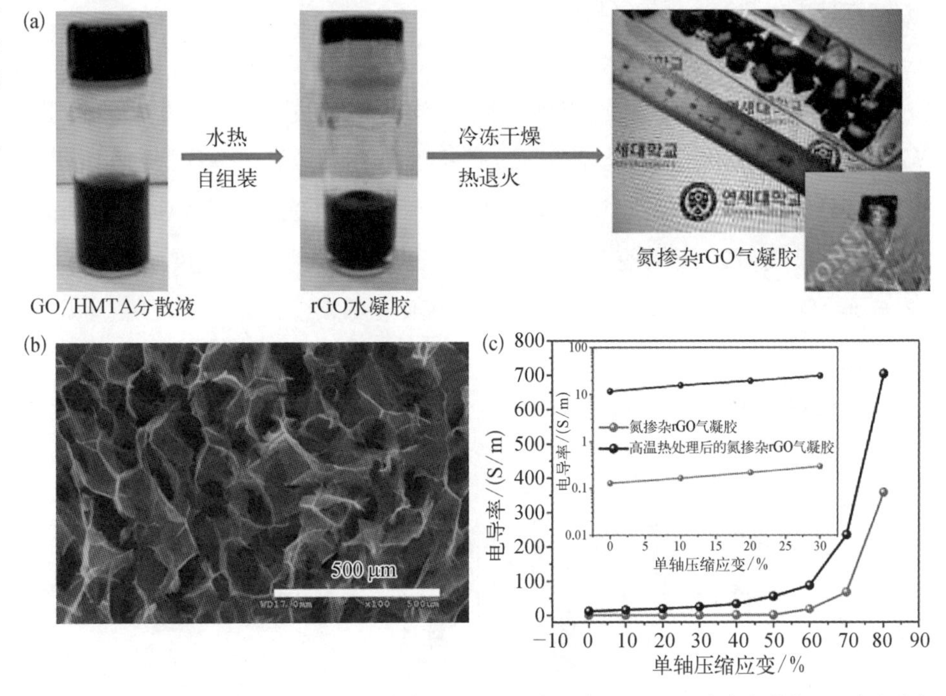

(a)氮掺杂rGO气凝胶的制备过程;(b)氮掺杂rGO气凝胶的SEM图;(c)氮掺杂rGO气凝胶在单轴压缩时的电导率[28]

(3)还原剂辅助自组装法

除有机胺外,其他还原剂也被用于制备三维石墨烯材料。Li课题组[30]使用抗坏血酸钠制备的超轻弹性石墨烯气凝胶具有快速、灵敏的压电响应(图5-9)。与其他还原剂(肼、$NaBH_4$和$LiAlH_4$)相比,抗坏血酸钠不产生任何气体副产物,这对

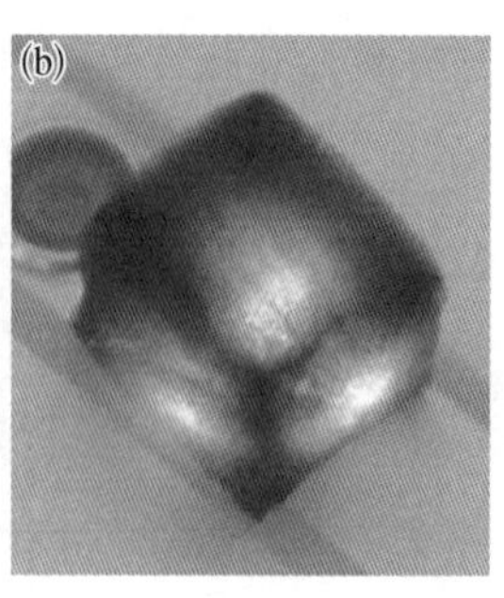

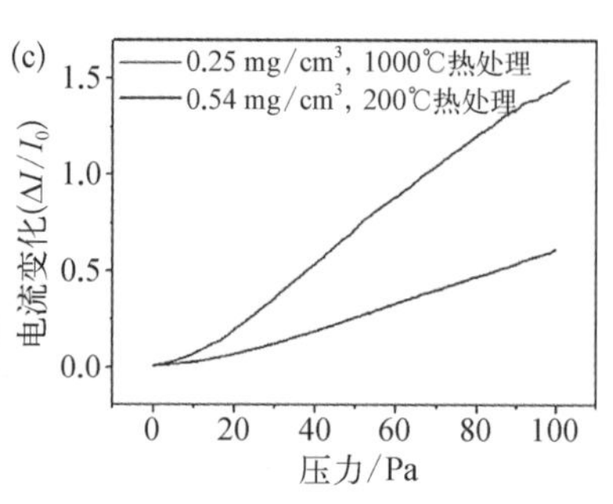

（a）（b）0.18 mg/cm³的石墨烯气凝胶；（c）石墨烯气凝胶的压电响应

图 5-9 超轻弹性石墨烯气凝胶及其压电响应

形成均匀的气凝胶非常重要。其他还原剂，如 $NaHSO_3$、Na_2S、维生素 C 和对苯二酚等，也被用于制备石墨烯气凝胶[31,32]。

（4）聚合物辅助自组装法

以碳酸钠为催化剂，利用间苯二酚和甲醛聚合可以制备石墨烯气凝胶。Worsley 等[33]率先利用这种化学方法交联 GO 片，制备的石墨烯气凝胶表现出高电导率（约100 S/m），远高于仅通过物理方法交联的石墨烯组装体（约0.5 S/m）。这些石墨烯气凝胶还具有较大的比表面积（584 m^2/g）和单位质量孔体积（2.96 cm^3/g），可应用于催化剂、传感器和能量储存等领域。

聚乙烯醇（PVA）辅助自组装法可制备高弹性交联的 rGO 气凝胶（图 5-10）[34]。由于聚合物链的再堆叠抑制作用和空间位阻，交联的 rGO 具有高孔隙率和大比表

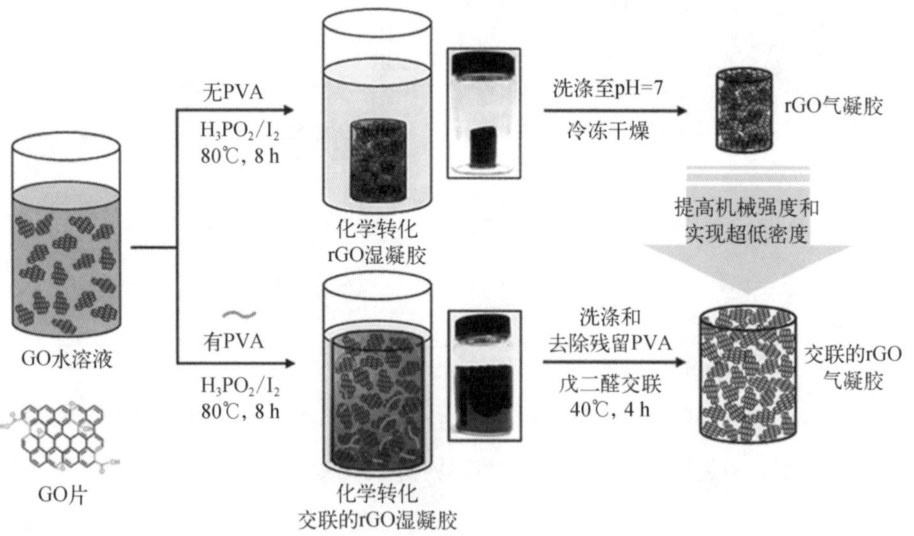

图 5-10 rGO 气凝胶和交联的 rGO 气凝胶的制备过程示意图[34]

面积。重要的是，定向交联的 rGO 网络与聚合物黏弹性的结合实现了机械耐久性和结构双连续性。因此，交联的 rGO 气凝胶表现出更高的压缩应力（比 rGO 气凝胶高 8.6 倍）。Qin 等[35]报道了一种将 rGO 气凝胶转变为弹性三维结构的简便方法，即通过加入水溶性聚酰亚胺（PI），随后进行冷冻干燥和热退火处理。rGO 和 PI 的协同作用赋予了弹性体理想的导电性、压缩灵敏度和耐用稳定性，显示出多功能应变传感器巨大的应用潜力。

Zou 等[36]利用带负电荷的 GO 片和带正电荷的支化聚乙烯亚胺(b－PEI)的络合作用，设计了 GO 片通过扩散驱动自组装制备各种三维多孔宏观结构的过程(图 5－11)。支化聚乙烯亚胺分子的这种扩散使复合物能够不断产生具有特定孔隙的泡沫状网络。

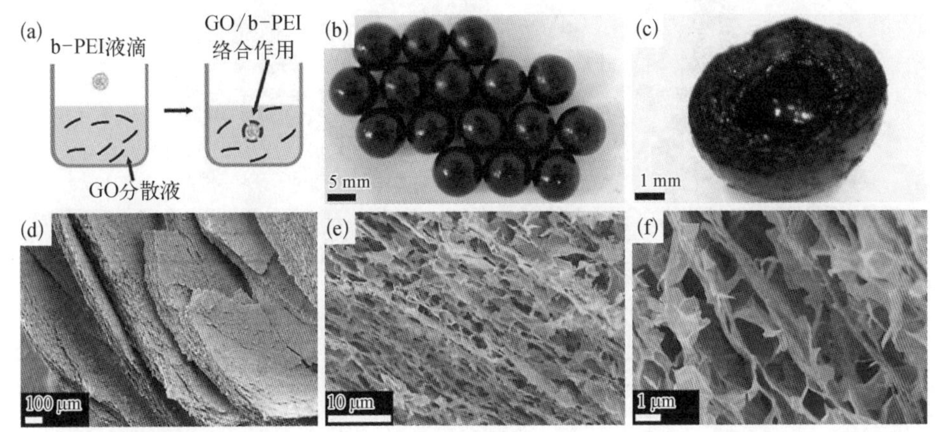

图 5－11　GO 片的扩散驱动自组装

（a）实验过程示意图；（b）（c）GO/b－PEI 水凝胶球；（d）～（f）GO/b－PEI 气凝胶球的 SEM 图，显示具有层状多孔的网络结构[36]

由于高分子量聚合物不溶于水或亲水性低，相应聚合物的单体被用于通过原位聚合合成交联的石墨烯气凝胶。在 GO 存在下，通过该方法可以使用各种聚合物制备石墨烯气凝胶。吡咯、苯胺和 3,4－乙烯二氧噻吩（EDOT）已被用于改善石墨烯气凝胶的弹性和电化学性质[5]。GO 先与吡咯发生水热反应，然后电化学聚合，可制备聚吡咯-石墨烯泡沫。该复合泡沫在高压缩应变下稳定性好，没有结构损伤和弹性损失。GO 和吡咯的分散液在水热处理后继续在氩气下退火，即可得到多功能超轻氮掺杂石墨烯气凝胶。除了导电聚合物单体，其他单体包括丙烯酰胺和丙烯酸也可被用于制备石墨烯气凝胶。Li 等[37]采用原位聚合丙烯酰胺增强石墨烯骨架的低成本方法合成了高强石墨烯气凝胶（图 5－12）。这种石墨烯气凝胶坚韧的网络结构可以承受真空或空气中干燥时溶剂蒸发的毛细管力，因此不需要冷冻干燥。与冷冻干燥和超临界干燥过程相比，此方法将更加节能。这种石墨烯气凝胶通过渗透—空气干燥—交联的方法可进一步构建聚合物-石墨烯复合泡沫材料，并具有非常快速的形状记忆恢复能力。

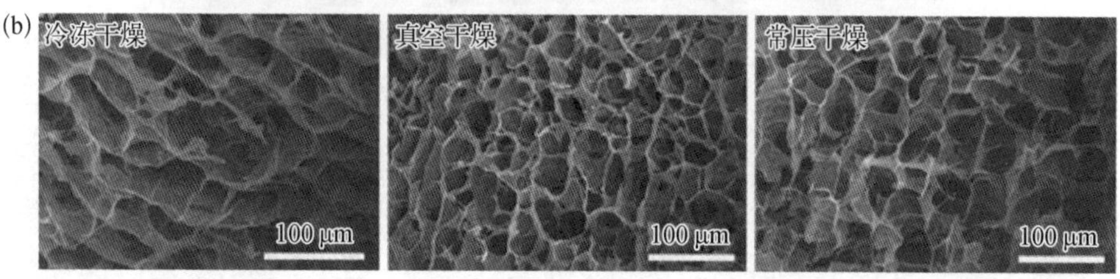

图5-12 聚丙烯酰胺-石墨烯复合气凝胶

（a）冷冻干燥、真空干燥、常压干燥得到的纯石墨烯气凝胶和聚丙烯酰胺-石墨烯复合气凝胶；（b）聚丙烯酰胺-石墨烯复合气凝胶的 SEM 图[37]

可以看出，石墨烯气凝胶的制备常结合多种组装方法。另外，3D 打印是近些年来制备特定宏观结构石墨烯气凝胶的独特方法。Zhu 等[38]报道了基于高黏度流变体 3D 喷墨打印三维石墨烯网络结构。该方法首先配制添加硅粉颗粒的 GO 喷墨液，打印得到微晶格结构。经过冷冻干燥成型和氢氟酸刻蚀硅粉后，得到 3D 打印的 rGO 宏观材料。该方法可实现高密度、大比表面积、高电导率、弹性石墨烯气凝胶的制备。另外，Gao 课题组[39]提出多级协同组装方法，利用 3D 打印制备出高度可拉伸的全碳气凝胶弹性体，同时具有超低密度（5.7 mg/cm^3）、高拉伸比（约 200%）、低能量损耗（约 0.1，低于硅橡胶）、抗疲劳（10^6 次循环）、宽温度适用范围（－198～500℃）等优异性能。这种多级协同组装方法也为其他无机弹性体的制备提供了一条全新的设计思路。

5.1.3 应用

结构设计良好的石墨烯气凝胶具有传统多孔材料所没有的新功能，可在许多领域得以应用，包括柔性电子器件、储能器件、电磁波屏蔽/吸收材料和污染物吸附材料等。

1. 柔性电子器件

柔性电子器件柔软而富有弹性，可以更好地与生命系统结合，并实现传统刚性器件无法实现的新功能[39]。聚合物弹性体是传统柔性电子器件的核心部件，因为它们可以提供柔软且富有弹性的机械结构[40]。但是聚合物弹性体的一些内在属性，如较差的电学性能、较高的模量及频率依赖的黏弹性，对于柔性电子器件的应用较为不利。与传统的聚合物弹性体不同，弹性石墨烯气凝胶表现出快速恢复、极度柔软和高电导率的性能，有望应用于新型柔性电子器件中[3, 19, 22,39]。

研究证明，软木状的弹性石墨烯气凝胶对准静态至 2000 Hz 内的动态力表现出超快且高保真度的电响应，远超人体皮肤的频率范围（＜400 Hz）（图5-13）[3]。这是因为动态变形过程中石墨烯弹性体的黏弹性行为对其压阻行为影响有限。近年来，已出现高频柔性压阻式压力传感器、加速度计和扬声器[3]。由于压力传感器的灵敏度通常与材料的杨氏模量成反比，所以超低模量的石墨烯气凝胶（超低密度）表现出极高的灵敏度。结果发现，0.54 mg/cm^3 的低密度弹性石墨烯气凝胶表现出 10 kPa^{-1} 的超高灵敏度，并且能够检测 0.082 Pa 的微小压力，超过现有基于聚合物弹性体的压力传感器[3]。当密度降低到 0.2 mg/cm^3 时，弹性石墨烯气凝胶的灵敏度可以进一步提高至 15 kPa^{-1}[30]。

2. 储能器件

石墨烯具有高比表面积和优异的导电性，非常适合应用于超级电容器中。将石墨烯片组装成蜂窝状多孔结构，允许离子快速传输，同时保持高效的电荷转移，对于超级电容器的性能提升十分有利。基于石墨烯弹性体的可压缩性和导电性，Qu 课题组[5]制备出以聚吡咯-石墨烯复合泡沫为电极的可压缩超级电容器。在 50%应变的 1000 次压缩循环下，该材料可以保持 350 F/g 的高质量比电容。

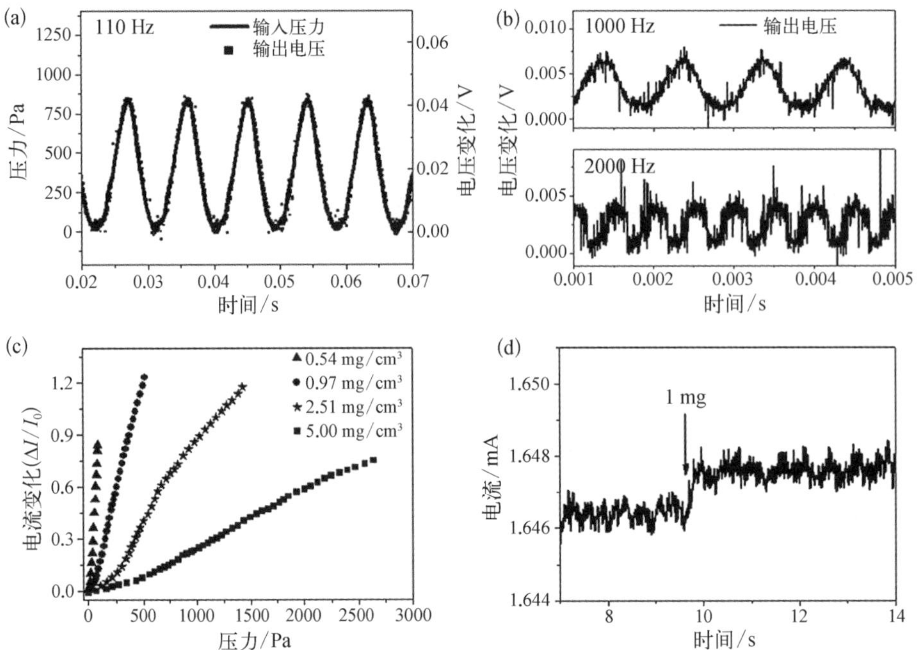

图 5-13 弹性石墨烯气凝胶的动态电响应及灵敏度与密度的关系

(a)(b)弹性石墨烯气凝胶的动态电响应;(c)不同密度的弹性石墨烯气凝胶的压电响应;(d)0.54 mg/cm³ 的低密度弹性石墨烯气凝胶用于检测微小压力(0.082 Pa)[3]

Gao 课题组[41]将单层 GO 分散液冷冻干燥制得 GO 气凝胶,经高温热还原得到无晶格缺陷的石墨烯气凝胶,压制成膜后作为正极材料组装成铝-石墨烯电池。这样的正极材料避免了石墨化过度堆叠,保留了少层石墨烯结构及微纳孔隙,既显著降低了内阻,又便于电解质快速渗透传输。所得石墨烯正极材料的质量比容量达到 100 mA·h/g,中值输出电压为 1.95 V,循环 25000 次后仍可保持 97%的质量比容量。同时,其倍率性能优异,在没有降低比容量的条件下,可承受 50 A/g 的充电电流密度,即 7.2 s 内充满电量。

3. 电磁波屏蔽/吸收材料

电子设备的快速发展产生了严重的电磁波污染,这可能会对敏感的电子设备和人类健康造成影响[42]。开发高效的电磁波屏蔽/吸收材料是解决这个问题的方法之一。由于具有优异的导电性,石墨烯在吸收和反射电磁波方面表现突出。此外,由于二维结构、高长径比和片层间较强的相互作用,石墨烯片可以很容易地组装成三维网络结构以提供电磁屏蔽有效覆盖[42]。

Zhang 等[4]证明,可压缩石墨烯泡沫的电磁波吸收性能可以通过物理压缩来调节,因为压缩会改变电导率、谐振电路密度和石墨烯片的取向(图 5 - 14)。特别地,90%应变下 1 mm 厚的石墨烯弹性体的有效带宽为 93.8%(60.5 GHz/64.5 GHz),超过文献报道的最好的吸波材料(70%)。另外,针对传统隐身材料无法有效对抗太赫兹波探测的挑战,他们还提出了高性能太赫兹隐身材料设计的新思路[43]。与传统吸收体相比,这种石墨烯泡沫因超大的孔隙率和长程有序的导电网络结构而具有优秀的太赫兹波吸收性能。在 0.64 THz 实现了 28.6 dB 的太赫兹吸收效率,其有效隐身频段覆盖了整个测试频段,性能远优于大多数的公开文献报道。

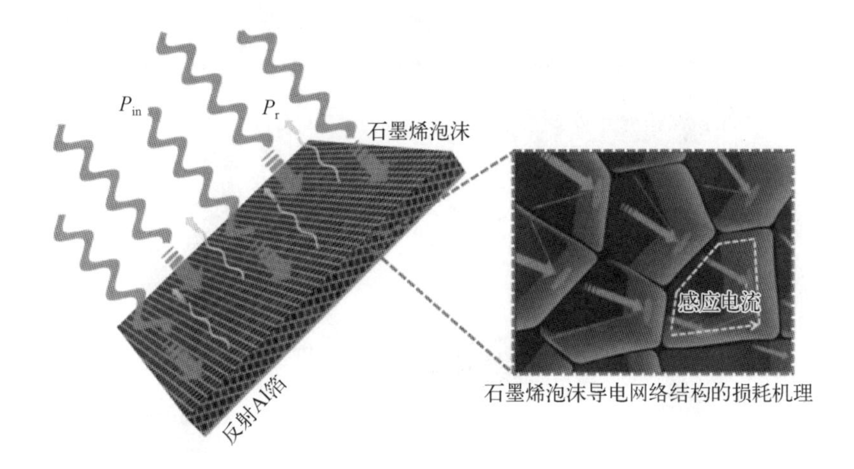

图 5 - 14 石墨烯泡沫电磁波吸收的机理示意图[4]

4. 污染物吸附材料

石墨烯气凝胶质量轻、比表面积大,所以对污染物的吸附量高,在环境治理方面有很大潜力。Ge 等[44]将石墨烯的焦耳热效应用于开发快速清理黏性原油的石墨烯复合泡沫材料。该材料通过在三聚氰胺海绵上涂覆石墨烯实现。对石墨烯复合泡沫施加电压可以快速加热泡沫及所吸收的油,导致油黏度降低。因此,焦耳热效应可促进油在其中的运输,从而提高吸油速度。与未加热的石墨烯基复合泡沫相比,其吸油时间可减少 94.6%。

5.2 石墨烯水凝胶

在胶体化学中,通过改变胶体粒子的静电斥力可以得到凝胶,这一原则同样适用于 GO 分散体系。上一节中已经提到,可以在 GO 分散液中加入凝胶因子,利用亲疏水作用、静电相互作用、氢键等多种作用力实现溶胶-凝胶转变。GO 片与凝胶因子之间的这种物理或化学相互作用将对体系三维结构的形成和保存起到至关重要的作用,并可以提供新颖的物化性能,丰富石墨烯材料的应用途径。

获得石墨烯水凝胶最简单直接的办法就是在 GO 分散液中添加可以凝胶化的高分子聚合物。PVA 可以与石墨烯发生氢键相互作用,常常被用来制备石墨烯水凝胶[45]。pH 大小会引起 GO 表面电荷的变化,进而影响氢键作用,因此 PVA-GO 水凝胶对 pH 敏感(图 5-15),可以被用作药物载体[45]。另一个典型例子就是在体系中引入主客体分子,形成超分子凝胶。以嵌段共聚物和环糊精为例[46,47],疏水链段黏附于 GO 表面疏水区域,亲水链段则伸展于水中,与后续添加的环糊精发生络合,从而形成超分子水凝胶。

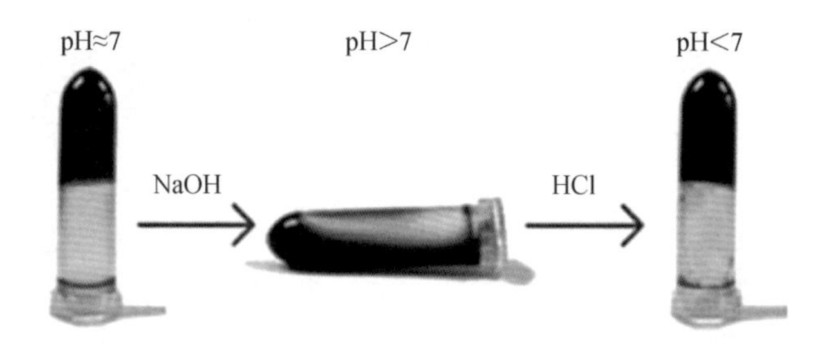

图 5-15 pH 变化诱导溶胶-凝胶转变

小分子原位聚合也是制备石墨烯水凝胶的可选方法之一,常常被用于酚醛树脂、聚吡咯、聚噻吩、聚苯胺、聚(*N*-异丙基丙烯酰胺)(PNIPAM)、聚丙烯酰胺等石墨烯复合材料的制备[33,48]。*N*-异丙基丙烯酰胺和 *N*,*N*′-亚甲基双丙烯酰胺以一定比例加入 GO 水溶液中,氮气气氛下光照聚合得到 PNIPAM-GO 纳米复合水凝胶(图 5-16)。所制备的复合材料具有出色的光热效应,可以由远程激光控制其相变行为,有望用于生物医药领域,尤其是远程控制流体流动的微型阀。

当在 GO 分散液中加入电解质时,体系的电荷平衡受到破坏,电荷屏蔽作用使得 GO 不再相互排斥,而是靠近形成三维网络结构。无论是解离出的多价金属阳离子(如 La^{3+}、Co^{2+}、Ni^{2+} 等),还是原位质子化的聚多胺(如聚乙烯亚胺、三聚氰胺、聚酰胺等),都可以使 GO 分散液发生凝胶化。Bai 等[49]详细研究了 GO 浓度、pH、阳离子价态等因素对凝胶化的影响。结果表明,GO 浓度越高,pH 越低,阳离子价态越高,越容易产生凝胶,这有助于指导石墨烯水凝胶的制备。

图 5-16 PNIPAM-GO 纳米复合水凝胶和 PNIPAM 水凝胶的光热效应

（a）（b）以 PNIPAM-GO 纳米复合水凝胶作为微型流体控制阀的照片；（c）（d）以 PNIPAM 水凝胶作为微型流体控制阀的照片；（a）（c）和（b）（d）分别对应近红外光照射前后

除了加入电解质，对 GO 进行还原，去除其表面含氧官能团同样可以达到破坏电荷平衡的效果。石墨烯片层之间的 π-π 相互作用增强，形成并维持三维网络结构，从而形成水凝胶。其中，水热还原法是被广泛用于石墨烯水凝胶制备的主要方法之一。Xu 等[6]最先报道了利用一步水热法制备自组装的石墨烯水凝胶，如图5-17所示。所得到的石墨烯水凝胶具有较高的机械强度，三个直径为0.8 cm的石墨烯水凝胶可以承受100 g的砝码，同时展现了出色的导电性（电导率为5×10^{-3} S/cm）和热稳定性，并具有

图 5-17 一步水热法制备高机械强度的石墨烯水凝胶

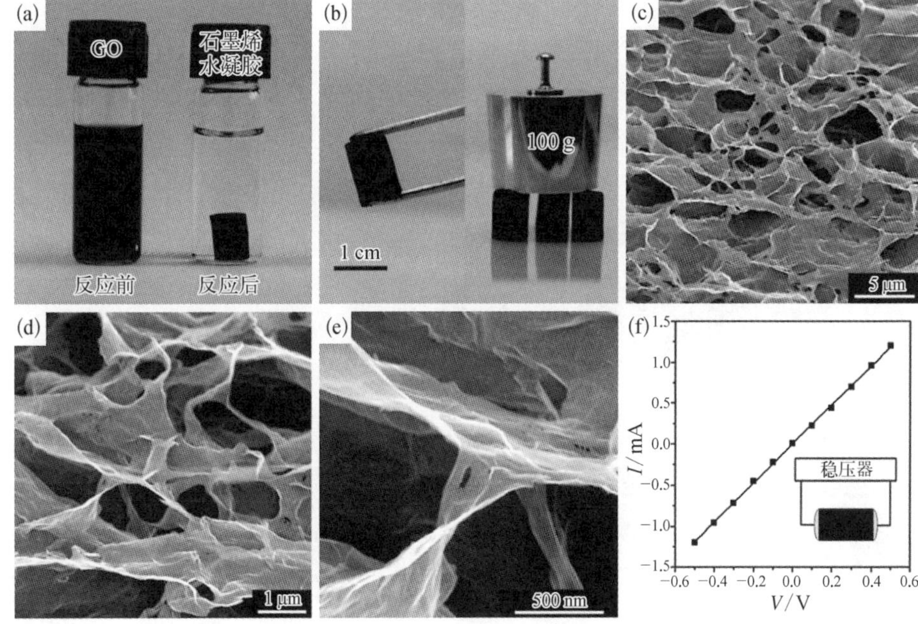

（a）2 mg/mL 的 GO 分散液在 180℃ 下水热反应 12 h 的前后对比；（b）石墨烯水凝胶具有较高的机械强度；（c）~（e）石墨烯水凝胶内部微结构的 SEM 图；（f）石墨烯水凝胶在室温下的 I-V 曲线[6]

高比电容。石墨烯骨架的存在是其比传统水凝胶具有更高机械强度的重要原因。

5.3 石墨烯块体材料

与商业石墨的压缩强度相比，石墨烯宏观三维材料的机械性能相对较差，因为它们通常具有柔软且多孔的结构。因此，制备基于石墨烯的高度致密的宏观块体材料是实现高压缩强度目标的重要途径之一。在水热过程中，以氨水或者氢氧化钠调节GO分散液的pH，可以实现高密度石墨烯块体材料的浇注，制成所需的各种形状（图5-18）[7]。其中，pH调节是制备高密度石墨烯块体材料的关键因素，直接影响

图5-18 铸造法制备高密度石墨烯块体材料

（a）~（f）不同形状的高密度石墨烯块体材料；（g）制备高密度石墨烯块体材料的流程图[7]

材料的表面形貌、内部结构、机械和电学性能。经过 900℃ 高温退火之后，其密度、压缩强度和电导率都得到进一步提升，分别达到 1.6 g/cm^3、361 MPa 和 7.6 S/cm。

此外，高密度石墨烯组装体也成为高体积能量密度超级电容器领域关注的焦点。Yang 课题组[8] 及 Li 课题组[50] 都利用 GO 组装及溶剂脱除过程实现了石墨烯基高体积能量密度电极材料的构建。2013 年，Yang 课题组基于三维石墨烯水凝胶，利用毛细蒸发干燥的方法控制其内部水分，制备出兼具高密度和高比表面积的石墨烯块体材料，如图 5－19 所示。该材料具有较高的比表面积(367 m^2/g)，同时具有极高的密度(1.58 g/cm^3，约为石墨材料密度的 70%)，作为超级电容器的电极材料具有非常高的体积比电容(376 F/cm^3)，这为高性能电化学储能器件的设计提供了思路。

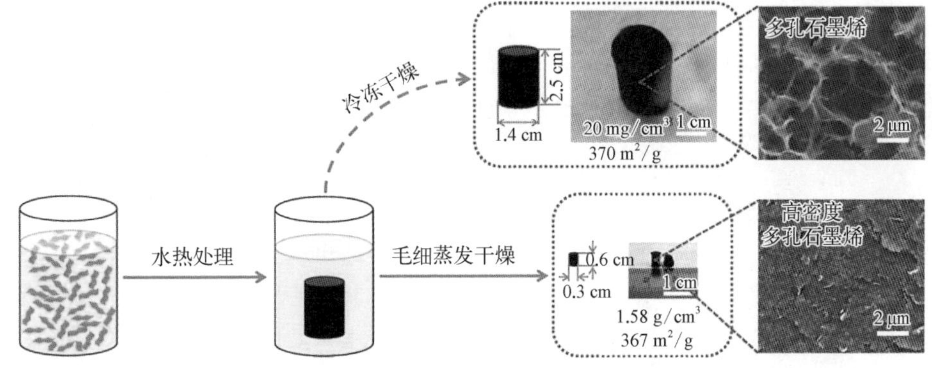

图 5－19 利用毛细蒸发致密化策略制备高密度和高比表面积的石墨烯块体材料

近年来，Yang 课题组发明的石墨烯凝胶毛细蒸发致密化策略解决了碳纳米材料高密度和高孔隙率"鱼和熊掌不可兼得"的瓶颈问题，得到了高密度石墨烯块体材料，在器件体积性能的致密储能领域取得了一系列重要进展。他们追求储能器件的小体积、高容量，从超级电容器、钠离子电容器、锂硫电池、锂空气电池到锂离子电池实现了高体积比容量储能材料、电极、器件的构建，为碳纳米材料的实用化奠定了基础，有力推进了基于碳纳米材料新型电化学储能器件的实用化进程。

参考文献

[1] Novoselov K S, Geim A K, Morozov S V, et al. Two-dimensional gas of massless

Dirac fermions in graphene[J]. Nature, 2005, 438(7065): 197 - 200.

[2] Nardecchia S, Carriazo D, Ferrer M L, et al. Three dimensional macroporous architectures and aerogels built of carbon nanotubes and/or graphene: Synthesis and applications[J]. Chemical Society Reviews, 2013, 42(2): 794 - 830.

[3] Qiu L, Coskun M B, Tang Y, et al. Ultrafast dynamic piezoresistive response of graphene-based cellular elastomers[J]. Advanced Materials, 2016, 28(1): 194 - 200.

[4] Zhang Y, Huang Y, Zhang T F, et al. Broadband and tunable high-performance microwave absorption of an ultralight and highly compressible graphene foam[J]. Advanced Materials, 2015, 27(12): 2049 - 2053.

[5] Zhao Y, Liu J, Hu Y, et al. Highly compression-tolerant supercapacitor based on polypyrrole-mediated graphene foam electrodes[J]. Advanced Materials, 2013, 25(4): 591 - 595.

[6] Xu Y X, Sheng K X, Li C, et al. Self-assembled graphene hydrogel via a one-step hydrothermal process[J]. ACS Nano, 2010, 4(7): 4324 - 4330.

[7] Bi H C, Yin K B, Xie X, et al. Low temperature casting of graphene with high compressive strength[J]. Advanced Materials, 2012, 24(37): 5124 - 5129.

[8] Tao Y, Xie X Y, Lv W, et al. Towards ultrahigh volumetric capacitance: Graphene derived highly dense but porous carbons for supercapacitors[J]. Scientific Reports, 2013, 3: 2975.

[9] Pierre A C, Pajonk G M. Chemistry of aerogels and their applications[J]. Chemical Reviews, 2002, 102(11): 4243 - 4265.

[10] Kistler S S. Coherent expanded aerogels and jellies[J]. Nature, 1931, 127(3211): 741.

[11] Chen Z P, Ren W C, Gao L B, et al. Three-dimensional flexible and conductive interconnected graphene networks grown by chemical vapour deposition[J]. Nature Materials, 2011, 10(6): 424 - 428.

[12] Yavari F, Chen Z P, Thomas A V, et al. High sensitivity gas detection using a macroscopic three-dimensional graphene foam network[J]. Scientific Reports, 2011, 1: 166.

[13] Yong Y C, Dong X C, Chan - Park M B, et al. Macroporous and monolithic anode based on polyaniline hybridized three-dimensional graphene for high-performance microbial fuel cells[J]. ACS Nano, 2012, 6(3): 2394 - 2400.

[14] Mecklenburg M, Schuchardt A, Mishra Y K, et al. Aerographite: Ultra lightweight, flexible nanowall, carbon microtube material with outstanding mechanical performance[J]. Advanced Materials, 2012, 24(26): 3486 - 3490.

[15] Bi H, Chen I W, Lin T Q, et al. A new tubular graphene form of a tetrahedrally connected cellular structure[J]. Advanced Materials, 2015, 27(39): 5943 - 5949.

[16] Kim K H, Oh Y, Islam M F. Graphene coating makes carbon nanotube aerogels superelastic and resistant to fatigue[J]. Nature Nanotechnology, 2012, 7(9): 562 - 566.

[17] Estevez L, Kelarakis A, Gong Q M, et al. Multifunctional graphene /platinum / nafion hybrids via ice templating[J]. Journal of the American Chemical Society, 2011, 133(16): 6122 - 6125.

[18] Sun H Y, Xu Z, Gao C. Multifunctional, ultra-flyweight, synergistically assembled carbon aerogels[J]. Advanced Materials, 2013, 25(18): 2554 - 2560.

[19] Qiu L, Liu J Z, Chang S L Y, et al. Biomimetic superelastic graphene-based cellular monoliths[J]. Nature Communications, 2012, 3: 1241.

[20] Gao H L, Zhu Y B, Mao L B, et al. Super-elastic and fatigue resistant carbon material with lamellar multi-arch microstructure[J]. Nature Communications, 2016, 7: 12920.

[21] Huang X D, Qian K, Yang J, et al. Functional nanoporous graphene foams with controlled pore sizes[J]. Advanced Materials, 2012, 24(32): 4419 - 4423.

[22] Li Y R, Chen J, Huang L, et al. Highly compressible macroporous graphene monoliths via an improved hydrothermal process[J]. Advanced Materials, 2014, 26 (28): 4789 - 4793.

[23] Menzel R, Barg S, Miranda M, et al. Joule heating characteristics of emulsion-templated graphene aerogels[J]. Advanced Functional Materials, 2015, 25 (1): 28 - 35.

[24] Wu Y P, Yi N B, Huang L, et al. Three-dimensionally bonded spongy graphene material with super compressive elasticity and near-zero Poisson's ratio[J]. Nature Communications, 2015, 6: 6141.

[25] Zhao X L, Yao W Q, Gao W W, et al. Wet-spun superelastic graphene aerogel millispheres with group effect[J]. Advanced Materials, 2017, 29(35): 1701482.

[26] Hu H, Zhao Z B, Wan W B, et al. Ultralight and highly compressible graphene aerogels[J]. Advanced Materials, 2013, 25(15): 2219 - 2223.

[27] Li J H, Li J Y, Meng H, et al. Ultra-light, compressible and fire-resistant graphene aerogel as a highly efficient and recyclable absorbent for organic liquids[J]. Journal of Materials Chemistry A, 2014, 2(9): 2934 - 2941.

[28] Moon I K, Yoon S, Chun K Y, et al. Highly elastic and conductive N - doped monolithic graphene aerogels for multifunctional applications [J]. Advanced Functional Materials, 2015, 25(45): 6976 - 6984.

[29] Sui Z Y, Meng Y N, Xiao P W, et al. Nitrogen-doped graphene aerogels as efficient supercapacitor electrodes and gas adsorbents [J]. ACS Applied Materials & Interfaces, 2015, 7(3): 1431 - 1438.

[30] Qiu L, Huang B, He Z J, et al. Extremely low density and super-compressible graphene cellular materials[J]. Advanced Materials, 2017, 29(36): 1701553.

[31] Chen W F, Yan L F. In situ self-assembly of mild chemical reduction graphene for three-dimensional architectures[J]. Nanoscale, 2011, 3(8): 3132 - 3137.

[32] Wu Z S, Winter A, Chen L, et al. Three-dimensional nitrogen and boron co-doped graphene for high-performance all-solid-state supercapacitors [J]. Advanced

Materials, 2012, 24(37): 5130 - 5135.

[33] Worsley M A, Pauzauskie P J, Olson T Y, et al. Synthesis of graphene aerogel with high electrical conductivity[J]. Journal of the American Chemical Society, 2010, 132(40): 14067 - 14069.

[34] Hong J Y, Bak B M, Wie J J, et al. Reversibly compressible, highly elastic, and durable graphene aerogels for energy storage devices under limiting conditions[J]. Advanced Functional Materials, 2015, 25(7): 1053 - 1062.

[35] Qin Y Y, Peng Q Y, Ding Y J, et al. Lightweight, superelastic, and mechanically flexible graphene/polyimide nanocomposite foam for strain sensor application[J]. ACS Nano, 2015, 9(9): 8933 - 8941.

[36] Zou J L, Kim F. Diffusion driven layer-by-layer assembly of graphene oxide nanosheets into porous three-dimensional macrostructures [J]. Nature Communications, 2014, 5: 5254.

[37] Li C W, Qiu L, Zhang B Q, et al. Robust vacuum-/air-dried graphene aerogels and fast recoverable shape-memory hybrid foams[J]. Advanced Materials, 2016, 28(7): 1510 - 1516.

[38] Zhu C, Han T Y J, Duoss E B, et al. Highly compressible 3D periodic graphene aerogel microlattices[J]. Nature Communications, 2015, 6: 6962.

[39] Guo F, Jiang Y Q, Xu Z, et al. Highly stretchable carbon aerogels[J]. Nature Communications, 2018, 9: 881.

[40] Hammock M L, Chortos A, Tee B C K, et al. 25th anniversary article: The evolution of electronic skin (e-skin): A brief history, design considerations, and recent progress[J]. Advanced Materials, 2013, 25(42): 5997 - 6038.

[41] Chen H, Guo F, Liu Y J, et al. A defect-free principle for advanced graphene cathode of aluminum-ion battery[J]. Advanced Materials, 2017, 29(12): 1605958.

[42] Chen Z P, Xu C, Ma C Q, et al. Lightweight and flexible graphene foam composites for high-performance electromagnetic interference shielding [J]. Advanced Materials, 2013, 25(9): 1296 - 1300.

[43] Huang Z Y, Chen H H, Huang Y, et al. Ultra-broadband wide-angle terahertz absorption properties of 3D graphene foam[J]. Advanced Functional Materials, 2018, 28(2): 1704363.

[44] Ge J, Shi L A, Wang Y C, et al. Joule-heated graphene-wrapped sponge enables fast clean-up of viscous crude-oil spill[J]. Nature Nanotechnology, 2017, 12(5): 434 - 440.

[45] Bai H, Li C, Wang X L, et al. A pH - sensitive graphene oxide composite hydrogel [J]. Chemical Communications, 2010, 46(14): 2376 - 2378.

[46] Zu S Z, Han B H. Aqueous dispersion of graphene sheets stabilized by pluronic copolymers: Formation of supramolecular hydrogel[J]. The Journal of Physical Chemistry C, 2009, 113(31): 13651 - 13657.

[47] Liu J H, Chen G S, Jiang M. Supramolecular hybrid hydrogels from noncovalently

functionalized graphene with block copolymers[J]. Macromolecules, 2011, 44(19): 7682 - 7691.

[48] Zhu C H, Lu Y, Peng J, et al. Photothermally sensitive poly (*N* - isopropylacrylamide) /graphene oxide nanocomposite hydrogels as remote light-controlled liquid microvalves[J]. Advanced Functional Materials, 2012, 22(19): 4017 - 4022.

[49] Bai H, Li C, Wang X L, et al. On the gelation of graphene oxide[J]. The Journal of Physical Chemistry C, 2011, 115(13): 5545 - 5551.

[50] Yang X W, Cheng C, Wang Y F, et al. Liquid-mediated dense integration of graphene materials for compact capacitive energy storage[J]. Science, 2013, 341 (6145): 534 - 537.

第 6 章

石墨烯宏观材料力学性能及应用

石墨烯具有典型的不对称结构，其力学性能也是不对称的。超高的强度存在于其面内方向，同时单原子层的厚度使其具有较低的弯曲刚度，因此石墨烯通常以多褶皱的结构存在。同样，石墨烯宏观材料由于加工、组装方式的不同，材料内部石墨烯片层的堆叠、构象、分布等存在巨大的差异，从而展现出截然不同的力学性能。本章将从材料力学性能的角度，将常见的石墨烯宏观材料分为力学结构材料和弹性材料两类，并做详细介绍，最后举例介绍石墨烯宏观材料在力与多场耦合中的应用实例与前景。

6.1 力学结构材料

力学结构材料是指以满足力学性能为基础的受力构件材料，如高断裂强度、高弹性模量、高韧性等材料。同时，力学结构材料对物理或化学性能也有一定要求，如抗辐射、抗腐蚀、抗氧化、热导率等。

石墨烯结构中的碳碳双键（C═C）是自然界较强的共价键之一，赋予了石墨烯出众的力学性质和结构刚性。根据其键能（607 kJ/mol）和键密度，我们可以估算出单片石墨烯的弹性模量可达 1 TPa、拉伸强度为 180 GPa。Lee 等利用纳米压痕的方法测出石墨烯的杨氏模量为（1.0 ± 0.1）TPa、拉伸强度为（130 ± 10）GPa。Liu 等利用第一性原理计算出石墨烯的杨氏模量为 1.05 TPa、拉伸强度为 110～121 GPa。这些理论计算与实验结果都证明了单层石墨烯本身优异的力学性能。

石墨烯由于其高断裂强度、高模量、高比表面积（2600 m^2/g）等特点，为力学结构材料的制备提供了全新的思路。无论是作为结构材料的基体相还是添加相，石墨烯基力学结构材料都引起了广泛的关注。

6.1.1 石墨烯基力学结构材料

石墨烯如此出众的力学性能激发了众多研究者的兴趣，如何以单片石墨烯为组装单元来制备多种多样的石墨烯宏观组装体，并继承单片石墨烯本身优异的力学性能已成为研究者孜孜不倦的目标。由于石墨烯本身不能熔融加工，只能采用溶液加工的方式将石墨烯有效地组装成宏观材料。在众多的石墨烯衍生物中，氧化石墨烯因其便捷的制备方法和良好的溶解性成为最常用的制备石墨烯宏观组装体的原料。在之前的章节中已经介绍过，氧化石墨烯上存在大量的含氧官能团及缺陷孔洞，这会使它的力学性能相比石墨烯有一定程度的降低。Gómez - Navarro 等[1]通过纳米压痕测试发现，单片氧化石墨烯仍能保持 0.25 TPa 左右的弹性模量。综合考虑材料力学性能和可加工性，氧化石墨烯仍然是一种优越的二维纳米材料。

目前，已有大量的研究工作报道了基于石墨烯材料的宏观组装体，主要分为一维的纤维材料、二维的膜材料和三维的气凝胶/水凝胶三个方面(图 6 - 1)[2]。其中，气凝胶因为空隙率高、材料整体密度低不适合作为力学结构材料，将在下一节弹性材料中对其进行介绍。

1. 纤维

石墨烯纤维是由石墨烯沿轴向紧密有序排列而成的连续组装材料。2011 年，高超课题组[3]在发现氧化石墨烯液晶的基础上，利用液晶的预排列取向，借鉴传统高分子科学的液晶纺丝原理，实现了石墨烯液晶的湿法纺丝，首次制得了连续的石墨烯纤维，开辟了由天然石墨制备新型碳质纤维的全新路径。液晶湿法纺丝是最经典的制备石墨烯纤维的方法，具有操作简单、连续性好、效率高、易放大等优点。

Xu 等[3]将氧化石墨烯液晶注射到旋转的氢氧化钠/甲醇或者氯化钙/乙醇等凝固浴中，在流场和凝固浴的作用下形成凝胶纤维，依次经过水洗、干燥、还原等步骤，最终收集得到长度数米的石墨烯纤维。但需要指出的是，这种石墨烯纤维的拉伸强度仅有 140 MPa、杨氏模量仅为 7.7 GPa，低于传统碳纤维至少一个数量级，更是与单片石墨烯相差甚远。所以，针对如何进一步提高这种纤维的力学强度，高超等课题组进行了更深入的研究。

Xu 等[4]通过调整喷丝口距离凝固浴中心的位置[图 6 - 2(a)]，实现了对石墨烯凝胶纤维不同程度的拉伸。研究发现，距离凝固浴中心位置越远，旋转凝固浴线速度越大，对石墨烯凝胶纤维的拉伸越明显，得到的石墨烯纤维强度也越高。

图6-1 石墨烯宏观组装体[2]

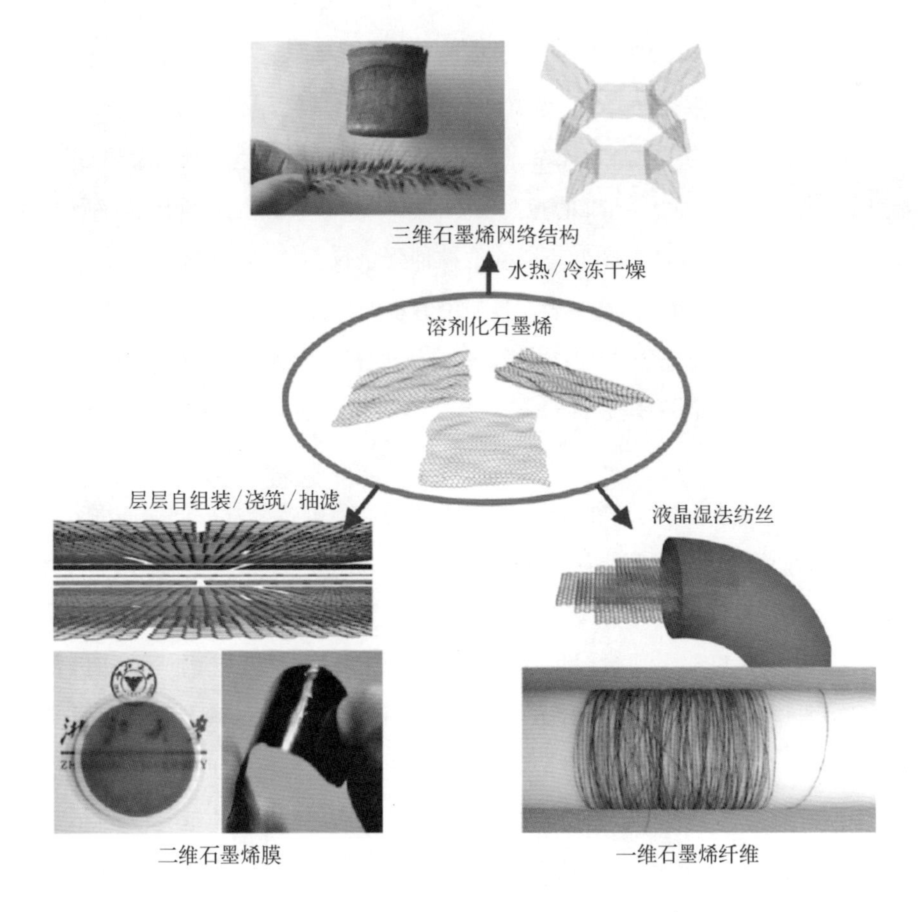

图6-2 石墨烯凝胶纤维湿法纺丝

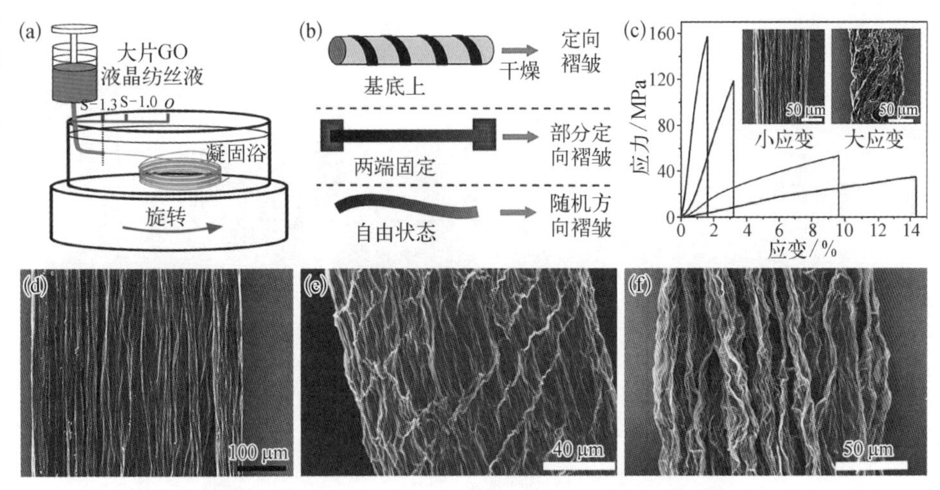

（a）湿法纺丝示意图；（b）（c）干燥过程中拉伸状态对石墨烯纤维力学性能的影响；（d）~（f）不同拉伸状态干燥时石墨烯纤维的形貌[4, 5]

这是由于对初生凝胶纤维拉伸有助于提高石墨烯在纤维中的排列取向，进而提高石墨烯纤维的力学强度。Sun 等[5]研究了在石墨烯凝胶纤维干燥过程中，施加张力对石墨烯纤维力学性能和形貌的影响[图 6－2(b)～(f)]。研究发现，干燥时若完全紧绷（张力最大），纤维的拉伸强度最高为 160 MPa，断裂伸长率最低为 1.8%；自由态干燥时（张力最小），纤维的拉伸强度仅为 40 MPa，而断裂伸长率高达 14%。完全紧绷干燥时，纤维表面褶皱沿着轴向（拉伸方向）取向明显；部分松弛干燥时，纤维表面出现鲨鱼皮状褶皱；完全松弛干燥时，纤维长度方向上收缩严重，表面褶皱较多。因此，干燥条件对石墨烯纤维的力学性能和形貌影响较大，反过来，可以根据性能需求来调节纤维制备工艺。

上述工作均是通过施加外力作用来引导纤维内部石墨烯片层的取向度和致密程度，从而增强片层间的范德瓦耳斯作用力，最终提高宏观纤维的断裂强度和弹性模量。

另一种增强思路是通过引入客体物质来调节石墨烯纤维的成分和内部结构，从而增强其力学性能。这种方法本质上是将氧化石墨烯液晶看作可以负载客体材料的有序矩阵，利用客体与石墨烯主体的相互作用，增强石墨烯片层间的作用力，最终实现宏观材料性能的提升。其中，客体材料的选择囊括了从线性到超支化的高分子聚合物，从零维的量子点、一维的纳米线到二维的纳米片的纳米粒子（图6－3）[6]。广泛的客体材料为满足不同的性能需求提供了更多的可能性。

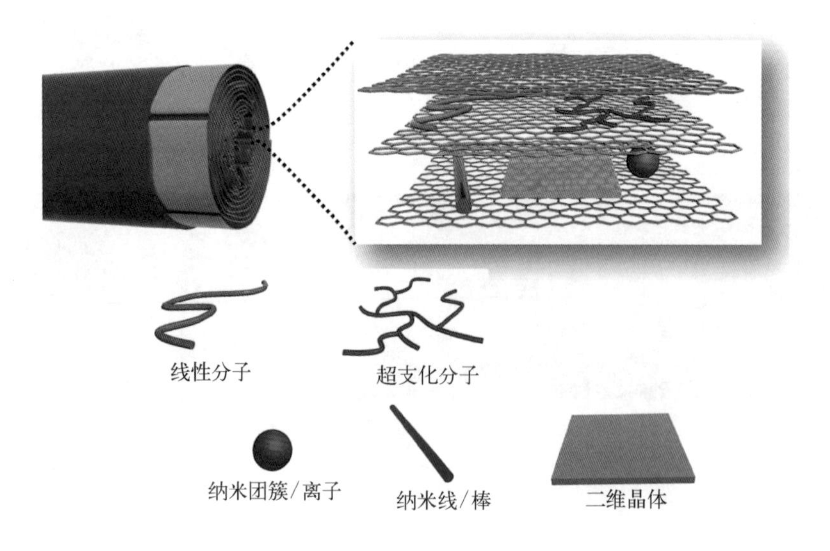

图6－3 石墨烯液晶中客体材料的种类[6]

Xu 等[4]以大片氧化石墨烯为原料，通过引入二价金属离子与氧化石墨烯上的羧基形成离子键，增强了石墨烯片间的相互作用，抑制了石墨烯片的滑移，进一步提高了石墨烯纤维的强度（501 MPa）。Zhang 等[7]基于界面工程，在钙离子交联的基础上，进一步采用有机分子 10，12－二十五碳二炔－1－醇（PCDO）共价交联，在离子键和共价键的协同相互作用下，石墨烯纤维的拉伸强度提高到 842.6 MPa，同时韧性可达 15.8 MJ/m^3［图 6－4（a）（b）］。Li 等[8]采用氧化石墨烯与酚醛树脂的混合溶液进行纺丝，经过 1000℃热处理后，酚醛树脂碳化交联石墨烯［图 6－4（c）（d）］。当酚醛树脂质量分数为 10%时，石墨烯纤维的拉伸强度由 680 MPa 提高到 1.45 GPa，杨氏模量从 57 GPa 提高到 120 GPa，断裂伸长率提高了 38%，达到1.8%。

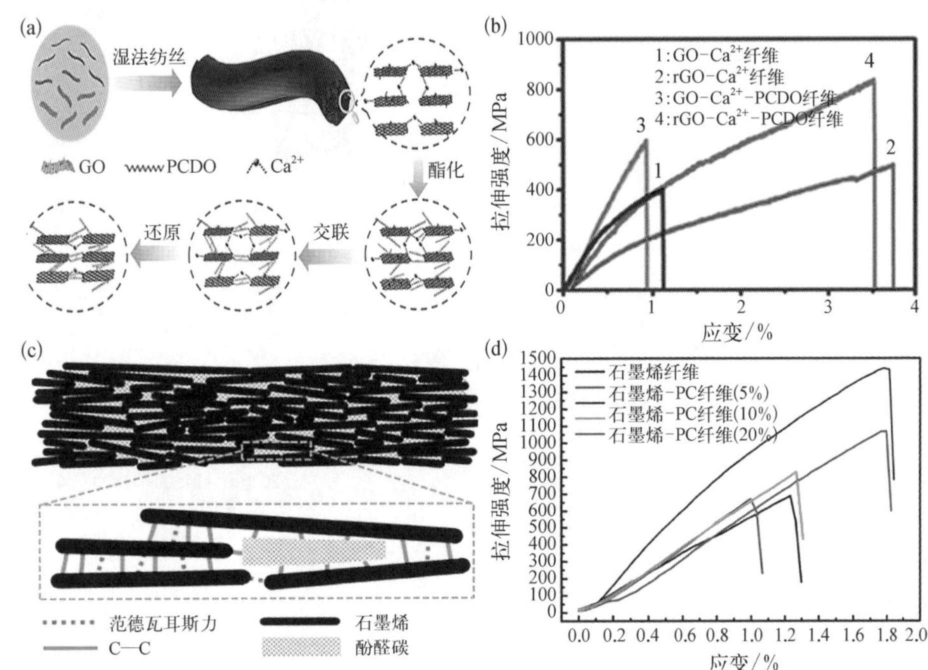

图 6－4 石墨烯纤维界面工程

（a）（b）界面协同增强石墨烯纤维及其力学性能曲线[7]；（c）（d）酚醛树脂碳化交联石墨烯纤维及其力学性能曲线[8]

Lian 课题组[9]系统研究了热处理温度对石墨烯纤维力学性能的影响。当热处理温度从 1200℃升高到 1800℃时，纤维的拉伸强度由 200～300 MPa 提高到 900～1000 MPa，继续升高热处理温度，纤维的拉伸强度降低并维持在 700～800 MPa［图

6－5(b)(c)]。而随着热处理温度从 1200℃升高到 2850℃，石墨烯纤维的杨氏模量从 20 GPa 逐渐增加到 100～120 GPa[图 6－5(d)]。这是由于随着热处理温度升

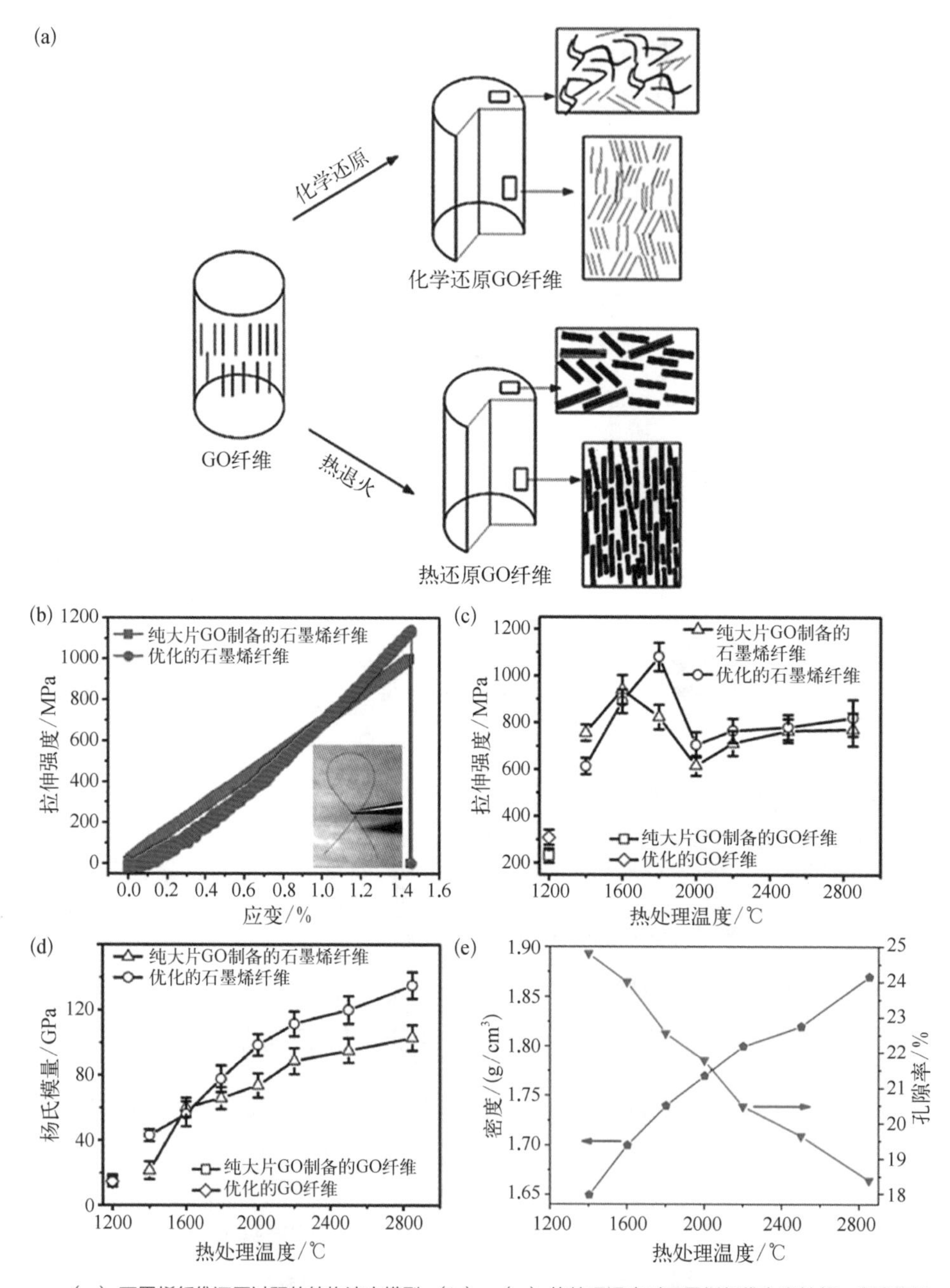

图6－5 石墨烯纤维还原过程的结构演变模型及热处理温度的影响

（a）石墨烯纤维还原过程的结构演变模型；（b）～（e）热处理温度对石墨烯纤维力学性能、密度和孔隙率的影响[9]

高，石墨烯纤维密度从 1.65 g/cm³ 逐渐提高至 1.86 g/cm³，而相应的孔隙率由 25% 降低到 18.5%[图 6-5(e)]。Xu 等[10] 使用从原子尺度到宏观尺度的全尺度协同缺陷工艺(full-scale synergetic defect engineering)实现了“自下而上”的缺陷控制，即从氧化石墨烯原料、纺丝过程到后处理过程全方位的缺陷控制，最终得到了最高拉伸强度为 2.2 GPa、弹性模量为 400 GPa 的石墨烯纤维。

当材料受外力作用时，其内部的缺陷点容易造成应力集中点，使得材料在远没有达到断裂强度时就发生断裂。所以，这种通过对纤维内部的缺陷进行控制的方法也是提高石墨烯纤维力学性能的方法之一。

2. 石墨烯膜

石墨烯本身的二维结构特征对组装形成宏观二维材料存在天然的结构优势。通过旋涂、抽滤等方法，石墨烯片层极易组装成膜、纸等，这也是石墨烯膜等宏观二维材料最先得以开展研究的原因。当石墨烯膜厚度增大到几百纳米或微米以上时，就可以从基体上剥离下来，成为自支撑的纸材料。由于石墨烯具有良好的力学性能和导电性，石墨烯纸材料也相应成为一种新型力学性能优异的多功能材料。在真空过滤条件下，流动场促使氧化石墨烯片规整堆叠在滤纸表面，干燥后形成氧化石墨烯纸材料。Dikin 等[11] 用真空过滤辅助组装方法制备了氧化石墨烯纸材料，并揭示了纯氧化石墨烯纸材料和纯石墨烯纸材料优异的力学性能，所制备的氧化石墨烯纸的强度可达 120 MPa、杨氏模量为 31 GPa、断裂伸长率约为 0.4%，并且可以根据给料量多少来控制氧化石墨烯纸的厚度。Chen 等[12] 将水溶性还原石墨烯过滤组装形成自支撑膜，经过热处理后，其拉伸强度达到 300 MPa、杨氏模量为 42 GPa、断裂伸长率为 0.8%。这是因为还原过程使得氧化石墨烯片层表面官能团被脱除，片层缺陷被修复，层间距变小，片层间相互作用更大，所以力学性能要高于氧化石墨烯膜。Zhang 等[13] 利用低温氧化的方法制备了缺陷较少、共轭结构更完整的氧化石墨烯前体，结合低温退火诱导凝胶化制备了强度可与不锈钢相比的石墨烯膜材料，其拉伸断裂强度高达(614 ± 12)MPa。

除了纯的石墨烯膜，利用氧化石墨烯片上丰富的含氧官能团，使其与高分子和无机盐离子等发生多重相互作用，也可以进一步调节和改善氧化石墨烯膜的力学性能。Li 等[14] 将聚乙烯醇(PVA)引入 GO 分散液中，通过两者间氢键相互作用形成复合水凝胶，随后利用凝胶浇铸的方法制备了 PVA/GO 膜(图 6-6)。这种膜的力学性能相较于单一组分有了显著提高，氢碘酸还原后的力学性能进一步提高。陈等利用壳聚糖(CS)与 GO 并结合化学还原法制备了断裂强度超高的 CS/GO 膜，其断裂强度与断裂韧性分别为天然贝壳的 4 倍和 10 倍[15]。

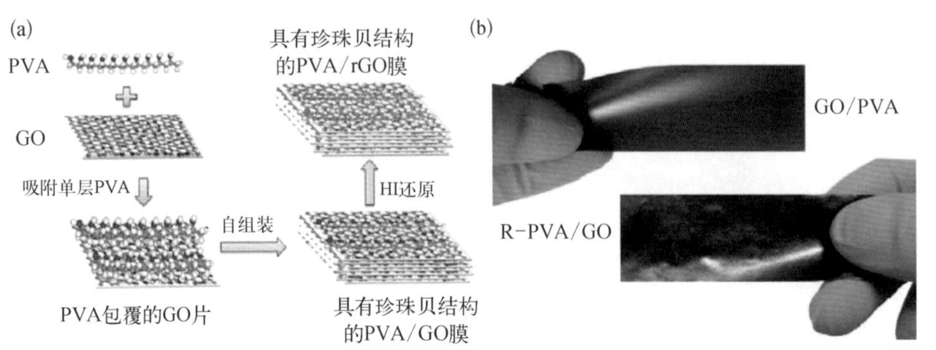

图 6-6 PVA/GO 膜[14]

Ruoff 课题组[16]利用二价离子如镁离子、钙离子来增强 GO 膜强度和模量。这些离子的少量引入既能键合邻近 GO 片层平面或者边缘的含氧官能团，又能通过静电作用增加长程吸引力，进而提高 GO 膜的机械性能。Huang 等[17]将苯磺酸共价修饰到 GO 片层表面并对其进行部分还原，利用抽滤诱导自组装的方法制备了高机械强度及热稳定的 GO 膜。该方法制备的 GO 膜的最高拉伸断裂强度高达 360 MPa、杨氏模量高达 102 GPa。

6.1.2 石墨烯结构增强复合材料

20 世纪 90 年代，日本丰田公司的研究人员使用蒙脱土增强聚酰胺，得到的蒙脱土-聚酰胺复合材料的机械强度比聚酰胺原料提高了 5 倍，从此引起了科学界对聚合物基纳米复合材料的广泛关注[18]。从工程概念上讲，复合材料是以人工方式将两种或多种性质不同但由性能可互补的材料复合起来的新材料。复合材料的组分分成基体和增强体两个部分。通常将其中连续分布的组分称为基体，如聚合物(树脂)基体、金属基体、陶瓷基体，将纤维、颗粒、晶须等分散在基体中的物质称为增强体。常用的纳米填料包括玻璃纤维、二氧化硅、蒙脱土等，但这些纳米填料与基体的结合力都不够强，并且很容易团聚在一起，从而导致复合材料的力学性能下降。所以，如何寻找一种新的纳米材料来替代之前的纳米填料依旧是业界面临的一大难题。氧化石墨烯的出现为开发高强度的聚合物复合材料提供了一条新的思路。

氧化石墨烯因为主体碳结构的相似性，在保持了石墨烯大部分优异的物理性能的基础上，还拥有着石墨烯所不具备的大量可反应的活性官能团，使其具有很强的可加工性能，易与各种基体共同成型加工得到石墨烯增强复合材料。其优点主要包括：① 丰富的表面官能团提高了氧化石墨烯与基体的亲和性，减少了石墨烯片层间的团聚，改善了纳米增强体在基体中的分散状态；② 借助官能团的活性反应位点，增强了与基体之间的界面相互作用，提升了应力传递和纳米增强效率。可见，氧化石墨烯作为石墨烯的一种重要衍生物，在石墨烯增强复合材料的相关研究中扮演着不可小觑的关键角色。

1. 高分子基结构增强复合材料

影响氧化石墨烯-聚合物复合材料的关键因素是氧化石墨烯片层在聚合物基体中的均匀分散程度和氧化石墨烯片层与聚合物基体的界面相互作用。如果氧化石墨烯片层在基体中没有被均匀分散，团聚处容易产生应力集中点，从而影响整个复合材料的性能。因此，目前研究的重点是如何将氧化石墨烯均匀地分散到聚合物基体中。

溶液共混法是目前最广泛使用的制备石墨烯-聚合物复合材料的方法，这是因为氧化石墨烯在各种溶剂体系中(如水、*N*，*N*-二甲基甲酰胺等)均具有较好的分散性。常见的溶液共混法一般包括以下几个步骤：① 将氧化石墨烯通过机械搅拌、超声等方法均匀分散在合适的溶剂中；② 将聚合物与石墨烯分散液混合均匀；③ 去除溶剂，最终成型。作为最常用的制备石墨烯-聚合物复合材料方法，已经有许多文献报道。例如，Fang 等[19]将石墨烯与聚苯乙烯在溶液中共混，通过模压成型最终得到石墨烯-聚苯乙烯复合材料(图 6-7)。改性石墨烯的引入显著提高了复合材料的力学性能，经过对比测试，0.9%(质量分数)的石墨烯-聚苯乙烯复合材料的拉伸强度和杨氏模量分别提高了 70% 和 57%。聚乙烯醇分子因含有大量羟基，极易溶于水。在聚乙烯醇水溶液中添加少量氧化石墨烯分散液，氧化石墨烯表面的官能团可以与聚乙烯醇上的羟基形成氢键，使得氧化石墨烯在聚乙烯醇溶液中具有良好的分散性和较强的界面相互作用，由此制备得到的氧化石墨烯-聚乙烯醇复合材料的力学性能得到明显的改善。Zhao 等[20]通过简单的溶液共混法，并加入水合肼溶液进行还原,最终制备得到了还原氧化石墨烯-聚乙烯醇复合材料。该复合材料在石墨烯添加量为1.8%(体积分数)时,其拉伸强度提高至150%,杨氏模量提高了近10倍。由于部分还原的氧化石墨烯片层表面仍然存在含氧官能团,其与聚乙烯醇基体可以形成氢键,增强了基体与石墨烯增强体的界面相互作用力,使得荷载可以在基体与增强体之间有效传递。同时,通过理论计算,作者发现石墨烯片层在聚合物基体内是无规分散的。

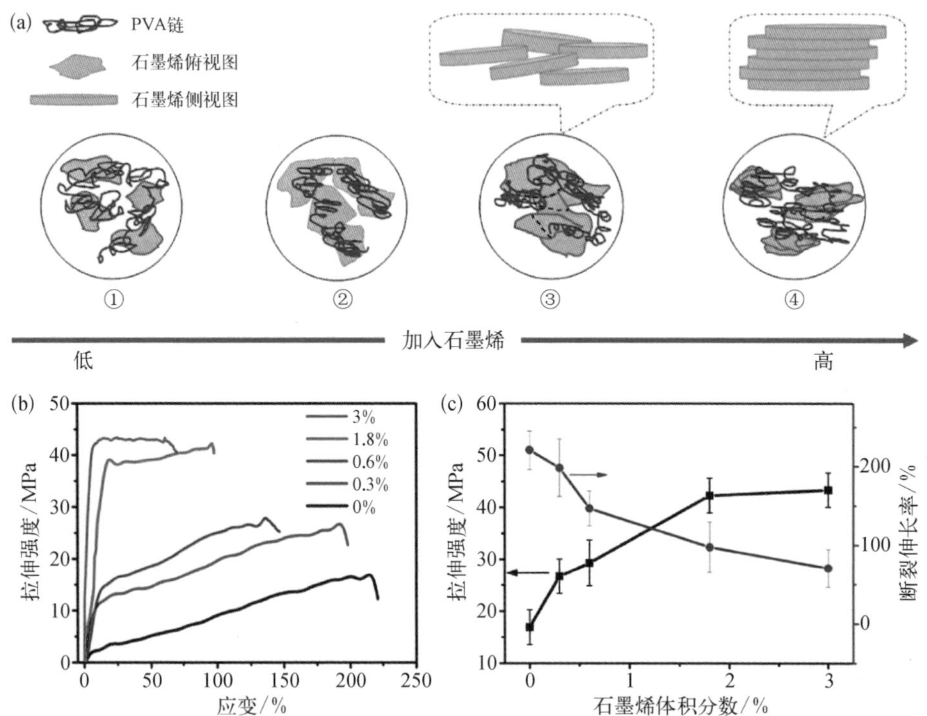

图6-7 还原氧化石墨烯-聚乙烯醇复合材料[19]

利用这种方法已经实现了多种高分子聚合物与氧化石墨烯的复合,例如水溶液体系中的全氟磺酸(Nafion)[21]、聚苯乙烯(PS)[19,22],以及有机溶剂体系中的聚氨酯(PU)[23,24]、聚甲基丙烯酸甲酯(PMMA)[25,26]、聚乙烯(PE)[27,28]等。

原位聚合法是一种将氧化石墨烯与聚合物单体或预聚物均匀混合后,通过控制一定的条件引发聚合的方法。在这种方法中,由于氧化石墨烯表面有许多官能团,可以作为活性位点直接与聚合物共价连接,也可以作为反应位点对氧化石墨烯进行改性。原位聚合法能够使高分子基体和石墨烯增强体之间形成较强的界面相互作用,有利于荷载的传递,同时也能够使增强体均匀分散在基体中。Xu等[29]在氧化石墨烯存在的条件下进行己内酰胺的原位缩聚，利用氧化石墨烯表面的活性官能团将聚酰胺-6分子链均匀接枝在氧化石墨烯表面(图6-8)。这种原位聚合法的接枝率高达78%(质量分数)，并且在缩聚过程中，氧化石墨烯被热还原，最终得到表面附着聚酰胺-6的刷子状石墨烯片。这种高效率的聚合物分子链接枝使石墨烯片层能够均匀分散在聚酰胺-6基体中，经熔融纺丝后得到石墨烯-聚酰胺复合纤维。当石墨烯含量为0.1%(质量分数)时，该复合纤维的强度提高了2.1倍，杨氏模量提高了2.4倍。Luong等[30]在氧化石墨烯的N,N-二甲基甲酰胺(DMF)溶液中进行原位聚合，得到了氧化石墨烯-聚酰亚胺复合材料。当氧化石墨烯含量为0.38%(质量分数)时，复合材料的杨氏模量从1.8 GPa提高到2.3 GPa，拉伸强

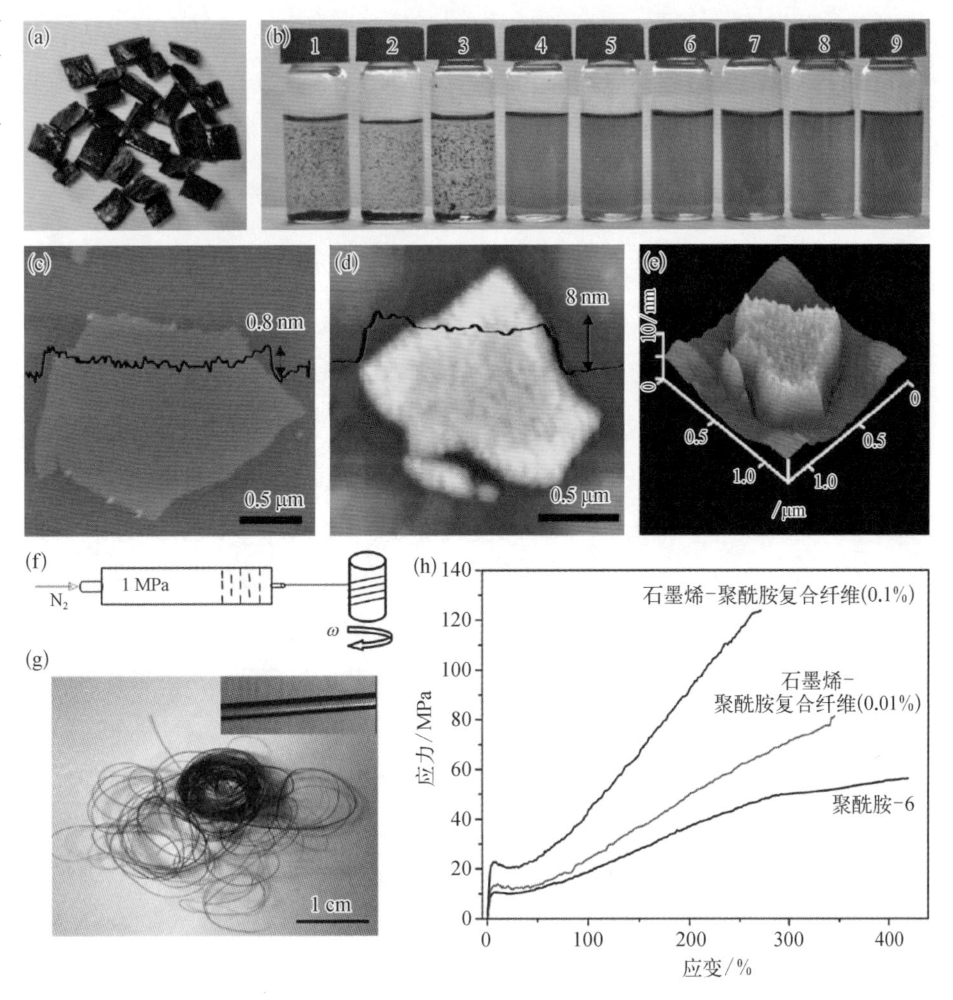

图6-8　石墨烯-聚酰胺复合纤维[29]

度从 122 MPa 增长到 131 MPa。除此之外，目前报道的利用原位聚合法制备的复合材料基体还包括聚苯乙烯[31]、聚甲基丙烯酸甲酯[32]、环氧树脂[33,34]、聚硅氧烷[35]、聚氨酯[36]等。

值得注意的是，氧化石墨烯/石墨烯增强体的引入除了对复合材料最终呈现的力学性能、微观结构等有影响，其对高分子的聚合或者固化过程也有一定影响。例如，曾有文献报道，石墨烯的加入降低了聚硅氧烷的聚合速度，氧化石墨烯的加入改变了相同聚合条件下聚氨酯的分子量大小及分布。

熔融共混法是指将氧化石墨烯增强体和熔融的聚合物组分用混炼设备直接制取均匀聚合物共熔体，设备主要有双辊混炼机、密闭式混炼机、挤出机等。熔融共混法因为不需要使用溶剂，所以相较前两种方法更加环保。并且这种方法更具有广泛性，放大生产更容易。目前，报道的使用这种方法制备的基体材料包括聚氨酯[37]、聚丙烯[38]、聚碳酸酯[39]等。但是在这种方法制备的复合材料中，氧化石墨烯/石墨烯增强体的分散效果远不如上述两种方法，增强体在聚合物基体内易团聚，材料受力时发生应力集中而影响其机械性能。

2. 金属基结构增强复合材料

金属材料是一种重要的力学结构材料，尤其是有色金属材料，因具有高强度、高硬度等良好的综合机械性能，成为国民经济发展的基础材料，在航空航天、机械制造、电力、通信等行业已成为生产基础。随着社会经济的不断发展，人们对金属材料的各种性能提出了全新的要求，其中对于机械性能而言，主要集中在金属延展性、强度、模量及耐磨性的改善。传统的金属结构与性能的加工工艺是先利用各种元素的结合以形成各种不同的合金相，再通过合适的后处理方法来满足不同的机械性能要求。传统的合金工艺无法突破壁垒，很难满足全新的金属材料性能需求，上述提到的几种机械性能很难同时改善。氧化石墨烯的出现为提高金属材料性能提供了全新的思考方向。

氧化石墨烯-金属复合材料的特点在于作为增强体的氧化石墨烯的添加量微小，在满足一种性能要求的同时对其他性能的损失有限，甚至部分金属材料与氧化石墨烯还有协同作用效应，能够共同改善多种性能。氧化石墨烯/石墨烯增强机理主要是通过增强体的引入来有效阻止晶粒间位错滑移。值得一提的是，这种增强机理与另一种纳米碳材料——碳纳米管是相近的。在 1991 年碳纳米管被正式命名后，有许多关于碳纳米管增强金属基复合材料的研究，但是该研究一直受到碳纳米管的分散性、加工工艺及成本的制约，三十年来未见突破性进展。相比之下，氧化石墨烯的分散性良好、制备工艺简单、原料来源丰富，是金属基结构材料的理想增强体。

目前，石墨烯-金属复合材料的基体主要有铜[40]、铝[41]、镁[42]等，主要制备方法有粉末冶金[43]、电镀[42]等。Tang 等[44]先通过原位化学还原法在氧化石墨烯片层上修饰镍纳米颗粒，再通过放电等离子体烧结的方法将修饰后的石墨烯-镍复合片掺入铜基体中。当石墨烯含量仅为 1%(体积分数)时，复合铜金属的杨氏模量提高了 61%(132 GPa)，屈服强度提高了 94%(286 MPa)。Li 等[45]通过复合粉末组装的方法制备了还原氧化石墨烯增强的铝金属(图 6-9)。当还原氧化石墨烯的含量为 1.5%(体积分数)时，其拉伸断裂强度由 200 MPa 提高至 300 MPa，杨氏模量由 72 GPa 提高至 87 GPa。

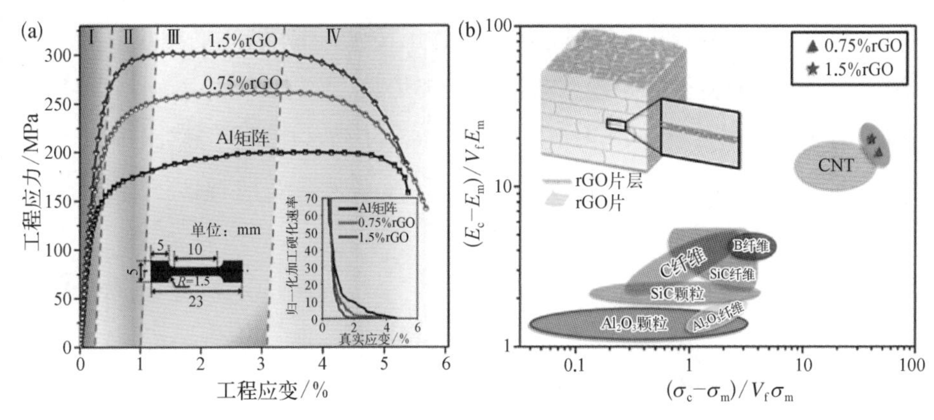

图6-9 还原氧化石墨烯增强铝金属[45]

氧化石墨烯增强体的引入对提高金属基体的拉伸强度、模量、硬度、韧性及耐磨性等力学性能均有积极影响。然而，相关的研究结果分布较宽、力学性能不稳定，这说明对于氧化石墨烯-金属复合材料的制备工艺、石墨烯增强体的分散性以及增强体和基体界面等的研究仍然是研究的重点和难点。该复合材料的制备尚处于实验室研究和理论验证阶段，离工业化生产还有一定的距离。

3. 陶瓷基结构增强复合材料

陶瓷材料是重要的耐高温结构材料。陶瓷内部主要以共价键结合，由于共价键强度高，当其受到较大的冲击力时，内部很难像金属一样产生位错滑移，极易产生瞬时断裂，所以陶瓷材料一般为脆性材料。石墨烯作为增强相能够有效改善陶瓷的韧性，部分解决了制约陶瓷材料应用的主要问题。陶瓷韧性的改善主要是通过石墨烯片层在晶粒之间充当了裂纹阻止层和润滑层。Walker 等[46]将石墨烯与氮化硅晶粒均匀混合，在 1650℃进行火花等离子烧结。当石墨烯含量为 1.5%（体积分数）时，复合陶瓷的断裂韧性从 2.8 MPa · $m^{1/2}$ 提升至 6.6 MPa · $m^{1/2}$，增加了 136%。这是因为添加进去的石墨烯片层像笼子一样包裹住氮化硅晶粒，这既可以从三维方向上阻碍裂纹的扩展，又可以促进晶粒间的滑移。

6.2 弹性材料

石墨烯基弹性材料在具有回弹性能的同时，还保持了石墨烯高电导率、高热导率、低密度、高负载等特点，有利于多场耦合作用，因此也成为研究的重点。常见的石墨烯基弹性材料主要是石墨烯气凝胶和石墨烯膜。实现石墨烯基弹性材料的方法主要分为两种：一是引入本身具有弹性的高分子弹性体，利用高分子本身熵弹性来提供宏观材料的弹性；二是构筑微结构。下面将从这两个方面进行详细介绍。

6.2.1 引入熵弹性

熵弹性现象一般广泛存在于高分子材料中。由于高分子具有长链结构，出于构象数最大化的需要，高分子链在自然状态下必须采取无规的线团形状，此时体系的熵也最大。在外力作用下，线团形状的高分子链会被拉直，可能的构象数就会变少，体系的熵也减小。当外力消失时，由于分子热运动，伸直的高分子链会自动回到线团形状，这样高分子链就表现出一种弹性，称为熵弹性。与传统的能弹性材料相比，熵弹性材料一般具有很大的可逆形变能力，但是其模量和强度却要低很多。而石墨烯材料则是目前模量和强度最高的材料，因此将石墨烯材料引入具有熵弹性的高分子弹性体中，有望得到同时具有高强度、高模量和大的可逆形变能力的新型弹性材料。

Zhang 等[47]在真空条件下将聚二甲基硅氧烷（PDMS）灌入多孔的三维石墨烯

气凝胶中，制备了石墨烯- PDMS复合材料（图 6 - 10）。这种材料展现出很大的可逆形变能力（压缩率为 80%，伸长率为 90%），其强度和模量也比纯的 PDMS 材料高出 50%以上。此外，这种复合材料还具有很高的电导率（1 S/cm）和热导率[0.68 W/(m·K)]。Ye 等[48]将环氧树脂的前驱体与氧化石墨烯溶液混合，冻干以后经过固化反应，得到了石墨烯-环氧树脂复合气凝胶。这种复合气凝胶的压缩强度高达 0.231 MPa，可逆形变量有 75%以上。此外，这种复合气凝胶还具有很好的热稳定性和极低的密度（0.09 g/cm^3），有着广泛的应用前景。Silva 等[49]进一步利用动态机械分析的方法，研究了石墨烯-环氧树脂复合材料的循环稳定性。他们发现，石墨烯材料的引入会提高材料的耐久性，并且让材料具有更宽的使用温度范围。此外，为了提高石墨烯与环氧树脂基体之间的相容性，他们还利用异氰酸盐对石墨烯进行了改性，改性后的复合材料有着更高的力学强度和耐久性。

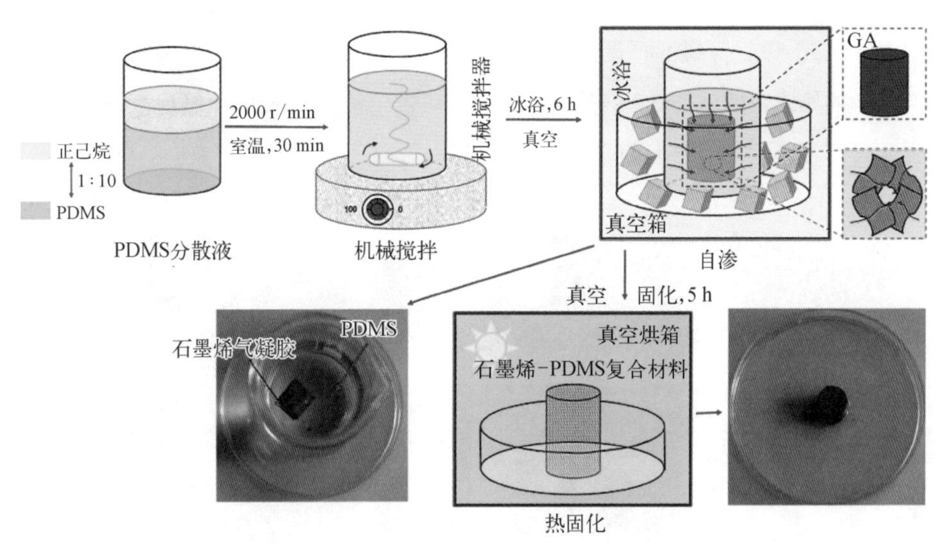

图 6 - 10 石墨烯-PDMS 复合材料的制备过程示意图[47]

6.2.2 构筑微结构

石墨烯组装体都由石墨烯纳米片相互搭接，通过范德瓦耳斯力相互连接形成。由于石墨烯片本身优异的机械性能，通过对石墨烯片的搭接方式及材料结构的调控，也可以实现很好的弹性。目前，对石墨烯组装体结构的弹性调节主要有引入纳米协同效应以及构筑定向结构、多级结构和褶皱结构等四种。

1. 一维和二维拓扑结构协同

通过溶液共混或化学气相沉积等方法，利用一维和二维纳米材料的协同作用，制备得到一个大尺寸、具有弹性的微观结构单元。该复合单元由相互缠结的一维碳纳米管网络和被其包裹的二维石墨烯片共同组成。通过相互交叠、扭曲、搭接等方式，微观结构单元组装得到宏观尺度上的弹性气凝胶。Sun 等[50]先将碳纳米管的分散液与氧化石墨烯溶液混合，再将混合溶液冻干后得到了复合气凝胶(图6-11)。借助于一维碳纳米管和二维石墨烯片间的拓扑结构协同效应，这种极低密度(0.18 mg/cm^3)的全碳气凝胶可以反复被压缩 50%以上并实现完全恢复。Ye 等[51]将氧化石墨烯水溶液和表面修饰后的中空聚吡咯纳米纤维水溶液混合，因为氧化石墨烯的两亲性，一维聚吡咯纳米纤维可以与二维氧化石墨烯形成均匀的水溶液，冷冻干燥后得到了石墨烯-聚吡咯复合气凝胶。这种复合气凝胶在被压缩70%时的压缩强度达到 0.35 MPa，而纯的石墨烯气凝胶在相同压缩应变时的压缩强度只有复合气凝胶的七分之一(0.05 MPa)。

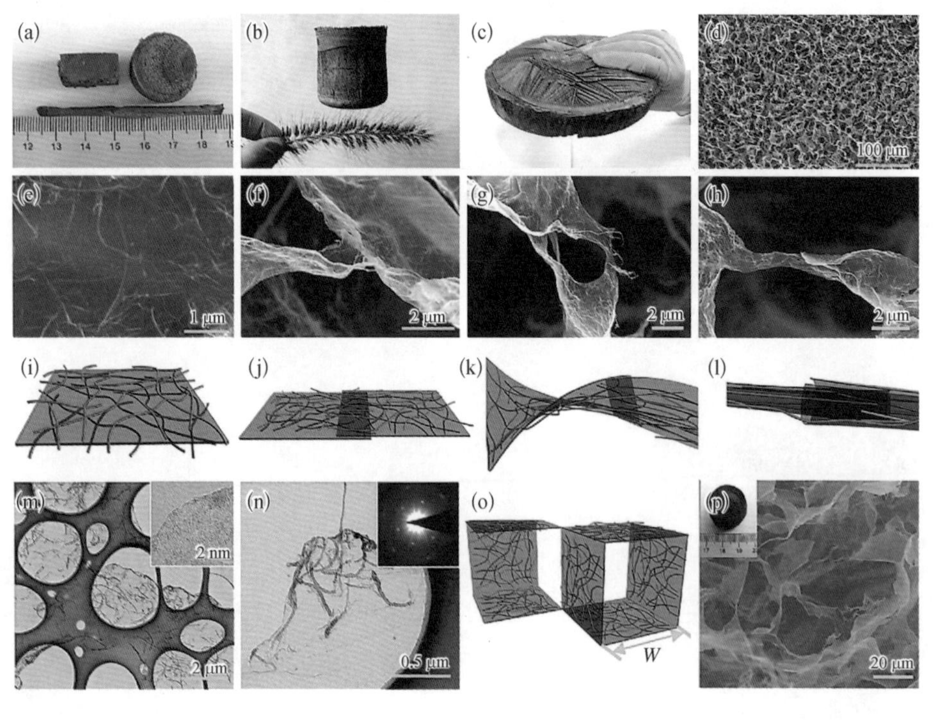

图6-11 一维碳纳米管和二维石墨烯片间的拓扑结构协同组装复合气凝胶[50]

2. 定向结构

为了实现对石墨烯片排列的有效调控，通过外加的驱动力（如温度场、电磁场等）来实现石墨烯片的取向排列，也是一种常用的方法。由于石墨烯片的定向排列，这种类型的石墨烯组装体的力学性能通常呈现出高度的各向异性。Qiu 等[52]利用单向的温度场控制氧化石墨烯溶液中的冰晶定向生长，实现了对石墨烯片取向的有效调控（图 6-12）。通过这种工艺，他们制备出具有蜂窝状结构的石墨烯气凝胶，这种气凝胶在被压缩 80%以上时仍然能快速恢复，并且能够循环使用 50000 次以上。Gao 等[53]利用双向的温度场控制冰晶层状生长，制备得到了层状的氧化石墨烯气凝胶，再通过热还原得到了层状拱形的还原氧化石墨烯气凝胶。该气凝胶的回弹速度约为 600 mm/s，能量损耗系数在 0.2 左右。气凝胶内部的拱形结构较常见的平面层状具有更好的回弹性能，且保证了较小的片层摩擦内耗。

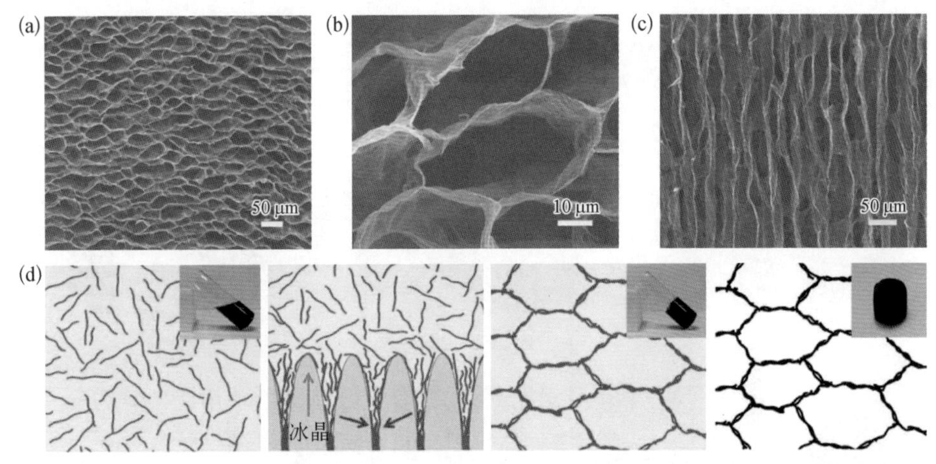

图 6-12　高取向石墨烯气凝胶

（a）~（c）高取向石墨烯气凝胶的 SEM 图；（d）单向冰晶生长法制备高取向石墨烯气凝胶的过程示意图[52]

3. 多级结构

很多的生物材料都有人工制备的材料无法比拟的独特性能优势，如同时具有高强度和高韧性两种对立的力学性能。这是源于它们由低级到高级、由无序到有序的多层级、多尺度的组装所带来的精巧的结构。通过一些特殊的工艺（如 3D 打印等），在石墨烯材料中也能够实现对这种多级结构的调控，从而制备出具有特殊力学性能的石墨烯组装体。Zhu 等[54]在高浓度(40 mg/mL)的氧化石墨烯溶液中加入了大量的纳米硅粉,制备出可以直接用来进行 3D 打印加工的氧化石墨烯墨水;然后利用 3D 打印工艺可以精确控制结构的优势,制备出具有多级结构的石墨烯气凝胶。这种气凝胶可以实现 95%以上的可逆压缩形变,并且压缩强度高达 1.2 MPa。高超课题组[55]在氧化石墨烯溶液中加入 Ca^{2+},利用 Ca^{2+} 与氧化石墨烯片上负电性的含氧官能团之间的静电作用制备了氧化石墨烯凝胶墨水。他们使用这种墨水 3D 打印出了具有多级结构的石墨烯气凝胶,这种气凝胶有着优异的力学性能和很好的导电性。2018 年,高超课题组[56]又使用氧化石墨烯-碳纳米管复合凝胶墨水,结合 3D 打印和受限空间还原的工艺,首次制备了高度可拉伸的全碳气凝胶(图6-13)。这种全碳气凝胶能够实现可逆拉伸 200%、压缩 80%以上,同时能够循环稳定拉伸 1000000 次以上。这种气凝胶出众的力学性能源于其多级结构共同的作用,从微观尺度上的石墨烯与碳纳米管之间的协同作用、气凝胶壁的屈曲,到宏观尺度上的蜂窝状微孔和 3D 打印引入的几何结构,赋予了这种气凝胶高度的可拉伸性和稳定性。

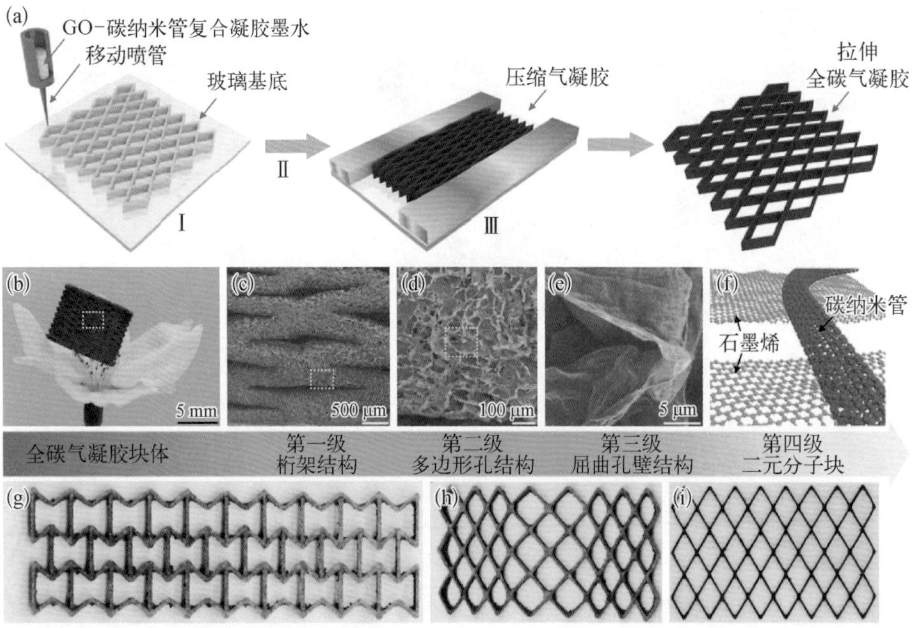

图6-13 高度可拉伸的全碳气凝胶

(a) 石墨烯-碳纳米管复合全碳气凝胶的制备过程示意图;(b) 全碳气凝胶的实物照片;(c)~(f) 全碳气凝胶的多级结构;(g)~(i) 具有不同泊松比的全碳气凝胶[56]

4. 褶皱结构

石墨烯本身的二维结构特征使得其宏观组装较难实现拉伸弹性。因为通过π－π堆叠起来的石墨烯片呈舒展状态，很难实现弹性拉伸。所以，引入褶皱结构对实现拉伸弹性具有巨大的意义。Xiao 等[57]将氧化石墨烯通过浇筑法成膜并浸泡入不良溶剂中，通过氧化石墨烯片层在不良溶剂中的塌缩效应在宏观材料中形成多级褶皱构象(图 6－14)。这种褶皱膜的断裂伸长率超过 20%，大约是普通石墨烯膜的四倍。

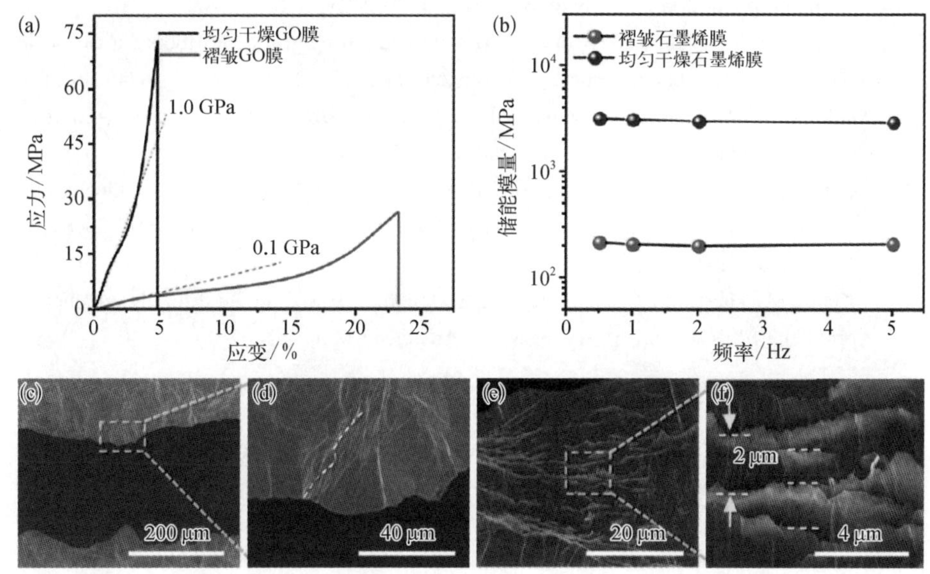

图 6－14 褶皱石墨烯膜拉伸力学曲线和断面的微观结构[57]

参考文献

［1］ Gómez-Navarro C, Burghard M, Kern K. Elastic properties of chemically derived single graphene sheets[J]. Nano Letters, 2008, 8(7): 2045－2049.

［2］ Xu Z, Gao C. Graphene in macroscopic order: Liquid crystals and wet-spun fibers [J]. Accounts of Chemical Research, 2014, 47(4): 1267－1276.

［3］ Xu Z, Gao C. Graphene chiral liquid crystals and macroscopic assembled fibres[J]. Nature Communications, 2011, 2: 571.

［4］ Xu Z, Sun H Y, Zhao X L, et al. Ultrastrong fibers assembled from giant graphene

oxide sheets[J]. Advanced Materials, 2013, 25(2): 188 - 193.
[5] Sun J K, Li Y H, Peng Q Y, et al. Macroscopic, flexible, high-performance graphene ribbons[J]. ACS Nano, 2013, 7(11): 10225 - 10232.
[6] Xu Z, Gao C. Graphene fiber: A new trend in carbon fibers[J]. Materials Today, 2015, 18(9): 480 - 492.
[7] Zhang Y Y, Li Y C, Ming P, et al. Ultrastrong bioinspired graphene-based fibers via synergistic toughening[J]. Advanced Materials, 2016, 28(14): 2834 - 2839.
[8] Li M C, Zhang X H, Wang X, et al. Ultrastrong graphene-based fibers with increased elongation[J]. Nano Letters, 2016, 16(10): 6511 - 6515.
[9] Xin G Q, Yao T K, Sun H T, et al. Highly thermally conductive and mechanically strong graphene fibers[J]. Science, 2015, 349(6252): 1083 - 1087.
[10] Xu Z, Liu Y J, Zhao X L, et al. Ultrastiff and strong graphene fibers via full-scale synergetic defect engineering[J]. Advanced Materials, 2016, 28(30): 6449 - 6456.
[11] Dikin D A, Stankovich S, Zimney E J, et al. Preparation and characterization of graphene oxide paper[J]. Nature, 2007, 448(7152): 457 - 460.
[12] Chen H Q, Müller M B, Gilmore K J, et al. Mechanically strong, electrically conductive, and biocompatible graphene paper[J]. Advanced Materials, 2008, 20(18): 3557 - 3561.
[13] Zhang M, Huang L, Chen J, et al. Ultratough, ultrastrong, and highly conductive graphene films with arbitrary sizes[J]. Advanced Materials, 2014, 26(45): 7588 - 7592.
[14] Li Y Q, Yu T, Yang T Y, et al. Bio-inspired nacre-like composite films based on graphene with superior mechanical, electrical, and biocompatible properties[J]. Advanced Materials, 2012, 24(25): 3426 - 3431.
[15] Wan S J, Peng J S, Li Y C, et al. Use of synergistic interactions to fabricate strong, tough, and conductive artificial nacre based on graphene oxide and chitosan[J]. ACS Nano, 2015, 9(10): 9830 - 9836.
[16] Park S, Lee K S, Bozoklu G, et al. Graphene oxide papers modified by divalent ions-enhancing mechanical properties via chemical cross-linking[J]. ACS Nano, 2008, 2(3): 572 - 578.
[17] Huang W Y, Ouyang X L, Lee L J. High-performance nanopapers based on benzenesulfonic functionalized graphenes[J]. ACS Nano, 2012, 6(11): 10178 - 10185.
[18] Kojima Y, Usuki A, Kawasumi M, et al. Mechanical properties of nylon 6-clay hybrid[J]. Journal of Materials Research, 1993, 8(5): 1185 - 1189.
[19] Fang M, Wang K G, Lu H B, et al. Covalent polymer functionalization of graphene nanosheets and mechanical properties of composites[J]. Journal of Materials Chemistry, 2009, 19(38): 7098 - 7105.
[20] Zhao X, Zhang Q H, Chen D J, et al. Enhanced mechanical properties of graphene-based poly(vinyl alcohol) composites[J]. Macromolecules, 2010, 43(5): 2357 -2363.

[21] Ansari S, Kelarakis A, Estevez L, et al. Oriented arrays of graphene in a polymer matrix by in situ reduction of graphite oxide nanosheets[J]. Small, 2010, 6(2): 205 - 209.

[22] Fang M, Wang K G, Lu H B, et al. Single-layer graphene nanosheets with controlled grafting of polymer chains[J]. Journal of Materials Chemistry, 2010, 20(10): 1982 - 1992.

[23] Liang J J, Xu Y F, Huang Y, et al. Infrared-triggered actuators from graphene-based nanocomposites[J]. The Journal of Physical Chemistry C, 2009, 113(22): 9921 - 9927.

[24] Khan U, May P, O'Neill A, et al. Development of stiff, strong, yet tough composites by the addition of solvent exfoliated graphene to polyurethane[J]. Carbon, 2010, 48(14): 4035 - 4041.

[25] Ramanathan T, Abdala A A, Stankovich S, et al. Functionalized graphene sheets for polymer nanocomposites[J]. Nature Nanotechnology, 2008, 3(6): 327 - 331.

[26] Ramanathan T, Stankovich S, Dikin D A, et al. Graphitic nanofillers in PMMA nanocomposites—an investigation of particle size and dispersion and their influence on nanocomposite properties[J]. Journal of Polymer Science Part B: Polymer Physics, 2007, 45(15): 2097 - 2112.

[27] Kuila T, Bose S, Hong C E, et al. Preparation of functionalized graphene/linear low density polyethylene composites by a solution mixing method[J]. Carbon, 2011, 49(3): 1033 - 1037.

[28] Lin Y, Jin J, Song M. Preparation and characterisation of covalent polymer functionalized graphene oxide[J]. Journal of Materials Chemistry, 2011, 21(10): 3455 - 3461.

[29] Xu Z, Gao C. In situ polymerization approach to graphene-reinforced nylon-6 composites[J]. Macromolecules, 2010, 43(16): 6716 - 6723.

[30] Luong N D, Hippi U, Korhonen J T, et al. Enhanced mechanical and electrical properties of polyimide film by graphene sheets via in situ polymerization[J]. Polymer, 2011, 52(23): 5237 - 5242.

[31] Patole A S, Patole S P, Kang H, et al. A facile approach to the fabrication of graphene/polystyrene nanocomposite by in situ microemulsion polymerization[J]. Journal of Colloid and Interface Science, 2010, 350(2): 530 - 537.

[32] Potts J R, Lee S H, Alam T M, et al. Thermomechanical properties of chemically modified graphene /poly (methyl methacrylate) composites made by in situ polymerization[J]. Carbon, 2011, 49(8): 2615 - 2623.

[33] Rafiee M A, Rafiee J, Wang Z, et al. Enhanced mechanical properties of nanocomposites at low graphene content[J]. ACS Nano, 2009, 3(12): 3884 - 3890.

[34] Rafiee M A, Rafiee J, Srivastava I, et al. Fracture and fatigue in graphene nanocomposites[J]. Small, 2010, 6(2): 179 - 183.

[35] Yang H F, Li F H, Shan C S, et al. Covalent functionalization of chemically

converted graphene sheets via silane and its reinforcement[J]. Journal of Materials Chemistry, 2009, 19(26): 4632-4638.

[36] Wang X, Hu Y, Song L, et al. In situ polymerization of graphene nanosheets and polyurethane with enhanced mechanical and thermal properties[J]. Journal of Materials Chemistry, 2011, 21(12): 4222-4227.

[37] Kim H, Miura Y, Macosko C W. Graphene/polyurethane nanocomposites for improved gas barrier and electrical conductivity[J]. Chemistry of Materials, 2010, 22(11): 3441-3450.

[38] Wakabayashi K, Pierre C, Dikin D A, et al. Polymer-graphite nanocomposites: Effective dispersion and major property enhancement via solid-state shear pulverization[J]. Macromolecules, 2008, 41(6): 1905-1908.

[39] Zhang H B, Zheng W G, Yan Q, et al. Electrically conductive polyethylene terephthalate/graphene nanocomposites prepared by melt compounding[J]. Polymer, 2010, 51(5): 1191-1196.

[40] Hwang J, Yoon T, Jin S H, et al. Enhanced mechanical properties of graphene/copper nanocomposites using a molecular-level mixing process[J]. Advanced Materials, 2013, 25(46): 6724-6729.

[41] Wang J Y, Li Z Q, Fan G L, et al. Reinforcement with graphene nanosheets in aluminum matrix composites[J]. Scripta Materialia, 2012, 66(8): 594-597.

[42] Chen L Y, Konishi H, Fehrenbacher A, et al. Novel nanoprocessing route for bulk graphene nanoplatelets reinforced metal matrix nanocomposites[J]. Scripta Materialia, 2012, 67(1): 29-32.

[43] Dahal A, Batzill M. Graphene-nickel interfaces: A review[J]. Nanoscale, 2014, 6(5): 2548-2562.

[44] Tang Y X, Yang X M, Wang R R, et al. Enhancement of the mechanical properties of graphene-copper composites with graphene-nickel hybrids[J]. Materials Science and Engineering A, 2014, 599: 247-254.

[45] Li Z, Guo Q, Li Z Q, et al. Enhanced mechanical properties of graphene (reduced graphene oxide)/aluminum composites with a bioinspired nanolaminated structure[J]. Nano Letters, 2015, 15(12): 8077-8083.

[46] Walker L S, Marotto V R, Rafiee M A, et al. Toughening in graphene ceramic composites[J]. ACS Nano, 2011, 5(4): 3182-3190.

[47] Zhang Q Q, Xu X, Li H, et al. Mechanically robust honeycomb graphene aerogel multifunctional polymer composites[J]. Carbon, 2015, 93: 659-670.

[48] Ye S B, Feng J C, Wu P Y. Highly elastic graphene oxide-epoxy composite aerogels via simple freeze-drying and subsequent routine curing[J]. Journal of Materials Chemistry A, 2013, 1(10): 3495-3502.

[49] Silva L C O, Silva G G, Ajayan P M, et al. Long-term behavior of epoxy/graphene-based composites determined by dynamic mechanical analysis[J]. Journal of Materials Science, 2015, 50(19): 6407-6419.

[50] Sun H Y, Xu Z, Gao C. Multifunctional, ultra-flyweight, synergistically assembled carbon aerogels[J]. Advanced Materials, 2013, 25(18): 2554 - 2560.

[51] Ye S B, Feng J C. Self-assembled three-dimensional hierarchical graphene / polypyrrole nanotube hybrid aerogel and its application for supercapacitors[J]. ACS Applied Materials & Interfaces, 2014, 6(12): 9671 - 9679.

[52] Qiu L, Liu J Z, Chang S L Y, et al. Biomimetic superelastic graphene-based cellular monoliths[J]. Nature Communications, 2012, 3: 1241.

[53] Gao H L, Zhu Y B, Mao L B, et al. Super-elastic and fatigue resistant carbon material with lamellar multi-arch microstructure[J]. Nature Communications, 2016, 7: 12920.

[54] Zhu C, Han T Y, Duoss E B, et al. Highly compressible 3D periodic graphene aerogel microlattices[J]. Nature Communications, 2015, 6: 6962.

[55] Jiang Y Q, Xu Z, Huang T Q, et al. Direct 3D printing of ultralight graphene oxide aerogel microlattices[J]. Advanced Functional Materials, 2018, 28(16): 1707024.

[56] Guo F, Jiang Y Q, Xu Z, et al. Highly stretchable carbon aerogels[J]. Nature Communications, 2018, 9: 881.

[57] Xiao Y H, Xu Z, Liu Y J, et al. Sheet collapsing approach for rubber-like graphene papers[J]. ACS Nano, 2017, 11(8): 8092 - 8102.

第7章

石墨烯宏观材料的导热性能

电子工业、通信行业、航空产业及国防军工等领域的快速发展，对大功率集成电子元器件的需求骤增。大功率、超快运行速度的电子器件在应用过程中会在局部产生大量的热，需要匹配高效热管理材料进行降温，以维持器件的稳定性和延长使用寿命[1,2]。传统的散热材料主要有金属(银、铜、金、铝等)和碳材料(金刚石、石墨等)。其中，金属材料延展性好但热导率低[$K \leqslant 429$ W/(m·K)][3]、密度大、易腐蚀；碳材料热导率高但多呈现脆性，不适于结构复杂、热控实施难度大的器件。

石墨烯是由碳原子紧密排列而成的单层二维蜂窝状晶体。由于组成石墨烯的碳原子质量小、碳碳之间共价键强、晶格结构简单等特性，石墨烯具有优异的导热特性，实验测试其热导率高达3500～5300 W/(m·K)[2,4,5]，超越了高定向裂解石墨[2000 W/(m·K)][6]、金刚石[900～2320 W/(m·K)][7]和碳纳米管[3000～3500 W/(m·K)][8]，更远优于银和铜等金属材料。同时，石墨烯还具有极高的环境稳定性和极低的热膨胀系数。这些性能优势使得石墨烯成为最理想的散热材料组装单元。从石墨烯基元出发，通过宏观组装方法已经获得了形态丰富和性能优越的纤维和薄膜等材料。这些材料不同程度地继承了石墨烯优越的导热及柔性特性，有望突破传统碳材料的性能瓶颈，并在复杂热管理方面有巨大的应用前景。

7.1 石墨烯宏观材料的结构与导热性能的关系

固体材料导热主要由晶格振动的格波(声子)和自由电子的运动来实现[2,9,10]。声子可以理解为晶体结构中原子在垂直和水平方向混合振动的准粒子。固态物质的导热是声子导热与电子导热的总和。金属有着极高浓度的自由电子，电子导热占据了绝大部分，声子导热只占据其导热总量的1%～2%。与金属不同，碳材料导热以声子导热为主，电子导热只占据较少部分。温度对导热有着重要的影响，低温会大幅度限制声子的输运，而对电子的运动影响较小。因此，低温下电子对导热的贡献比例会增加。

石墨烯的声子有两种类型：面内声子(TA声子和LA声子)和面外声子(ZA

声子)。声子主导的热导率可以用 $K_p = \sum_j \int C_j(\omega)\upsilon_j^2(\omega)\tau_j(\omega)\mathrm{d}\omega$ 来表达,可简写为 $K_p = (1/3)C_p\upsilon\Lambda$,其中 C_p 为材料热容,υ 为声子传导速度,Λ 为声子平均自由程。另外,$\Lambda = \tau\upsilon$,其中 τ 是声子松弛时间。

石墨烯的导热性能主要取决于片层内声子振动。二维平面结构限制了石墨烯声子在垂直方向的传导,减少了界面声子散热,决定了石墨烯平面方向具有极高的热导率。目前,在石墨烯中,普遍认为的声子传播机理主要有声子散射及声子弹道扩散两种。常温下,石墨烯中的声子平均自由程(Λ)一般介于240～750 nm。当石墨烯尺寸 $L < \Lambda$ 时,声子的输运为弹道机理,仅被边缘缺陷限制,K 与 L 成正比,$K_p \sim C_p\upsilon\Lambda \sim C_p\upsilon^2\tau \sim C_p\upsilon L$[11]。当 $L \gg \Lambda$ 时,声子的传导为散射机理,声子只能被邻近的声子散射,由Umklapp散射来描述[12]。在Umklapp散射机理主导下,石墨烯的热导率与尺寸的关系表现为 $K \sim \lg L$[13]。常规而言,石墨烯组装材料中组装单元尺寸远大于无缺陷石墨烯的声子平均自由程,其导热机理以声子散射为主导,同时缺陷可调控石墨烯组装单元的导热性能。总的来说,石墨烯组装材料的导热性能主要受以下几个方面的影响:基元尺寸、内部缺陷含量、褶皱结构、单元层数以及掺杂种类和程度。

7.2 石墨烯热导率的影响因素

7.2.1 尺寸依赖性

理论和实验研究均证实了悬空石墨烯的热导率具有明显的尺寸依赖性。随着石墨烯尺寸的不断增加,石墨烯的热导率开始快速增长,在尺寸达到1 μm后增长速度变缓(图7-1)[13]。原因如下:① 随着尺寸增加,边缘缺陷数目降低,声子边缘散射减少[14];② 当石墨烯尺寸小于30 μm时,随着尺寸增加,更多的低频声子被激发;③ 随着尺寸增加,石墨烯二维不对称结构特征越发强烈,声子在垂直方向的输运受到限制,而在水平方向的输运得以提升[15]。

Yang等[16]证实,当 $L < \Lambda$ 时,$K \sim C_p\upsilon\Lambda(\sim C_p\upsilon L)$,石墨烯的热导率在100～800 nm内急剧增加,从约250 W/(m·K)(约100 nm)增加到约550 W/(m·K)(约800 nm);在800 nm之后,石墨烯的热导率开始缓慢增长,从约650 W/(m·K)(约

图 7-1 尺寸对石墨烯热导率的影响

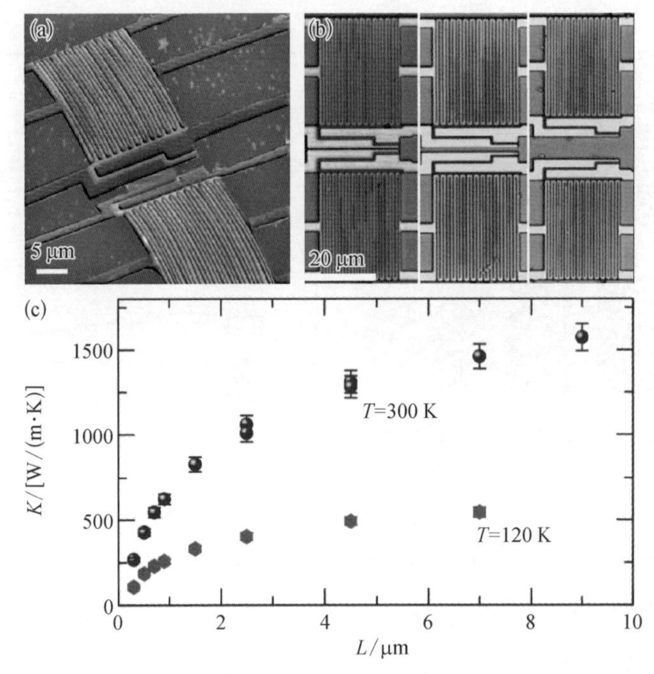

(a)(b)CVD 法生长的石墨烯的导热测试图;(c)石墨烯的热导率随尺寸及温度的变化[13]

1 μm)增长到约 1600 W/(m·K)(约 9 μm)。当 $L > \Lambda$ 时,Xu 等[13]的结果也表明了这一趋势,即石墨烯的热导率从约 1054 W/(m·K)(约 1.5 μm)增长到约 1186 W/(m·K)(约 2.5 μm),遵循 $K \sim \lg L$ 的关系。除了石墨烯,其他二维材料,例如黑磷、氮化硼、硼墨烯、石墨炔、二硫化钼、硅烯等,也都具有相似的规律。

7.2.2 缺陷依赖性

除了石墨烯的尺寸,石墨烯内部原子结构、孔洞缺陷、功能化、掺杂及同位素取代都会极大降低石墨烯的热导率。一般来说,孔洞缺陷作为声子散射源,其数量越多,声子散射越强烈,一方面阻碍声子输运,另一方面引起垂直方向声子散射,从而降低热导率。如图 7-2(a)(b)所示,完美石墨烯片表面单原子空位处出现了应力集中,同时在垂直方向发生强烈的声子散射,极大缩短了 Λ,进而降低了水平方向热导率。随着孔洞缺陷含量的增加,Λ 缩短越明显,在 2%的缺陷含量下,石墨烯的热导率降低了 80%~90%[17]。这一结果在其他研究工作者的理论模拟和实验中得到了证实[18]。

除了缺陷含量,缺陷的拓扑结构同样会影响石墨烯的热导率。Gao 等[19]通过

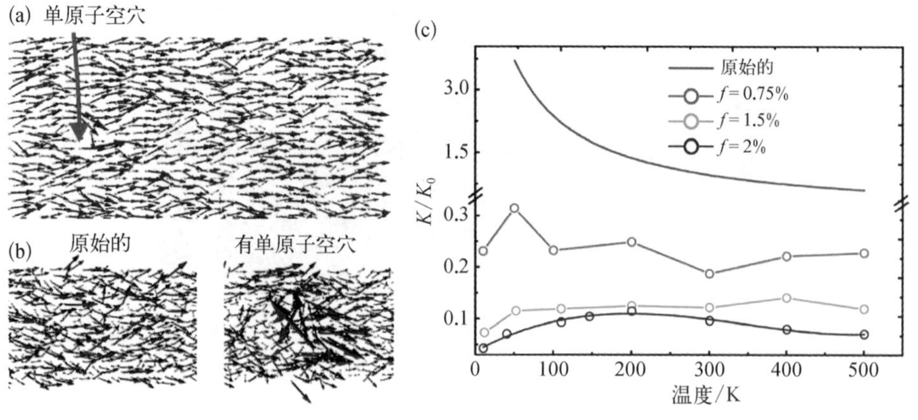

图 7-2 单原子空穴对石墨烯热导率的影响

(a)(b)完美石墨烯片及其表面单原子空穴周边压力和热流分布;(c)石墨烯的热导率随温度及缺陷含量的变化[17]

非平衡分子动力学的方法模拟了随机缺陷和规律缺陷对石墨烯热导率的影响。结果显示,与规律缺陷石墨烯相比,随机缺陷石墨烯内部声子群具有更长的 Λ,因而具有更好的导热性能。除此之外,五元环-七元环等晶格缺陷及功能化引入的缺陷(如氢化、氧化、氟化等)也都会对石墨烯的 Λ 和热导率具有相同的削弱效果。

掺杂是另一种有效调节二维材料声子散射的方法。研究表明,在石墨烯锯齿型边缘方向,1%杂原子的掺杂量可降低 50%的热导率[20]。Ruoff 等用拉曼光谱法测定了少量同位素掺杂石墨烯的热导率(图 7-3)。CVD 法制备的纯净石墨烯热导率达到4000 W/(m·K),是^{13}C 50%掺杂石墨烯热导率的两倍以上。微弱含量(1.1%)的^{13}C 就可造成热导率的极大降低,仅有未掺杂石墨烯热导率的 30%～

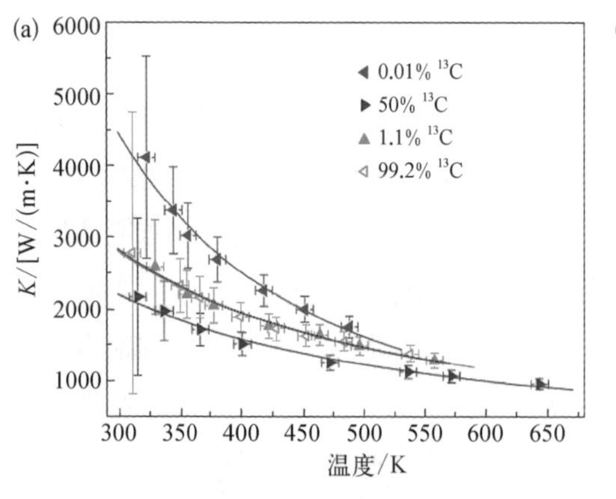

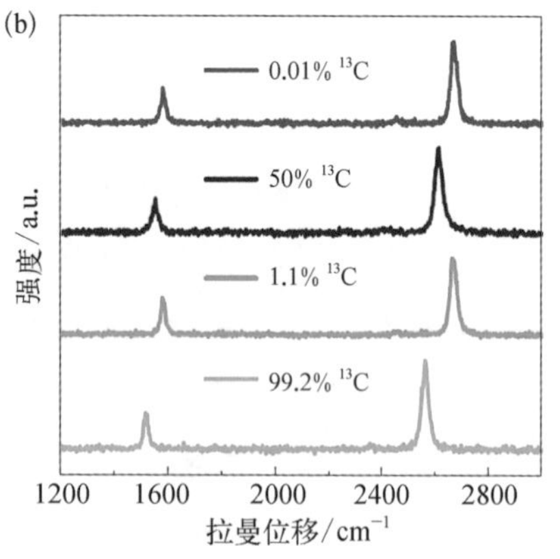

图 7-3 ^{13}C 含量对石墨烯热导率的影响

(a)不同^{13}C 含量石墨烯的热导率;(b)拉曼光谱法测定掺杂石墨烯中^{13}C 含量[20]

40%。随着^{13}C含量继续增加，^{13}C含量占据主导地位，^{12}C可以被视为杂原子，此时石墨烯的热导率逐步增加。

7.2.3 取向依赖性

在石墨烯宏观组装材料中，褶皱结构是一种常见的结构特征。在导热性能方面，褶皱会增加传热路径，从而降低石墨烯的热导率，如图7-4所示[21]。随着褶皱结构密度的增加，其聚集体的热导率也随之降低。同时，褶皱还会降低石墨烯的堆叠有序程度及致密程度，造成片间层间距增加、垂直方向声子散射增强，从而降低水平方向热导率。

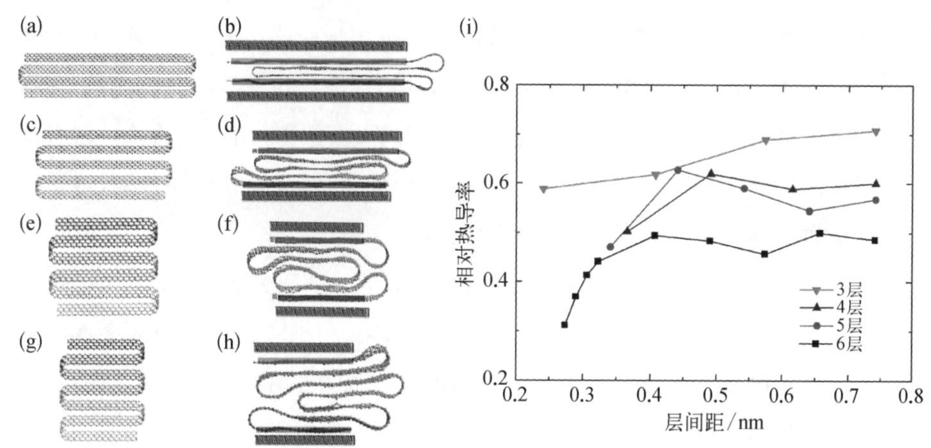

图7-4 折叠对石墨烯热导率的影响

(a)~(h) 石墨烯不同折叠层数及层间距示意图；(i) 折叠层数和层间距对石墨烯热导率的影响[21]

7.2.4 温度依赖性

声子具有温度依赖性。在150～400 K内，温度的升高增强了声子间作用、缩短了Λ，从而降低了石墨烯的热导率。不同的石墨烯层间耦合作用，也表现出不同的温度依赖性。低温(<150 K)下多层石墨烯堆叠结构的热导率与温度遵循$K \sim T^3$的关系，而在单层石墨烯中，$K \sim T^2$[15,22]。

Lindsay等[15]测定了悬空的单层石墨烯热导率随温度的变化规律，发现石墨烯的热导率随着温度的增加出现了明显的下降趋势，当温度达到500 K时，其热导率从 2500 W/(m·K)(350 K)降低到 1400 W/(m·K)。缺陷的存在会影响石墨烯热导率对温度的依赖性。在高缺陷浓度下,散射中心遍布整个材料,石墨烯导热性能表现和无序材料一致,导热机制为扩散机理,其温度依赖性大大降低[17]。在低温(<150 K)环境下,石墨烯的导热规律则不同。低温下晶格振动受到限制,声子密度降低,热容降低,热导率随温度降低而急剧降低[22]。

7.2.5 界面依赖性

界面散射是石墨烯作为热管理材料应用过程中的一个重要因素。基底或者支撑层会降低石墨烯热导率。石墨烯和基底的弱耦合作用会使单层石墨烯声子在石墨烯和基底界面处沿垂直方向泄漏,从而降低石墨烯水平方向热导率。Persson 等[23]将 CVD 法生长石墨烯转移至硅基底上,其热导率从 5000 W/(m·K)下降到 600 W/(m·K)。理论计算表明,石墨烯和基底的界面作用会削弱 ZA 声子对石墨烯热导率的贡献,室温下热导率可降低 77%。因此,在基底存在的条件下,声子在垂直方向被抑制,从而大幅降低石墨烯的热导率。

界面效应与石墨烯本身厚度有关。Sadeghi 等[24]的研究表明,石墨烯导热界面散射效应具有明显的临界厚度。随着石墨烯厚度增加,声子界面效应会逐渐减弱。当石墨烯厚度超过 13 nm 时,其界面散射对声子的界面效应变得极其微弱,不足以影响石墨烯的热导率,此时石墨烯的热导率和本体石墨一致。

7.2.6 层数依赖性

石墨烯的层数增加对石墨烯热导率具有极大的降低作用。石墨烯层间的弱相互作用会耦合石墨烯面外方向的低频声子,增强面外声子在垂直方向的散射,进而降低石墨烯热导率。

Ghosh 等[25]跟踪了单层到多层石墨烯的热导率变化(图 7-5)。测试表明,当从单层增加到四层时,石墨烯热导率从 4000 W/(m·K)降至 1300 W/(m·K)。当大于四层时,石墨烯热导率随层数的增加基本维持不变,逐步接近石墨本体材料性能。究其原因,在四层以内,层数增加会增强石墨烯层间耦合作用,降低声子数量;在四层以上,石墨烯层间耦合作用达到饱和,层数的增加不再对热导率产生显

图 7-5 石墨烯的热导率随层数的变化趋势[25]

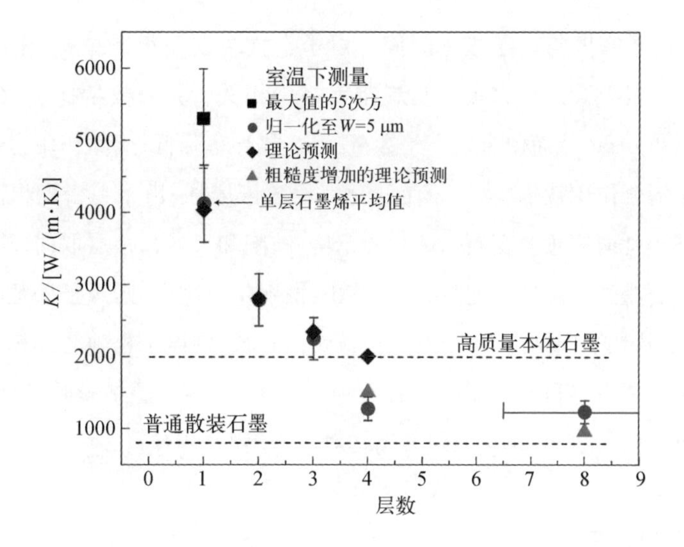

著的影响，因而热导率维持稳定。Singh 等[26]用线性 Boltzmann 方程和微扰理论分析了石墨烯热导率随着层数的变化，得到了一致的结论。类比石墨烯，在其他二维材料（如黑磷、二硫化钼、硅烯及氮化硼等）中，层数依赖性也同样存在。

7.2.7 应力依赖性

外在应力的存在会拉伸材料的键长，降低材料化学键的结合能，从而降低了声子群的输运速度和热容。然而，压缩应力对石墨烯的影响却有着特殊性[27]。压缩应力会诱导褶皱的产生，增强声子-声子散射。换言之，外部应力的存在会削弱石墨烯的热导率，8%的应变就使石墨烯热导率降低了 45%。

7.3 石墨烯宏观材料的热导率

单层石墨烯具有超高的热导率，但是其厚度只有 0.334 nm，因而热通量极低，难以用于现实的热管理中，需要石墨烯宏观材料作为现实应用的纽带[28]。目前，石墨烯组装材料，特别是石墨烯纤维与石墨烯膜材料，与传统的碳纤维与碳热解膜相比，已表现出更优越的导热性能，显现了石墨烯宏观组装的优势。

总的来说，从导热机制出发，石墨烯宏观组装材料热导率的影响因素可以大致分为两种：声子密度与声子松弛时间。声子密度主要受组装结构(密度、界面数量、堆叠方式)控制。声子密度和材料密度呈正相关。界面数量越多,石墨烯 ZA 声子泄漏就越严重,从而使有效声子数量减少,热导率降低;层间作用力越弱,石墨烯 ZA 声子耦合作用就越弱,从而使低频声子数量增加,声子总密度提高,热导率提高。声子松弛时间主要受石墨烯片层结构(缺陷和尺寸)、片层取向、片层间连接结构影响。石墨烯片层缺陷越多、尺寸越小,散射位点越多,则声子松弛时间越短,热导率越低;片层取向越高,声子有效传输距离越长,则声子松弛时间越长,热导率越高。本节主要总结目前典型的一维石墨烯纤维、二维石墨烯膜及三维石墨烯气凝胶的进展,并讨论单元结构及组装结构对热导率的影响。

7.3.1 石墨烯纤维

石墨烯纤维是一种新型碳质纤维,它是由石墨烯基元紧密有序组装排列而成的新型碳基纤维,代表了从天然石墨经由石墨烯制备高性能多功能碳质纤维的新方法。由于其组成单元石墨烯具有一系列极优异的物理特性,石墨烯纤维有望继承这些特性,成为优异的结构功能一体化纤维材料[29]。

从原理上来看,石墨烯纤维代表着突破传统碳纤维性能的新思路。在石墨质材料中,基本组成石墨烯单元的尺寸(L_a)、排列取向规整度(石墨晶粒厚度 L_c)、石墨烯层间相互耦合作用等多尺度结构因素决定了纤维的导热特性以及电学、力学性能。石墨烯单元尺寸越大(即晶界越少),排列取向越规整,导热导电能力越高。在传统碳材料中,石墨烯单元皆由小分子或者线型分子碳化融合合成,其尺寸最大也不过几十纳米(PAN 及 Pitch 基碳纤维),这也是传统碳纤维电导率仅有石墨的十分之一(M60J, 0.14 MS/m)及热导率偏低[M60J,152 W/(m·K)]的根本原因。因此,从单片大尺寸石墨烯出发“自下而上”地组装成宏观尺度的石墨烯纤维可能将突破这一限制。

Jalili 等[30]报道了化学还原的石墨烯纤维具有较高的热导率(图 7-6)。他们采用四探针法测定了室温下化学还原的石墨烯纤维的轴向热导率达到 1435 W/(m·K),同时热导率在 50～380 K 内随着温度的升高而增加。仅仅通过化学还原,石墨烯纤维中仍然存在着数量极大的缺陷,实际上难以达到如此高的热导率。这一结果可能是由纤维状材料的导热测试的复杂性和不确定误差造成的。

为了最大限度地消除功能化石墨烯所带来的缺陷,Xin 等[31]将石墨烯纤维进行

图 7-6 温度对化学还原的石墨烯纤维热导率的影响

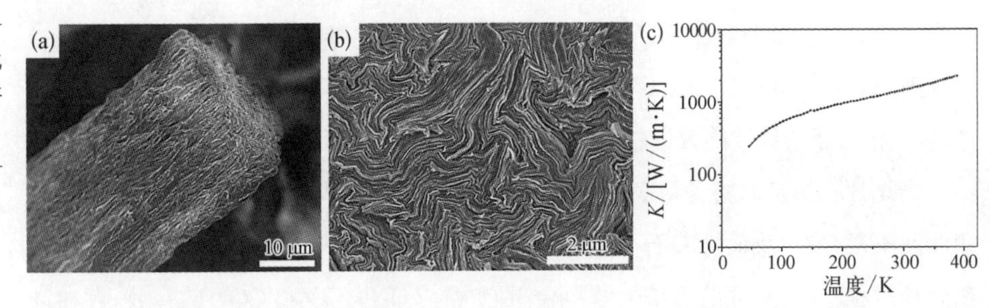

（a）化学还原的石墨烯纤维的表面形貌;（b）化学还原的石墨烯纤维的截面;（c）化学还原的石墨烯纤维热导率的温度依赖关系[30]

高温热处理。如图 7-7 所示，随着热处理温度的升高，石墨烯纤维拉曼光谱中的缺陷峰(D 峰，1350 cm^{-1}) 强度逐渐减小，并于 2850℃下几乎完全消失。缺陷的消除使得纤维基元石墨烯尺寸不断增加，从 1400℃下的 20 nm 增长到2850℃ 下的 423 nm，与之相对应，石墨烯纤维的热导率从 360 W/(m·K)提升至1290 W/(m·K)。除了热处理温度，石墨烯纤维的热导率还表现出明显的石墨烯原料尺寸依赖性。随着大

图 7-7 热处理温度对石墨烯纤维尺寸及热导率的影响

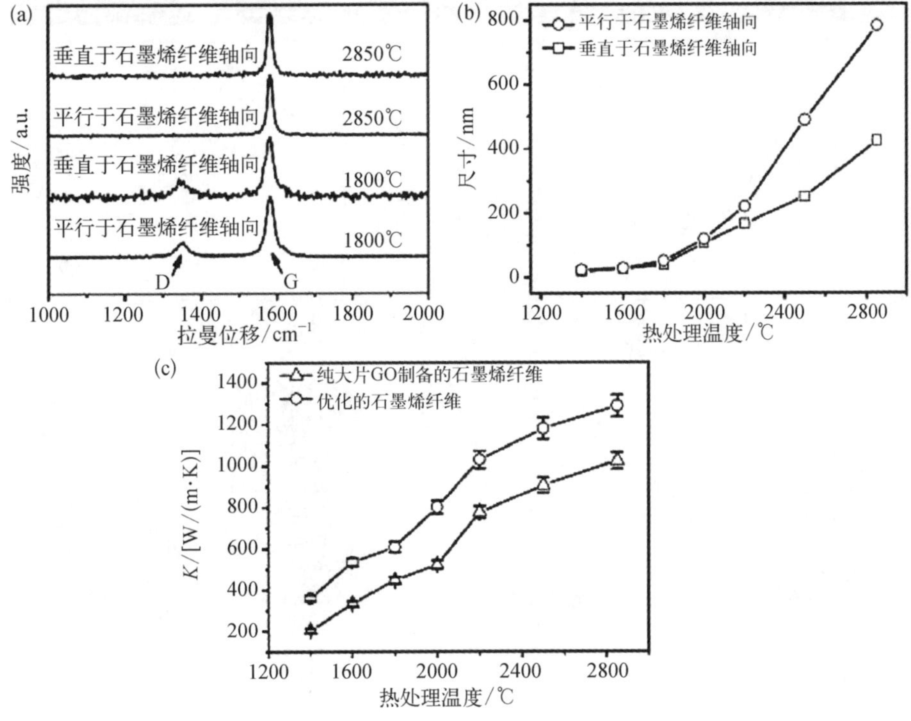

（a）不同热处理温度下石墨烯纤维的拉曼光谱;（b）石墨烯纤维的尺寸与热处理温度的关系;（c）不同组分的石墨烯纤维的热导率与热处理温度的关系[31]

片石墨烯原料含量的增加(达到70%),石墨烯纤维的热导率逐步从200 W/(m·K)提升到600 W/(m·K)。大片石墨烯的引入使得纤维中石墨烯基元具有更大的尺寸、较少的声子边缘缺陷,最终提升了石墨烯纤维的热导率。

当大片石墨烯原料含量高于70%时,石墨烯纤维热导率的石墨烯原料尺寸依赖性便不复存在,反而随着石墨烯原料尺寸增加呈现降低趋势。这是因为在高温热处理过程中,大尺寸的石墨烯原料会阻碍气体(H_2O、CO和CO_2)的释放,并在纤维内部形成孔洞,从而降低纤维的致密程度。为了调和这一矛盾,Xin等[31]采用大片石墨烯原料(70%)和小片石墨烯原料(30%)复合的方法,可以制备出更致密、更高热导率的石墨烯纤维(图7-8)。

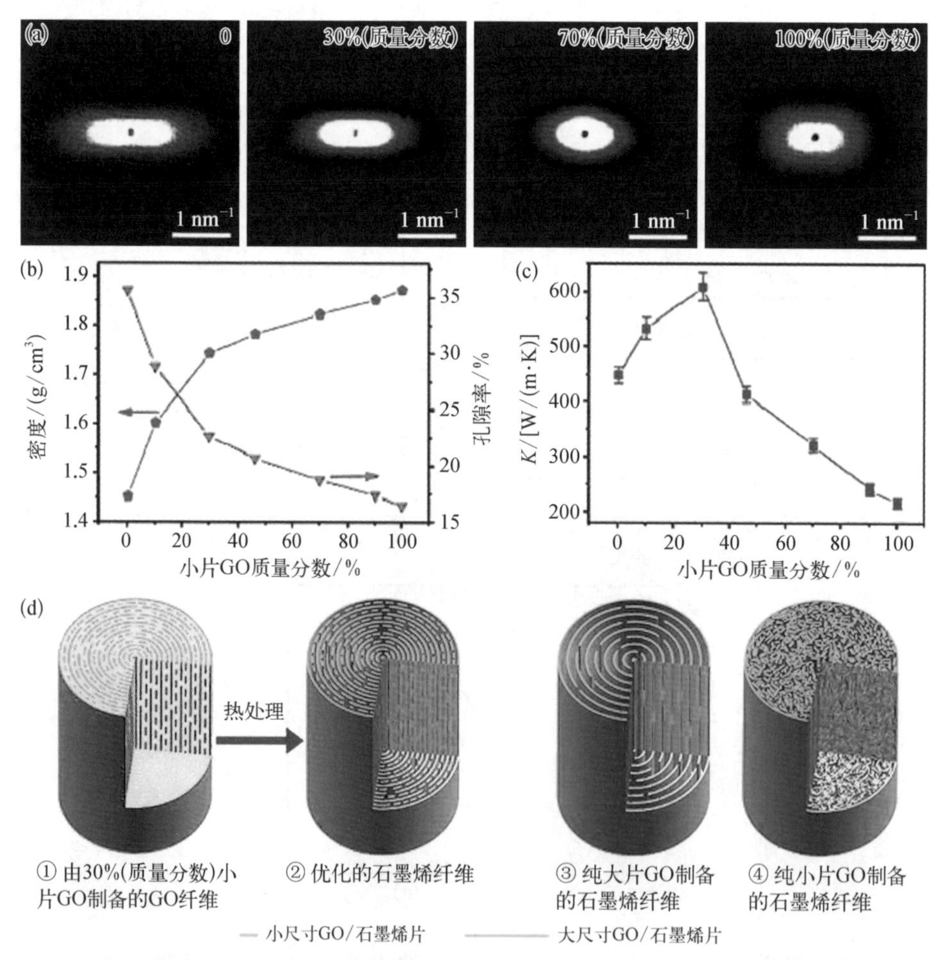

图7-8 石墨烯原料的尺寸和组成对石墨烯纤维热导率的影响

(a) 小片石墨烯原料含量的石墨烯纤维的小角X射线散射图;(b)(c) 小片石墨烯原料含量与密度、孔隙率及热导率的关系;(d) 大小片复合纺丝制备高密度、高热导率石墨烯纤维的示意图[31]

提高石墨烯单元的取向度也对热导率具有显著的提升作用。Xin 等[32]通过微流道的超强拉伸作用制备了高取向度的石墨烯扁平带状纤维，在经过 2500℃ 热处理后，其热导率达到 1575 W/(m·K)，明显高于无微流道取向的石墨烯纤维[830 W/(m·K)]。

7.3.2 石墨烯膜

碳导热材料是继金属之后广泛应用的导热材料，其中碳质导热膜是极为重要的一类。传统碳膜材料主要包括两种：热裂解碳膜及膨胀石墨压延膜。热裂解碳膜主要是通过高温裂解聚合物得到的一种交联石墨多晶材料，其代表为聚酰亚胺热裂解碳膜。在热裂解碳膜中，热裂解产生的石墨晶体单元尺寸较小是造成碳膜导热性能难以突破的原理性难题。同时，热裂解产生的交联结构还造成碳膜柔性差、易断裂掉渣的缺点。膨胀石墨压延膜是将石墨粉体通过压延成型制备的晶体粉末材料。压延膜过程中难以控制的晶体边缘解理面缺陷直接造成了其较低的热导率[600 W/(m·K)]、严重的结构不稳定(容易掉渣掉粉)和脆性。

石墨烯宏观组装膜是将单片石墨烯有序堆积而成的新型碳质膜。石墨烯膜继承了石墨烯基元的轻质、高热导率特质，是突破传统碳质导热膜导热性能的不二之选；同时，石墨烯膜良好的柔性是传统碳膜所缺乏的。石墨烯膜所用的石墨烯原料主要有两种：机械剥离的石墨烯纳米片及氧化石墨烯。目前，从氧化石墨烯制备的石墨烯膜的热导率可以达到 2000 W/(m·K)，超过了传统碳质导热膜的热导率，凸显了从石墨烯宏观组装制备导热膜的方法优势。要实现石墨烯膜的高热导率，发挥石墨烯单元的优越性质，就需要对组装膜的多级、多尺度结构进行控制优化。从结构上分析，石墨烯膜的热导率主要受石墨烯尺寸边缘、缺陷含量、致密度和取向度等因素的影响。

石墨烯边缘缺陷会降低热导率。边缘缺陷一方面会引起声子散射，另一方面会产生界面热阻，将极大地降低石墨烯膜的热导率。Malekpour 等[33]用实验和理论模拟证实了石墨烯膜的热导率随石墨烯的平均尺寸线性增加，大尺寸石墨烯单元会减少边缘缺陷和声子散射，从而提高热导率。基于这一原理，Wu 等[34]随着石墨烯纳米片的尺寸从 1 μm 增加到 15 μm，所制备的石墨烯膜热导率从 20.2 W/(m·K)提升到 204 W/(m·K)。Kumar 等[35]将 GO 真空抽滤成膜，并用

HI 还原制备得到了化学还原的石墨烯膜，其将 GO 尺寸从 1 μm^2 提升到 23 μm^2，所制备的化学还原石墨烯膜的热导率从 900 W/(m·K)提升到 1390 W/(m·K)。高超课题组[36]将 GO 平均尺寸从小于 10 μm 提高到 108 μm，经高温修复后，其热导率从 720 W/(m·K)提升到 1940 W/(m·K)[图 7-9(a)]。同时，在室温以上，石墨烯膜的热导率随温度升高而降低，此趋势和单层石墨烯基本一致。值得注意的是，环境高温可以削减声子自由程，增加声子 Umklapp 散射，并最终降低热导率，其对应的相互关系可以表示如下：$K \propto T^{-1}$。另外，环境温度效应会被石墨烯边缘缺陷放大，石墨烯尺寸越小，边缘越多，声子边缘散射越强，热导率稳定性越差[图 7-9(b)]。

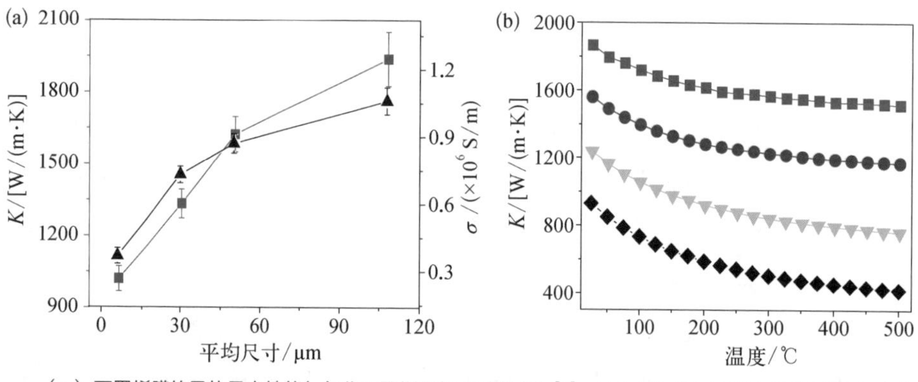

图 7-9 氧化石墨烯尺寸对石墨烯膜热导率的影响

（a）石墨烯膜的导热导电性能与氧化石墨烯平均尺寸的关系[36]；（b）不同尺寸氧化石墨烯［图（a）］基石墨烯膜的热导率与温度的关系，其中氧化石墨烯尺寸从上到下依次减小

相比于石墨烯边缘缺陷，石墨烯内部结构缺陷引起的缺陷声子散射对石墨烯膜的导热性能影响更大。缺陷含量越高，声子散射越强，石墨烯热阻越大。Liu 等[37]发现，具有大量缺陷的氧化石墨烯膜的热导率只有石墨烯膜热导率的 5%；经过化学还原后，氧化石墨烯表面大部分的含氧官能团消失，石墨烯膜层间距减小，密度增加，热导率得到极大提升，达到 530～810 W/(m·K)。Huang 等[38]更换了还原条件，将铜基石墨烯膜放于高温氢气环境下，用铜箔和氢气共同还原，将石墨烯膜热导率提升到约 1219 W/(m·K)。

化学还原只能去除氧化石墨烯表面的大部分官能团，但是石墨烯内部共轭结构并没有得到修复，而高温热还原可以有效修复石墨烯结构缺陷。Song 等[39]证明，1000℃ 是石墨烯共轭结构修复的临界温度，氧化石墨烯膜经过 1000℃ 处理后，石墨烯膜的热导率可达到 862.5 W/(m·K)。Song 等[40]将真空抽滤得到的氧化石墨烯膜放入加热炉中进行高温热处理,修复内部碳原子 sp^2 结构,1000℃处理后石墨烯膜热导率达到 1043.5 W/(m·K)。Shen 等[41]继续将热处理温度提高到 2000℃,修复材料内部绝大部分缺陷并恢复绝大部分共轭结构,将石墨烯膜的热导率提升到 1100 W/(m·K)。Xin 等[42]以此为基础,进一步提高热处理温度到 2850℃,将内部缺陷完全修复,高压取向后获得了高热导率[1434 W/(m·K)]石墨烯膜。另外,Teng 等[43]用 2850℃高温处理球磨石墨烯抽滤而成的石墨烯膜,将石墨烯膜热导率提高到 1529 W/(m·K)。

热处理可以使得石墨烯膜内官能团快速分解逸散并修复石墨烯内部结构。然而,快速的升温修复过程会导致石墨烯结构的膨胀并形成微气囊,而慢速的升温过程会消耗大量的时间和能源。热处理过程中施加压力可以加速非结晶石墨烯区域向结晶结构转变的动力学过程,促进石墨烯的石墨化过程[44]。在早期无定形态石墨高压石墨化的研究中,压力有两方面的作用:一是降低石墨化转变温度;二是加快石墨化速度,降低石墨化对时间和能耗的依赖性。Zhang 等[45]发现,在 1500℃高温及 40 MPa 压力下,所制备的石墨烯膜的内部共轭结构即可得到有效的修复。Hong 等[46]通过实验证明了在 300 MPa 压力下,氧化石墨烯膜在 200℃下发生了局部石墨化。Chen 等[47]发现,300℃热膨胀的石墨烯膜在 1000℃、70 MPa 下发生了局部石墨化。另外,相对于直接 2750℃烧结的石墨烯膜,液压后再进行烧结的石墨烯膜具有更致密的结构和性能。究其原因,压力的存在抑制了石墨烯内部气体逸散,减少了气囊的产生,增加了石墨烯膜内部的取向;同时,减少了石墨烯膜内部的分层,降低了界面热阻,最终增强了石墨烯膜导热性能。

石墨烯膜的热导率同样受密度控制。随着密度增加,单位体积内声子数目增加。Huang 等[38]报道高压使得石墨片具有更好的取向和密度,所制备的膜具有比不压制的膜[62 W/(m·K)]更高的热导率[90 W/(m·K)]。Xin 等[42]的工作确认了石墨烯膜导热性能的密度依赖性。

总而言之,石墨烯膜的热导率除了与构建单元有关,还受石墨烯膜密度、层离结构及石墨烯的取向影响。因此,为了得到高热导率的石墨烯膜,必须控制石墨烯构建单元的缺陷和边缘数量,同时增加声子密度和石墨烯的取向度。

7.3.3 石墨烯气凝胶

石墨烯气凝胶是由石墨烯片相互搭接而成的具有三维空间网状结构的块体材料,具有密度低、弹性好、孔隙率高、比表面积大等特性,可广泛应用于深空探测、吸波材料、环境保护、高效催化、储能、建筑保温等诸多领域。

相对于石墨烯纤维和石墨烯膜,石墨烯气凝胶的低密度特性限制了其声子数量,石墨烯单元结构缺陷及堆叠缺陷提高了热阻,因此石墨烯气凝胶具有超低的热导率。石墨烯气凝胶的热导率和石墨烯密度有关,提高密度,可以提高声子密度。Xie 等[48]制备了超低密度(约 4 mg/cm^3)的化学还原石墨烯气凝胶,其热导率只有空气热导率[0.0257 W/(m・K)]的 20%。Tang 等[49]将石墨烯气凝胶的密度提高到 27.2 mg/cm^3,声子密度提高了近 7 倍,其热导率相应提升到0.053 W/(m・K)。Fan 等[50]用化学还原的石墨烯构建了石墨烯气凝胶,随着密度的提高,其热导率从 0.12 W/(m・K)增加到 0.36 W/(m・K)。

和其他致密石墨烯组装材料不同的是,石墨烯气凝胶的热导率随温度变化不明显。随着温度的降低,其热导率维持不变,即石墨烯气凝胶的热导率主要受石墨烯基元之间的接触热阻控制。在相同密度条件下,石墨烯分层结构越少,石墨烯单元厚度越大,导热性能越好。

参考文献

[1] Moore A L, Shi L. Emerging challenges and materials for thermal management of electronics[J]. Materials Today, 2014, 17(4): 163 - 174.

[2] Balandin A A. Thermal properties of graphene and nanostructured carbon materials [J]. Nature Materials, 2011, 10(8): 569 - 581.

[3] Lide D R. CRC handbook of chemistry and physics[M]. 79th ed. Florida: CRC Press, 1998.

[4] Balandin A A, Ghosh S, Bao W Z, et al. Superior thermal conductivity of single-layer graphene[J]. Nano Letters, 2008, 8(3): 902 - 907.

[5] Cai W W, Moore A L, Zhu Y W, et al. Thermal transport in suspended and supported monolayer graphene grown by chemical vapor deposition [J]. Nano

Letters, 2010, 10(5): 1645 - 1651.

[6] Klemens P G. Theory of the a-plane thermal conductivity of graphite[J]. Journal of Wide Bandgap Materials, 2000, 7(4): 332 - 339.

[7] Wei L H, Kuo P K, Thomas R L, et al. Thermal conductivity of isotopically modified single crystal diamond[J]. Physical Review Letters, 1993, 70(24): 3764 - 3767.

[8] Pop E, Mann D, Wang Q, et al. Thermal conductance of an individual single-wall carbon nanotube above room temperature[J]. Nano Letters, 2006, 6(1): 96 - 100.

[9] Parrott J E, Stuckes A D. Thermal conductivity of solids[M]. London: Pion, 1975.

[10] Xu X F, Chen J, Li B W. Phonon thermal conduction in novel 2D materials[J]. Journal of Physics: Condensed Matter, 2016, 28(48): 483001.

[11] Du X, Skachko I, Barker A, et al. Approaching ballistic transport in suspended graphene[J]. Nature Nanotechnology, 2008, 3(8): 491 - 495.

[12] Klemens P G. Thermal conductivity and lattice vibrational modes[J]. Solid State Physics, 1958, 7: 1 - 98.

[13] Xu X F, Pereira L F C, Wang Y, et al. Length-dependent thermal conductivity in suspended single-layer graphene[J]. Nature Communications, 2014, 5: 3689.

[14] Serov A Y, Ong Z Y, Pop E. Effect of grain boundaries on thermal transport in graphene[J]. Applied Physics Letters, 2013, 102(3): 033104.

[15] Lindsay L, Broido D A, Mingo N. Flexural phonons and thermal transport in graphene[J]. Physical Review B, 2010, 82(11): 115427.

[16] Yang L, Grassberger P, Hu B. Dimensional crossover of heat conduction in low dimensions[J]. Physical Review E, 2006, 74(6): 062101.

[17] Hao F, Fang D N, Xu Z P. Mechanical and thermal transport properties of graphene with defects[J]. Applied Physics Letters, 2011, 99(4): 041901.

[18] Yang Y L, Lu Y. Thermal transport properties of defective graphene: A molecular dynamics investigation[J]. Chinese Physics B, 2014, 23(10): 106501.

[19] Gao Y F, Jing Y H, Liu J Q, et al. Tunable thermal transport properties of graphene by single-vacancy point defect[J]. Applied Thermal Engineering, 2017, 113: 1419 - 1425.

[20] Mortazavi B, Rajabpour A, Ahzi S, et al. Nitrogen doping and curvature effects on thermal conductivity of graphene: A non-equilibrium molecular dynamics study[J]. Solid State Communications, 2012, 152(4): 261 - 264.

[21] Yang N, Ni X X, Jiang J W, et al. How does folding modulate thermal conductivity of graphene? [J]. Applied Physics Letters, 2012, 100(9): 093107.

[22] Seol J H, Jo I, Moore A L, et al. Two-dimensional phonon transport in supported graphene[J]. Science, 2010, 328(5975): 213 - 216.

[23] Persson B N J, Ueba H. Heat transfer between weakly coupled systems: Graphene on a - SiO_2[J]. EPL(Europhysics Letters), 2010, 91(5): 56001.

[24] Sadeghi M M, Jo I, Shi L. Phonon-interface scattering in multilayer graphene on an

amorphous support[J]. Proceedings of the National Academy of Sciences of the United States of America, 2013, 110(41): 16321 - 16326.
[25] Ghosh S, Bao W Z, Nika D L, et al. Dimensional crossover of thermal transport in few-layer graphene[J]. Nature Materials, 2010, 9(7): 555 - 558.
[26] Singh D, Murthy J Y, Fisher T S. Mechanism of thermal conductivity reduction in few-layer graphene[J]. Journal of Applied Physics, 2011, 110(4): 044317.
[27] Li X B, Maute K, Dunn M L, et al. Strain effects on the thermal conductivity of nanostructures[J]. Physical Review B, 2010, 81(24): 245318.
[28] Li Z, Liu Z, Sun H Y, et al. Superstructured assembly of nanocarbons: Fullerenes, nanotubes, and graphene[J]. Chemical Reviews, 2015, 115(15): 7046 - 7117.
[29] Xu Z, Gao C. Graphene chiral liquid crystals and macroscopic assembled fibres[J]. Nature Communications, 2011, 2: 571.
[30] Jalili R, Aboutalebi S H, Esrafilzadeh D, et al. Scalable one-step wet-spinning of graphene fibers and yarns from liquid crystalline dispersions of graphene oxide: Towards multifunctional textiles[J]. Advanced Functional Materials, 2013, 23(43): 5345 - 5354.
[31] Xin G Q, Yao T K, Sun H T, et al. Highly thermally conductive and mechanically strong graphene fibers[J]. Science, 2015, 349(6252): 1083 - 1087.
[32] Xin G Q, Zhu W G, Deng Y X, et al. Microfluidics-enabled orientation and microstructure control of macroscopic graphene fibres[J]. Nature Nanotechnology, 2019, 14(2): 168 - 175.
[33] Malekpour H, Chang K H, Chen J C, et al. Thermal conductivity of graphene laminate[J]. Nano Letters, 2014, 14(9): 5155 - 5161.
[34] Wu H, Drzal L T. Graphene nanoplatelet paper as a light-weight composite with excellent electrical and thermal conductivity and good gas barrier properties[J]. Carbon, 2012, 50(3): 1135 - 1145.
[35] Kumar P, Shahzad F, Yu S, et al. Large-area reduced graphene oxide thin film with excellent thermal conductivity and electromagnetic interference shielding effectiveness[J]. Carbon, 2015, 94: 494 - 500.
[36] Peng L, Xu Z, Liu Z, et al. Ultrahigh thermal conductive yet superflexible graphene films[J]. Advanced Materials, 2017, 29(27): 1700589.
[37] Liu Z, Li Z, Xu Z, et al. Wet-spun continuous graphene films[J]. Chemistry of Materials, 2014, 26(23): 6786 - 6795.
[38] Huang S Y, Zhao B, Zhang K, et al. Enhanced reduction of graphene oxide on recyclable Cu foils to fabricate graphene films with superior thermal conductivity[J]. Scientific Reports, 2015, 5: 14260.
[39] Song N J, Chen C M, Lu C X, et al. Thermally reduced graphene oxide films as flexible lateral heat spreaders[J]. Journal of Materials Chemistry A, 2014, 2(39): 16563 - 16568.
[40] Song L, Khoerunnisa F, Gao W, et al. Effect of high-temperature thermal

treatment on the structure and adsorption properties of reduced graphene oxide[J]. Carbon, 2013, 52: 608 - 612.

[41] Shen B, Zhai W T, Zheng W G. Ultrathin flexible graphene film: An excellent thermal conducting material with efficient EMI shielding[J]. Advanced Functional Materials, 2014, 24(28): 4542 - 4548.

[42] Xin G Q, Sun H T, Hu T, et al. Large-area freestanding graphene paper for superior thermal management[J]. Advanced Materials, 2014, 26(26): 4521 - 4526.

[43] Teng C, Xie D, Wang J F, et al. Ultrahigh conductive graphene paper based on ball-milling exfoliated graphene [J]. Advanced Functional Materials, 2017, 27 (20): 1700240.

[44] Noda T, Kato H. Heat treatment of carbon under high pressure[J]. Carbon, 1965, 3 (3): 289 - 297.

[45] Zhang Y P, Li D L, Tan X J, et al. High quality graphene sheets from graphene oxide by hot-pressing[J]. Carbon, 2013, 54: 143 - 148.

[46] Hong J Y, Kong J, Kim S H. Spatially controlled graphitization of reduced graphene oxide films via a green mechanical approach[J]. Small, 2014, 10(23): 4839 - 4844.

[47] Chen X J, Li W, Luo D, et al. Controlling the thickness of thermally expanded films of graphene oxide[J]. ACS Nano, 2017, 11(1): 665 - 674.

[48] Xie Y S, Xu S, Xu Z L, et al. Interface-mediated extremely low thermal conductivity of graphene aerogel[J]. Carbon, 2016, 98: 381 - 390.

[49] Tang G Q, Jiang Z G, Li X F, et al. Three dimensional graphene aerogels and their electrically conductive composites[J]. Carbon, 2014, 77: 592 - 599.

[50] Fan Z, Marconnet A, Nguyen S T, et al. Effects of heat treatment on the thermal properties of highly nanoporous graphene aerogels using the infrared microscopy technique[J]. International Journal of Heat and Mass Transfer, 2014, 76: 122 - 127.

第8章

石墨烯宏观材料在电池领域的应用

经济的高速增长所伴生的是日益严峻的能源危机和环境污染。在这样的背景下，开发出安全、清洁、高效又廉价的替代型新能源，如核能、太阳能、风能、潮汐能和化学能等，直接关系到人类社会未来的发展。但是这些新能源的应用往往受到自然条件（如日照、风速等）的限制，且输出功率并不稳定。因此，如何便捷高效安全地储存、管理这些电能是制约新能源发展的一个重大问题，其中，大容量二次电池为此提供了解决方案。正因为如此，近年来对二次电池的研究成为化学、材料等领域的热点。石墨烯由于其优越的导电性、大的比表面积及不可透过特性，在二次电池的电极材料、隔膜等关键部分都有着较大的应用潜力。

8.1 石墨烯在锂离子电池中的应用

8.1.1 锂离子电池简介

锂离子电池是一种蓄电池，相比其他种类的蓄电池（铅酸电池、镍氢电池、镍镉电池等），具有能量密度高、电压高、循环寿命长、污染小、自放电小等优势。1991 年，日本索尼公司使用钴酸锂（$LiCoO_2$）作正极、石墨作负极，率先推出第一块商品化锂离子电池。之后，锂离子电池随着不断地更新换代，迅速占领便携式电子设备市场，近期也在动力电池和大规模储能电站等领域受到广泛关注[1]。

当前，全球的商品化锂离子电池主要为中日韩三国所垄断。日韩占据高端市场，三星、LG、索尼和松下分别为市场占有率较大的锂离子电池供应商。近年来，中国的制造业快速发展，电池生产的中心逐渐向中国内地转移，也涌现出了如ATL、比亚迪、力神、国轩等优秀的电池生产研发企业。上述企业针对锂离子电池的不足不断研发创新，从最初的 $LiCoO_2$-石墨体系，发展到目前的三元材料-硅体系，电池的能量密度、循环寿命、安全性等方面都得到了很大改善。目前，研究中的

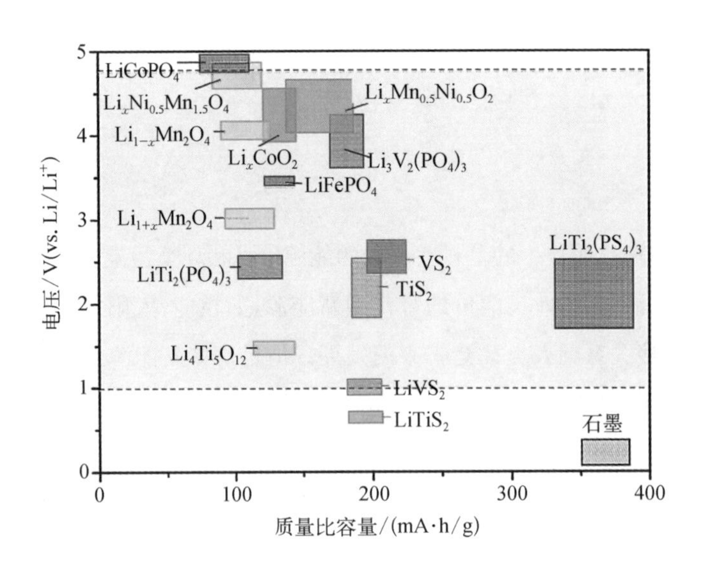

图 8-1 常见的可充电锂离子电池正负极材料的电压-质量比容量分布图[1]

部分正负极材料的性能总结如图 8-1 所示[1]。

可充电锂离子电池是由锂一次电池发展而来的。早在爱迪生时代，他就发现以金属锂为负极、二氧化锰为正极，在非水电解质中可通过氧化还原反应产生电流。进入 20 世纪 60 年代以后，随着非水体系电化学和技术的进步，锂电池得以商业化并广泛应用于相机、电子手表、小型计算器等领域。锂电池作为二次电池有很大的安全隐患，这是因为锂的不均匀沉积在负极表面形成锂枝晶，刺穿隔离膜并造成电池的内短路起火。在此基础上发展起来的锂离子电池使用可逆地嵌入和脱出 Li^+ 的材料作为正负极，并使用混合了锂盐且能传导 Li^+ 的有机物作为电解液，且具有用来防止电池短路的隔离膜（一般使用多孔的聚烯烃，允许 Li^+ 通过）。因为电池中没有金属锂，所以被称为锂离子电池。

从本质来说，锂离子电池是一种锂离子的浓差电池。在电池的充电过程中，作为正极的含锂过渡金属氧化物（如钴酸锂、锰酸锂、磷酸铁锂等）在外电压的作用下脱出 Li^+，通过电解液和隔离膜，以嵌入或合金化等方式与负极材料（石墨、硅、钛酸锂等）结合，从而将电能转化为化学能储存起来。反之，电池在使用时，电子沿着外电路运动到正极实现对用电器的供电，同时 Li^+ 从负极原路返回到正极，与电子结合重新形成含锂化合物，从而实现化学能和电能的可逆转化。

图 8-2 是锂离子电池的工作原理示意图（钴酸锂为正极，石墨为负极）[2]。其

图8-2 锂离子电池的工作原理示意图[2]

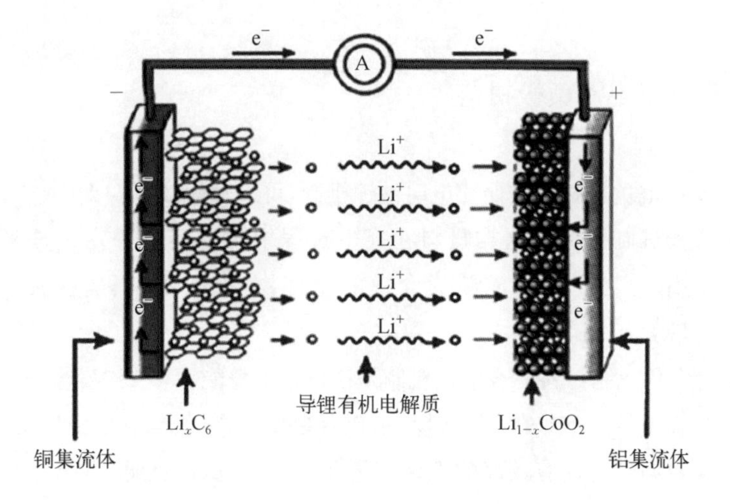

电池反应如下：

正极：$LiCoO_2 \rightleftharpoons Li_{1-x}CoO_2 + xLi^+ + xe^-$ (8-1)

负极：$6C + xLi^+ + xe^- \rightleftharpoons Li_xC_6$ (8-2)

电池总反应：$LiCoO_2 + 6C \rightleftharpoons Li_{1-x}CoO_2 + Li_xC_6$ (8-3)

由于这种 Li^+ 在充放电过程中往返运动于正负极之间的特点，锂离子电池也被形象地称为“摇椅式电池(rocking chair battery)”。

电池的性能主要由以下指标来评判。电池的质量比容量指的是单位质量活性物质所提供的电化学反应所转化的电量，常用单位是 mA · h/g。比容量乘以电池的工作电压即得到电池的比能量，即质量能量密度，常用单位是 mW · h/g 或 W · h/kg。如果是用单位体积的活性物质来计算能量，即为体积能量密度，常用单位是W · h/L。另外，常用单位质量或体积所能释放出的功率定义为功率密度，常用单位是 W/L 或 W/kg。在一定充放电条件下，放电时释放出的电荷与充电时充入电荷的百分比称为库仑效率，也称为充放电效率。

在电池充放电过程中，电解液中的有机溶剂(如碳酸乙烯酯、碳酸丙烯酯等)在负极表面被还原，形成一层覆盖于电极材料表面的钝化膜，称为固体电解质界面(solid electrolyte interface, SEI)膜。良好的 SEI 膜主要在首次充电过程中形成。SEI 膜的存在虽然消耗了部分 Li^+，降低了电池的库仑效率，但因为它是 Li^+ 的良导体，同时又是良好的电子绝缘体，因此均一稳定的 SEI 膜可以起到阻断电解液与负极材料的直接接触、抑制电解液的进一步分解的作用。

8.1.2 锂离子电池负极材料

锂离子电池负极材料按照充电时储锂机制，可以分为以下四大类。

(1) 插入机制材料　这类材料在充电过程中可以容纳一定量外来的 Li^+，发生可逆的结构相变而形成新的含锂的化合物，如石墨、具有尖晶石结构的 $Li_4Ti_5O_{12}$、TiO_2 等。

(2) 合金化机制材料　合金化机制是指材料本身能够和 Li^+ 发生合金化反应，如 Si、Sn、Ge、Sb 等，充电过程中与 Li^+ 形成合金化合物，放电过程中发生去合金化反应。这类材料普遍拥有较高的理论容量和反应电位，在克服了体积膨胀等因素带来的循环性能差等缺点之后，已成为下一代负极材料的首选。

(3) 表面吸附机制材料　表面吸附机制是指 Li^+ 在充电时吸附在负极材料颗粒表面，放电时从表面可逆脱附的储锂机制。通常表现在无定形碳和一些通过水热法合成的金属氧化物中。这些材料结晶性不够，且含有大量的官能团和各种尺寸的微孔与缺陷，都能与 Li^+ 发生结合或吸附作用而提供额外的容量。虽然首次放电容量很高，但由于 Li^+ 进入缺陷位置后难以脱出，这类材料的可逆容量和库仑效率比较低。

(4) 转换反应机制材料　这类材料一般为不含锂的过渡金属氧化物或过渡金属硫化物等，如 CoO_x、FeO_x、NiO、MoS_2、FeS_2 等。这一类化合物晶格中没有合适的空位储存外来的 Li^+，而是通过与 Li^+ 发生可逆的氧化还原反应提供电池容量。

在目前的商用锂电池市场，各种石墨类材料仍然是负极材料的主力。这类材料结构稳定，循环性能好，但往往容量比较低（石墨的理论质量比容量为 372 mA·h/g，实际可逆质量比容量为 320～340 mA·h/g）。开发大容量的替代材料是主要研究方向，其中硅-碳和硅-氧等复合材料已经进入实用阶段，可将目前负极材料比容量提高近一倍，但在循环寿命等方面还需要进一步研究探索。此外，电池的低温性能、大电流下的倍率性能、体积能量密度及提高电池安全性等方面仍然需要进一步提升。

8.1.3 石墨烯用作负极活性物质

石墨烯作为一种在电学、热学和力学等方面均性能优异的二维材料，近些年受到广泛关注。同时，由于石墨本身是被广泛应用的锂离子电池负极材料，石墨烯在电池方面的应用很早就已经开始。石墨通过在片层间插入机制储锂，理论质量比容量为 372 mA·h/g(对应插锂化合物 LiC_6)。而单层石墨烯可以提供更多的储锂位置，因此可推定石墨烯的理论质量比容量可达 744 mA·h/g(对应插层化合物 Li_2C_6)[3]。受此鼓舞，早期的研究热衷于使用 rGO 或者 rGO 与 C_{60}、碳纳米管(CNT)等复合作为电池的负极。测试结果发现，这些材料的初始容量很高，但是在循环仅 20 次以后，容量衰减至 50%～80%，在充放电曲线上看不到明显的插锂和脱嵌的平台。同时，rGO 的比表面积越大，电池的不可逆容量越高。这些结果表明，单层石墨烯具有与石墨不同的储锂行为。伯克利大学的研究者认为，石墨烯表面的 Li^+ 受到相互间强烈的静电斥力影响，实际储锂只有 LiC_{120}。密度泛函理论(density functional theory, DFT)的计算结果也表明，单层石墨烯表面更倾向于形成锂的团簇，而不是稳定 Li—C 化合物。这些结果都表明单层石墨烯不适合直接用作锂离子电池负极材料[4]。

杂原子掺杂已经被证明是提高碳材料储锂性能的有效方法。如图 8-3 所示，N 掺杂石墨烯和 B 掺杂石墨烯的可逆质量比容量超过 1000 mA·h/g，在 25 A/g 的大电流密度下，质量比容量分别达到 199 mA·h/g 和 235 mA·h/g[5]。容量的提高主要源自掺杂后的拓扑结构缺陷(如吡啶氮和 BC_3 等)，而且掺杂提高了电解液和材料的浸润能力，更有利于 Li^+ 的传输。此外，掺杂提高了电池在 0.5 V 以上部分的容量，这一点在大电流下尤其显著[6]。

类似的结果也体现在使用 N、S 共掺杂的多孔石墨烯电极中[7]。由于比表面积相对较低，这种 5 至 6 层的少层石墨烯的充放电行为与双电层电容器(electrical double-layer capacitor, EDLC)不同。一般认为，0.5 V 以下为石墨烯层间储锂，而 0.5 V 以上与 Li 在材料表面缺陷(如孔隙、空位、石墨烯层边缘等)的插入和脱出有关。石墨烯的乱层堆积结构导致曲线上看不到明显的嵌锂平台，这种行为类似于硬碳材料。针对首次库仑效率低的问题，研究者提出一种行之有效的预锂化方法，即把电解液润湿的电极与 Li 箔直接接触 15～20 min，相当于在使用前在电极表面预先形成 SEI 膜，这种方法可以使首次库仑效率提高至 94%，如图 8-4(d)所示。此外，共掺杂和分层多孔结构的协同效应还表现出良好的高温和低温循环性能。

对于具有完美结构的少层石墨烯，Li^+ 只能够从端面插入和脱出，而在基底面

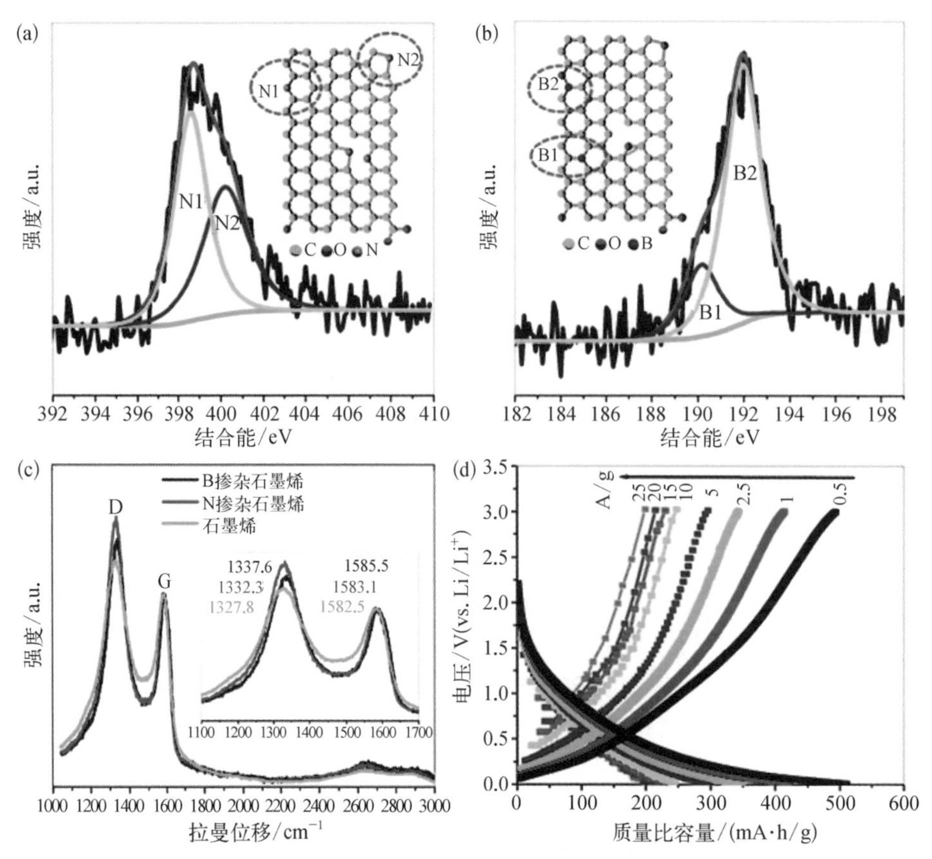

图 8-3 N掺杂提高石墨烯的储锂性能

(a) N掺杂石墨烯的 N1s XPS 能谱，插图为石墨烯晶格中的吡啶氮（N1）和吡咯氮（N2）；(b) N掺杂石墨烯的 B1s XPS 能谱，插图为石墨烯晶格中的 BC_3（B1）和 BC_2O（B2）；(c) 拉曼光谱（G峰归一化）；(d) N掺杂石墨烯电极的恒电流充放电曲线[5]

方向不能透过。但是由于石墨烯表面晶界和缺陷的存在，实际上 Li^+ 也可以从基底面方向传输，如图 8－5(b)所示。同时，这些缺陷也能够吸附 Li^+，给离子在平面方向的传输带来阻力[8]。如果缺陷较多，就会改变锂离子在石墨烯中的储存机制，由以石墨烯插层储锂为主转变为以缺陷吸附为主，同时带来大量电解液分解和 SEI 膜形成的副反应[图 8－5(a)]，这是造成这类电池库仑效率较低的主要原因。这项结果也对石墨烯涂层抗腐蚀等课题有重要意义。

8.1.4 石墨烯基负极复合材料

石墨烯超高的电导率和优越的机械性能让它成为电池材料理想的导电添加

图 8-4 掺杂层状多孔石墨烯电极的电化学性能

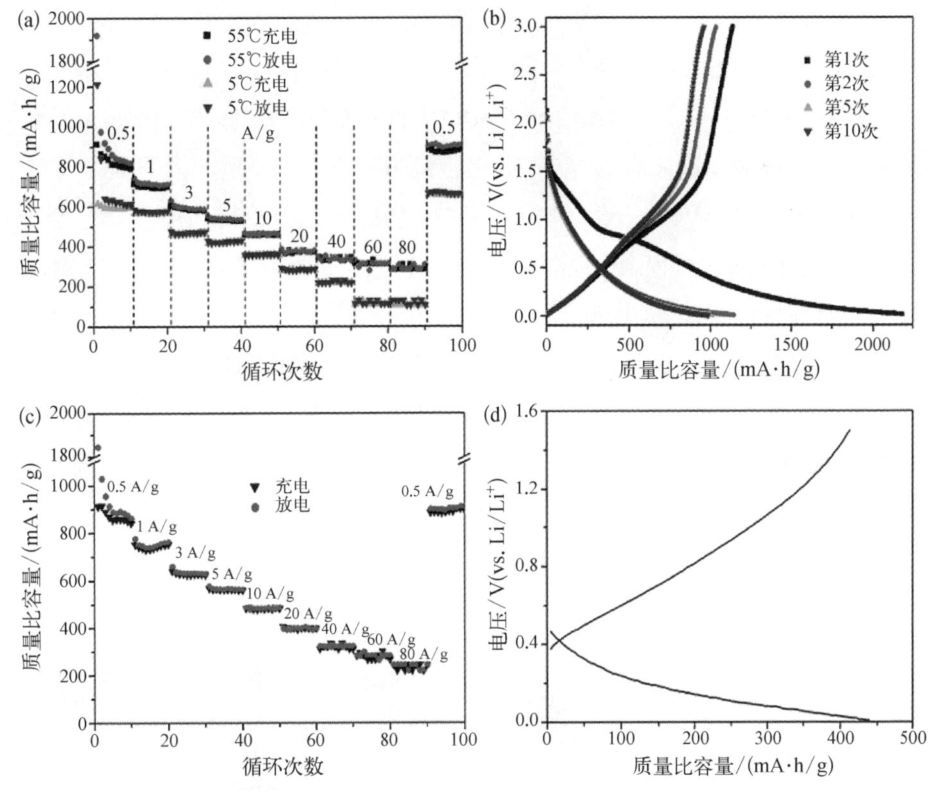

（a）掺杂层状多孔石墨烯电极在高温（55℃）和低温（5℃）下的倍率性能；（b）充放电曲线（电流密度为 0.1 A/g）；（c）倍率性能；（d）预锂化电极的首次充放电曲线（电流密度为 1 A/g）[7]

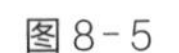
图 8-5

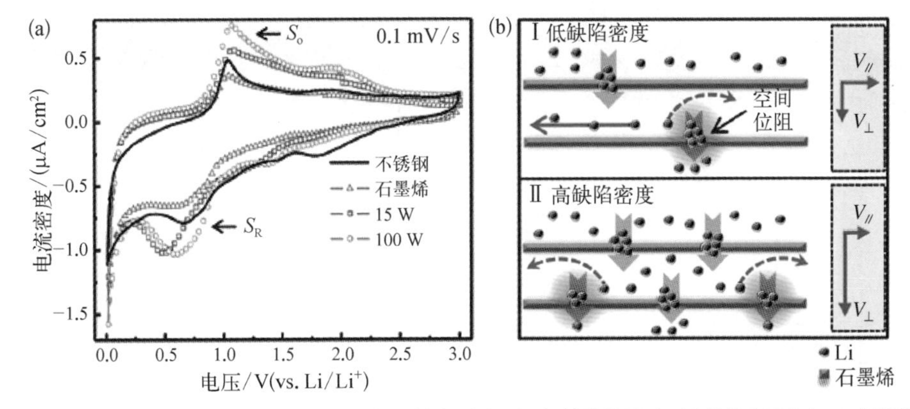

（a）不同功率的 Ar^+ 刻蚀后石墨烯的循环伏安测试；（b）缺陷数量对石墨烯基底面方向 Li^+ 扩散的影响[8]

剂。以石墨烯组装结构作为框架，各种活性物质材料/石墨烯的复合结构被证明在电池能量密度、倍率性能、循环寿命等方面比无石墨烯添加的材料有显著提升。

在负极材料中，合金化机制的 Si、Ge、Sn 等材料因为超高的理论容量受到广泛关注。其中，理论容量最高的 Si（质量比容量为 4200 mA · h/g，体积比容量为 9786 mA · h/cm^3，对应合金化合物 $Li_{22}Si_5$）成为下一代负极材料的首选。但合金化机制材料在充放电过程中会经历巨大的体积变化，带来 Si 的粉化并从集流体表面脱落，从而极大影响电池的循环性能。

各种石墨烯三维组装材料因为其较高的比表面积和石墨烯自身的柔韧性，可以容纳 Si 颗粒并且缓冲充放电过程中的体积膨胀。比如，在商品化的三维石墨烯海绵表面包裹纳米 Si 颗粒，这种复合柔性电极在 200 mA/g 的电流密度下的可逆质量比容量超过 2000 mA · h/g，倍率性能也得到明显改善，在 3200 mA/g 的大电流密度下的可逆质量比容量达到 950 mA · h/g（图 8 - 6）[9]。

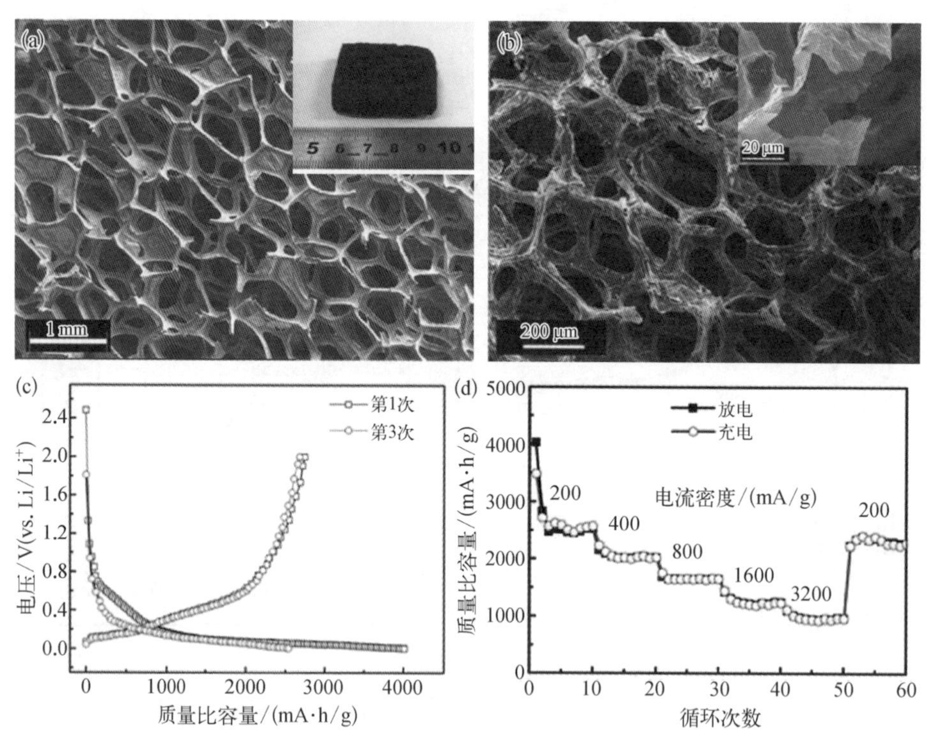

图 8 - 6　三维石墨烯- Si 复合柔性电极的表面形貌与电化学性能

（a）三维石墨烯结构的 SEM 图和照片；（b）三维石墨烯- Si 复合结构的 SEM 图；（c）电压-质量比容量曲线（电流密度为 200 mA/g）；（d）倍率性能[9]

SnO_2可以与 Li 发生两步反应，即先还原生成单质 Sn，再与 Li 进一步通过合金化反应生成 Li_xSn（$0 \leqslant x \leqslant 4.4$），因此也被认为是一种合金化机制的负极材料。与 Si 类似，SnO_2同样具有导电性差、体积膨胀严重等缺点。此外，两步合金化反应中 SnO_2颗粒转变为 Sn 的较差可逆性也是需要解决的问题。如图 8－7(a)所示，使用非晶形硫和 SnO_2纳米颗粒的混合物包裹在 rGO 水凝胶中，然后采用毛细蒸发技术来消除空隙，可以形成紧密的石墨烯笼（graphene cage，GC）包裹结构（SnO_2@GC）。硫在较低温度下液化成可流动的体积模板，能有效包覆 SnO_2纳米颗粒。在水凝胶毛细收缩和硫模板去除后，为 SnO_2留下了缓冲体积膨胀的空间，而且可以通过调节硫模板的含量实现对缓冲空间的精确订制。这项设计的意义在于可以避免多余空间的浪费，极大提高复合材料电池的体积能量密度和一致性[10]。

图 8－7 构筑 SnO_2@GC 的过程及其电化学性能

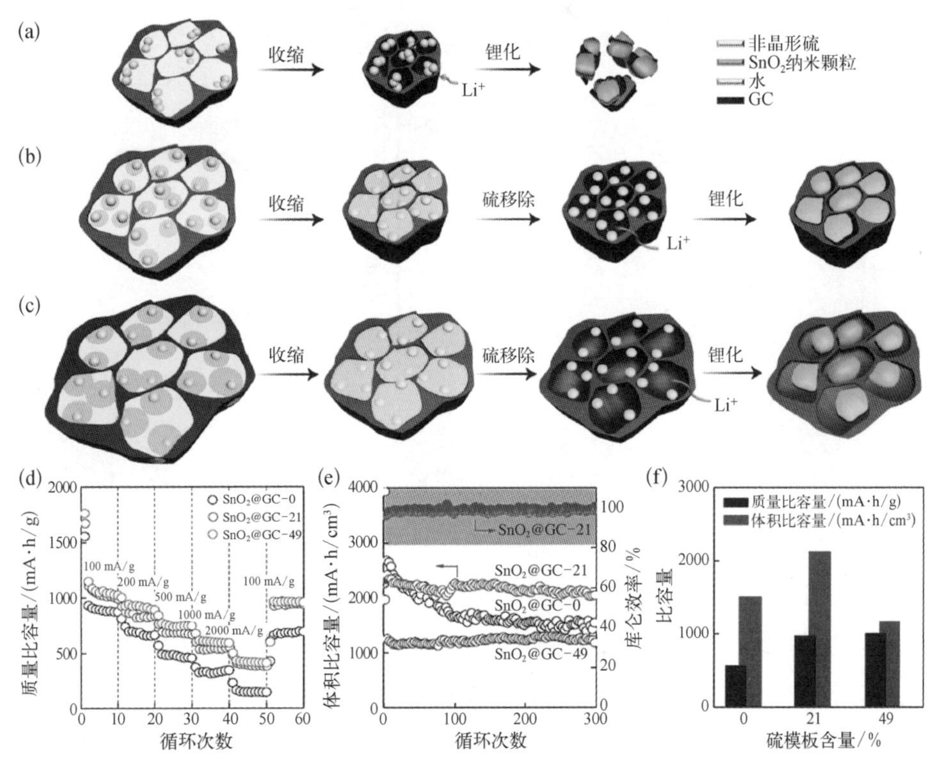

（a）～（c）硫模板控制石墨烯笼包裹结构孔隙的示意图，其中图（a）显示无硫模板时有限的孔隙不能容纳 SnO_2的体积膨胀而导致结构破坏，图（b）显示适量的硫模板可以容纳 SnO_2的体积变化，图（c）显示过量的硫模板导致孔隙过大而降低体积比容量；（d）倍率性能（质量比容量）；（e）循环性能（体积比容量）；（f）使用不同含量硫模板时体积比容量和质量比容量的比较[10]

与合金化机制相比，转换反应机制相对温和，体积变化较小，而且也拥有较高的可逆质量比容量(500～1000 mA·h/g)。例如，可以使用 Fe_3O_4 与 GO 静电自组装成核壳结构，再利用水热反应与 GO 复合成三维网状结构(Fe_3O_4@GS/GF)。如图8-8所示，这种高比表面积(114.5 m^2/g)和三维大孔-介孔的网状结构可以容纳 Fe_3O_4 的体积膨胀，在100 mA/g的电流密度下的可逆质量比容量可达 1060 mA·h/g[11]。

图8-8 Fe_3O_4@GS/GF 的表面形与电化学性能

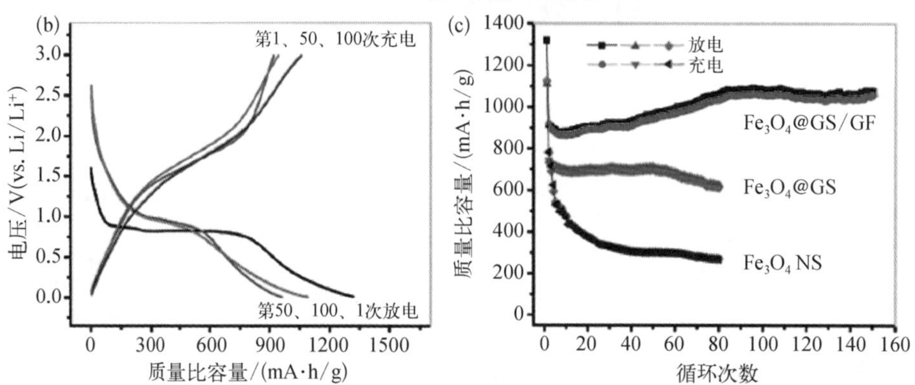

(a)(b) Fe_3O_4@GS/GF 的 SEM 图和恒电流充放电曲线(电流密度为 93 mA/g)；(c) Fe_3O_4@GS/GF、Fe_3O_4@GS和 Fe_3O_4 NS 的循环性能[11]

另一种氧化物 Nb_2O_5，是一种可以实现高倍率充放电的负极材料(如 60 C 电量下可逆质量比容量可达 110 mA·h/g)。但是由于其电子电导率的限制，想要实现高倍率充放电就只能使用薄膜电极或降低负载量(通常小于 2 mg/cm^2)的方法。而通过设计 Nb_2O_5 与具有多级孔结构的三维石墨烯复合框架结构(Nb_2O_5/HGF)，可以促进 Li^+ 的快速传输[12]。如图 8-9(a)所示，石墨烯在这种复合结构中被分成两部分，一部分用来负载 Nb_2O_5 纳米颗粒，另一部分通过在过氧化氢水溶液中浸泡刻蚀，制得多孔石墨烯结构。将两部分石墨烯混合，就可以得到 Nb_2O_5 与连续互联

图 8-9 Nb_2O_5/HGF 的制备过程及其电化学性能

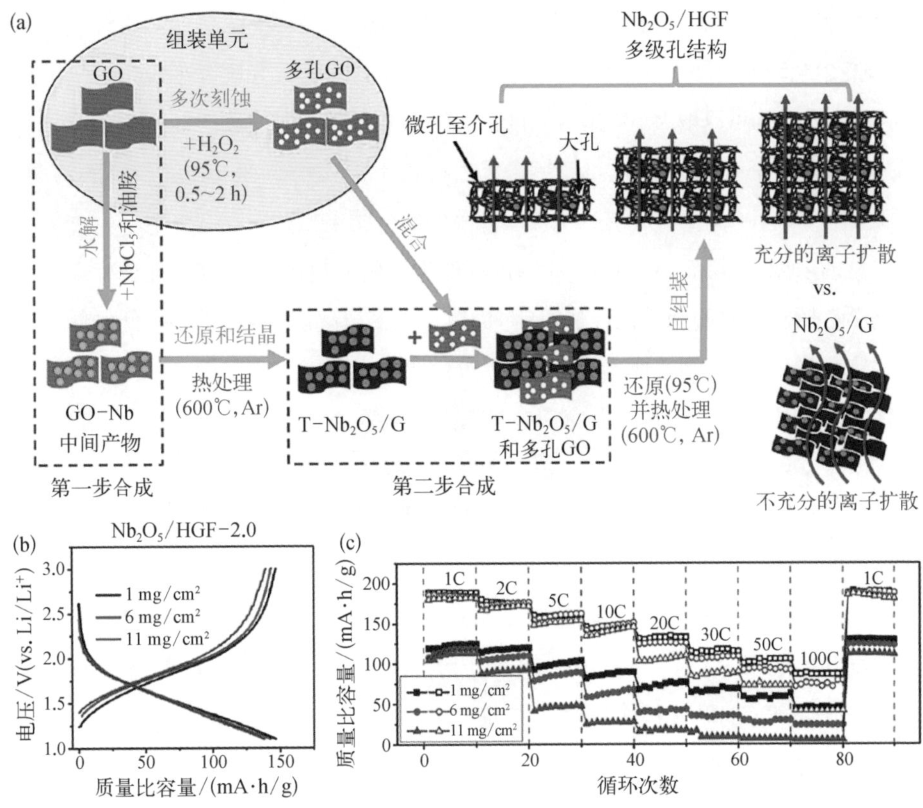

（a）Nb_2O_5/HGF 的制备过程示意图；（b）不同负载量的 Nb_2O_5/HGF-2.0 电极的恒电流充放电曲线；（c）Nb_2O_5/HGF-2.0（空心点）与 Nb_2O_5/G 电极（实心点）的倍率性能比较。其中，Nb_2O_5/G 为对比实验样品，由 Nb_2O_5 与炭黑混合得到[12]

的三维石墨烯复合框架结构。这一思路可以实现商用水平的活性物质负载量（>10 mg/cm²）。当电极材料负载量为 11 mg/cm²时，在 2 A/g 的大电流充放电过程中，质量比容量达到 139 mA·h/g，远超过目前商业化电池负极材料的水平。此外，在制备过程中没有添加额外的导电添加剂或黏合剂，因此可以提高整电池的能量密度。

除了过渡金属氧化物，金属硫化物（如 MoS_2、CdS、SnS_2 等）也是一大类转换反应机制的负极材料。MoS_2 与石墨烯气凝胶骨架的复合材料（MoS_2 的质量分数为 85%）在 0.5 C 的电流密度（1 C = 1200 mA/g）下的可逆质量比容量达到 1200 mA·h/g，在 12 C 和 140 C 的电流密度下的可逆质量比容量分别为 620 mA·h/g 和 270 mA·h/g，且 3000 次循环下的倍率性能几乎没有明显衰减[13]。

插入机制材料因为在充放电过程中结构稳定，体积变化小，因此循环稳定性好。这类材料在与石墨烯复合以后主要体现石墨烯的导电优势，而且石墨烯的框架结构可以避免分散的纳米颗粒结块。例如，把亚微米的介孔 TiO_2 球与石墨烯气凝胶复合，电池在0.5 C(1 C = 170 mA/g)电流密度下的可逆质量比容量可达197 mA·h/g。TiO_2的介孔结构可以增大与电解液的接触面积，同时得益于气凝胶的多孔网状结构，在20 C的大电流密度下，可逆质量比容量仍然可达 124 mA·h/g，远高于纯相的介孔 TiO_2(38 mA·h/g) 和 TiO_2与二维石墨烯片的混合物电极(81 mA·h/g)。

总的来说，少层石墨烯材料和石墨烯复合负极材料由于石墨烯自身特殊的物理化学性质和以吸附为主的储锂机制，仍然有很多待解决的问题，如较低的库仑效率和体积能量密度、制造成本高、电解液分解带来的副反应等。此外，构筑结构均匀性能一致的复合材料在工业应用中显得尤为重要。

8.1.5 石墨烯在锂离子电池正极中的应用

电池的正极材料主要包括橄榄石结构的 $LiFePO_4$、尖晶石结构的 $LiMn_2O_4$、二维层状的 $LiMO_2$(M = Mn，Co，Ni)及其衍生物等。在现阶段，正极材料的比容量远低于负极(正极材料的质量比容量只有 100～250 mA·h/g)，因此成为限制电池能量密度的主要因素。而且这类材料往往电子电导率较低($LiCoO_2$、$LiMn_2O_4$ 的电导率分别为 10^{-3} S/cm、10^{-5} S/cm 数量级，$LiFePO_4$ 更是低至 10^{-9}S/cm 数量级)，因此可以使用石墨烯包覆等方法改进其循环和倍率性能。

磷酸亚铁锂($LiFePO_4$，LFP)由于其结构稳定性、安全性及成本优势成为目前商品化动力锂电池常用的正极材料之一。但它较低的电子电导率和(010)晶面一维方向的 Li^+ 扩散限制了它的倍率性能。如图 8 - 10 所示，设计与氮掺杂的石墨烯气凝胶的复合结构(LFP@N - GA)可以有效解决这个问题[14]。(010)晶面取向生长 LFP 纳米片与石墨烯紧密接触，保证了电子的有效传输，倍率性能有了很大提高(100 C下的可逆质量比容量达到 78 mA·h/g，10 C 下经过 1000 次循环后保持率高达 89%)，质量能量密度(110～180 W·h/kg)和功率密度(8.6 kW/kg) 也很可观。

在二维层状结构的 $LiMO_2$(M = Mn, Co, Ni)中，$LiCoO_2$因为其良好的导电性、结构稳定性、高振实密度等优点，成为目前商品化锂离子电池正极材料的主要选择之一。但因为含 Co 原料的高成本和污染，仍然需要寻找其替代品。由此诞生了三元材料 $LiNi_xCo_yMn_{1-x-y}O_2$，即使用同为过渡金属元素，半径与 Co 接近的 Mn

图 8-10 LFP@N-GA 的表面形貌与电化学性能

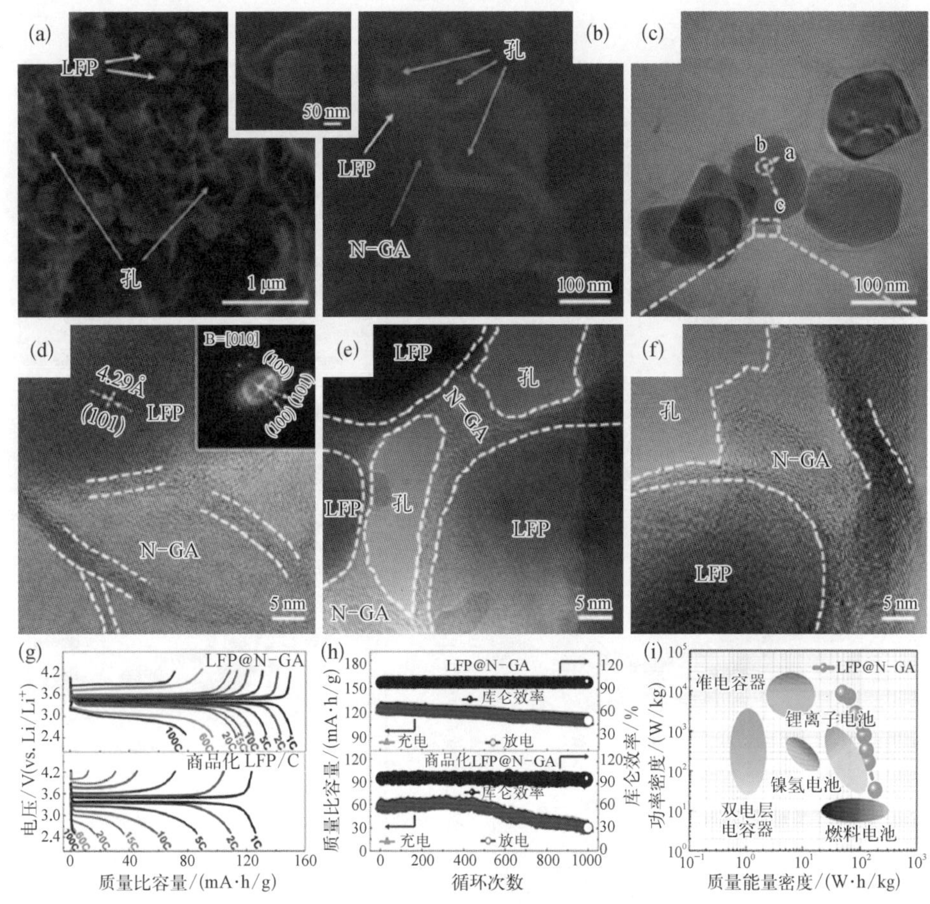

（a）~（d）LFP@N-GA 的 SEM 图、TEM 图、HRTEM 图，插图为傅里叶变换图像；（e）（f）HRTEM 图显示 LFP@N-GA 内部的孔；（g）LFP@N-GA 和商品化 LFP/C 在不同电流密度下的倍率性能比较；（h）10 C 条件下的循环性能和库仑效率；（i）与其他储能系统的比较[14]

和 Ni 取代部分 Co 得到新的层状结构固溶体（Ni-Co-Mn 三元材料，简称 NCM）。在 NCM 中，三种过渡金属元素各有优劣，可以通过调节三种元素的比例得到不同性能特点的三元材料，常见的有 NCM 111、NCM 523、NCM613、NCM 811 等。由于高容量是目前正极材料的主要研究方向，为得到高容量的正极，需要尽量提高 Ni 的含量。但是 Co 含量的降低会导致电导率下降，因此与高电导率的石墨烯复合成为提高高镍材料性能的主要途径。如图 8-11 所示，以 NCM613 为例，使用石墨烯-SiO_x 组装的石墨烯球（graphene ball，GB）作为涂层材料，通过球磨的方法包覆在 NCM613 层状正极材料表面，这种石墨烯球由位于中心的 SiO_x 纳米颗粒和外层

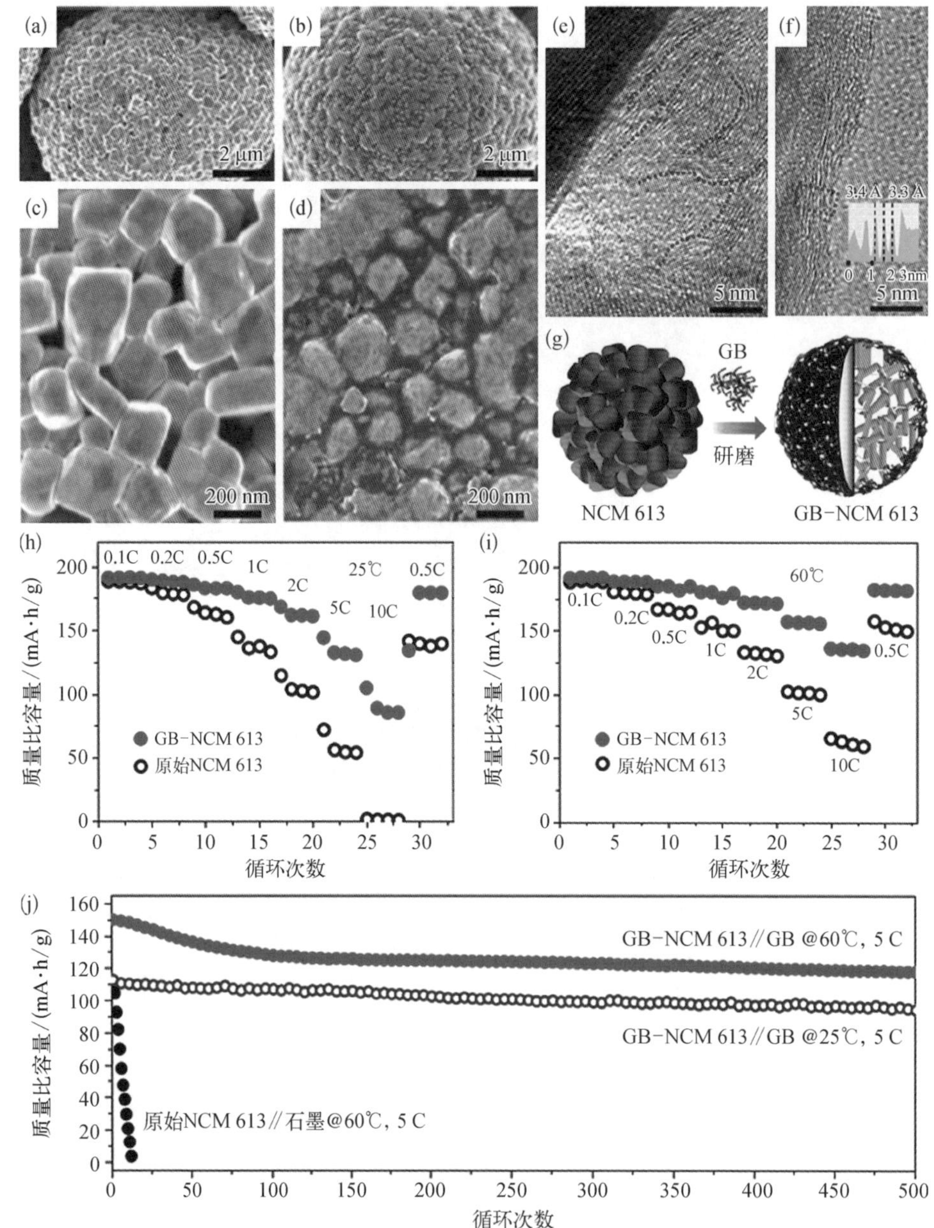

图 8-11 包覆石墨烯球的 NCM613 的表面形貌与电化学性能

(a)(c) NCM613 在包覆石墨烯球之前的 SEM 图;(b)(d) NCM613 在包覆石墨烯球之后的 SEM 图;(e)(f) 石墨烯片的 TEM 图;(g) 石墨烯球包覆在 NCM613 表面的示意图;(h)(i) NCM613 包覆石墨烯球前后在不同电流密度下的循环性能比较(1 C= 190 mA/g),其中图(h)对应 25℃,图(i)对应 60℃;(j) GB-NCM613/GB 全电池在 25℃和 60℃、5 C 条件下的循环性能[15]

的石墨烯层组成，类似于三维的爆米花状结构[15]。SiO_x纳米颗粒可以确保石墨烯球能均匀包覆在正极材料上。这种包覆的复合结构增强了电极与电解液接触界面的稳定性，提升了正极快充性能和循环稳定性。同时，研究者还使用这种石墨烯球作为负极材料，组装成全电池测试，在商业化电池条件下具有800 W·h/L的体积能量密度，60℃下循环500次仍有78.6%的保持率。这项工作的亮点在于，作为添加剂的石墨烯球，仅占正极质量分数的1%，说明这种球磨涂覆的方式实现了对石墨烯球的有效利用。相比其他与石墨烯的复合工作[石墨烯通常占正极材料的10%（质量分数）以上]，极大地提升了活性物质比例，同时减少了过量石墨烯带来的副反应，具有实用化前景。

石墨烯在正极材料的应用中主要还是起到导电剂的作用，而精确设计其用量不仅可以提高能量密度，降低成本，还可以避免石墨烯片的面堆积带来的容量衰减[16]。

8.1.6 石墨烯在锂离子电池负极中的应用

(1) 锂枝晶问题

本章前面已经说明，通常所指的锂离子电池中不含有金属锂，因为金属锂电极表面凹凸不平和充放电过程中锂的体积变化易造成锂在电极表面的不均匀沉积和树枝状锂枝晶（图8-12）[17]。锂枝晶消耗了金属锂，更严重的是会刺穿隔离膜造成电池短路，引发燃烧甚至爆炸的安全事故。虽然有上述缺点，但由于超高的理论质量比容量（3860 mA·h/g）和最低的电化学电位（相对于标准氢电极为-3.04 V），金属锂还是被看作非常有前景的负极材料之一，针对其存在的问题所进行的探索

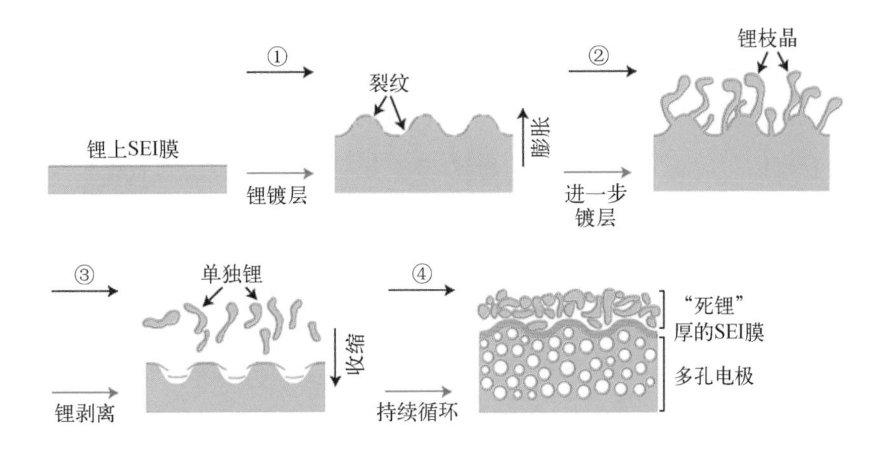

图8-12 锂枝晶的形成过程示意图[17]

也在近几年持续升温。

锂枝晶问题广泛存在于金属电镀工业中，同样，其理论也适用于锂离子电池系统。一般认为，锂枝晶的形成有如下模型[18]：

$$\tau_s = \pi D \left(\frac{c_0 e z_c}{2J}\right)^2 \left(\frac{\mu_a + \mu_{Li^+}}{\mu_a}\right)^2 \tag{8-4}$$

式中，τ_s 为锂枝晶开始生长的时间；D 为扩散系数；e 为电荷电量；c_0 为锂盐的初始浓度；μ_a 和 μ_{Li^+} 分别为阴离子和 Li^+ 的迁移率；J 为有效电极电流密度。

此外，金属锂负极表面的一些凸起会导致该处的电子浓度增大，进而吸引更多的 Li^+，从而导致该处沉积的锂迅速增加从而形成锂枝晶。锂枝晶的形成和生长还与不稳定的 SEI 膜有关[17]。如图 8－12 所示，金属锂负极在充放电过程中会经历剧烈的体积变化，循环期间的界面运动可能会达到数十微米，导致生成的 SEI 膜易发生破裂，锂枝晶会从 SEI 膜破裂处生长。当达到一定程度后，锂枝晶会发生断裂。经过多次循环后，上述反应机理会导致在金属锂的表面形成较厚的 SEI 膜和数量惊人的“死锂”，这些过程不仅会造成电池容量的衰减，还会对其安全性产生不利的影响。

（2）锂金属负极的改性

基于上述理论，石墨烯材料可以通过以下几个途径改善锂金属负极电池的性能。

首先，由于 Li^+ 在金属锂负极表面不均匀的分布是造成锂枝晶生长的重要原因，为了抑制锂枝晶，我们可以通过增加锂负极与电解液的接触面积，降低局部的电流密度，从而使得 Li^+ 分布更加均匀。而使用高比表面积的石墨烯材料代替 Cu 箔作为集流体可以极大延缓枝晶开始生成的时间。此外，减小局部电流密度也使得枝晶生长更加缓慢[19]。

只靠增大电极和集流体比表面积来控制锂枝晶生成是不够的，而可以通过在锂负极或集流体表面构筑一层“脚手架（scaffold）”。这层“脚手架”应该具有很好的化学稳定性和机械强度，允许 Li^+ 通过，在充放电过程中，可以随着锂负极表面的 SEI 膜移动，从而起到防止 SEI 膜破裂、抑制锂枝晶生长的作用。大部分“脚手架”材料都是不导电材料，这主要是为了防止 Li 在“脚手架”表面而不是集流体表面沉积[20]。石墨烯在面间方向上的导电性很差，而石墨烯表面的缺陷可以让 Li^+ 通过，因此石墨烯可以作为“脚手架”材料。在 Cu 箔表面用 CVD 法生长石墨烯，与裸露的 Cu 箔相比，前者在 Li 电镀／剥离试验中表现出更高的库仑效率。但是与另一种二维材料 BN 相比仍不足，主要是因为 BN 的绝缘性更好，而石墨烯的导电性仍然使得部分 Li 沉积在石墨烯表面[21]。

对于金属锂而言，影响其循环性能的另一大问题就是充放电过程中巨大的体积膨胀。为了尽可能减少金属锂负极的体积变化，人们开始寻找能够储存金属锂的载体材料。Lin 等[22]将层状 GO 膜与熔融的 Li 接触，移除了 GO 膜中残余的水分和部分官能团，扩大了 GO 膜层并形成了多孔的 rGO 膜。同时，表面剩余的官能团使 rGO 膜仍然具有良好的亲锂性，利用层间的毛细作用力可以使熔融态的 Li 进入，从而形成 Li - rGO 复合膜(图 8 - 13)。该 Li - rGO 复合膜可以将负极的体

图 8 - 13 层状 Li - rGO 复合膜的设计

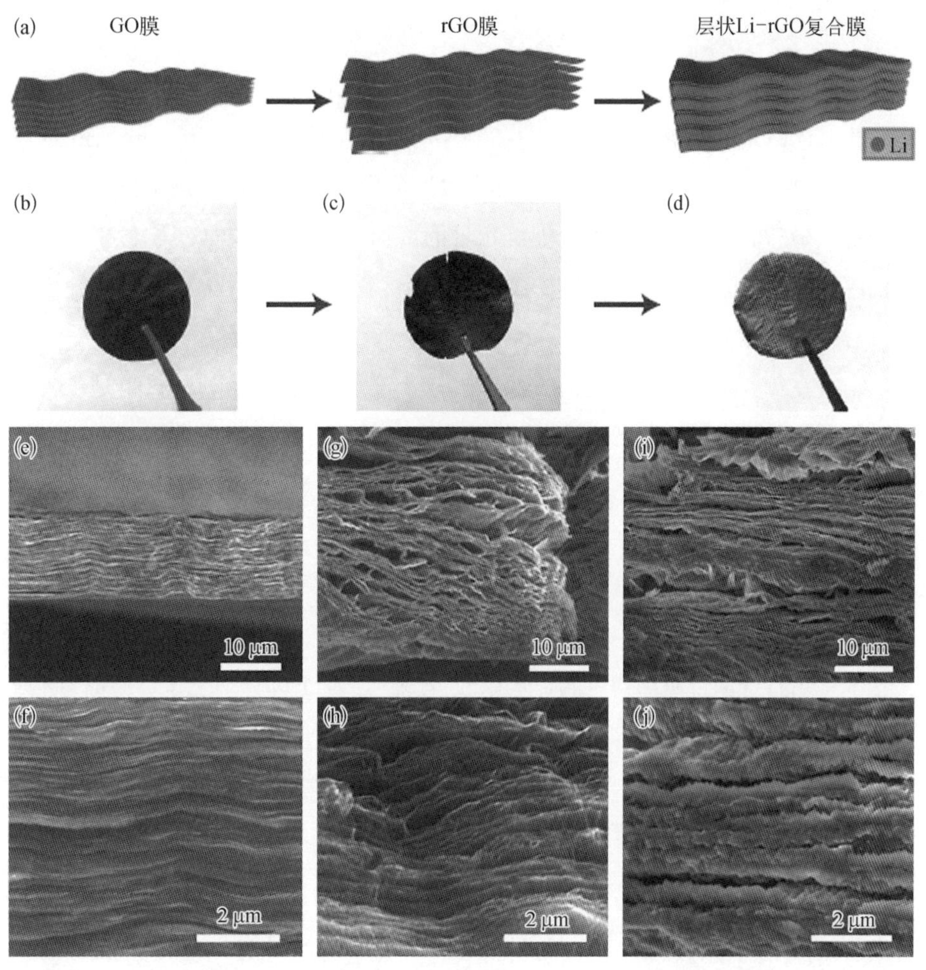

(a)~(d) 层状 Li - rGO 复合膜的制备过程示意图及相应照片；(e)(f) 真空抽滤得到的 GO 膜的 SEM 图；(g)(h) 还原后的 rGO 膜的 SEM 图；(i)(j) Li - rGO 复合膜的 SEM 图[22]

积变化控制在20%以内,提高了电池的循环性能,降低了电池的极化,并成功抑制了锂枝晶的产生。

利用rGO膜的柔性,Li-rGO复合结构还可用作可弯曲的电极[23]。虽然锂本身是一种柔软的金属,但纯金属锂片的弯曲会在表面形成褶皱和裂缝,易导致锂枝晶的生成。一方面,rGO片层可以充当导电路径并使得电子保持连续性,同时延缓锂金属弯曲期间的裂纹扩展,显著减少了弯曲时表面褶皱的形成。另一方面,简单、高比表面积且导电的rGO支架也使得电流密度分布更为均匀,有助于防止在弯曲或电池使用过程中锂枝晶的生长。使用这种柔性复合电极不但显著提升了Li电镀/剥离过程中的循环寿命,也可以实现可弯曲的高循环稳定性Li-S电池、Li-O_2电池和集成太阳能电池系统。

使用褶皱的石墨烯球(crumpled graphene ball, CGB)作为金属锂的沉积骨架,所得到的Li@CGB电极在锂沉积量为0.5 mA·h/cm^2、电流密度为0.5 mA/cm^2的条件下,可以循环超过750次且保持97.5%以上的库仑效率。而且该负极可以通过增加石墨烯球的厚度来实现金属锂沉积量的增加,并且能够有效缓解体积变化带来的不利影响,如40 μm厚的石墨烯球负极在沉积12 mA·h/cm^2的金属锂后仍然没有明显的锂枝晶产生[24]。

通过在负极预先植入晶种的方法,引导Li^+在负极表面均匀成核也是改善锂枝晶问题的重要方法[25]。在沉积过程中,Li^+在电场力和浓度梯度的双重影响下迁移至负极表面,得到电子并成核。常用的Cu箔作为集流体时,因为其不均匀且粗糙的表面,常常会导致Li的不均匀沉积。而且Cu不亲Li,Li在Cu箔表面的成核过电势比在Li表面大很多,因此Li会倾向于持续在已有的成核点沉积,导致锂枝晶的生成。

N掺杂石墨烯可以用作金属锂负极的"骨架"。通过DFT计算Li与几种N原子、石墨烯、Cu的结合能,可以确定含N官能团(吡啶N、吡咯N等)的亲锂性。如图8-14所示,通过这些含N官能团,Li^+沉积的过电势显著降低,可以在充电开始时优先沉积在导电亲锂的掺N位点。在之后的充电过程中,Li^+会在这些均匀成核点继续均匀沉积,从而避免了大量锂枝晶的生成[26]。

Li^+也有自己的优先成核位置,通常会倾向于在石墨片层台阶边缘成核,而某些金属氧化物(如La_2O_3和MgO)纳米颗粒的边缘也会吸引Li^+优先成核。基于这项发现,研究人员使用巴沙木碳化得到的多孔碳材料作为基体并引入MgO纳米粒

图 8-14　N 掺杂石墨烯引导 Li^+ 在负极表面均匀成核

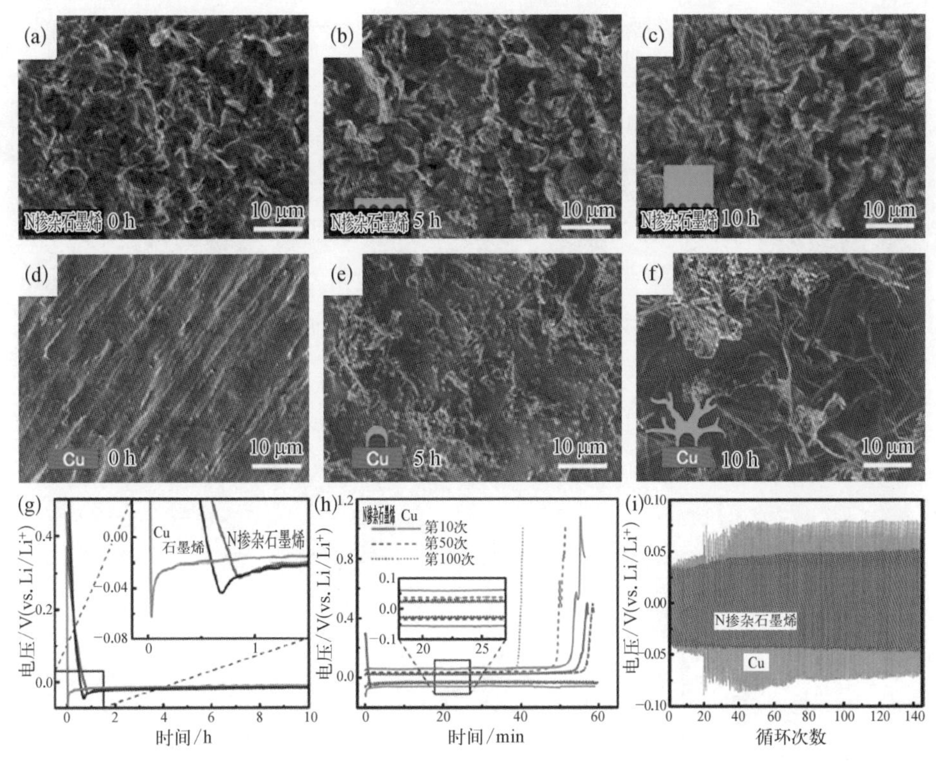

（a）~（c）0.05 mA/cm² 条件下锂沉积 0 h、5 h、10 h 后 N 掺杂石墨烯的表面形貌变化，锂包覆在 N 掺杂石墨烯表面，未出现锂枝晶；（d）~（f）0.05 mA/cm² 条件下锂沉积 0 h、5 h、10 h 后 Cu 箔的表面形貌变化，锂最初在 Cu 集流体表面沉积为孤立的点后生长为直径约为 1 μm 的锂枝晶；（g）成核过电势比较；（h）电压-时间曲线，插图体现电压滞后差异（循环容量为 1 mA · h/cm²，电流密度为 1 mA/cm²）；（i）对称电池测试长循环性能（N 掺杂石墨烯或 Cu 箔上先预沉积锂 4.0 mA · h/cm²，电流密度为 1 mA/cm²，循环容量为 0.042 mA · h/cm²）[26]

子，促进 Li^+ 在孔道内均匀成核[27]。这种锂负极材料可以在 15 mA/cm² 这样的大电流密度下保持 96% 的库仑效率，优于没有负载 MgO 纳米颗粒的多孔碳，而且表现出更低的成核过电势。

8.1.7　石墨烯在锂离子电池其他部分的应用

（1）电池隔离膜

锂离子电池的“四大关键材料”，即正极材料、负极材料、电解液和隔离膜。隔离膜是其中的重要组成部分，其成本占商品化锂电池的 20%～30%，仅次于正极材料。

目前，市场上主要使用的锂离子电池隔离膜主要有单层聚乙烯(PE)隔离膜、单层聚丙烯(PP)隔离膜及三层复合隔离膜 PP/PE/PP 等。隔离膜的性能很大程度上决定了电池的内阻和锂枝晶生成等，从而直接影响电池的能量密度、功率密度及安全性能。

商品化聚乙烯膜和聚丙烯膜的熔点相对较低，分别为 135℃ 和 160℃。因此，当某些情况（如电池发生短路或挤压）造成电池内部温度上升时，电池隔离膜会收缩从而引发严重的电池安全事故。针对这个问题，可以使用大孔的氧化石墨烯膜作为电池隔离膜[28]。氧化石墨烯表面的含氧官能团保证了隔离膜的电子绝缘性，而且它的大孔结构保证了更好的离子传输。同时，通过对 GO 表面包覆超支化聚醚（HBPE）以减少对温度敏感的一些含氧基团(环氧基、羰基等)，相比于常用的 PP 隔离膜，这种隔离膜(GO-g-HBPE 隔离膜)的热稳定性可以显著提高到 200℃ 以上，如图 8-15 所示。

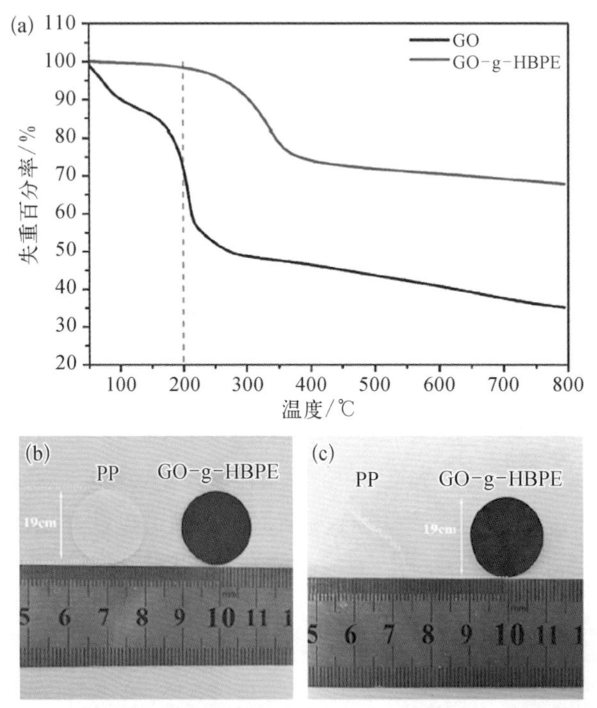

图 8-15　用作电池隔离膜的大孔的氧化石墨烯膜

(a) GO 和 GO-g-HBPE 的热重分析曲线；(b)(c) PP 和 GO-g-HBPE 隔离膜在 200℃ 下加热 0.5 h 的照片，其中图 (b) 对应加热前，图 (c) 对应加热后[28]

如前所述，锂枝晶生长是影响电池安全的重要因素。在隔离膜表面涂覆保护层，是一种行之有效的保护隔离膜不被锂枝晶刺破的方法[29]。若采用 N、S 共掺杂的石墨烯纳米片(NSG)涂覆在隔离膜面向电池负极的一侧，也可以提高隔离膜的热稳定性。如图 8-16 所示，由于掺杂的杂环原子表面带负电荷，增强了与带正电的锂负极表面的作用力，从而释放了负极的表面张力，抑制了锂枝晶生长[30]。

图 8-16 不同隔离膜的剪切力及其电池电化学性能的比较

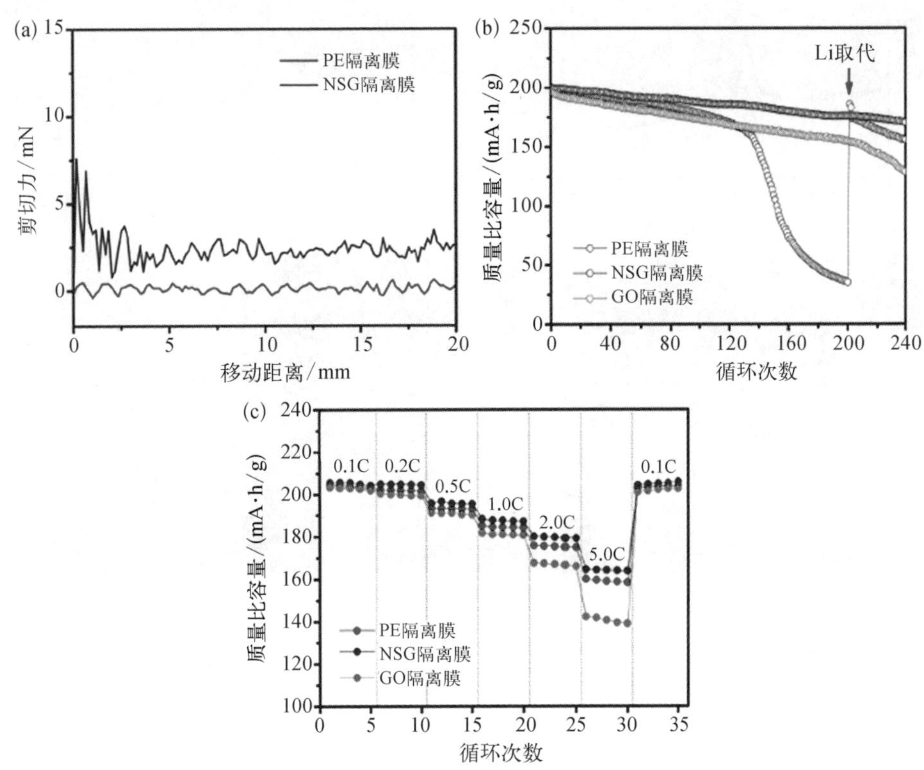

(a) 不同隔离膜的剪切力测试；(b)(c) 使用不同隔离膜的 $Li/LiNi_{0.8}Co_{0.15}Al_{0.05}O_2$ 电池的循环性能(0.5C)和倍率性能[30]

(2) 电池集流体

集流体也是电池中的重要组成部分，它起到支撑粉末状电极材料，同时连接电池内电路和外电路的作用。目前，最常用的集流体是 Cu 箔和 Al 箔，分别应用在锂离子电池的负极和正极。但是在浸润了电解液的电池中，集流体表面常常会被腐蚀。而石墨烯这种二维半金属性质的层状材料只允许质子通过，已经被证明是一种有效的抗腐蚀涂层[31]。

例如，使用 CVD 法在 Cu 箔表面生长石墨烯膜(G-Cu)，这层石墨烯膜可以避免电极材料从集流体表面脱落[图 8-17(c)(d)]，同时减少了 Cu 箔表面被电解液氧化生成半导体的氧化层，而这层氧化层的存在会显著增加电池的内阻。与无石

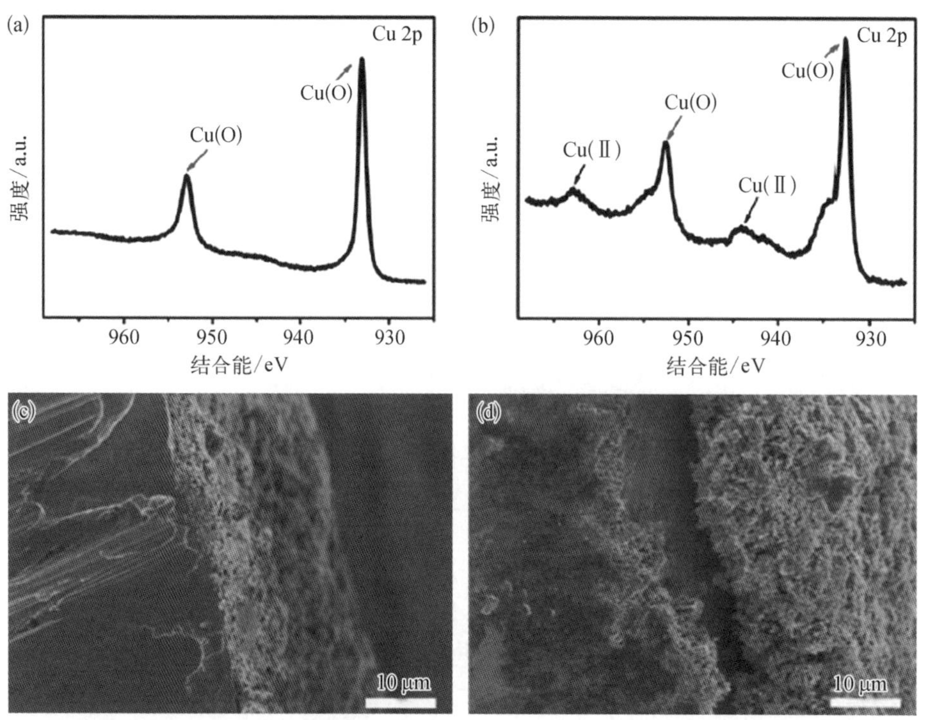

图 8-17 CVD 法在 Cu 箔表面生长石墨烯膜

（a）（b）G-Cu 和 P-Cu 集流体对应电池循环后的 XPS 图；（c）（d）G-Cu 和 P-Cu 集流体对应电池电极截面的 SEM 图[32]

墨烯的 Cu 箔（P-Cu）相比，使用 G-Cu 集流体的 $Li_4Ti_5O_{12}$/Li 半电池表现出更优秀的倍率性能[32]。

对于正极集流体 Al 箔和表面的 Al_2O_3，在电解液中会发生氧化反应生成 Al^{3+}。Al^{3+} 是一种较强的路易斯酸，易与电解液中的阴离子和溶剂分子生成复杂的化合物，造成集流体被腐蚀[33,34]。

$$Al_2O_3 \longrightarrow Al^{3+} + O_2(g) + e^- \tag{8-5}$$

$$Al \longrightarrow Al^{3+} + 3e^- \tag{8-6}$$

$$Al^{3+} + \text{阴离子/溶剂分子} \longrightarrow \text{Al 化合物} \tag{8-7}$$

与 Cu 箔类似，采用等离子体增强 CVD 法在 Al 箔表面生长多层石墨烯膜，可以有效避免 Al 箔被电解液腐蚀[34]。如图8-18 所示，对 Al 箔进行石墨烯修饰，并对石墨烯生长前后的两种集流体（P-Al 和 G-Al）进行循环伏安测试。在第 1 次扫描过程中，两者的氧化电流开始上升对应的电压 V_{up} 接近。在之后的几次扫描中，V_{up}逐渐升高至 4.5 V 附近，说明集流体表面的钝化行为。然而在第 5 次扫描中，P-Al 集流体对应的氧化电流急剧上升，而 G-Al 集流体的 V_{up}仍然保持在 4 V 附近，这说明 P-Al 表面的钝化层遭到了破坏。电池拆解后的集流体表面的 SEM 图也说明 P-Al 被严重腐蚀，而 G-Al 的表面形貌没有明显变化。这项研究结果在 5 V 高电压正极材料的应用中显得尤为重要，因为在更高电压下，集流体的腐蚀往往会带来更严重的容量衰减。

图 8-18 等离子体增强 CVD 法在 Al 箔表面生长多层石墨烯膜

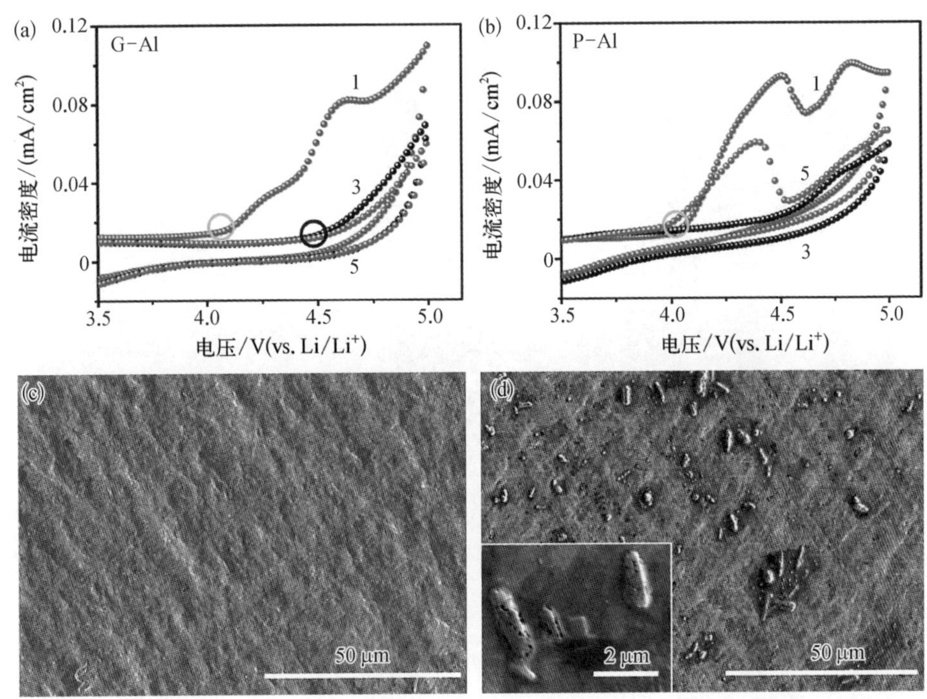

(a)(b) G-Al 和 P-Al 的循环伏安曲线；(c)(d) 循环伏安测试后 G-Al 和 P-Al 表面的 SEM 图[34]

8.2 石墨烯在锂硫电池中的应用

8.2.1 锂硫电池的机理

锂硫电池是一种将电能储存在硫电极里的电化学储能器件。锂硫电池的组成和充电/放电过程机理如图 8－19 所示[35]。它由锂金属负极、有机液态电解液和以单质硫为正极的活性物质组成。从图中不难看出，硫正极由单质硫、导电添加剂及黏合剂共同组成。在放电过程中，锂金属在负极被氧化生成锂离子和电子。产生的锂离子在电解液内向正极移动，而电子通过外电路移动到正极，从而形成了电路。在正极一侧，硫通过接受锂离子和电子被还原生成锂硫复合物。放电过程中的化学反应式如式(8－8)至式(8－10)所示，充电过程中逆向反应将发生。

正极反应： $$S + 2Li^+ + 2e^- = Li_2S \tag{8-8}$$

负极反应： $$2Li = 2Li^+ + 2e^- \tag{8-9}$$

总反应： $$2Li + S = Li_2S \tag{8-10}$$

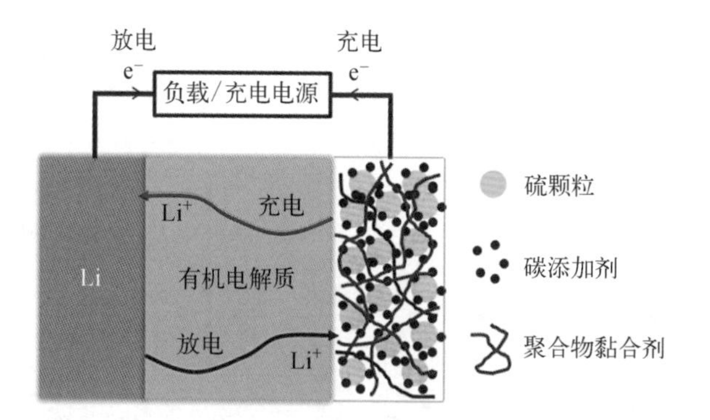

图 8－19 锂硫电池的组成和充电/放电过程机理[35]

锂负极和硫正极的理论质量比容量分别是 3.861 A·h/g 和 1.672 A·h/g，从而锂硫电池的理论质量比容量为 1.167 A·h/g。放电反应的电压平台为 2.15 V[36]。因此，锂硫电池的理论质量能量密度是 2.51 W·h/g。

单质硫在室温下呈八元环结构，斜方晶系，是室温下最稳定的同素异形体结构。在锂硫电池的放电过程中，锂离子的嵌入使得硫环打开，从而形成高阶多硫化锂 Li_2S_x $(6 < x \leqslant 8)$ [式(8－11)][36]。随着放电过程的不断发生，额外的锂离子不断嵌入形成了较低阶的锂硫化物 Li_2S_x $(2 < x \leqslant 6)$ [式(8－12)和式(8－13)]。在醚基的电解液体系中，有两个明显的电压平台(2.3 V 和 2.1 V)，分别代表了 S_8 转化为 Li_2S_4 和 Li_2S_4 转化为 Li_2S 的两个过程。在放电的最后会形成 Li_2S[式(8－14)]，如图 8－20 所示[36]。S_8 通过中间体多硫化锂形成可逆的循环。值得注意的是，两个充电的平台通常是重叠的。

图 8-20 锂硫电池的电压-质量比容量曲线[36]

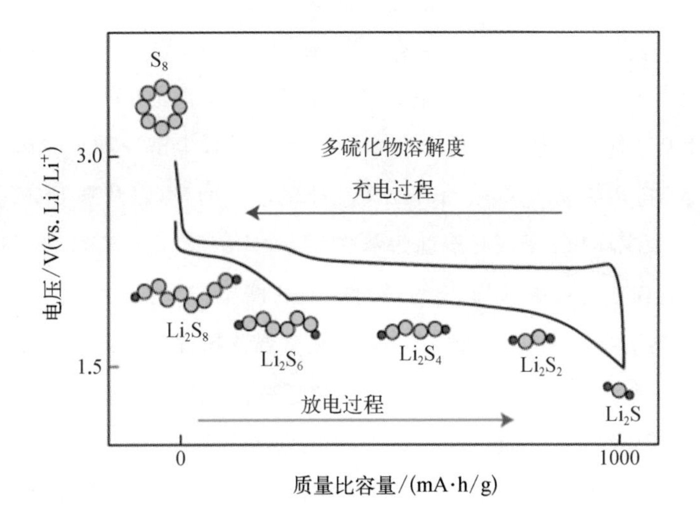

锂硫电池放电过程正极活性物质化学反应过程可表述为

$$S_8 + 2e^{2-} = S_8^{2-} \tag{8-11}$$

$$3S_8^{2-} + 2e^- = 4S_6^{2-} \tag{8-12}$$

$$2S_6^{2-} + 2e^- = 3S_4^{2-} \tag{8-13}$$

$$S_4^{2-} + 4Li^+ + 2e^- = 2Li_2S_2 \tag{8-14}$$

$$Li_2S_2 + 2Li^+ + 2e^- = 2Li_2S \tag{8-15}$$

图 8-20 可表述为以下四个过程：① 放电的第一个平台对应硫单质得到电子被还原形成可溶性 Li_2S_8 和 Li_2S_6 并进入液相的固液相反应，发生在 2.3 V (vs. Li/Li$^+$)；② 从 2.3 V 到 2.1 V 的第一个电位下坡对应液相中长链的 Li_2S_x（x = 6 ～ 8）在电极表面进一步被还原成 Li_2S_4 的液-液相反应；③ 在 2.1 V，长平台对应液相 Li_2S_x（x = 4 ～ 6）被进一步还原形成难溶的 Li_2S_2 和 Li_2S 并重新沉积在电极上的液固相反应；④ 最后 2.1 V 以下的下坡对应固相 Li_2S_2 还原成 Li_2S 的固-固相反应。

8.2.2 锂硫电池的发展历程

1962 年，Herbet 和 Ulam 把硫作正极材料用在电动干电池和储蓄电池中。当时使用的电解液需要将碱性高铝酸盐、碘离子、溴离子或者氯离子溶解在饱和脂肪胺（伯胺、仲胺或叔胺）中。1966 年，Rao 等以专利报道了高能量密度的锂硫电池，其中电解液是基于碳丙烯酯、丁内酯、N,N-二甲基甲酰胺和二甲亚砜的混合物。该电池的开路电压为2.35～2.5 V,这比理论2.52 V要略低。20世纪60～80年代,对锂硫电池的研究重心转移到对电解液成分的探索和确定,各种电解液种类应运而生,从饱和脂肪胺到碳酸丙烯酯、四氢呋喃(THF)-丙酮的混合物[37],以及基于二氧环戊的电解液,其中二氧戊环和二氧戊环溶剂如今被广泛地应用[38]。在充放电过程中产生的中间体要溶解在电解液中,因此电解液对电池的性能有重要的影响。例如,Yamin等[37]将 $LiClO_4$溶解在THF-丙酮中,实现了在室温下超过95%的硫利用率,但是放电电流密度较低(10 A/cm^2)。相对比,尽管富有二氧戊环的电解液的电导率比THF-丙酮电解液高一个数量级,但是对于基于富有二氧戊环的电解液的一次电池,即使在非常低的放电倍率下仅能实现50%的硫利用率,这是由于部分放电产物 Li_2S_2 在富有二氧戊环的电解液中的产生[38]。Rauh等[39]将 $LiAsF_6$ 溶解在THF中形成1 mol/L的溶液作为锂硫电池的电解液,进而实现了在50℃和1 mA/cm^2 条件下100%的理论容量,以及在4 mA/cm^2条件下75%的正极活性物质的利用率。从2000年开始,在可逆锂硫电池上投入大量的研究,关注于发展更有效的硫碳复合物、固态电解液及理解衰减机制以实现长寿命的锂硫电池技术。

8.2.3 锂硫电池的研究进展

尽管锂硫电池表现出优异的容量性质,然而锂硫电池还面临着一些挑战。目前最大的问题在于活性物质利用率低,循环寿命短,库仑效率低。其原因主要有以下四点。① 硫和放电固相产物(Li_2S和 Li_2S_2)的电子离子绝缘性(电导率约为10^{-30} S/cm)。导电性不足使得电子和离子不能有效地参与电极反应,反应动力学差,这导致活性物质利用率低。此外,电子离子绝缘性物质的包覆容易产生"死硫""死锂"等现象[39]。② 充放电过程中形成的可溶于电解液的多硫化物 Li_2S_x ($3 \leqslant x \leqslant 6$) 中间体在正负极之间穿梭产生的"穿梭效应"。高阶的多硫化物迁移到负极与锂反应被还原成低阶的多硫化物,这些低阶的多硫化物又迁移回到正极被氧化形成高阶多硫化物,这个过程会不断重复。这个额外的反应在放电过程中会降低活性物质的利用率并且极大地降低了库仑效率。而由"穿梭效应"导致的自放电效应又降低了锂硫电池的放电电压和容量(图8-21)[40]。③ 在每个放电过程完成后,可溶性的多硫化物被还原并形成固相沉积物 Li_2S_2/Li_2S。随着循环不断发生,

图 8-21 “穿梭效应”的示意图[40]

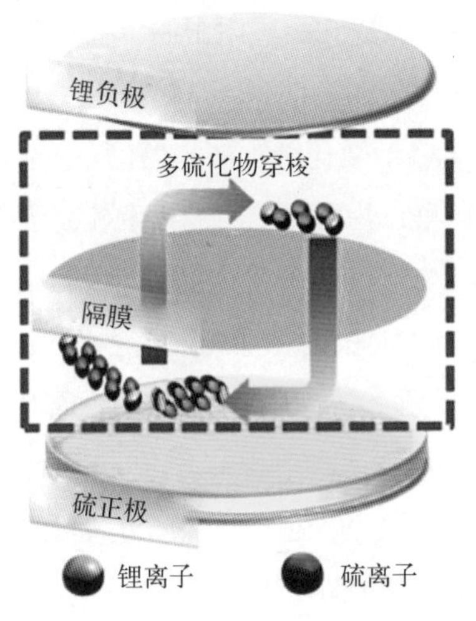

不溶性的聚集体在正极表面形成。这种不溶性的聚集态呈电子离子绝缘体，导致正极一侧活性物质的丧失、电极的钝化及阻抗的极大增加，从而使容量大大衰减。④ 体积膨胀问题。单质硫的密度为 2.03 g/cm^3，而放电产物 Li_2S 的密度为1.67 g/cm^3，活性物质历经 76%的体积变化，这会使得正极材料结构发生破坏，降低了活性物质的利用率。在“穿梭效应”层面，$LiNO_3$ 添加剂的发现很好地解决了这一问题。通过负极表面形成一层致密的钝化膜阻止了聚硫离子接触到负极，从而抑制了“穿梭效应”，提高了电池的库仑效率；而在阻止硫正极中活性物质的溶解时，Nazar 课题组[41]提出了以介孔碳复合硫的介孔吸附限制硫的溶解的思路，并被沿用至今。

硫的绝缘特性及“穿梭效应”成为锂硫电池亟须解决的两个技术瓶颈。通过添加适当的电子导体(如碳材料或者导电聚合物等)与硫进行复合来提高硫正极材料的导电性，进而缓解聚硫离子的溶解所带来的问题。乙炔黑作为一种常见的导电剂与硫进行复合，一方面降低了正极材料的内阻，另一方面提高了电极材料的电阻率。此外，活性炭由于其高的比表面积和孔隙率，是一种非常好的硫载体，可以在很大程度上降低聚硫离子的溶解。至于硫与导电聚合物的复合材料，使用聚丙烯腈作为包覆材料，可以达到 850 mA·h/g 的正极质量比容量[42]。

在诸多的导电添加剂中，多孔碳材料由于其比表面积大、孔隙率高而颇受关注。其形貌设计主要依据两条路线：① 形成导电网络结构；② 提高与硫的接触面积，提高电导率。大孔、介孔、微孔碳材料不仅可以提供硫的附着点，还可以提高复合材料整体的离子、电子导通。

8.2.4 传统碳材料与硫复合

2009 年，Nazar 课题组[41]报道了一种硫-介孔碳的复合材料作为正极，首圈放电质量比容量高达 1320 mA·h/g，硫的利用效率高达 80%。这样的高性能得益于活性物质、碳材料、电解质三者的密切接触，并且纳米级的孔道阻碍聚硫离子的溶出，减轻了“穿梭效应”导致活性物质损耗的问题。此后，以孔道吸附限制活性物质流失的思路得到广泛的应用。

碳材料依据其孔径大小的不同分为以下三类。① 微孔碳材料，其孔径小于2 nm。微孔碳材料被认为是非常好的活性物质载体，可以约束硫进而减少聚硫离子的溶解(图 8－22)[43]。② 介孔碳材料，其孔径介于 2～50 nm。介孔碳材料较大的比表面积能够提高硫的负载量，并且能够为充电时体积的膨胀腾出空间(图 8－23)[41,44]。③ 大孔碳材料，其孔径在 50 nm 以上。大孔碳材料一般为碳纳米管或者碳纳米纤维等碳材料，这种材料对于电解液有较好的吸收作用，可以有效防止电解液的聚硫离子扩散到负极。碳纳米管和碳纳米纤维还可以通过纺织或者压片的方式形成薄膜，在正负极之间形成阻挡以减轻“穿梭效应”(图 8－24 和图 8－25)[45,46]。

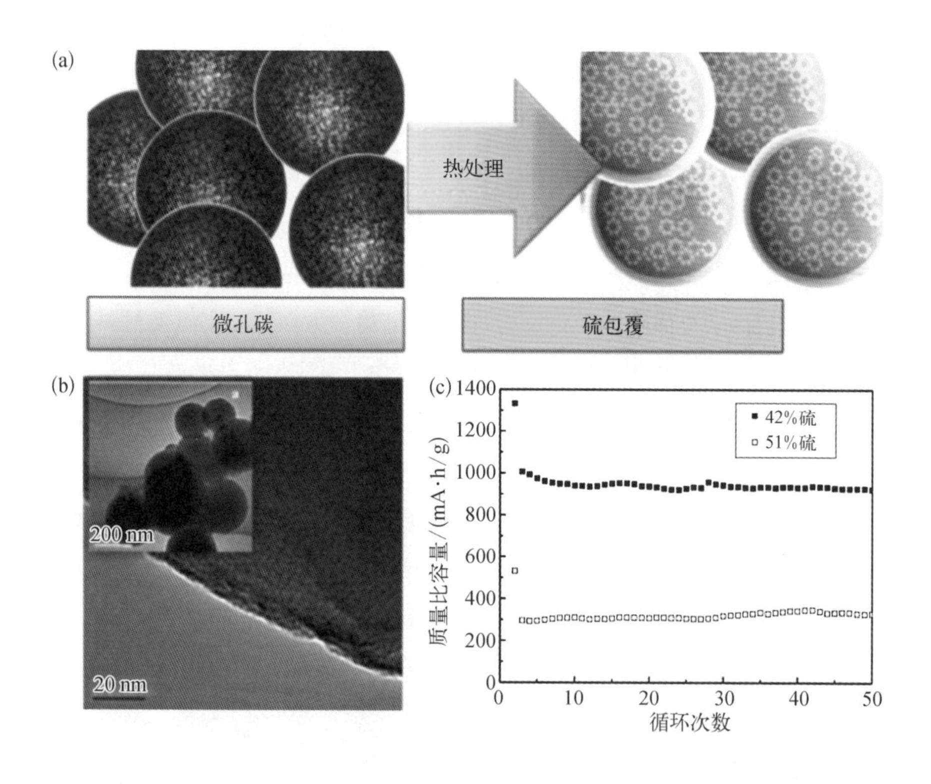

图 8－22 硫-微孔碳球复合材料的复合过程示意图、TEM 图与电化学性能[43]

此外，通过采用乙炔黑对硫进行包覆，可减少活性物质的损失。将空心碳球与硫复合，空心球内部较大的空心区域给硫提供了附着的空间，并且这种结构可以让锂离子在活性物质和电解液之间有效扩散。Han 等[47]通过碳纳米管与硫复合形成三维导电网络，提高了电极电化学性能。类似地，将活性物质分散在碳纳米纤维

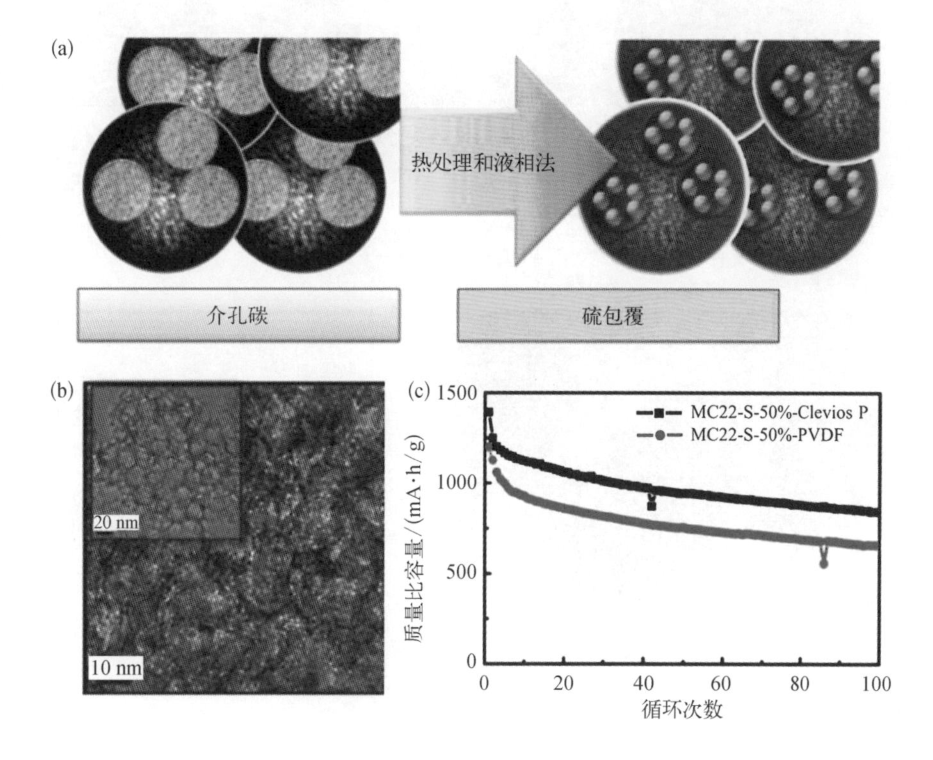

图 8-23 硫-介孔碳球复合材料的复合过程示意图、TEM 图与电化学性能[44]

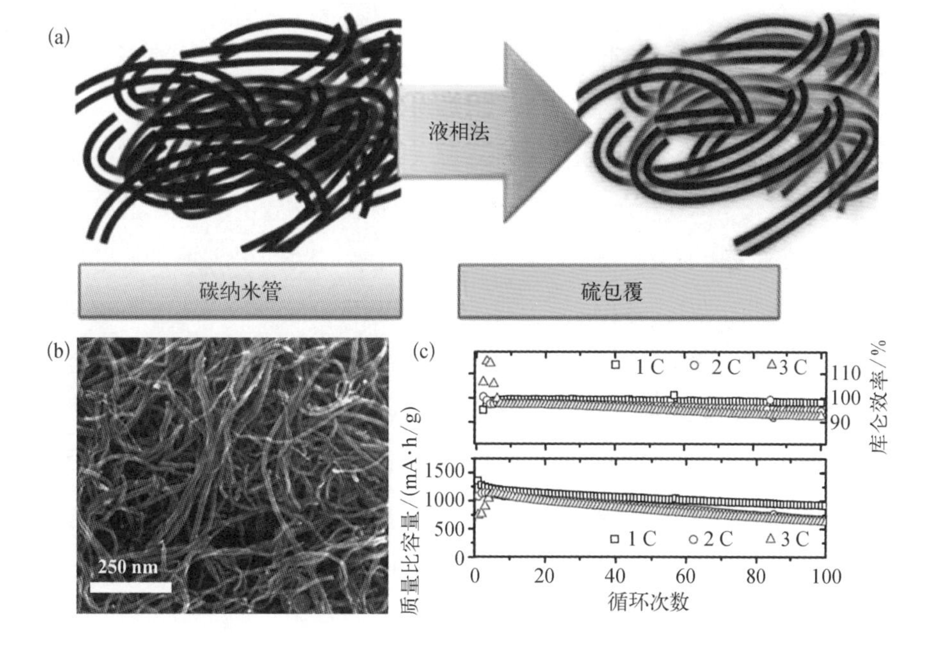

图 8-24 碳纳米管与硫复合的正极复合过程示意图、TEM 图和电化学性能[45]

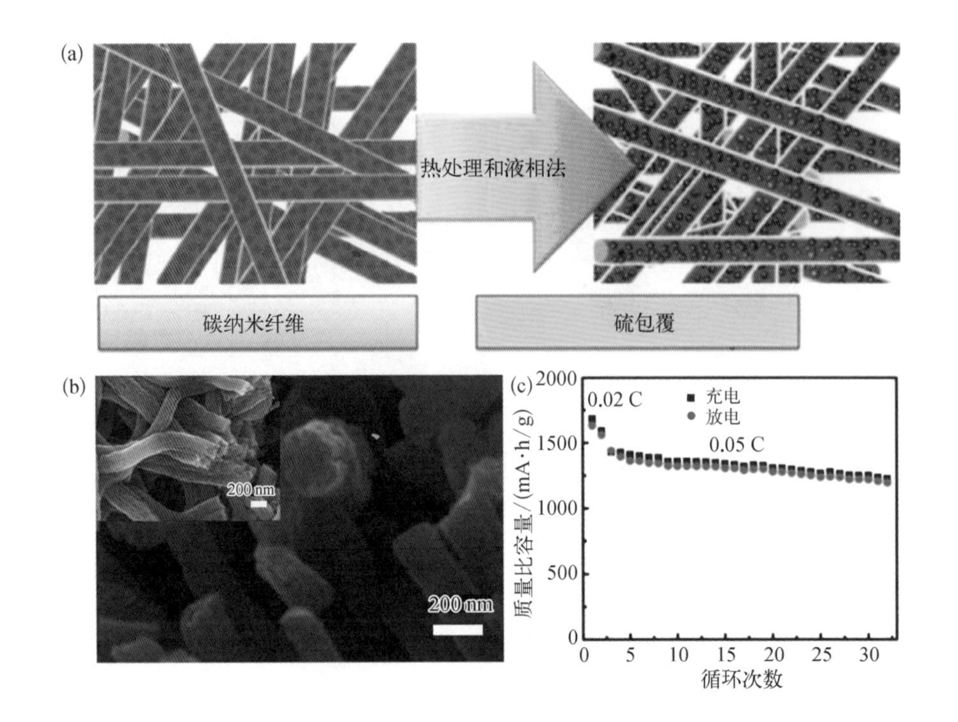

图 8-25 碳纳米纤维与硫复合的正极复合过程示意图、TEM 图和电化学性能[46]

搭接成的导电网络中，也能够提升电化学性能[48]。

目前，硫和碳复合的主要方式包括机械混合法、热处理法[41]、溶液法[42,46]。

8.2.5 硫-石墨烯复合材料

除了提供优异的导电性能、高机械强度和柔性，石墨烯基材料与硫进行复合还可以提高其电化学活性和稳定性。合成硫-石墨烯复合物较多采用热熔法。Wang 等[49]报道了硫-石墨烯复合电极，与纯硫电极相比较，其展示出较高的放电初始容量和较低的电化学阻抗。然而，复合电极中硫负载量较低(17.6%)，且电池容量在几圈循环后衰减。为了提高硫的含量进而提高循环稳定性，可以通过将硫溶解在有机溶剂(二硫化碳等)中，接着通过高温熔融降低硫的黏度，提高硫在石墨烯基底的均匀分布。Gao 等[50]通过该方法合成了一种功能化的、具有石墨烯片-硫堆叠三明治结构的纳米复合材料。在这种复合材料上进一步包覆 Nafion 膜涂层，可以改善聚硫离子的迁移。基于此复合材料电极，硫的负载量高达 57%(质量分数)，容量提升了 84.3%且寿命高达 100 圈。

聚合物通常被用于与硫-石墨烯复合物结合以提高复合物的柔性、支撑及对聚硫化物的捕获。石墨烯与碳黑混合后涂覆于聚乙二醇(PEG)包裹的亚微米硫粒子表面。一方面,PEG-石墨烯的复合物涂层缓冲了在放电过程中引起的活性物质的膨胀并阻止了聚硫离子从正极扩散损失,进而可以获得 600 mA・h/g 的质量比容量和超过 100 圈的寿命[51]。另一方面,为了使硫-石墨烯的制造工艺与大规模生产和工业化应用相适应,已发展了基于溶液法的"一锅法"策略。该策略是基于含硫复合物的氧化还原反应和在导电基底表面的硫的异相成核。基于该策略,Evers 等[52]合成了一种石墨烯包覆硫的复合物,其具有 87%(质量分数)的硫含量。然而在仅 50 圈循环后质量比容量降到 550 mA・h/g,这表明这种策略仍然需要进一步改进。

此外,硫和功能化石墨烯之间的结合可以被用来提高硫-石墨烯复合物正极材料的性能。硫被 GO 骨架通过碳硫键固定,进而提高了 Li-S 电池的性能。S-GO 的复合正极展示了极好的可逆质量比容量(1000 mA・h/g),以及高达 2 C 的倍率性能。然而,GO 骨架的功能化作用仅能够限制初期与石墨烯基底接触的硫,而外层硫分子仍然会溶解。为了解决这个问题,Song 等[53]发展了通过溴化十六烷基三甲铵(CTAB)涂层保护 S-GO 纳米复合物,以及用丁苯橡胶(SBR)和羧甲基纤维素钠(CMC)的黏合剂代替聚偏二氟乙烯(PVdF)的方法。基于此,电极循环性能高达 1500 圈,每圈仅有 0.039%的衰减。进一步地,可以选择性地在石墨烯上反应接上羟基,实现羟基诱发硫的异相成核[54]。在 0.5 C、1 C、2 C 的倍率性能下,该电极在 100 圈之后获得了极好的可逆质量比容量(1021 mA・h/g、955 mA・h/g 和 647 mA・h/g)。这样稳定的高倍率性能归因于: ① 均匀分布的羟基帮助无定形的硫层附着到石墨烯上和对聚硫离子的保留;② 由于羟基团和硫相互作用的增强导致了小的硫颗粒的残余,提供了电子和离子的传输的通道;③ 柔性的石墨烯基底,允许电解液的渗透和循环引起的体积变化的应力吸收。

石墨烯纤维也可作为自支撑的电极用于 Li-S 电池。使用气相法将无定形的硫均相地引入介孔的自支撑的石墨烯纸,可获得 1393 mA・h/g 的高放电质量比容量。Jin 等[55]报道了一种柔性的硫-石墨烯混合电极,它是通过含硫化合物的原位氧化还原反应和真空抽滤制成。石墨烯骨架同时作为导电网络和对硫纳米颗粒的支撑骨架,使得在 100 圈之后保持率为 83%及质量能量密度达到 840 W・h/kg。无黏合剂和集流体的方法不仅对环境友好,且有益于提高 Li-S 电池的能量密度。

8.3 铝离子电池

8.3.1 铝离子电池的发展

锂离子电池由于其高能量密度和高工作电压在便携式移动设备中发挥着重大作用，如手机、笔记本电脑等。然而随着科技的不断发展，便携式电子器件和电动车辆对储能电池的需求量激增，受限于目前商业化锂离子电池相对较低的正极比容量和稀缺的锂元素资源（地壳丰度为0.0065%），开发更高能量密度、资源储量丰富的新型二次电池迫在眉睫。钠离子电池、钾离子电池、钙离子电池、镁离子电池和铝离子电池应运而生，并各具特点（图8-26）[56]。

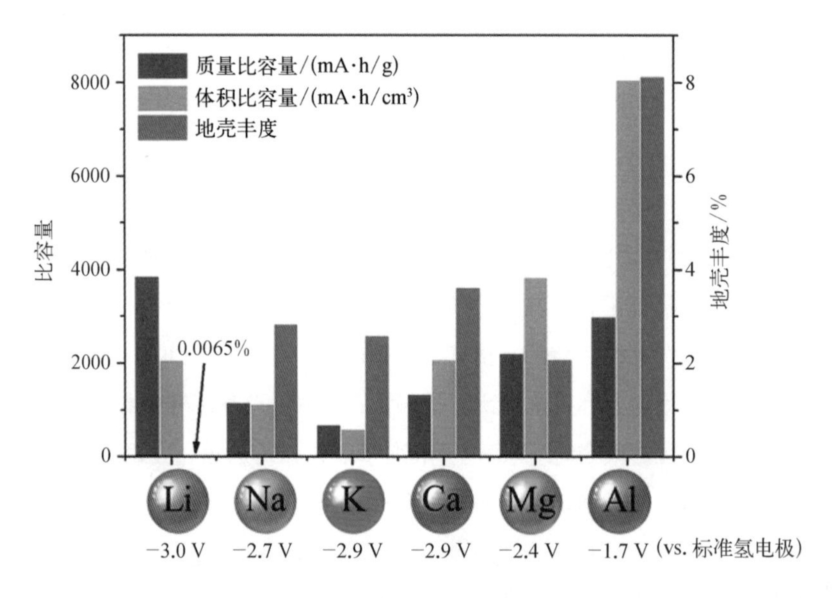

图8-26 具有潜力应用于储能体系的金属负极的比容量、地壳丰度和标准还原电势的对比[56]

其中，钠、钾、锂同为第一主族元素，因此在电池反应机理、电极材料的设计等方面具有许多相通之处。同时，钠和钾金属的地壳丰度远远高于锂金属，因而钠离子电池和钾离子电池也被视为锂离子电池潜在的可替代品。然而，对于钠离子电池，钠离子的粒径（180 pm①）与锂离子（145 pm）的相比要更大，在反复的钠离子嵌

① 1 pm=10^{-12} m。

层、脱嵌过程中，材料的结构更容易被破坏，因此钠离子电池的循环性能较差。钾离子电池则由于钾离子粒径较大、钾金属活性高、能量密度低限制了该体系的应用。钠离子电池、钾离子电池的能量密度和功率密度还有待提高，它们的性能提高后才能与锂离子电池相媲美。

除了第一主族碱金属，含有多个外层电子的碱土金属如钙、镁、铝也可以应用于离子电池。得益于多电子反应和较轻的原子质量，这些丰富储量的金属电池的比容量高且负极电位低。对于钙离子电池而言，目前仅初步发现在四氟硼酸钙[$Ca(BF_4)_2$]的碳酸乙烯酯和聚碳酸酯的电解液中可以实现钙离子的可逆沉积/溶解，且具有 4 V 的电压窗口，但是该过程的实现需要在 100℃ 的条件下进行。镁离子电池是由 Aurban 等于 2000 年首次提出的，基于镁的有机卤化烷基铝电解液 THF/$Mg(AlCl_2BuEt)_2$，从而实现了可逆的镁沉积/溶解。以镁金属为负极和硫化钼(Mo_3S_4)为正极的镁离子电池实现了2000 次的循环，并具有超过60 W·h/kg的质量能量密度。目前，钙离子电池、镁离子电池还需要进一步优化电解液体系，寻找与之相匹配的正极材料才能发挥它们的优势。以铝金属作为负极的铝离子电池，具有比锂离子电池高出四倍的体积比容量(8040 mA·h/cm^3)及 2980 mA·h/g 的理论质量比容量[57]。铝是地壳内最丰富的元素。铝可以暴露在空气中进行电池组装，这极大提高了电化学储能系统的安全性。然而，不可忽视的是，铝元素相对较低的标准电压制约了电池能量密度的提升。

8.3.2 水系铝离子电池

基于水溶液的铝离子电池易于制备、价格低廉、使用及维护方便且对环境友好。常见的水系铝电池体系包括铝-空气、铝-二氧化锰、铝-氧化银、铝-过氧化氢、铝-硫、铝-氰基铁、铝-碱式氧化镍等。在水溶液环境中，铝元素的存在形式受到浓度、电势及 pH 的共同影响。在酸性和碱性环境下，铝元素分别以 Al^{3+} 和 AlO_2^- [其水合物状态为 $AlO_2(H_2O)_2$，与 $Al(OH)^-$ 等价]的形式存在。在中性环境中，铝的氧化物以 $Al_2O_3 \cdot H_2O$ 不溶物的形式存在，表现为在铝电极表面形成钝化层，阻碍铝的进一步溶解。随着溶液环境酸性或碱性的加强，铝的溶解度显著提高。因此，与中性或弱碱性电解液相比，强碱性电解液可以溶解更多的铝的氧化物，进而提高电池容量；而在酸性环境下，铝会与 H^+ 发生置换反应，发生剧烈的析氢腐蚀。

早期水系铝离子电池由于铝表面形成的氧化膜造成输出电压的降低和析氢腐蚀副反应的发生，使其发展受限，大多为半电池行为的研究。随后，一些能够实现铝离子可逆嵌层/脱嵌的有机化合物和二氧化钛（TiO_2）被报道。Liu 等[58]首先实现了在 1 mol/L 的 $AlCl_3$ 水溶液中 Al^{3+} 的可逆嵌层/脱嵌反应。该工作同时证实了在水系电解液中 Cl^- 在 Al^{3+} 嵌层到 TiO_2 晶格中起到了促进作用。之后，Wang 等[59]报道了一种锌-铝水系电池，锌作负极，超薄的石墨片作正极，水系硫酸铝/醋酸锌[$Al_2(SO_4)_3$/$Zn(CHCOO)_2$]作为电解液。这种双离子电池表现出很好的循环性能，在 5 A/g 的电流密度下可保持 94%的库仑效率和 200 圈的循环寿命。

8.3.3 水系铝-空气电池

金属空气电池由于其高的能量密度而被广泛关注。锂、钠、锌、镁、铝都被认为可用于金属空气电池。1962 年，Zaromb 首次提出了高能量密度的铝空气电池。铝空气电池可提供 2980 mA·h/g 的理论质量比容量和 8100 W·h/kg 的理论质量能量密度。

在放电过程中，正极发生氧还原反应，同时负极发生铝溶解反应，如式(8-16)和式(8-17)所示。

$$O_2 + 2H_2O + 4e^- = 4OH^- \quad E^0 = +0.4\ \mathrm{V} \tag{8-16}$$

$$Al + 4OH^- = Al(OH)_4^- + 3e^- \quad E^0 = -2.34\ \mathrm{V} \tag{8-17}$$

式中，E^0 为标准电极电势。

当 $Al(OH)_4^-$ 达到饱和点时，将在电极表面发生沉积，如式(8-18)所示。

$$Al(OH)_4^- = Al(OH)_3 + OH^- \tag{8-18}$$

总的反应为

$$Al + \frac{3}{4}O_2 + \frac{3}{2}H_2O = Al(OH)_3 \quad U^0 = 2.74\ \mathrm{V} \tag{8-19}$$

式中，U^0 为标准电极电势差。

然而，由于铝金属在电解质中的腐蚀作用，放电时还会伴随着析氢反应的发生，即

$$2Al + 6H_2O + 2OH^- = 2Al(OH)_4^- + 3H_2 \tag{8-20}$$

可见铝空气电池理论的开路电压为 2.74 V,然而实际试验中的电压只有 1.2～1.6 V,这归因于在铝负极一侧发生的副反应,包括 Al_2O_3 和 $Al(OH)_3$ 在放电过程中形成的钝化层、腐蚀和析氢反应。通过使用铝的一些合金(锡、镓、铟、镁等),可以减少上述副反应的发生从而提高开路电压[60]。此外,负极的组成、相态和晶型取向被认为是影响电极反应的根本因素[61]。研究表明,通过加入添加剂,如锡酸盐、氢氧化铟[$In(OH)_3$]、阳离子表面活性剂、氯化锌及氧化锌,作为析氢的抑制剂。然而,即使副反应被抑制,由于电化学表面过程的影响,例如 Al^{3+} 的溶剂化/去溶剂化所需的能量,造成铝电极一侧反应[式(8－19)],理论电压无法达到－2.34 V。Luntz 等通过密度泛函理论证实,铝空气电池最大的开路电压仅为 2.27 V。

8.3.4 非水系铝离子电池中的离子液体

对于水系铝离子电池,其水溶液体系当中可能同时存在着水的电解反应。

阳极: $$H_2 = 2H^+ + 2e^- \quad E^0 = 0\ V \tag{8-21}$$

阴极: $$O_2 + 2H^+ + 2e^- = H_2O \quad E^0 = +1.229\ V \tag{8-22}$$

式(8－21)和式(8－22)给出了析氢析氧的标准电势,而 pH 每增加 1,电势随之降低 59 mV。析氢析氧的电势差值为 1.299 V,当电压超过该范围时,则释放出气体,进而限制了电池的工作电压。而在充电时,氢气会优先在铝的阴极放电,电解质水溶液中实际进行的是电解水的反应。为了提高铝电池的输出电压和改善可逆充放电的性能,进而推动了非水系铝离子电池研究的发展。非水系电解质主要包括高温熔融盐和离子液体。早期的非水系电解质主要是高温熔融态的 $AlCl_3$ 盐,在此基础上发展而来的 $NaCl/AlCl_3$ 及 $NaCl/KCl/AlCl_3$ 混合电解质是铝电池中应用最广的融盐体系。但是上述融盐电解质需要在高温下工作,提高了电池运行的成本和局限性,因此高温熔融盐电解质目前研究较少。可以在室温下成液体状的融盐被称为室温离子液体,不需要高温即可电离,降低了对工作条件的需求。此外,由于室温离子液体具有高的电导率、低的挥发性(降低了可燃性)、好的电化学和化学稳定性而占据电解质主导地位。它们被广泛应用于电化学器件,如电池、电容器和太阳能电池等。特别地,在铝离子电池中,Kamath 等证明在基于离子液体的电解质中溶质-溶剂复合物之间差的稳定性将促进铝离子溶剂化和去溶剂化快速发生，促进离子传输。基于离子液体的电解质由 M^+X^- 和 $AlCl_3$ 混合而成，其中 M^+ 是有机阳离子，例如吡咯烷鎓盐或咪唑鎓盐；X^- 则为卤素离子，例如 Cl^-、Br^-、I^- 或者有机阴离子（例如三氟甲基磺酰亚胺或三氟甲基磺酸离子）。这其中最常被研究使用的为带有不同烷基链的咪唑鎓阳离子，例如 1-丁基-3-甲基咪唑（BMIM）或者 1-乙基-3-甲基咪唑（EMIM），而最常使用的阴离子为氯离子。离子液体中 $AlCl_3$ 的物质的量浓度对电解质溶液的电化学性能影响很大。Wang 等[62]具体研究了电解质的组成，证明了氯离子比溴离子和碘离子具有更好的电化学性能。随着离子半径的增加，离子电导率下降，最高占据分子轨道能级升高，导致电化学窗口降低（图 8-27）。$AlCl_3$ 的浓度决定了离子液体中 $Al_2Cl_7^-$ 和 $AlCl_4^-$ 的离子比重，

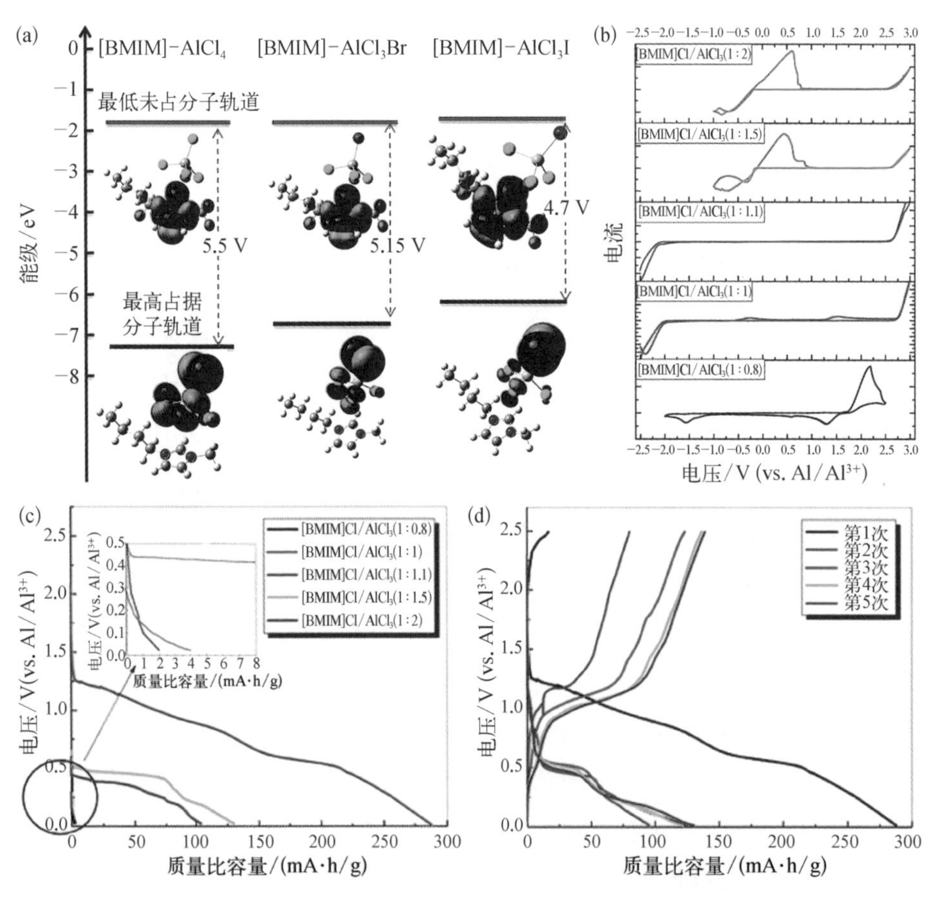

图 8-27 电解质中不同阴阳离子组成对分子轨道能级与电化学性能的影响

（a）通过 DFT 计算 $BMIM^+AlCl_4^-$、$BMIM^+AlCl_3Br^-$、$BMIM^+AlCl_3I^-$ 的最高占据分子轨道能级和最低未占分子轨道能级；（b）[BMIM]Cl 对 $AlCl_3$ 的不同物质的量比下的电化学伏安扫描曲线；（c）[BMIM]Cl 对 $AlCl_3$ 的不同物质的量比下的放电曲线；（d）[BMIM]Cl 对 $AlCl_3$ 的物质的量比为 1.1∶1 时的充放电曲线[62]

物质的量比的不同将影响电解液的电化学窗口及电导率。例如，当[EMIM]Cl 对 $AlCl_3$ 的物质的量比大于 1 时，Cl^- 和 $AlCl_4^-$ 共存，使得电解液呈碱性；当物质的量比为 1 时，仅存在 $AlCl_4^-$（电中性）；然而当物质的量比小于 1 时，$Al_2Cl_7^-$ 或者更大配合物的存在使得电解液呈酸性。因此，呈酸性的电解液的阴极上限电压与铝沉积的电化学反应相关，而对于其他碱性、中性的电解液的阴极上限电压与不可逆的阳离子还原反应相关。对于阳极上限电压，与发生在正极一侧的析氯反应相关，该反应基于三种路径[式(8-23)～式(8-25)]，与电解液中重要的离子成分相关[62]。

$$2Cl^- \longrightarrow Cl_2 + 2e^- \tag{8-23}$$

$$4AlCl_4^- \longrightarrow Cl_2 + 2Al_2Cl_7^- + 2e^- \tag{8-24}$$

$$6Al_2Cl_7^- \longrightarrow Cl_2 + 4Al_3Cl_{10}^- + 2e^- \tag{8-25}$$

此外，电解液的电导率在[EMIM]Cl 对 $AlCl_3$ 的物质的量比为 1 时最大，随着物质的量比的增加，其电导率降低。电解液中离子成分的不同将进一步影响组装成电池的性能。

当由此类电解液组装成电池时，需要解决该电解液高活性和腐蚀性的问题。Reed 等实现了用五氧化二钒（V_2O_5）作为正极，[EMIM]Cl/$AlCl_3$（物质的量比为 1∶1.2）作为电解液，SUS430 不锈钢作为集流体。然而，电池的充放电性能被归因于对集流体的腐蚀，即腐蚀生成氯化亚铁（$FeCl_2$）和氯化铬（$CrCl_2$）而不是 Al^{3+} 在 V_2O_5 的插层。其余的报道证明了相比于 SUS304 不锈钢，使用碳钢或钛合金会导致更严重的腐蚀现象。此外，$AlCl_3$ 电解液对水氧的敏感性限制了其应用。对水值稳定的阴离子被报道用于降低电解液的活性，如 1-丁基-1-甲基吡咯烷双(三氟甲磺酰)亚胺（[BMP][Tf_2N]）和 1-乙基-3-甲基咪唑双三氟甲磺酰亚胺盐（[EMIM][Tf_2N]）。三氟甲磺酸铝（Al[TfO]$_3$）溶于二甘醇二甲醚作为电解液被报道在 1 mol/L 的浓度下具有 25 mS/cm 的电导率。这种电解液具有较宽的电化学窗口，但是在铝沉积/溶解上电化学活性较低。随后，将 Al[TfO]$_3$、甲基苯胺（NMA）和尿素混合而成的电解液经研究证明比传统的 EMI 电解液有更宽的电化学窗口且具有良好的铝沉积/溶解活性。基于砜类的电解液，如 $AlCl_3$/乙基砜丙酯（EnPS）/丙酮，可以实现在常温下的铝可逆反应。

除了成分优化的解决方案，另一种可行的解决方案是通过与聚合物复合形成凝胶电解质。然而，$Al_2Cl_7^-$ 与其他配合物反应的可能性限制了可以用于锂离子电池中的传统聚合物，例如聚环氧乙烷（PEO）、聚丙烯腈（PAN）、聚甲基丙烯酸甲酯（PMMA）和聚偏氟乙烯（PVDF）。Sun 等报道了聚丙烯酰胺-[EMIM]Cl－$AlCl_3$凝胶电解质，通过丙烯酰胺在二氯甲烷/[EMIM]Cl/$AlCl_3$溶液中的聚合反应制得。

8.3.5 铝-石墨烯电池

2011 年，Archer 课题组首次报道了以离子液体[EMIM]Cl/$AlCl_3$为电解液、V_2O_5为正极的铝离子电池实现了 270 mA·h/g 的质量比容量和 20 圈的稳定循环寿命。此高性能的表现被归因于优化的 V_2O_5 纳米线结构，通过降低离子传输路径从而促进有效的离子传输。然而，有人质疑了 Al^{3+} 可逆的插层反应。他们认为，在这样的电池组装中，V_2O_5并非为活性物质，而充放电性能仅仅与不锈钢被腐蚀生成 $FeCl_2$和 $CrCl_2$的反应相关。随后的工作证实了在 V_2O_5 中 Al^{3+} 可逆的插层反应。此外，Amine 等证明了由聚偏氟乙烯（PVDF）作为黏合剂的不稳定性导致较差的电池性能，并证明了通过使用聚四氟乙烯（PTFE）黏合剂可以获得更好的电池性能，而最好的电池性能则是通过无黏合剂下的正极材料直接放置在镍的集流体上获得的。此后，多种氧化物、氟化物、硫化物、导电聚合物（聚吡咯、聚噻吩、聚苯胺等）被相继报道可以作为正极活性物质[63]。

2015 年，戴宏杰课题组[57]首次报道了以离子液体[EMIM]Cl/$AlCl_3$为电解液、石墨为正极的稳定铝-石墨电池（图 8－28）。基于 $AlCl_4^-$ 在正极的可逆嵌层/脱嵌和 $Al_2Cl_7^-$ 在负极的沉积/溶解的可逆充放电，正极质量比容量可达 66 mA·h/g，可经受 5 A/g 的电流密度且在 7500 圈长循环后基本无损失。经计算其质量能量密度可达 40 W·h/kg，与铅酸电池相当；功率密度可达 3 kW/kg，与超级电容器相当。此项研究代表了铝离子电池领域的一个新突破，展现了一种非常具有前景的高功率密度的电池体系。此后，关于基于碳材料为正极活性物质的铝离子电池的报道如雨后春笋般涌现。戴宏杰课题组后续又报道了高质量石墨正极，其在高负载量、低倍率下质量比容量可达 110 mA·h/g，但在较高的倍率下质量比容量快速衰减至 60 mA·h/g 并能维持 6000 圈的稳定循环。焦树强课题组使用石墨正极组装的软包电池完成了 36 W·h/kg 的质量能量密度、49 W·h/L 的体积能量密度和几十圈的循环，为首次报道的安时级铝-石墨软包电池的样品展示。实验证明，

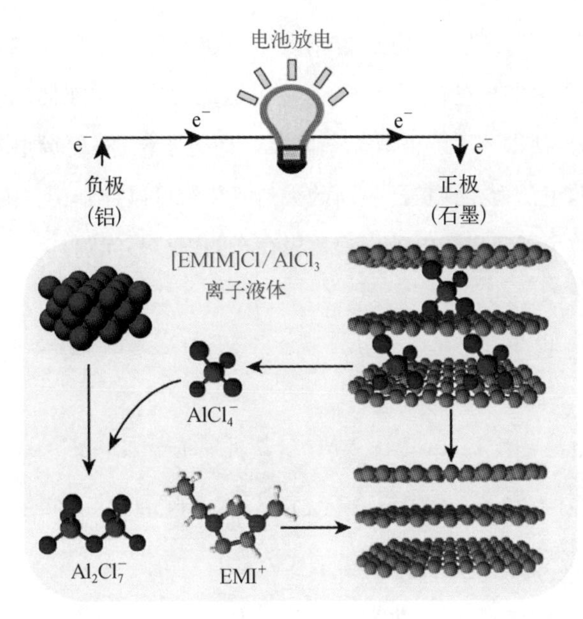

图 8-28 铝-石墨电池的工作原理示意图[57]

该铝-石墨电池的确具有非常大的实用价值和意义。鲁宾安课题组[64]在 CVD 法生长石墨烯泡沫上通过等离子打孔实现了 120 mA·h/g 的正极质量比容量,并在 5 A/g的电流密度下维持 10000 圈循环寿命,并且首次测试了铝离子电池的工作温度在 0～80℃内。刘兆平课题组通过大小片控制,证明了大片石墨烯与小片石墨烯和石墨相比,正极比容量和倍率性能更优,且通过多种原位表征手段证明了石墨插层化合物的形成。高超课题组采用“无缺陷”原则设计的石墨烯气凝胶正极材料实现了 100 mA·h/g 的质量比容量,并在 25000 圈循环后仍保持有 97%的比容量。这种新型铝-石墨烯气凝胶电池同时具有柔性、高安全性、耐火不可燃、可快充等性能。随后,该课题组将通过喷雾干燥的方法获得的“无缺陷、低堆叠、高连续”的高质量石墨烯粉体作为正极,首次实现了高倍率充放电(18 s 内充满电)且质量比容量超过 100 mA·h/g,并采用高质量、高取向、连续孔道的石墨烯正极材料实现了高倍率性能、长循环寿命、极宽使用温度范围的新型铝-石墨烯电池[65]。该新型铝-石墨烯电池能够在 1.1 s 内充满电,循环寿命高达 250000 圈,在 −40～120℃内都能够正常工作,并且具有极好的柔性和安全性。

目前,铝-石墨烯电池组装由铝箔作为负极,石墨烯作为正极,使用经典的[EMIM]Cl/$AlCl_3$作为电解液。在充电过程中,正极一侧 $AlCl_4^-$ 插层到石墨烯片层中，$Al_2C_7^-$ 在负极一侧沉积。放电过程则发生可逆的反应。目前，对于铝-石墨烯电池实现快速充放电的机理尚不明晰，一些报道认为这种快速插层的行为得益于石墨烯的片层结构使得 $AlCl_4^-$ 扩散能垒降低。而对于铝-石墨烯电池实现的长循环性能，高超课题组认为在铝负极表面的天然氧化膜可以抑制铝枝晶生成，提高负极稳定性，从而避免了锂离子电池中锂负极存在的锂枝晶问题。

8.3.6 铝-硫电池

水系铝-硫电池曾被 Licht 等深入研究，其机理基于如下反应：

$$2Al + 3S + 3\,OH^- + 3\,H_2O \xlongequal{} 2Al(OH)_3 + 3HS^- \qquad (8-26)$$

基于式(8-26)的电池工作电压为 1.3 V，并具有 910 W·h/kg 的理论质量能量密度。在非水系的体系下，电化学反应被认为基于如下反应：

$$2Al + 3S \xlongequal{} Al_2S_3 \qquad (8-27)$$

基于式(8-27)的理论质量比容量为 1071 mA·h/g，考虑 S 和 Al 的质量，这意味着1200 W·h/kg 的质量能量密度(考虑到热动力值 $\Delta E^0 = 1.12$ V，通过在 298.15 K下生成 Al_2S_3 的 ΔG^0 估算而来，$\Delta G^0 = -153.0$ kcal①/mol)。Marassi 等首先报道了基于 NaCl/$AlCl_3$ 电解液的铝-硫电池。2015 年，Archer 等报道了基于室温离子液体电解液的铝-硫电池，它具有 1500 mA·h/g 的正极质量比容量、1.1～1.2 V 的工作电压，由此可得出该体系具有 1700 W·h/kg 的质量能量密度，这使得其在高能量密度的储能体系中颇具竞争力。然而该电池仅表现出有限的寿命。为了提高铝-硫电池的寿命，对硫正极的结构方面进行设计与构建。Xia 等利用 $AlCl_3$/Et_3NHCl (物质的量比为 1.5∶1)并加入一定的二氯甲烷进行稀释作为新的电解液，以硫作为正极，以铝作为负极。这个体系维持了 40 圈的寿命，但是仅仅只有120 mA·h/g的质量比容量，比理论质量比容量低了 10%。电池的电压曲线在 1.8 V 和 0.7 V 具有平台，这两个值都与式(8-27)相关的预期电压值相差甚远。此外，2.4 V 的充电平台与电解液的分解密切相关，导致了电池较低的库仑效率。李峰课题组[66]报道了一种快速充放电的铝-硫电池，揭示了与 $Al_2Cl_6Br^-$ 相比较，

① 1 kcal≈4.19 kJ。

$Al_2Cl_7^-$ 更容易解离出 Al^{3+}，进而提高了正极硫元素的利用率，提升了电池的性能。

在硫化物正极方面，焦树强课题组[67]通过 Ni_3S_2、CuS、NiS 正极均实现了百圈左右的循环。Zhu 等[68]将硫化钴(Co_9S_8)包裹的碳纳米管和氧化石墨烯支撑的硫化硒纳米片层作为正极，制备了较高比容量和长循环的铝离子电池。

参考文献

[1] Goodenough J B, Kim Y. Challenges for rechargeable Li batteries[J]. Chemistry of Materials, 2010, 22(3): 587-603.

[2] Scrosati B, Garche J. Lithium batteries: Status, prospects and future[J]. Journal of Power Sources, 2010, 195(9): 2419-2430.

[3] Dahn J R, Zheng T, Liu Y H, et al. Mechanisms for lithium insertion in carbonaceous materials[J]. Science, 1995, 270(5236): 590-593.

[4] Pollak E, Geng B S, Jeon K J, et al. The interaction of Li^+ with single-layer and few-layer graphene[J]. Nano Letters, 2010, 10(9): 3386-3388.

[5] Wu Z S, Ren W C, Xu L, et al. Doped graphene sheets as anode materials with superhigh rate and large capacity for lithium ion batteries[J]. ACS Nano, 2011, 5(7): 5463-5471.

[6] Wang G X, Shen X P, Yao J, et al. Graphene nanosheets for enhanced lithium storage in lithium ion batteries[J]. Carbon, 2009, 47(8): 2049-2053.

[7] Wang Z L, Xu D, Wang H G, et al. In situ fabrication of porous graphene electrodes for high-performance energy storage[J]. ACS Nano, 2013, 7(3): 2422-2430.

[8] Yao F, Güneş F, Ta H Q, et al. Diffusion mechanism of lithium ion through basal plane of layered graphene[J]. Journal of the American Chemical Society, 2012, 134(20): 8646-8654.

[9] Li B, Yang S B, Li S M, et al. From commercial sponge toward 3D graphene-silicon networks for superior lithium storage[J]. Advanced Energy Materials, 2015, 5(15): 1500289.

[10] Han J W, Kong D B, Lv W, et al. Caging tin oxide in three-dimensional graphene networks for superior volumetric lithium storage[J]. Nature Communications, 2018, 9: 402.

[11] Wei W, Yang S B, Zhou H X, et al. 3D graphene foams cross-linked with pre-encapsulated Fe_3O_4 nanospheres for enhanced lithium storage[J]. Advanced Materials, 2013, 25(21): 2909-2914.

[12] Sun H T, Mei L, Liang J F, et al. Three-dimensional holey-graphene /niobia

composite architectures for ultrahigh-rate energy storage[J]. Science, 2017, 356(6338): 599 - 604.

[13] Gong Y J, Yang S B, Liu Z, et al. Graphene-network-backboned architectures for high-performance lithium storage [J]. Advanced Materials, 2013, 25 (29): 3979 - 3984.

[14] Wang B, Abdulla W A, Wang D L, et al. A three-dimensional porous $LiFePO_4$ cathode material modified with a nitrogen-doped graphene aerogel for high-power lithium ion batteries[J]. Energy & Environmental Science, 2015, 8(3): 869 - 875.

[15] Son I H, Park J H, Park S, et al. Graphene balls for lithium rechargeable batteries with fast charging and high volumetric energy densities[J]. Nature Communications, 2017, 8: 1561.

[16] Zhu X J, Yan Z, Wu W Y, et al. Manipulating size of $Li_3V_2(PO_4)_3$ with reduced graphene oxide: Towards high-performance composite cathode for lithium ion batteries[J]. Scientific Reports, 2014, 4: 5768.

[17] Lin D C, Liu Y Y, Cui Y. Reviving the lithium metal anode for high-energy batteries[J]. Nature Nanotechnology, 2017, 12(3): 194 - 206.

[18] Rosso M, Brissot C, Teyssot A, et al. Dendrite short-circuit and fuse effect on Li/polymer/Li cells[J]. Electrochimica Acta, 2006, 51(25): 5334 - 5340.

[19] Monroe C, Newman J. Dendrite growth in lithium/polymer systems: A propagation model for liquid electrolytes under galvanostatic conditions [J]. Journal of the Electrochemical Society, 2003, 150(10): A1377 - A1384.

[20] Yan K, Lee H W, Gao T, et al. Ultrathin two-dimensional atomic crystals as stable interfacial layer for improvement of lithium metal anode[J]. Nano Letters, 2014, 14(10): 6016 - 6022.

[21] Kim J S, Kim D W, Jung H T, et al. Controlled lithium dendrite growth by a synergistic effect of multilayered graphene coating and an electrolyte additive[J]. Chemistry of Materials, 2015, 27(8): 2780 - 2787.

[22] Lin D C, Liu Y Y, Liang Z, et al. Layered reduced graphene oxide with nanoscale interlayer gaps as a stable host for lithium metal anodes[J]. Nature Nanotechnology, 2016, 11(7): 626 - 632.

[23] Wang A X, Tang S, Kong D B, et al. Bending-tolerant anodes for lithium-metal batteries[J]. Advanced Materials, 2018, 30(1): 1870005.

[24] Liu S, Wang A X, Li Q Q, et al. Crumpled graphene balls stabilized dendrite-free lithium metal anodes[J]. Joule, 2018, 2(1): 184 - 193.

[25] Pei A, Zheng G Y, Shi F F, et al. Nanoscale nucleation and growth of electrodeposited lithium metal[J]. Nano Letters, 2017, 17(2): 1132 - 1139.

[26] Zhang R, Chen X R, Chen X, et al. Lithiophilic sites in doped graphene guide uniform lithium nucleation for dendrite-free lithium metal anodes[J]. Angewandte Chemie-International Edition, 2017, 56(27): 7764 - 7768.

[27] Jin C B, Sheng O W, Lu Y, et al. Metal oxide nanoparticles induced step-edge

nucleation of stable Li metal anode working under an ultrahigh current density of 15 mA · cm^{-2}[J]. Nano Energy, 2018, 45: 203 - 209.

[28] Liao H Y, Zhang H Y, Qin G, et al. A macro-porous graphene oxide-based membrane as a separator with enhanced thermal stability for high-safety lithium-ion batteries[J]. RSC Advances, 2017, 7(36): 22112 - 22120.

[29] Park K, Cho J H, Shanmuganathan K, et al. New battery strategies with a polymer/Al_2O_3 separator[J]. Journal of Power Sources, 2014, 263: 52 - 58.

[30] Shin W K, Kannan A G, Kim D W. Effective suppression of dendritic lithium growth using an ultrathin coating of nitrogen and sulfur codoped graphene nanosheets on polymer separator for lithium metal batteries[J]. ACS Applied Materials & Interfaces, 2015, 7(42): 23700 - 23707.

[31] Huh J H, Kim S H, Chu J H, et al. Enhancement of seawater corrosion resistance in copper using acetone-derived graphene coating[J]. Nanoscale, 2014, 6(8): 4379 - 4386.

[32] Jiang J M, Nie P, Ding B, et al. Effect of graphene modified Cu current collector on the performance of $Li_4Ti_5O_{12}$ anode for lithium-ion batteries[J]. ACS Applied Materials & Interfaces, 2016, 8(45): 30926 - 30932.

[33] Yang H, Kwon K, Devine T M, et al. Aluminum corrosion in lithium batteries: An investigation using the electrochemical quartz crystal microbalance[J]. Journal of the Electrochemical Society, 2000, 147(12): 4399 - 4407.

[34] Wang M Z, Tang M, Chen S L, et al. Graphene-armored aluminum foil with enhanced anticorrosion performance as current collectors for lithium-ion battery[J]. Advanced Materials, 2017, 29(47): 1703882.

[35] Manthiram A, Fu Y Z, Chung S H, et al. Rechargeable lithium-sulfur batteries[J]. Chemical Reviews, 2014, 114(23): 11751 - 11787.

[36] Akridge J R, Mikhaylik Y V, White N. Li/S fundamental chemistry and application to high-performance rechargeable batteries[J]. Solid State Ionics, 2004, 175(1 - 4): 243 - 245.

[37] Yamin H, Peled E. Electrochemistry of a nonaqueous lithium/sulfur cell[J]. Journal of Power Sources, 1983, 9(3): 281 - 287.

[38] Peled E, Sternberg Y, Gorenshtein A, et al. Lithium-sulfur battery: Evaluation of dioxolane-based electrolytes[J]. Journal of the Electrochemical Society, 1989, 136(6): 1621 - 1625.

[39] Rauh R D, Abraham K M, Pearson G F, et al. A lithium/dissolved sulfur battery with an organic electrolyte[J]. Journal of the Electrochemical Society, 1979, 126(4): 523 - 527.

[40] Zhang S S. Liquid electrolyte lithium/sulfur battery: Fundamental chemistry, problems, and solutions[J]. Journal of Power Sources, 2013, 231: 153 - 162.

[41] Ji X L, Lee K T, Nazar L F. A highly ordered nanostructured carbon-sulphur cathode for lithium-sulphur batteries[J]. Nature Materials, 2009, 8(6): 500 - 506.

[42] Wang J L, Yang J, Xie J Y, et al. A novel conductive polymer-sulfur composite cathode material for rechargeable lithium batteries[J]. Advanced Materials, 2002, 14(13 - 14): 963 - 965.

[43] Zhang B, Qin X, Li G R, et al. Enhancement of long stability of sulfur cathode by encapsulating sulfur into micropores of carbon spheres[J]. Energy & Environmental Science, 2010, 3(10): 1531 - 1537.

[44] Li X L, Cao Y L, Qi W, et al. Optimization of mesoporous carbon structures for lithium-sulfur battery applications[J]. Journal of Materials Chemistry, 2011, 21 (41): 16603 - 16610.

[45] Su Y S, Fu Y Z, Manthiram A. Self-weaving sulfur-carbon composite cathodes for high rate lithium-sulfur batteries[J]. Physical Chemistry Chemical Physics, 2012, 14 (42): 14495 - 14499.

[46] Ji L W, Rao M M, Aloni S, et al. Porous carbon nanofiber-sulfur composite electrodes for lithium/sulfur cells[J]. Energy & Environmental Science, 2011, 4 (12): 5053 - 5059.

[47] Han S C, Song M S, Lee H, et al. Effect of multiwalled carbon nanotubes on electrochemical properties of lithium/sulfur rechargeable batteries[J]. Journal of the Electrochemical Society, 2003, 150(7): A889 - A893.

[48] Rao M M, Song X Y, Cairns E J. Nano-carbon/sulfur composite cathode materials with carbon nanofiber as electrical conductor for advanced secondary lithium/sulfur cells[J]. Journal of Power Sources, 2012, 205: 474 - 478.

[49] Wang J Z, Lu L, Choucair M, et al. Sulfur-graphene composite for rechargeable lithium batteries[J]. Journal of Power Sources, 2011, 196(16): 7030 - 7034.

[50] Cao Y L, Li X L, Aksay I A, et al. Sandwich-type functionalized graphene sheet-sulfur nanocomposite for rechargeable lithium batteries[J]. Physical Chemistry Chemical Physics, 2011, 13(17): 7660 - 7665.

[51] Wang H L, Yang Y, Liang Y Y, et al. Graphene-wrapped sulfur particles as a rechargeable lithium-sulfur battery cathode material with high capacity and cycling stability[J]. Nano Letters, 2011, 11(7): 2644 - 2647.

[52] Evers S, Nazar L F. Graphene-enveloped sulfur in a one pot reaction: A cathode with good coulombic efficiency and high practical sulfur content[J]. Chemical Communications, 2012, 48(9): 1233 - 1235.

[53] Song M K, Zhang Y G, Cairns E J. A long-life, high-rate lithium/sulfur cell: A multifaceted approach to enhancing cell performance[J]. Nano Letters, 2013, 13 (12): 5891 - 5899.

[54] Zu C X, Manthiram A. Hydroxylated graphene-sulfur nanocomposites for high-rate lithium-sulfur batteries[J]. Advanced Energy Materials, 2013, 3(8): 1008 - 1012.

[55] Jin J, Wen Z Y, Ma G Q, et al. Flexible self-supporting graphene-sulfur paper for lithium sulfur batteries[J]. RSC Advances, 2013, 3(8): 2558 - 2560.

[56] Elia G A, Marquardt K, Hoeppner K, et al. An overview and future perspectives of

aluminum batteries[J]. Advanced Materials, 2016, 28(35): 7564 - 7579.

[57] Lin M C, Gong M, Lu B G, et al. An ultrafast rechargeable aluminium-ion battery [J]. Nature, 2015, 520(7547): 324 - 328.

[58] Liu Y Y, Sang S B, Wu Q M, et al. The electrochemical behavior of Cl^- assisted Al^{3+} insertion into titanium dioxide nanotube arrays in aqueous solution for aluminum ion batteries[J]. Electrochimica Acta, 2014, 143: 340 - 346.

[59] Wang F X, Yu F, Wang X W, et al. Aqueous rechargeable zinc /aluminum ion battery with good cycling performance[J]. ACS Applied Materials & Interfaces, 2016, 8(14): 9022 - 9029.

[60] Ma J L, Wen J B, Zhu H X, et al. Electrochemical performances of Al - 0.5Mg - 0.1Sn - 0.02In alloy in different solutions for Al-air battery[J]. Journal of Power Sources, 2015, 293: 592 - 598.

[61] Fan L, Lu H M, Leng J, et al. The effect of crystal orientation on the aluminum anodes of the aluminum-air batteries in alkaline electrolytes[J]. Journal of Power Sources, 2015, 299: 66 - 69.

[62] Wang H L, Gu S C, Bai Y, et al. Anion-effects on electrochemical properties of ionic liquid electrolytes for rechargeable aluminum batteries[J]. Journal of Materials Chemistry A, 2015, 3(45): 22677 - 22686.

[63] Geng L X, Lv G, Xing X B, et al. Reversible electrochemical intercalation of aluminum in Mo_6S_8[J]. Chemistry of Materials, 2015, 27(14): 4926 - 4929.

[64] Yu X Z, Wang B, Gong D C, et al. Graphene nanoribbons on highly porous 3D graphene for high-capacity and ultrastable Al-ion batteries[J]. Advanced Materials, 2017, 29(4): 1604118.

[65] Chen H, Guo F, Liu Y J, et al. A defect-free principle for advanced graphene cathode of aluminum-ion battery[J]. Advanced Materials, 2017, 29(12): 1605958.

[66] Yang H C, Yin L C, Liang J, et al. A fast kinetic response aluminum-sulfur battery [J]. Angewandte Chemie-International Edition, 2017, 57(7): 1898 - 1902.

[67] Wang S, Yu Z J, Tu J G, et al. A novel aluminum-ion battery: $Al/AlCl_3$-[EMIm] Cl/ Ni_3S_2@Graphene[J]. Advanced Energy Materials, 2016, 6(13): 1600137.

[68] Zhu X B, Ye D L, Luo B, et al. A binder-free and free-standing cobalt sulfide@ carbon nanotube cathode material for aluminum-ion batteries[J]. Advanced Materials, 2018, 30(2): 1703824.

第9章

石墨烯宏观材料在超级电容器领域的应用

电容器可以分为静电电容器、电解电容器和电化学电容器三大类。其中电化学电容器又被称为超级电容器或超大容量电容器，是一类介于传统电容器和电池之间的新型储能元件。由于其倍率高、寿命长、制备简单、电荷传输功率大及维护成本低，是能源存储设备发展的一个重要方向。超级电容器主要由电极、集流体、电解质和隔膜共同组成。与传统电容器相比，超级电容器同时使用具有高离子电导率的电解质和表面高度多孔的电极材料，其存储的能量密度要高得多[1]。超级电容器在一些特殊的应用领域有着难以替代的作用，因此它逐渐引起了人们的重视。美国通用电气公司在 1957 年就提出了超级电容器的概念并撰写了专利[2]。

与电池相比，超级电容器储存的电荷量普遍较低，但是同等体积的超级电容器所输出的功率密度却可以达到电池的成百上千倍。尽管近年来锂离子电池技术得到了飞速发展，但是其充电 3～5 min 所储存的容量，换成超级电容器仅需约 1 s 的时间就可以充满。虽然电池型储能器件在智能手机、笔记本电脑、轻小型电动汽车等领域中随处可见，但在一些特定的场合中，比如在重型载货汽车或者起重机里，具有高功率密度和长循环寿命的超级电容器往往会被用来替代电池或者与电池搭配一起使用。石墨烯由于其高电导率、高比表面积的性能优势，作为一种新型二维碳纳米材料，在超级电容器领域具有重要的应用前景[3]。

9.1　超级电容器简介

基于不同的储能机理，超级电容器又分为双电层电容(EDLC)、赝电容和复合型电容器三类[2,4-6]。其中，EDLC 通过在电极-电解质界面上吸附正负离子来储存能量。在充电过程中，电极表面和电解液之间会形成由正负电荷组成的双电荷层，构成双电层电容，两电荷层的距离非常小，一般不大于 0.5 nm。而赝电容则借由充放电过程中活性物质在电极近表面与电解质发生的高度可逆的氧化还原反应来实现能量的储存与释放。虽然电极活性物质因电子传递发生了法拉第反应，但其充放电行为更接近于电容器而非电池。通常来说，赝电容具有比电化学双电层电容更大的比电容，但是大多数赝电容活性物质导电性差，限制了充放电过程中相应法拉第反应的进行。此外，它们在充放电过程中还会发生较大的体积变化，最终导致其电化学性能和循环稳定性变差。复合型电容器则综合了 EDLC 和赝电容。它们的结构示意图如图 9-1 所示。

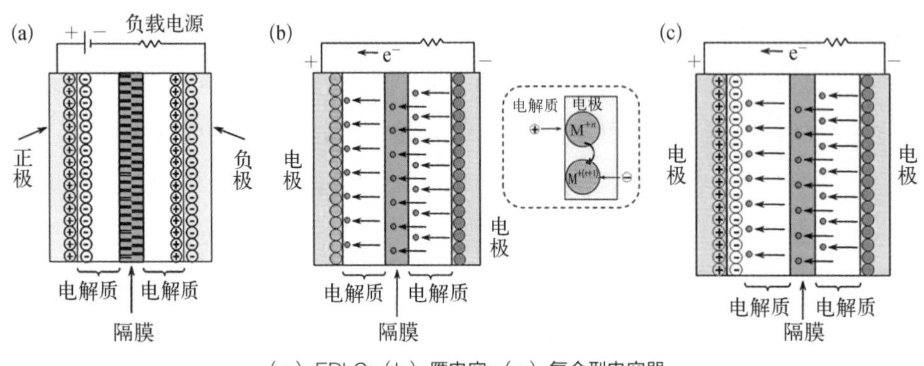

(a) EDLC; (b) 赝电容; (c) 复合型电容器

图 9-1 超级电容器的结构示意图

EDLC 中每个电极的比电容 C(F/g)可以用平板电容器模型进行估算：$C = \varepsilon_r \varepsilon_0 A/(dm)$，其中 ε_r 为相对介电常数，ε_0 为真空介电常数(8.85×10^{-12} F/m)，A 为电极表面积，d 为德拜长度，m 为活性物质质量[7,8]。而赝电容的电容(C_F)则可由电荷储量(Δq)随电压值(ΔV)的变化来表示：$C_F = \partial(\Delta q) / \partial(\Delta V)$。实际情况中，比电容的确定通常需要根据循环伏安法或恒电流充放电的测试结果进行准确计算[7, 9, 10]。此外，在对称型电容器中，理想情况下正负极储存的电荷量应该相等($Q_1 = Q_2$)，即正负极的容量相等。整个超级电容器可以粗略地描述为两个理想电容器的串联结构，因此总容量(C_{tot})与正负极电容(C_1、C_2)间又具有如下关系：$C_{tot}^{-1} = C_1^{-1} + C_2^{-1}$，$C_{tot} = 0.5 \times C_{electrode}$($C_{electrode}$ 为电极电容，在对称型超级电容器中，$C_1 = C_2 = C_{electrode}$)。相应地，整个超级电容器的能量密度可由下式进行计算：$E = 0.125 \times C_{electrode} V^2$ (V 为超级电容器的电压窗口)[7]。

多孔碳材料如活性炭、碳气凝胶、碳纳米管、介孔碳及碳化物衍生碳等是较常见的超级电容器电极材料。大量的研究结果表明，影响超级电容器性能的主要因素有比表面积、电导率、孔尺寸及其分布。石墨烯作为一种单原子层厚度的新型二维碳纳米材料，具有质量轻、电导率高、比表面积大(约 2675 m^2/g)且物理化学稳定性好的优点，十分符合超级电容器电极材料的要求[11-13]。理论上，如果石墨烯的表面能得到充分利用，它的质量比电容可以达到 550 F/g 左右(面积比电容约为 21 $\mu F/cm^2$)[14]。

9.2 用于超级电容器的石墨烯结构特征

除还原氧化石墨烯之外，还有多种方法可以用来制备石墨烯材料[15-18]。但是对于超级电容器用石墨烯基电极材料来说，最重要的方法仍然是还原氧化石墨烯[19]。这是因为：① 氧化石墨烯的制备非常简单、快捷且可以大批量获得，大规模生产时成本相对较低，为石墨烯基超级电容器电极的实际应用打下了基础；② 氧化石墨烯具有丰富的官能团，因此基于活性官能团的改性非常方便，且容易在常用溶剂中进行；③ 通过不同的途径可以还原氧化石墨烯，恢复其固有的比表面积和导电性，并构筑具有理想孔尺寸和孔分布的石墨烯微观结构。

9.2.1 石墨烯层间距的影响与调控

尽管人们制得了一系列具有高比表面积、高电导率的石墨烯原料，但是由它们组装而成的电极材料却并不能完全继承其优异的电化学性能。这是因为石墨烯在组装成宏观体材料的过程中很容易发生不可逆的再堆叠[20]，这种强烈的 $\pi-\pi$ 堆叠作用会使得石墨烯的有效活性位点大幅度减少。在实际应用中，大多数石墨烯基 EDLC 的质量比电容通常只有 100～200 F/g[14]。石墨对应的是石墨烯片层堆叠到极致的一个状态，它的密度约为 2.2 g/cm^3，此时石墨烯层间距约仅有0.3354 nm。若把它用作超级电容器的电极，则效果并不理想。因此，在超级电容器领域中，如何调控石墨烯的层间距是一个十分重要的问题[20]。

(1) 异型石墨烯

改变石墨烯褶皱状态是调控其层间距的方法之一，引入某些特定的微褶皱结构可以达到削弱石墨烯片层间范德瓦耳斯力的效果，这种石墨烯通常被称为变形石墨烯片[20]。

例如,Jang 等将 GO 悬浮液注射到处于强制对流的压缩空气中,制备了一种不同于平面石墨烯结构的弯曲态氧化石墨烯纳米片,经过水合肼还原后,这种具有曲向结构的石墨烯被压制成极片时,其片层堆叠作用会受到一定程度的抑制(图 9-2)[20]。这种电极材料具有 2～25 nm 的介孔,即使是体积大、黏度高的离子液体电解质也足以渗入。以该电极材料组装而成的有机系超级电容器具有优异的电化学性能,其操作电压可以达到 4 V,质量比电容在1 A/g时可达到250 F/g,室温下能量密度约为 86 W·h/kg。

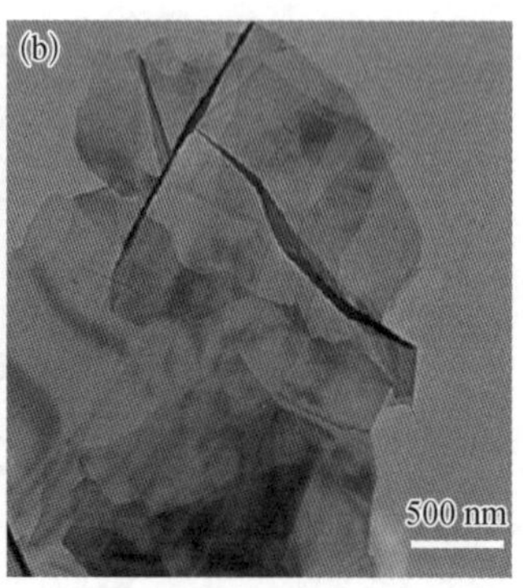

图 9-2 弯曲态还原氧化石墨烯纳米片[20]

(a)弯曲态还原氧化石墨烯纳米片的 SEM 图;(b)由传统化学方法制备的非弯曲态石墨烯纳米片的 TEM 图

Liu 等通过冷冻干燥的方法制备了氧化石墨烯气凝胶,经热还原后再对其进行机械压缩,得到了一种由折叠石墨烯纳米片构成的超级电容器电极材料(图 9-3)[20]。石墨烯纳米片在压缩过程中发生了不同程度的折叠,并在片层内产生了一定的空隙。与一般的石墨烯基膜状电极材料相比,这种由折叠石墨烯纳米片构

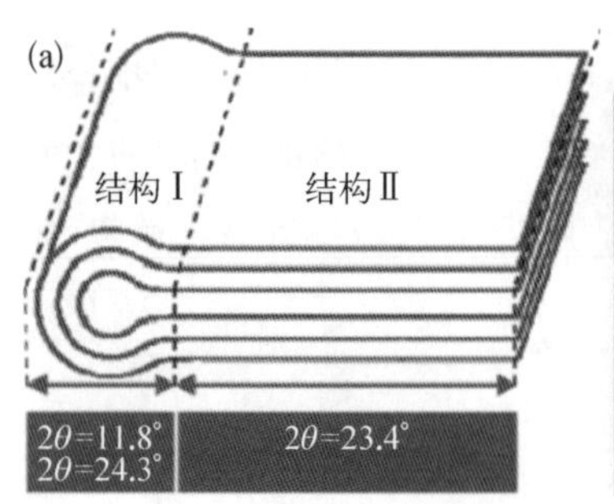

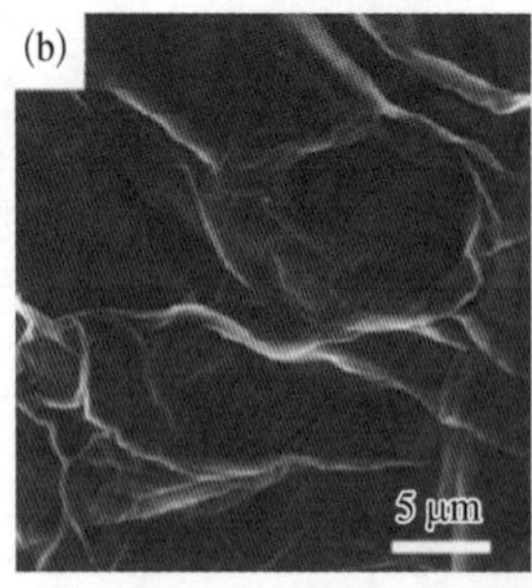

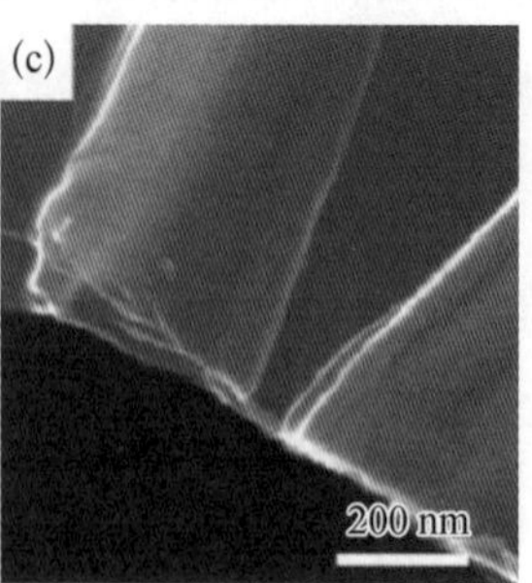

图 9-3 折叠石墨烯纳米片[20]

(a)折叠石墨烯纳米片的结构示意图;(b)(c)折叠石墨烯纳米片的 SEM 图

成的电极材料具有更大的层间距，电解质离子更容易在其间穿梭，并具有更好的电化学性能。类似地，Chen 等将 GO 悬浮液与氨腈混合后置于一个不断升温的环境中，经过一系列的热处理后制备了一种氮掺杂且高度褶皱的石墨烯纳米片，它的单位质量孔体积达到 3.42 cm^3/g，但是同时还保持了石墨烯纳米片的二维纳米结构、高的电导率和良好的机械强度[20]。

(2) 使用“阻隔剂”

使用“阻隔剂”来阻止石墨烯再堆叠是现今一种常用的方法。常见的“阻隔剂”有金属纳米颗粒、碳纳米管、具有赝电容性质的金属氧化物及导电聚合物。另外，水或某些难挥发液体也可以作为石墨烯的“阻隔剂”。

金属纳米颗粒是比较好的“阻隔剂”之一。Samulski 等在二维石墨烯纳米片上通过修饰铂纳米颗粒来阻止石墨烯在干燥过程中的堆叠(图 9-4)[20]。金属纳米颗粒的存在使石墨烯纳米片的层间距增大至数个纳米，此时更多的石墨烯表面积得以被电解质离子利用。与纯石墨烯基电极材料相比，引入了铂纳米颗粒的石墨烯基电极材料的比表面积获得了大幅度提升(约 862 m^2/g)，相应的质量比电容增加了约 20 倍(269 F/g)。这种铂-石墨烯复合材料可以通过在石墨烯甲醇溶液中还原氯金酸(H_2PtCl_6)得到。在化学还原过程中，需要加入适量的表面活性剂来调节

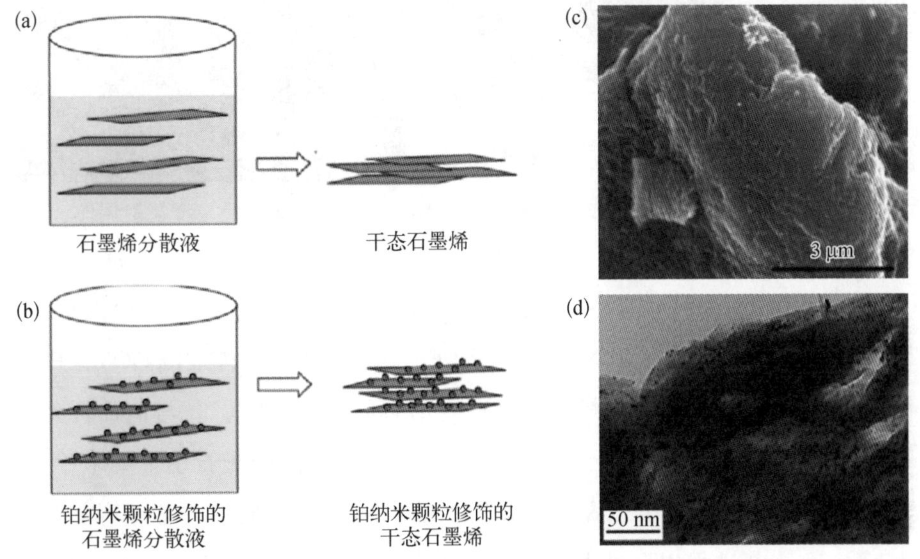

图 9-4 铂纳米颗粒修饰的石墨烯纳米片[20]

(a) 石墨烯纳米片在分散与干燥时的状态示意图；(b) 铂纳米颗粒修饰的石墨烯纳米片在分散与干燥时的状态示意图；(c) 铂-石墨烯复合材料的 SEM 图；(d) 铂-石墨烯复合材料的 TEM 图

铂纳米颗粒的尺寸，防止其发生团聚。其他金属纳米颗粒阻隔的石墨烯基电极材料也可以用类似的方法制备。

一些低维的碳材料还可以作为石墨烯纳米片的"阻隔剂"。碳纳米管是石墨烯的一种同素异形体，它同样具有高的电导率和大的比表面积，因此在超级电容器领域中也有很好的应用前景。与石墨烯或大多数其他碳材料相比，碳纳米管的缺点主要在于高生产成本及低堆积密度。尽管如此，当碳纳米管用作石墨烯基电极材料的阻隔剂时却具有极好的效果。按照碳纳米管的取向，石墨烯-碳纳米管复合材料有水平阻隔(图 9-5)石墨烯和垂直阻隔(图 9-6)石墨烯两种[20]。前者可以通过对石墨烯及碳纳米管分散液的简单混合得到，被称为自组装石墨烯-碳纳米管杂化材料，碳纳米管的用量一般在 10%(质量分数)左右时就可以得到较好的电化学性能。而后者则通常需要先在石墨烯纳米片上沉积金属催化剂，再以 CVD 法在石墨烯上生长碳纳米管才可以得到。

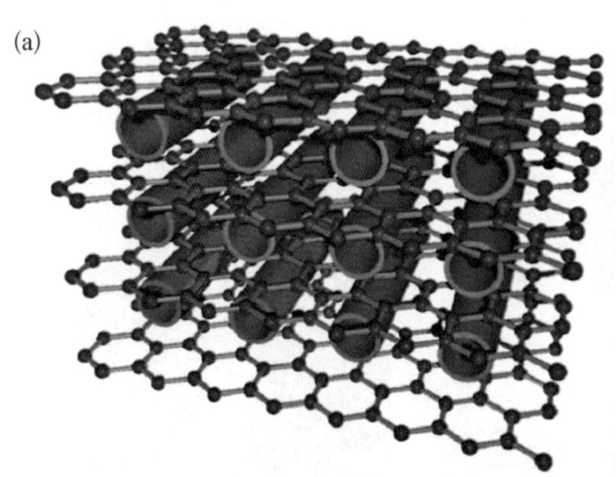

图 9-5 水平阻隔的石墨烯-碳纳米管复合材料[20]

(a) 水平阻隔的石墨烯-碳纳米管复合材料的结构示意图; (b) 水平阻隔的石墨烯-碳纳米管复合材料的 SEM 图

金属氧化物(如 RuO_2、MnO_2、NiO、Fe_3O_4、CeO_2、Co_3O_4、ZnO、SnO_2 等)和导电聚合物[如聚苯胺(PANI)、聚吡咯(PPy)、聚噻吩衍生物(PEDOT：PSS)等]是另外两种非常重要且经常会被用到的石墨烯"阻隔剂"。与前面提到的金属纳米颗粒及碳纳米管不同的是，它们不仅仅能起到分隔石墨烯纳米片、增大层间距的作用，还能作为活性物质提供额外的赝电容，它们通常拥有多个氧化态，在充放电过程中会涉及各个氧化态间的转化[13,21]。但是这两种"阻隔剂"也存在比较明显的缺点。金属氧化物的问题主要在于它的导电性差，将它

图 9-6　垂直阻隔的石墨烯-碳纳米管复合材料[20]

（a）GO 纳米片上垂直生长碳纳米管的过程示意图；（b）（c）垂直阻隔的石墨烯-碳纳米管复合材料的 SEM 图

与石墨烯复合后通常会导致超级电容器的倍率性能变差、功率密度降低。导电聚合物的电导率比金属氧化物高，但是它与石墨烯之间的相互作用差，在充放电过程中容易发生相分离而导致电化学性能下降，从而影响电极材料的循环稳定性。若将导电聚合物直接接枝到石墨烯上，则可以提升两者间的相互作用[22,23]。Kumar 等[22]先用氨基苯酚对氧化石墨烯纳米片进行功能化，然后将其置于苯胺单体中进行原位聚合（聚合过程中伴随着氧化石墨烯的还原），最终得到的阻隔石墨烯基电极材料具有良好的电化学稳定性，并且还具有聚苯胺的赝电容性质。

对于具有一定亲水性的化学转化石墨烯，水也是一种有效的“阻隔剂”[20]。真空抽滤或湿法纺膜得到的湿态石墨烯膜就是一种被水阻隔的溶剂化石墨烯组装体。处于自由悬浮状态的石墨烯纳米片通常具有波浪结构而非完全平整，其在堆叠时各片层间并不能充分接触。化学转化石墨烯片上还含有带负电荷的羧基，会在片层间产生静电排斥作用。石墨烯纳米片上的亲水基团会在其表面紧紧地吸附上一层水分子，阻止石墨烯的紧密接触。值得注意的是，一旦湿态石墨烯膜失水干燥后就再也不能恢复到原来的溶剂化状态，这是因为片层间强烈的 π - π 相互作用会使水分子很难重新渗透进去使其再溶胀。为了避免溶剂化石墨烯失水再堆叠，可以用某些难挥发性的液体对水进行置换。

Yang 等[24]利用水作为“阻隔剂”，基于低温液相及“自下而上”的组装技术成功地制备了一种新型的溶剂化高密度石墨烯基电极材料（图 9 - 7）。得益于还原氧化石墨烯表面丰富的亲水官能团，水能紧密地吸附在其表面，从而在层间引入排斥水合作用力。最后得到的自堆叠溶剂化石墨烯（self-stacked solvated graphene，SSG）膜展现出极其优异的电化学性能：质量比电容达到 108 F/g，并且在高达 1080 A/g 的超大电流密度下仍然能保持在156.5 F/g左右；功率密度达到414 kW/kg，经过 10000 次充放电循环后保持率约为 97%。更进

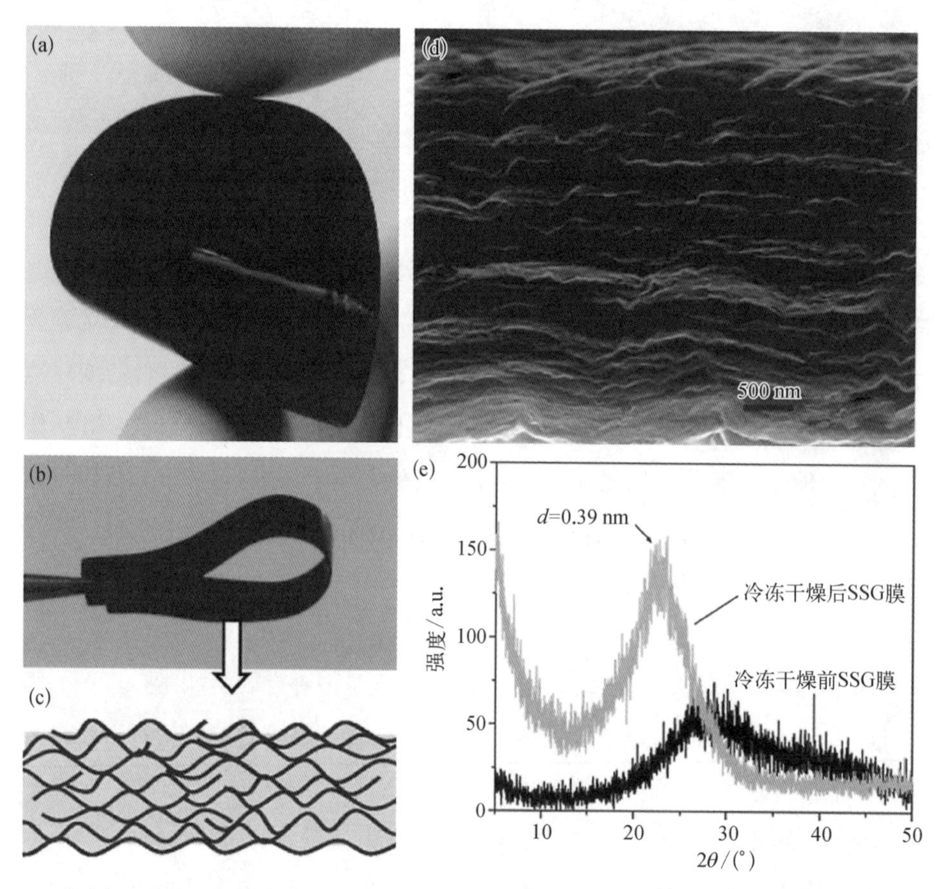

图 9-7 自堆叠溶剂化石墨烯膜[24]

（a）（b）柔性 SSG 膜的光学照片；（c）SSG 膜的截面示意图；（d）冷冻干燥后 SSG 膜的 SEM 图；（e）冷冻干燥前后 SSG 膜的 XRD 结果对比图

一步地，SSG膜中的水可以被其他溶剂置换，比如比较常见的离子液体。以1-乙基-1-甲基-咪唑四氟硼酸盐（$EMIMBF_4$）为例，由其置换得到的最终石墨烯基超级电容器具有高达273.1 F/g的质量比电容，质量能量密度和功率密度分别为150.9 W·h/kg和776.8 kW/kg。

上述例子都只使用了一种"阻隔剂"，但是在实际应用中，单一"阻隔剂"通常存在一定的缺陷。例如，金属纳米颗粒或碳纳米管虽然具有较高的电导率，而且可以有效阻隔石墨烯纳米片的再堆叠，但是相比于可以提供赝电容的金属氧化物或导电聚合物，它们对容量的提升效果稍显不足；而金属氧化物及导电聚合物虽然可以同时作为"阻隔剂"和赝电容活性物质，但是其本身存在的导电性差和循环稳定性不足等问题也是不可忽视的。在最近的一些研究中，人们发现同时引入两种功能互补的"阻隔剂"，当它们与石墨烯组成三元混合体系时具有特殊的协同效应，可以进一步改善石墨烯基电极材料的电化学性能[20]。例如，Rakhi等[25]制备了一种由石墨烯、γ-MnO_2和碳纳米管组成的三元复合电极材料（图9-8），其同时具有较高的质量比电容（约300 F/g）及较好的循环稳定性（5000次充放电循环后仍有90%的保持率）。

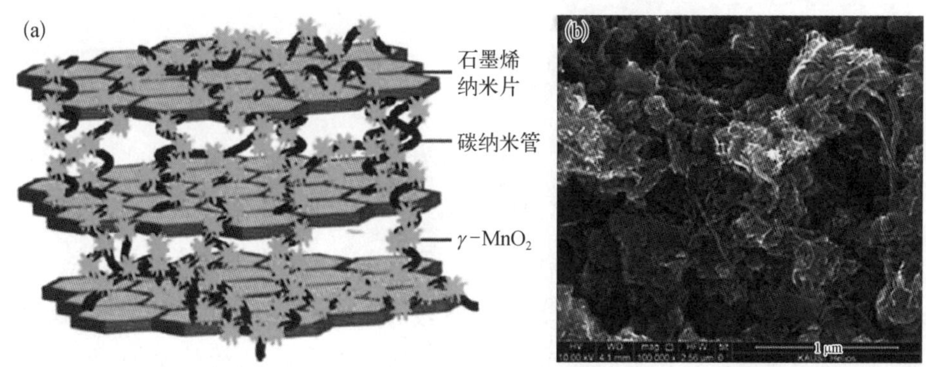

图9-8 石墨烯-（γ-MnO_2）-碳纳米管三元复合电极材料[25]

（a）石墨烯-（γ-MnO_2）-碳纳米管三元复合电极材料的结构示意图；（b）石墨烯-（γ-MnO_2）-碳纳米管三元复合电极材料的SEM图

9.2.2 石墨烯的边缘与缺陷

对于sp^2杂化碳材料，其表面通常由基面和边缘面组成（图9-9）。这两种表面不仅形貌不同,而且电化学行为也存在一定差异[26, 27]。Randin 等[28]发现在热解石墨电极中,由边缘部分产生的容量远大于基面。Vatamanu 等[29]通过分子模拟的方法进一步研究了电极表面拓扑结构对双电层电容的影响,发现当石墨的基面和边缘面在与相同的电解质接触时会分别产生两种具有不同循环伏安曲线形状的电容,对石墨边缘的调控有可能会是提升双电层电容能量密度的一个途径。Pak 等[30]以边缘钝化的石墨烯纳米带为对比模型,研究了界面电容的边缘效应。他们明确指出,石墨烯的边缘部分会对量子电容和双电层电容产生积极的影响,进而增强整个电极材料的界面电容。

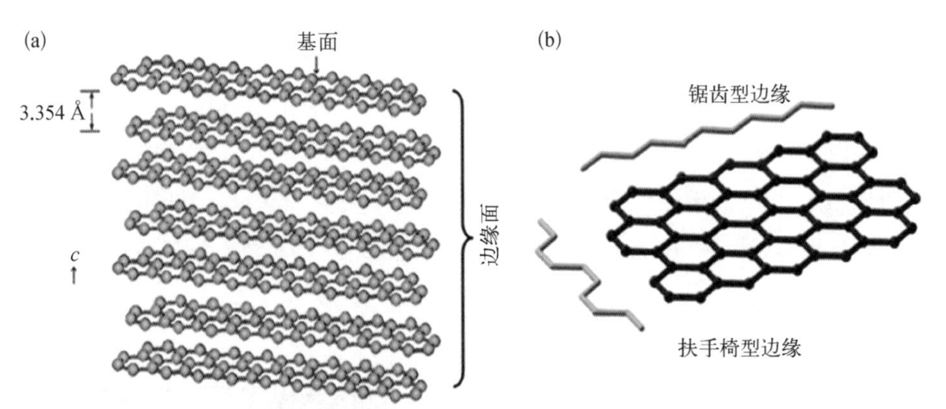

(a)三维石墨烯晶格示意图;(b)石墨烯两种边缘面示意图

图 9-9 石墨烯晶格及边缘面示意图[26]

Zhu 等[31]用 KOH 对微波剥离氧化石墨烯(microwave exfoliated graphene oxide, MEGO)进行了活化,其比表面积达到了 3100 m^2/g(图 9-10)。这种活化工艺对 MEGO 产生蚀刻作用,在材料内部产生三维分布的微观介孔,其孔径分布在 1~10 nm,二氧化碳吸附测试表明其孔密度为2.14 g/cm^3。虽然最终得到的氧化石墨烯纳米片呈高度弯曲,但其平面上的晶区结构仍然能被保留。由其组装的超级电容器(比表面积约为 2400 m^2/g)在 1-丁基-1-甲基咪唑四氟硼酸盐/乙腈($BMIMBF_4$/AN)中具有3.5 V 的电压窗口,当电流密度为 5.7 A/g时,其质量比电容大于 166 F/g,能量密度和功率密度分别达到了 70 W·h/kg和 250 kW/kg。此外,这种活化电极材料还表现出极其优异的循环稳定性,即使经过 10000 次恒电流充放电后,保持率仍能维持在 97%左右。

图 9-10 KOH活化的多孔氧化石墨烯纳米片[31]

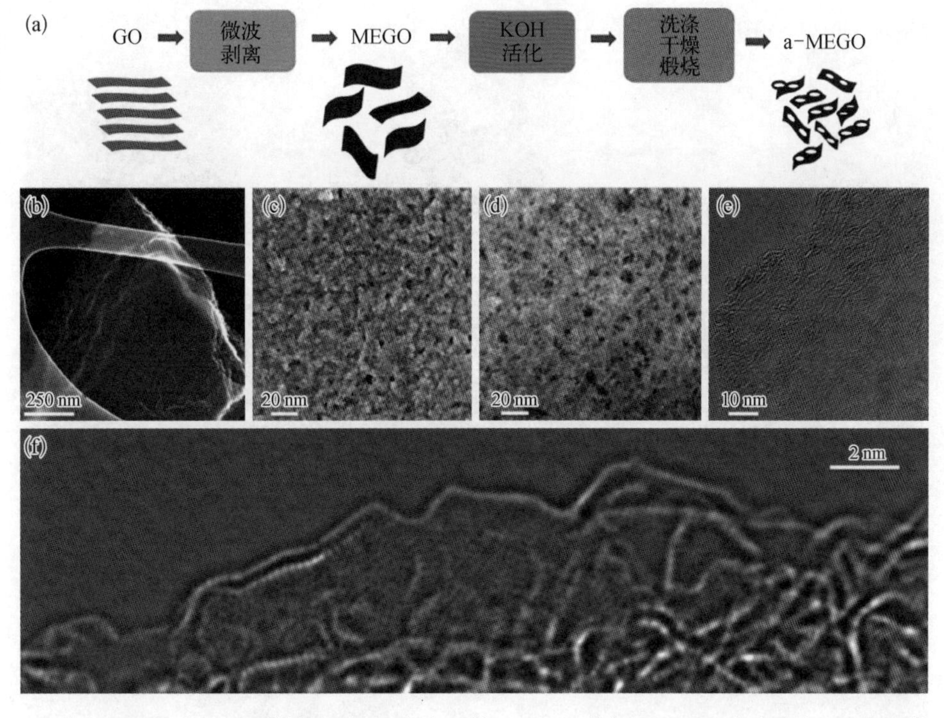

（a）KOH活化MEGO的制备示意图；（b）三维a-MEGO的低倍SEM图；（c）多孔a-MEGO的高倍SEM图；（d）多孔a-MEGO的ADF-STEM图；（e）a-MEGO薄层边缘的高分辨相差电子显微镜图；（f）a-MEGO薄层边缘的HRTEM图

类似地，Xu等[32]用双氧水在180℃水热条件下对石墨烯纳米片进行了打孔，制备了由蜂窝状石墨烯纳米片组成的三维框架(holey graphene framework，HGF)(图9-11)。用机械压力将这种三维块体材料进一步压制成膜后，最终得到了一种同时兼具高堆积密度、高比表面积和高电导率(约1000 S/m)的双电层电极材料。BET测试结果，表明这种新型电极材料的比表面积高达830 m^2/g，远大于由普通石墨烯纳米片组成的对比样(约为260 m^2/g)。在有机系电解质1-乙基-3-甲基咪唑四氟硼酸盐/乙腈中，这种电极材料的质量比电容和体积比电容分别达到了298 F/g和212 F/cm^3，相应的能量密度分别为35 W·h/kg和49 W·h/L。得益于快速的电子传输和高效的离子扩散过程，当电流密度为1 A/g时，活性物质的负载量由1 mg/cm^2提升至10 mg/cm^2，其质量比电容仅仅降低了12%(由298 F/g到262 F/g)。当电流密度为100 A/g时，其保持率为75%，表现出优秀的倍率性能。

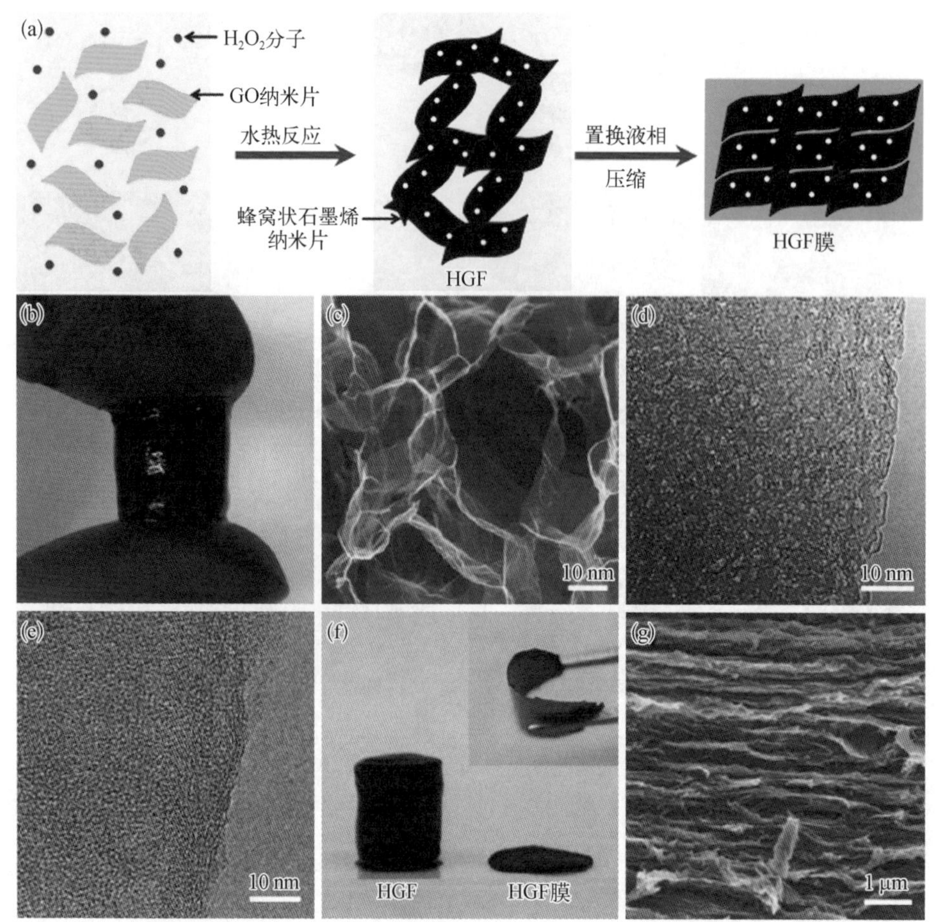

图 9-11 双氧水活化的蜂窝状石墨烯纳米片[32]

（a）HGF 和 HGF 膜的制备示意图；（b）具有自支撑能力的 HGF 的光学照片；（c）HGF 微结构的 SEM 图；（d）HGF 的 TEM 图；（e）GF 的 TEM 图；（f）压缩前后 HGF 的光学照片；（g）HGF 膜截面的 SEM 图

9.3 一维石墨烯基电极材料

石墨烯纤维（或石墨烯纱线）由于体积小、柔性好及可编织，在新一代可穿戴储能器件上的应用受到了广泛关注。它具有高的电导率和较大的比表面积，使用凝胶电解质组装而成的全固态纤维状超级电容器不仅具有优秀的电化学性能，还表现出良好的可弯曲性。面积比电容（C_A）、长度比电容（C_L）和体积比电容（C_V）是纤维状超极电容器比较常用的性能指标[33]。

Huang 等[34]以 GO 液晶分散液为原料，利用湿法纺丝技术制备了连续化的 GO 纤维，并以化学还原后的 rGO 纤维为电极、H_3PO_4 - PVA 凝胶为电解质，组装了线型超级电容器。其面积比电容达到了 3.3 mF/cm^2，并且具有优异的耐弯折性能，即使经过 5000 次反复弯折后，其面积比电容也不会发生显著变化。进一步地，当在这种石墨烯纤维电极上负载具有赝电容性质的聚苯胺纳米颗粒后，它的最终面积比电容可以达到 66.6 mF/cm^2。

对于纯的石墨烯基组装体来说，石墨烯纳米片的再堆叠是导致其电化学性能降低的重要原因之一，石墨烯纤维也不例外。因此在制备石墨烯基纤维电极材料的过程中，也经常会使用到各种"阻隔剂"。

Qu 等[35]将 PEDOT：PSS、维生素 C(VC)及 GO 分散液按一定比例置于毛细管中进行热处理，利用 GO 还原过程中释放的 CO_2 气体为驱动力组装并得到了一种中空石墨烯基复合纤维(hollow rGO/conducting polymer composite fiber, HCF)(图 9 - 12)。这种独特的中空结构极大地增加了纤维电极与电解质的接触面

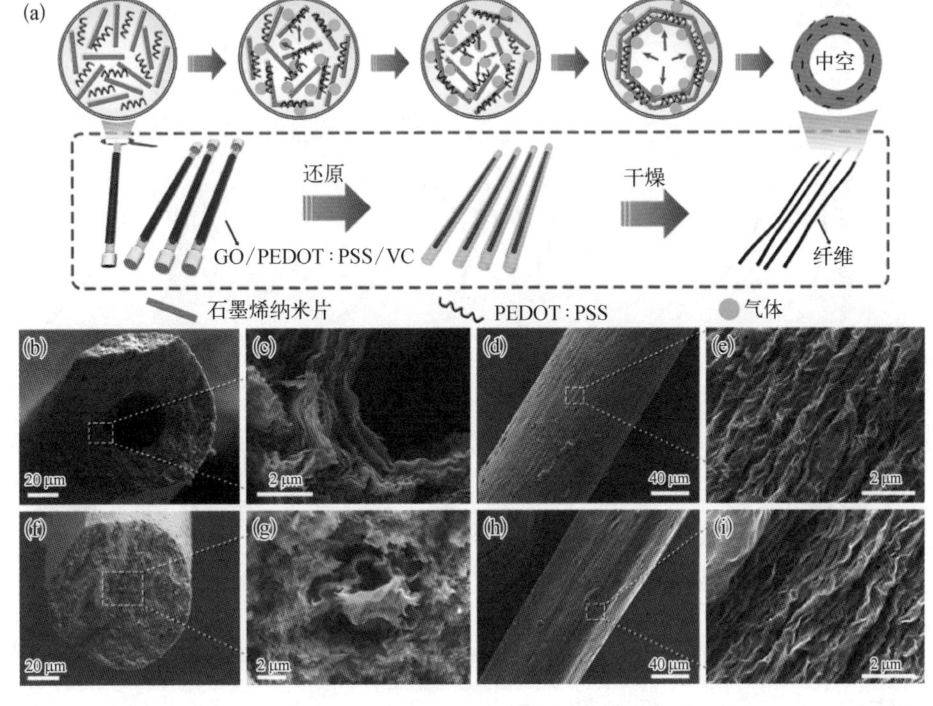

图 9 - 12 石墨烯-PEDOT：PSS 中空复合纤维[35]

(a) HCF 及其中空结构的形成；(b)(c) HCF 截面的高低倍 SEM 图；(d)(e) HCF 侧面的高低倍 SEM 图；(f)(g) 实心石墨烯纤维截面的高低倍 SEM 图；(h)(i) 实心石墨烯纤维侧面的高低倍 SEM 图

积，导电聚合物的引入还进一步提升了其能量密度。由这种中空石墨烯基复合纤维组装而成的超级电容器的最终面积比电容高达 304.5 mF/cm²（长度比电容为 8.1 mF/cm，体积比电容为 143.3 F/cm³，质量比电容为 63.1 F/g），比普通的纤维状超级电容器高出 2～8 倍，并且具有良好的循环稳定性及耐弯折性能。

Kou 等[36]通过同轴湿法纺丝的方法设计出了一种以羧甲基纤维素钠（CMC）为壳、还原氧化石墨烯/碳纳米管为核的同轴纤维（图 9－13）。其中，电子绝缘的 CMC

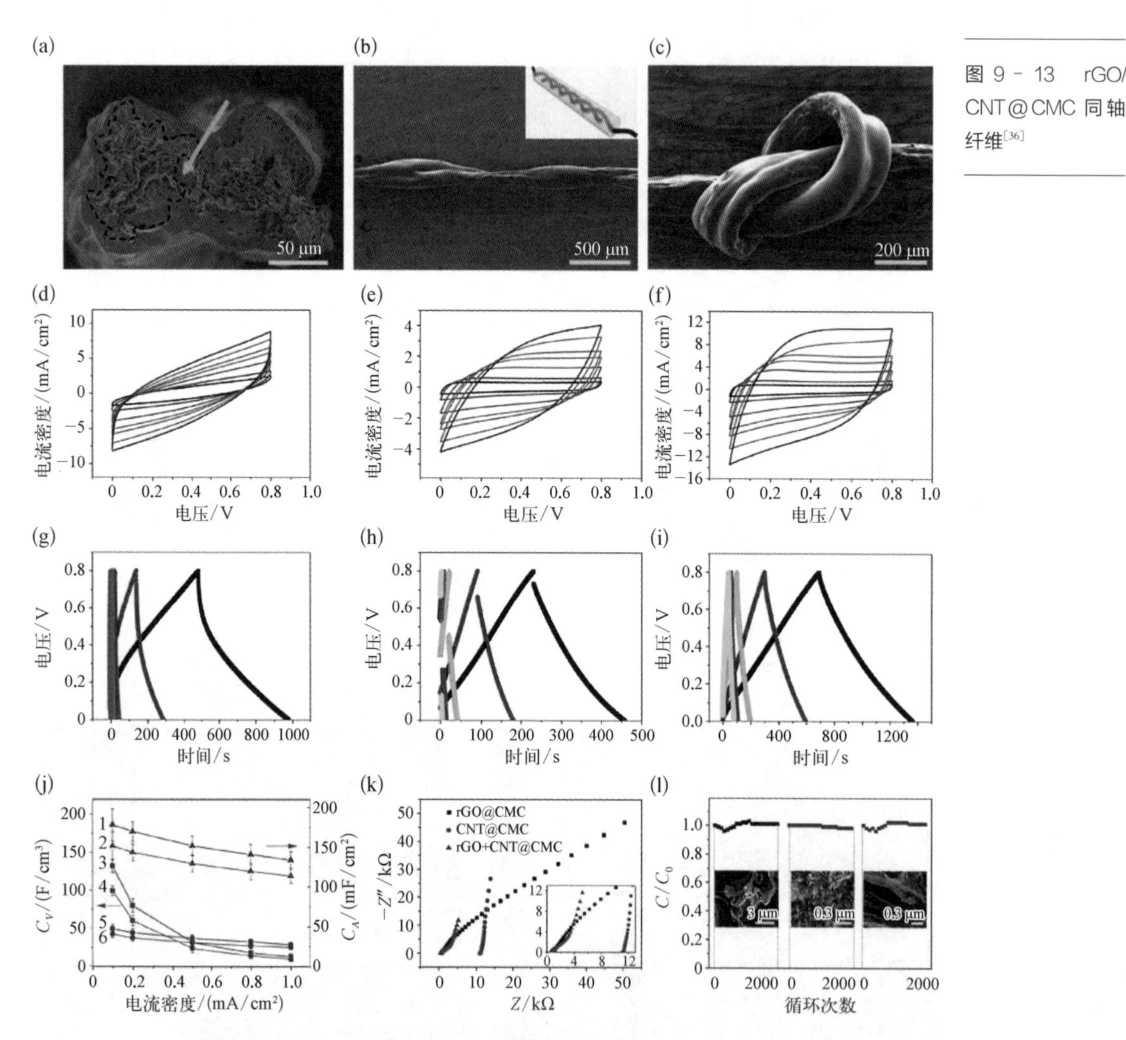

图 9－13 rGO/CNT@CMC 同轴纤维[36]

（a）～（c）双股缠绕的 rGO/CNT@CMC 同轴纤维的截面、侧面和打结后的 SEM 图；（d）～（f）rGO@CMC、CNT@CMC 和 rGO/CNT@CMC 同轴纤维的循环伏安曲线；（g）～（i）rGO@CMC、CNT@CMC 和 rGO/CNT@CMC 同轴纤维的恒电流充放电曲线；（j）rGO@CMC（3，4）、CNT@CMC（5，6）和 rGO/CNT@CMC（1，2）的倍率性能；（k）rGO@CMC、CNT@CMC 和 rGO/CNT@CMC 同轴纤维的电化学阻抗谱；（l）rGO@CMC、CNT@CMC 和 rGO/CNT@CMC 同轴纤维的循环性能

壳层有效地避免了两极间因相互接触而造成短路的可能。与此同时,CMC 又是离子导通的,CMC 壳层的存在并不会阻止电解质离子在电极表面的扩散和吸附。这种特殊的结构使正负极纤维可以被尽可能地紧密缠绕,减小电解质离子在两极间的传输距离。此外,石墨烯/碳纳米管核层具有大的比表面积和高效的离子传输通道,因此以这种同轴纤维为电极、H_3PO_4 - PVA 为电解质组装而成的纤维状超级电容器表现出极高的比电容(面积比电容为 177 mF/cm^2,体积比电容为 158 F/cm^3)。Yu 等[37]报道了一种由氮掺杂石墨烯和单壁碳纳米管(single - walled carbon nanotube,SWNT)组成的复合纤维组装体。它的电导率为102 S/cm,比表面积达到了 396 m^2/g。在以硫酸水溶液为电解质的三电极测试体系中,这种纤维状电极材料的体积比电容为 305 F/cm^3(电流密度为 73.5 mA/cm^3)。若使用 H_3PO_4 - PVA 为电解质,则其组装为全固态超级电容器后的体积比电容仍有 300 F/cm^3(电流密度为 26.7 mA/cm^3)。

尽管纤维状超级电容器因其柔韧性和可编织性而受到了广泛的关注,但是它的不足之处也比较明显。根据电阻定律($R = \rho L/S$),纤维的电阻 R 跟它的长度 L 成正比。当纤维电极的长度增加到一定值后,它的内阻就会变得很大,从而限制了它的实际应用。

9.4 二维石墨烯基电极材料

由石墨烯组装得到的薄膜具有良好的电学性能、力学性能和自支撑特性,是有希望被用于制作新型二维柔性超级电容器的电极材料之一。二维石墨烯组装体除了可以通过真空抽滤、层层自组装或界面自组装等方式得到,还可以用湿纺或刮涂的方法大量制备,通过调控相应的工艺参数还可以在一定范围内对其厚度进行控制[38-40]。相比于石墨烯纤维,二维石墨烯组装体通常具有更低的内阻,其活性物质量远高于前者,更具有实际应用的价值。对膜状电极材料容量的描述一般常用的指标是质量比电容(C_M)和体积比电容(C_V),当需要考察其负载量时,还会引入面积比电容(C_A)。

Kou 等[41]基于氧化石墨烯的液晶特性,通过湿法纺膜技术连续化组装了具有开孔结构的取向氧化石墨烯水凝胶薄膜(图 9 - 14)。这种水凝胶薄膜经水合肼还原后具有自支撑性能,无须加入黏合剂和导电剂即可直接使用。与普通的石墨烯水凝胶电极材料相比,石墨烯纳米片的定向排列及取向的开孔结构都使得电解质

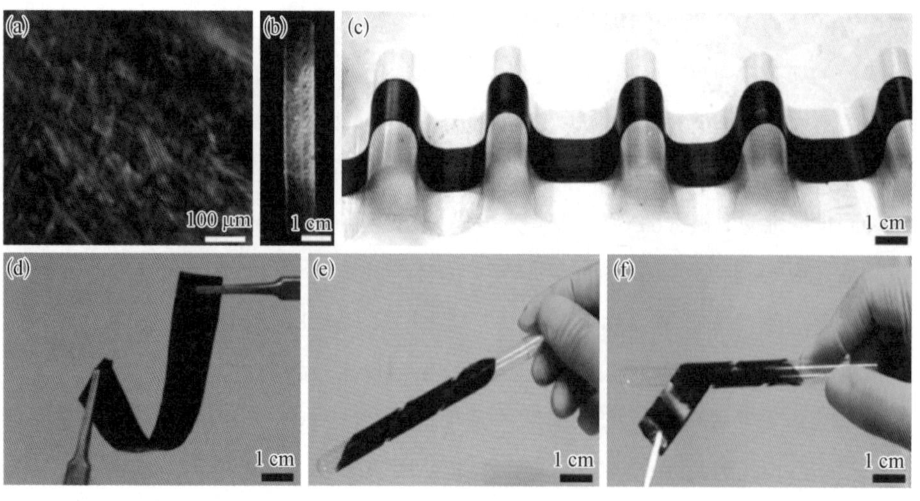

图 9-14 湿法纺膜技术连续化组装石墨烯水凝胶薄膜[41]

（a）GO 液晶分散液的偏光显微镜照片；（b）GO 水凝胶膜的十字偏光照片；（c）GO 水凝胶膜的光学照片；（d）~（f）rGO 水凝胶膜的柔性展示照片

离子的传输阻力下降，因此得到的石墨烯水凝胶薄膜在作为超级电容器电极材料使用时具有更优异的电化学性能。在 1 A/g 的电流密度下，其质量比电容达到了 203 F/g，并且当电流密度增大到 50 A/g 时，仍能有 67.1%（140 F/g）的保持率。

Li 等[42]以具有赝电容活性的氢氧化镍纳米片为阻隔剂、石墨烯为骨架制备了一种可弯曲的石墨烯-氢氧化镍复合薄膜。氢氧化镍纳米片和石墨烯的互嵌结构使得本应紧密堆叠的石墨烯膜产生了大量空隙，为电解质提供了高效的离子传输通道。在双电层电容和赝电容同时存在的情况下，其质量比电容达到537 F/g。Choi 等[43]以聚苯乙烯（PS）胶体粒子为牺牲模板制得了多孔石墨烯膜，这种特殊的石墨烯结构既确保了电极具有一定的导电性，又使得电解质离子可以在其间快速扩散，因此具有极好的电化学性能。进一步在上面沉积 MnO_2 薄层后，在 1 A/g 的电流密度下，其质量比电容可以达到 389 F/g，35 A/g 时的保持率高达 97.7%（图 9-15）。

图 9-15 具有大孔结构的石墨烯-二氧化锰复合膜的制备示意图[43]

9.5 三维石墨烯基电极材料

石墨烯气凝胶或石墨烯泡沫由相互贯穿的微孔、介孔和大孔组成。它的大比表面积及高速的离子/电子传输过程使其在研发高能量密度、高功率密度的新型超级电容器上备受瞩目。事实上,三维石墨烯组装体在储能领域中也确实表现出优异的性能。不少文献也相继报道了各种三维石墨烯基超级电容器电极材料的制备方法[44,45]。

Chen 等[46]以单分散的聚甲基丙烯酸甲酯(PMMA)小球为硬模板并与氧化石墨烯混合,在 800℃下将其煅烧移除后制得了一种三维石墨烯泡沫(图 9-16)。这种三维石墨烯泡沫具有大小可控且分布均匀的孔道结构,表现出极其突出的倍率性能,在 1000 mV/s 的扫描速度下仍具有较好的保持率(67.9%)。然而需要注意的是,高温煅烧会使石墨烯片发生严重的堆叠,导致其比表面积下降(约 128.2 m^2/g)。因此,将 PMMA 模板换成可以用溶剂法脱除的 PS 胶体粒子,可以获

图 9-16 基于模板法制备的三维石墨烯泡沫[46]

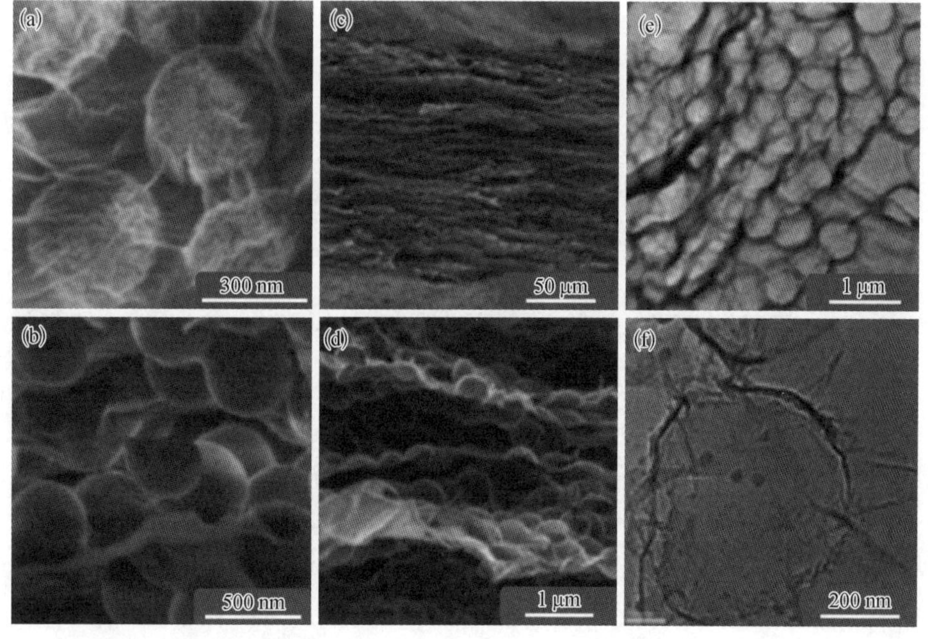

(a)(b) GO-PMMA 复合物的 SEM 图;(c)(d) 移除 PMMA 后石墨烯框架的 SEM 图;(e)(f) 移除 PMMA 后石墨烯框架的 TEM 图

得更好的效果[43]。

除了聚合物模板牺牲法，也可以通过 CVD 法在已有的三维框架上原位生长石墨烯。这种方法制备的石墨烯网络具有更少的缺陷、更高的电导率及更好的连续性。例如，Zhang 等以乙醇为碳源、泡沫镍为模板，通过 CVD 法制得了一种三维石墨烯网络，并在此基础上进一步得到了用于超级电容器的石墨烯-氧化镍三维复合电极材料(图 9-17)[20]。由于其优异的电子和离子传输能力，这种复合电极材料的质量比电容在 5 mV/s 的扫描速度下达到了 816 F/g，并且可以稳定循环 2000 次。

图 9-17 基于模板法制备的三维石墨烯网络[20]

(a) CVD 法制备石墨烯前后泡沫镍的照片；(b) 移除泡沫镍后的三维石墨烯网络；(c) 生长在泡沫镍上的三维石墨烯网络的 SEM 图；(d) 移除泡沫镍后的三维石墨烯网络的 SEM 图；(e) 石墨烯片的 TEM 图及小角 X 射线散射结果；(f) 三维石墨烯网络的拉曼光谱图

此外，还可以将石墨烯气凝胶作为导电骨架使用，通过在其上负载金属氧化物或导电聚合物来制备三维石墨烯基复合电极材料。Pan 等[47]首先以氧化石墨烯溶液为前驱体，通过水热、冷冻干燥得到了石墨烯气凝胶，然后用 CVD 法在石墨烯气凝胶上生长碳纳米管，最终得到了 CNT@3DGA 复合气凝胶(图 9-18)。Stoller 等[48]以负载 MnO_2 的 CNT@3DGA 为正极、负载 PPy 的 CNT@3DGA 为负极，组装得到了具有高体积能量密度($3.85\ mW \cdot h/cm^3$)的柔性非对称超级电容器，其在 Na_2SO_4-PVA 凝胶电解质中的电压窗口为 1.8 V，体积比电容可以达到8.56 F/cm^3。

图 9-18 CNT@3DGA 复合气凝胶[48]

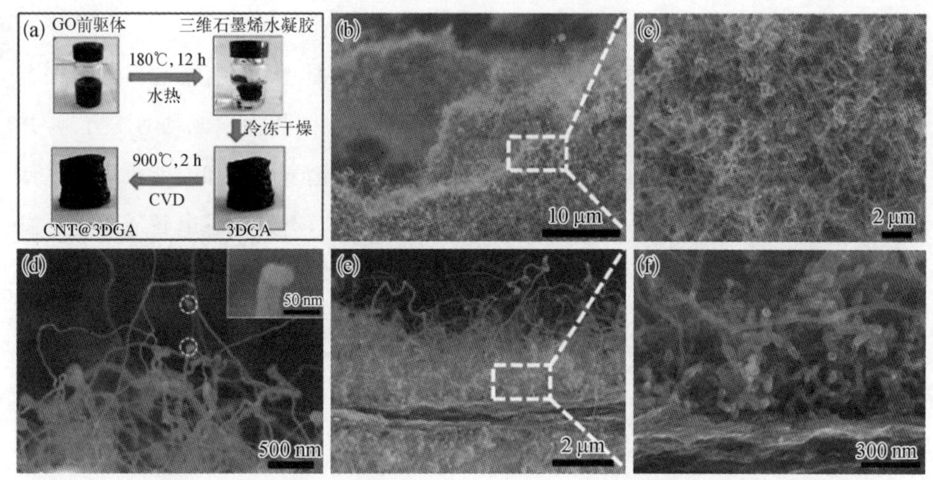

（a）CNT@3DGA 复合气凝胶的制备示意图；（b）~（f）CNT@3DGA 复合气凝胶的 SEM 图

9.6 石墨烯基超级电容器的发展趋势

尽管石墨烯是一种很好的超级电容器电极材料，在快速充放电储能器件领域中有着很大的应用前景，但是仍然存在不少问题需要解决。

第一，需要对电极材料的测试体系和性能指标进行统一的规范化处理。目前在电化学性能表征过程中，经常有人会使用不同的测试体系（如二电极、三电极及不同电解质体系）和性能指标（C_A、C_L、C_V、C_M），使人们很难对各种石墨烯基电极材料的性能进行准确对比。例如，对于纤维状超级电容器来说，由于纤维的内阻与长度有关，当不同的人使用不同长度的样品进行测试时，其结果并不具备可比性。同样地，研究人员也很难对不同厚度或负载量的薄膜电极进行性能上的对比。即便是对于同一种电极材料，当使用不同的比电容来描述其性能时，也可能会存在较大的差异。因此，建立一个统一的测试标准是十分必要且迫切的[49]。

第二，需要降低石墨烯的生产成本。目前，椰壳活性炭是工业上最常用的超级电容器电极材料，其价格约为 15 美元/千克，远低于市面上的各种石墨烯（160～10000 美元/千克）[50]。因此，石墨烯基电极材料若要实现工业化，至少其能量密度需要远高于传统活性炭电极材料。当然，研制新型低成本、高比表面积的石墨烯原料也是推动石墨烯基超级电容器发展的一个重要方向。

第三,电解质(水系电解质、有机系电解质、离子液体等)是超级电容器的一个重要组成部分,科学家需要系统地研究它们在石墨烯中的热力学或动力学行为,并进一步了解不同的电解质结构及组成会对石墨烯的电化学性能和储能机理产生什么影响。目前,各种电解质体系都相应地存在一定问题,例如水系电解质的电压窗口低(约 1.23 V),有机系电解质有毒且易燃易爆,而离子液体的离子电导率低。因此,研发新型电解质体系成为提高石墨烯基超级电容器性能的一个新途径。

参考文献

[1] Sharma P, Bhatti T S. A review on electrochemical double-layer capacitors[J]. Energy Conversion and Management, 2010, 51(12): 2901 - 2912.

[2] Becker H I. Low voltage electrolytic capacitor: US2800616[P]. 1957 - 07 - 23.

[3] Miller J R, Simon P. Electrochemical capacitors for energy management[J]. Science, 2008, 321(5889): 651 - 652.

[4] Bard A J, Faulkner L R. Electrochemical methods, fundamentals and applications [M]. New York: Wiley & Sons, 2001.

[5] Sharma P, Bhatti T S. A review on electrochemical double-layer capacitors[J]. Energy Conversion and Management, 2010, 51(12): 2901 - 2912.

[6] Vangari M, Pryor T, Jiang L. Supercapacitors: Review of materials and fabrication methods[J]. Journal of Energy Engineering, 2013, 139(2): 72 - 79.

[7] Xiong G P, Meng C Z, Reifenberger R G, et al. A review of graphene-based electrochemical microsupercapacitors[J]. Electroanalysis, 2014, 26(1): 30 - 51.

[8] Frackowiak E. Carbon materials for supercapacitor application [J]. Physical Chemistry Chemical Physics, 2007, 9(15): 1774 - 1785.

[9] Conway B E. Electrochemical supercapacitors: Scientific fundamentals and technological applications[M]. New York: Kluwer Academic /Plenum Publishers, 1999.

[10] Conway B E. Transition from "supercapacitor" to "battery" behavior in electrochemical energy storage[J]. Journal of the Electrochemical Society, 1991, 138(6): 1539 - 1548.

[11] Geim A K, Novoselov K S. The rise of graphene[J]. Nature Materials, 2007, 6(3): 183 - 191.

[12] Huang X, Zeng Z Y, Fan Z X, et al. Graphene-based electrodes[J]. Advanced Materials, 2012, 24(45): 5979 - 6004.

[13] Choi H J, Jung S M, Seo J M, et al. Graphene for energy conversion and storage in fuel cells and supercapacitors[J]. Nano Energy, 2012, 1(4): 534 - 551.

[14] El - Kady M F, Strong V, Dubin S, et al. Laser scribing of high-performance and flexible graphene-based electrochemical capacitors[J]. Science, 2012, 335(6074): 1326 - 1330.

[15] Li X S, Cai W W, An J, et al. Large-area synthesis of high-quality and uniform graphene films on copper foils[J]. Science, 2009, 324(5932): 1312 - 1314.

[16] Hernandez Y, Nicolosi V, Lotya M, et al. High-yield production of graphene by liquid-phase exfoliation of graphite[J]. Nature Nanotechnology, 2008, 3(9): 563 - 568.

[17] Dato A, Radmilovic V, Lee Z, et al. Substrate-free gas-phase synthesis of graphene sheets[J]. Nano Letters, 2008, 8(7): 2012 - 2016.

[18] Wu Y P, Wang B, Ma Y F, et al. Efficient and large-scale synthesis of few-layered graphene using an arc-discharge method and conductivity studies of the resulting films[J]. Nano Research, 2010, 3(9): 661 - 669.

[19] Shen J F, Hu Y Z, Li C, et al. Synthesis of amphiphilic graphene nanoplatelets[J]. Small, 2009, 5(1): 82 - 85.

[20] Li J T, Östling M. Prevention of graphene restacking for performance boost of supercapacitors—A review[J]. Crystals, 2013, 3(1): 163 - 190.

[21] Huang Y, Liang J J, Chen Y S. An overview of the applications of graphene-based materials in supercapacitors[J]. Small, 2012, 8(12): 1805 - 1834.

[22] Kumar N A, Choi H J, Shin Y R, et al. Polyaniline-grafted reduced graphene oxide for efficient electrochemical supercapacitors[J]. ACS Nano, 2012, 6(2): 1715 - 1723.

[23] An J W, Liu J H, Zhou Y C, et al. Polyaniline-grafted graphene hybrid with amide groups and its use in supercapacitors[J]. The Journal of Physical Chemistry C, 2012, 116(37): 19699 - 19708.

[24] Yang X W, Zhu J W, Qiu L, et al. Bioinspired effective prevention of restacking in multilayered graphene films: Towards the next generation of high-performance supercapacitors[J]. Advanced Materials, 2011, 23(25): 2833 - 2838.

[25] Rakhi R B, Chen W G, Cha D, et al. Nanostructured ternary electrodes for energy-storage applications[J]. Advanced Energy Materials, 2012, 2(3): 381 - 389.

[26] Kim Y A, Hayashi T, Kim J H, et al. Important roles of graphene edges in carbon-based energy storage devices[J]. Journal of Energy Chemistry, 2013, 22(2): 183 - 194.

[27] Jia X T, Campos - Delgado J, Terrones M, et al. Graphene edges: A review of their fabrication and characterization[J]. Nanoscale, 2011, 3(1): 86 - 95.

[28] Randin J P, Yeager E. Differential capacitance study on the edge orientation of pyrolytic graphite and glassy carbon electrodes[J]. Journal of Electroanalytical Chemistry and Interfacial Electrochemistry, 1975, 58(2): 313 - 322.

[29] Vatamanu J, Cao L L, Borodin O, et al. On the influence of surface topography on the electric double layer structure and differential capacitance of graphite /ionic liquid interfaces[J]. The Journal of Physical Chemistry Letters, 2011, 2(17): 2267 - 2272.

[30] Pak A J, Paek E, Hwang G S. Impact of graphene edges on enhancing the performance of electrochemical double layer capacitors[J]. The Journal of Physical Chemistry C, 2014, 118(38): 21770 - 21777.

[31] Zhu Y W, Murali S, Stoller M D, et al. Carbon-based supercapacitors produced by activation of graphene[J]. Science, 2011, 332(6037): 1537 - 1541.

[32] Xu Y X, Lin Z Y, Zhong X, et al. Holey graphene frameworks for highly efficient capacitive energy storage[J]. Nature Communications, 2014, 5: 4554.

[33] Yu D S, Qian Q H, Wei L, et al. Emergence of fiber supercapacitors[J]. Chemical Society Reviews, 2015, 44(3): 647 - 662.

[34] Huang T Q, Zheng B N, Kou L, et al. Flexible high performance wet-spun graphene fiber supercapacitors[J]. RSC Advances, 2013, 3(46): 23957 - 23962.

[35] Qu G X, Cheng J L, Li X D, et al. A fiber supercapacitor with high energy density based on hollow graphene /conducting polymer fiber electrode[J]. Advanced Materials, 2016, 28(19): 3646 - 3652.

[36] Kou L, Huang T Q, Zheng B N, et al. Coaxial wet-spun yarn supercapacitors for high-energy density and safe wearable electronics[J]. Nature Communications, 2014, 5: 3754.

[37] Yu D S, Goh K, Wang H, et al. S calable synthesis of hierarchically structured carbon nanotube-graphene fibres for capacitive energy storage[J]. Nature Nanotechnology, 2014, 9(7): 555 - 562.

[38] Becerril H A, Mao J, Liu Z F, et al. Evaluation of solution-processed reduced graphene oxide films as transparent conductors[J]. ACS Nano, 2008, 2(3): 463 - 470.

[39] Gan S Y, Zhong L J, Wu T S, et al. Spontaneous and fast growth of large-area graphene nanofilms facilitated by oil /water interfaces[J]. Advanced Materials, 2012, 24(29): 3958 - 3964.

[40] Dikin D A, Stankovich S, Zimney E J, et al. Preparation and characterization of graphene oxide paper[J]. Nature, 2007, 448(7152): 457 - 460.

[41] Kou L, Liu Z, Huang T Q, et al. Wet-spun, porous, orientational graphene hydrogel films for high-performance supercapacitor electrodes[J]. Nanoscale, 2015, 7(9): 4080 - 4087.

[42] Li M, Tang Z, Leng M, et al. Flexible solid-state supercapacitor based on graphene-based hybrid films[J]. Advanced Functional Materials, 2014, 24(47): 7495 - 7502.

[43] Choi B G, Yang M, Hong W H, et al. 3D macroporous graphene frameworks for supercapacitors with high energy and power densities[J]. ACS Nano, 2012, 6(5): 4020 - 4028.

[44] Cong H P, Ren X C, Wang P, et al. Macroscopic multifunctional graphene-based hydrogels and aerogels by a metal ion induced self-assembly process[J]. ACS Nano, 2012, 6(3): 2693 - 2703.

[45] Wu Z S, Winter A, Chen L, et al. Three-dimensional nitrogen and boron co-doped graphene for high-performance all-solid-state supercapacitors [J]. Advanced Materials, 2012, 24(37): 5130 - 5135.

[46] Chen C M. Template-directed macroporous 'bubble'① graphene film for the application in supercapacitors [M] / /Chen C M. Surface chemistry and macroscopic assembly of graphene for application in energy storage. Heidelberg: Springer - Verlag Berlin Heidelberg, 2015: 111 - 121.

[47] Pan Z H, Liu M N, Yang J, et al. High electroactive material loading on a carbon nanotube @ 3D graphene aerogel for high-performance flexible all-solid-state asymmetric supercapacitors [J]. Advanced Functional Materials, 2017, 27 (27): 1701122.

[48] Stoller M D, Ruoff R S. Best practice methods for determining an electrode material's performance for ultracapacitors[J]. Energy & Environmental Science, 2010, 3(9): 1294 - 1301.

[49] Ciriminna R, Zhang N, Yang M Q, et al. Commercialization of graphene-based technologies: A critical insight[J]. Chemical Communications, 2015, 51 (33): 7090 - 7095.

[50] Zurutuza A, Marinelli C. Challenges and opportunities in graphene commercialization[J]. Nature Nanotechnology, 2014, 9(10): 730 - 734.

① 编辑建议将'bubble'改为"bubble"。

第 10 章

石墨烯宏观材料在环境净化领域的应用

10.1 石墨烯分离膜材料

膜分离技术是20世纪60年代崛起的一门高效的新型分离技术，它是利用具有选择性的薄膜，在外加驱动力的作用下对混合物进行分离、提纯和浓缩的一种方法。膜分离技术现在已广泛应用于污水处理、海水淡化、气体分离和储能器件等领域，并产生了巨大的经济效益和社会效益。

通常，膜被定义为两相之间具有选择透过性的屏障，它将两相隔开并允许某种成分优先通过。当向某一组分施加某种作用力时，就会透过膜发生物质的传递。这种作用力可以是膜两侧的压力差、浓度差、电位差或温度差等。膜的种类大体上可以按照化学成分、形态结构、分离物质、孔径等的不同来划分(表10-1)。

表10-1 常见膜的分类

分类方法	种　　类
化学成分	无机膜、有机膜、有机无机杂化膜、生物膜
形态结构	多孔膜、致密膜、液膜
分离物质	气体分离膜、液体分离膜、微生物分离膜
孔　　径	微滤膜、超滤膜、纳滤膜、反渗透膜、渗透汽化膜

膜材料是膜分离技术的核心，其性质会直接影响化学、机械和分离性能等。目前，膜分离技术面临着诸多的挑战，分离效率低和膜污染是其中最主要的两个问题。通常使用的膜材料(如聚合物或无机材料等)难以同时得到高选择性和高通量，同时膜污染严重、使用寿命短及生产成本高，这些缺点制约了传统膜分离技术的进一步发展和大规模应用。为了进一步完善发展膜分离技术，多种新型膜材料相继被开发，如沸石、金属有机骨架和碳纳米材料等。其中，石墨烯材料因其优异的选择性和稳定性脱颖而出，成为非常具有潜力的新型膜材料之一。

石墨烯材料被认为是一种理想的制备分离膜的原材料。石墨烯有着优异的机械性能和化学稳定性。同时，由于其密集的电子云分布，完美的石墨烯片理论上是不能透过任何分子或原子的。因此，在石墨烯上通过物理或化学方法引入一些均匀的孔洞，就可以使其成为理论上最薄的分离膜。作为石墨烯材料衍生物之一的氧化石墨烯，其表面分布着大量的羟基、羧基和环氧基等亲水性的含氧官能团。这些官能团的存在有利于石墨烯分离膜的表面荷电性、亲疏水性和石墨烯层间距的调控，以达到对膜的结构和功能的优化。此外，制备石墨烯的技术也日趋成熟，石墨烯材料的生产成本也在进一步下降，为石墨烯分离膜的大规模制备和广泛应用提供了有利的工业基础。近年来，有关石墨烯分离膜的研究工作层出不穷，按照膜的结构和分离机理的不同，主要可以分为三大类：单层完美石墨烯膜、单层多孔石墨烯膜和多层石墨烯膜(图 10－1)[1]。

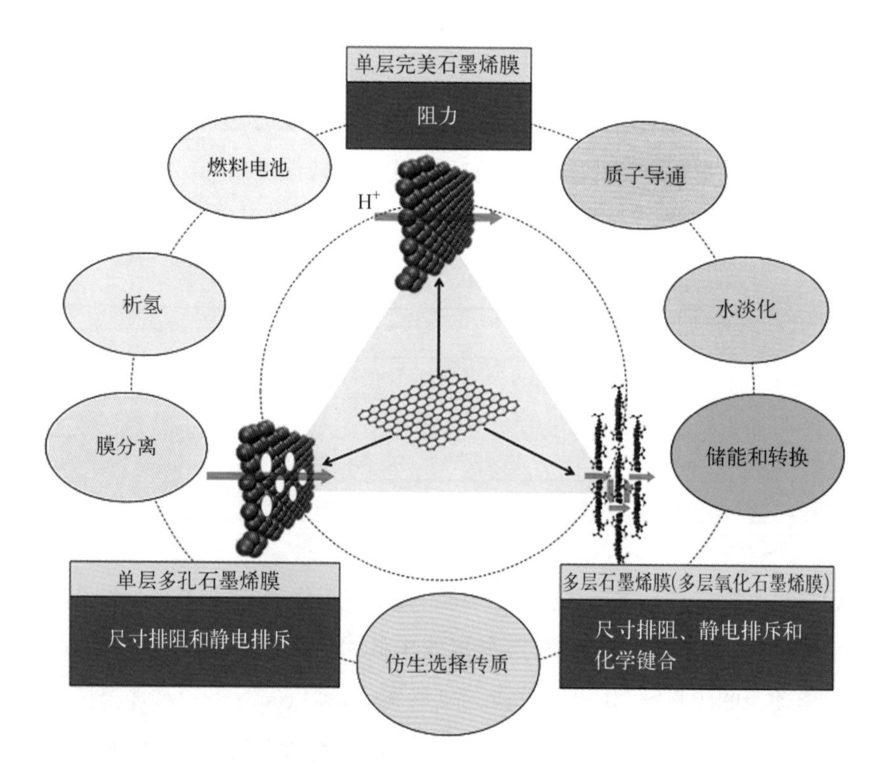

图 10－1 单层完美石墨烯膜、单层多孔石墨烯膜和多层石墨烯膜的分离机理和潜在应用[1]

本章将分别介绍这几种石墨烯分离膜的结构特点和工作原理，总结以石墨烯材料为选择分离层的各种分离膜的研究进展，并对该领域目前存在的问题和今后的发展前景进行讨论和展望。

10.1.1 单层完美石墨烯膜

通常，完美石墨烯片由高定向热解石墨通过微机械剥离法制备。这种石墨烯片上含有大量的共轭 π 电子，这些密集的 π 电子云会阻挡碳原子六元环之间的空隙。因此在常规环境下，完美石墨烯片理论上是不透过任何分子或原子的。Berry[2]通过理论计算论证了石墨烯片上的芳香环结构由于具有密集的电子云，任何分子(如最小的氦气分子)都无法透过。如图 10-2 所示，碳碳键的键长为0.142 nm，而碳原子的半径为 0.11 nm，因此石墨烯片上六元环中心空隙的尺寸只有0.064 nm。这个尺寸比氦气分子(0.28 nm)乃至氢气分子(0.314 nm)的直径都要小。Bunch 等[3]通过实验测试了微机械剥离法制备的石墨烯片对不同气体的透过性，同样证明了即使是最小的氦气分子也无法透过石墨烯片。值得一提的是，Hu 等[4]经过研究发现，由于石墨烯电子云中间"孔洞"的存在，质子可以很好地透过单层石墨烯。这一特性使得石墨烯在质子分离、燃料电池等领域有着广阔的应用前景。此外，理论计算表明，单层石墨烯能承受高达六个大气压的压力，这种优异的机械性能也是石墨烯作为分离膜材料的一大优势。

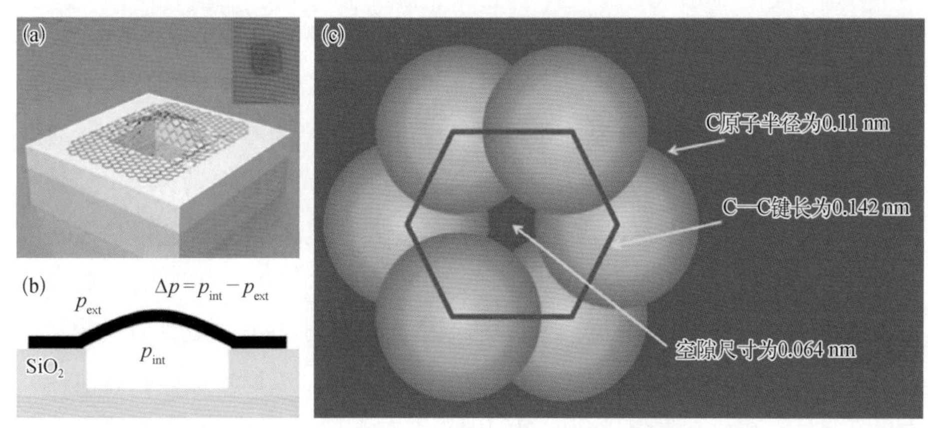

图 10-2 石墨烯片的示意图

(a) 石墨烯片固定在含有微孔的二氧化硅基底上的示意图；(b) 石墨烯片在微孔上的截面示意图；(c) 对石墨烯片上六元环中心空隙尺寸的计算示意图[2]

但是对无缺陷的石墨烯膜的研究目前仍然停留在理论和实验探索阶段。这是因为无缺陷的石墨烯膜通常只能采用微机械剥离法制备，而这一方法效率低和成本高的特性使得大规模制备的难度很大。因此，尽管单层完美石墨烯膜在膜材料领域具有众多得天独厚的优势，但是制备上的问题却严重限制了它的进一步发展和大规模应用。

10.1.2　单层多孔石墨烯膜

在无缺陷的石墨烯膜上通过物理或化学的方法引入一些均匀的纳米级孔洞，就可以使之成为理论上最薄的分离膜。通过改变这些纳米级孔洞的尺寸、荷电性和其周围的官能团种类，就可以实现对膜的分离性能的有效调控，从而制备出具有不同功能的单层多孔石墨烯膜。

1. 单层多孔石墨烯膜的应用

（1）气体分离膜

单层多孔石墨烯膜对气体的选择作用一般是通过孔径筛分作用实现的，通过对石墨烯片上纳米级孔洞的尺寸的精确控制，就可以实现对特定尺寸气体分子的高效分离。Jiang 等[5]通过密度泛函理论进行相关计算，研究了具有亚纳米级孔洞的石墨烯膜对气体分子的选择透过性能。他们的结果表明，经过氮原子修饰过的孔洞（直径为 3.0 Å）对氢气/甲烷混合气体的选择比率高达 10^8，而经过氢原子修饰过的孔洞（直径为 2.5 Å）对氢气/甲烷混合气体的选择比率更是高达 10^{23}。Sun 等[6]通过分子动力学模拟发现，动力学半径不同的气体分子通过石墨烯片上特定尺寸孔洞的速度不同。对于一定尺寸的孔洞，动力学半径较小的氢气分子和氦气分子可以快速通过，而动力学半径较大的氮气、甲烷等气体分子的渗透系数就要小很多。Wang 等[7]则利用紫外光引发的氧化蚀刻法，在微米级大小的石墨烯片上引入了均匀的亚纳米级孔洞，这种多孔的石墨烯膜可以实现对多种混合气体的精确选择分离。这些结果都表明单层多孔石墨烯膜在涉及气体分离的众多领域（如气体传感器、燃料电池等）都有着广泛的应用前景。

（2）水处理膜

除了用于气体分离，单层多孔石墨烯膜在水处理尤其是海水脱盐领域也有很大的应用潜力。利用经典的分子动力学理论，Cohen - Tanugi 等[8]发现，通过精确控制孔洞的尺寸和孔洞边缘化学官能团的分布，具有纳米级孔洞的石墨烯片可以有效地将氯化钠从水中分离出来，从而实现对水的高效脱盐（图 10 - 3）。与传统的反渗透膜相比，单层多孔石墨烯膜的水通量要高出好几个数量级。Sint 等[9]在石

图 10-3 单层多孔石墨烯膜的选择性分离机理示意图

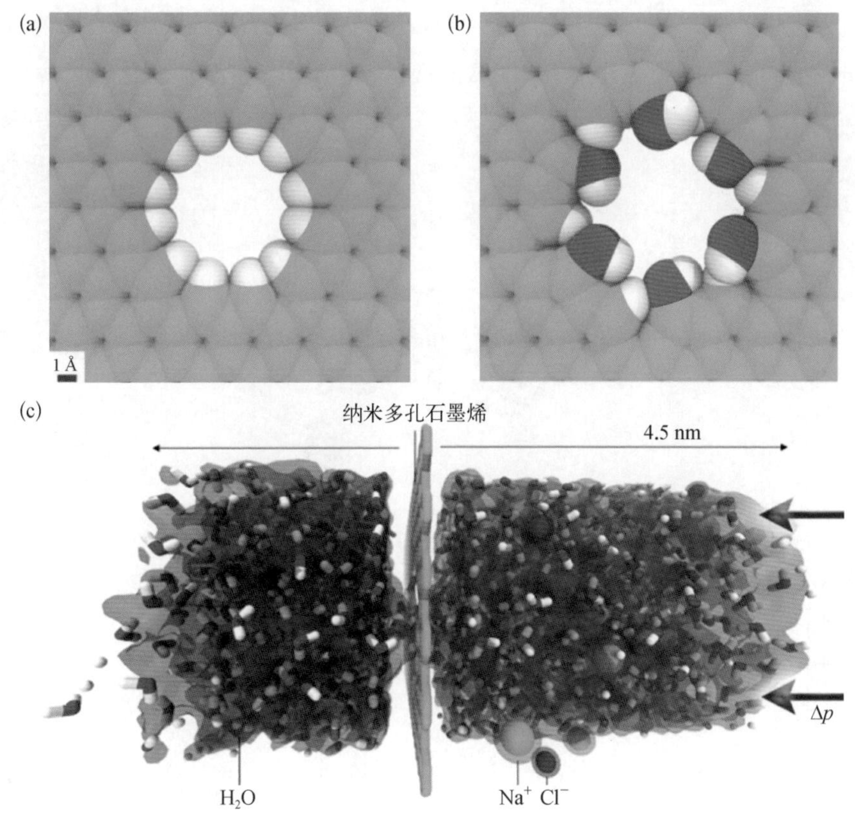

（a）氢原子修饰的石墨烯片上的纳米孔洞；（b）羟基修饰的石墨烯片上的纳米孔洞；（c）纳米多孔石墨烯分离氯化钠溶液的理论模拟示意图[8]

墨烯片上引入了两种边缘带有不同官能团的纳米级孔洞，两种官能团分别含有带负电的氮、氟和带正电的氢。通过分子动力学模拟发现，由于电荷间的库仑力作用，带负电的纳米级孔洞只能让阳离子（如 Li^+、Na^+ 和 K^+ 等）通过，而带正电的纳米级孔洞则只能让阴离子（如 Cl^- 和 Br^-）通过。He 等[10]模仿了生物体的离子通道蛋白结构，通过在石墨烯片上的纳米孔洞周围引入一些羰基和羧基来分别模拟 K^+ 通道和 Na^+ 通道。通过分子动力学模拟，他们发现在跨膜偏压的作用下，羧基修饰的石墨烯片上的纳米孔洞可以很好地选择性让 K^+ 通过而截留下 Na^+，并且这种选择性可以由施加的跨膜偏压来调控。

这些模拟结果表明单层多孔石墨烯膜在海水淡化领域具有很好的应用前景。除了理论模拟，相关的实验也取得了不错的进展。Surwade 等[11]利用氧等离子体蚀刻的方法，在单层石墨烯上引入了纳米级孔洞，并对这种单层多孔石墨烯膜的脱盐效果进行了测试(图 10-4)。实验表明,这种单层多孔石墨烯膜能够在快速传输水分子的同时实现对盐分接近 100% 的截留,揭示了其在海水淡化领域的巨大潜力。

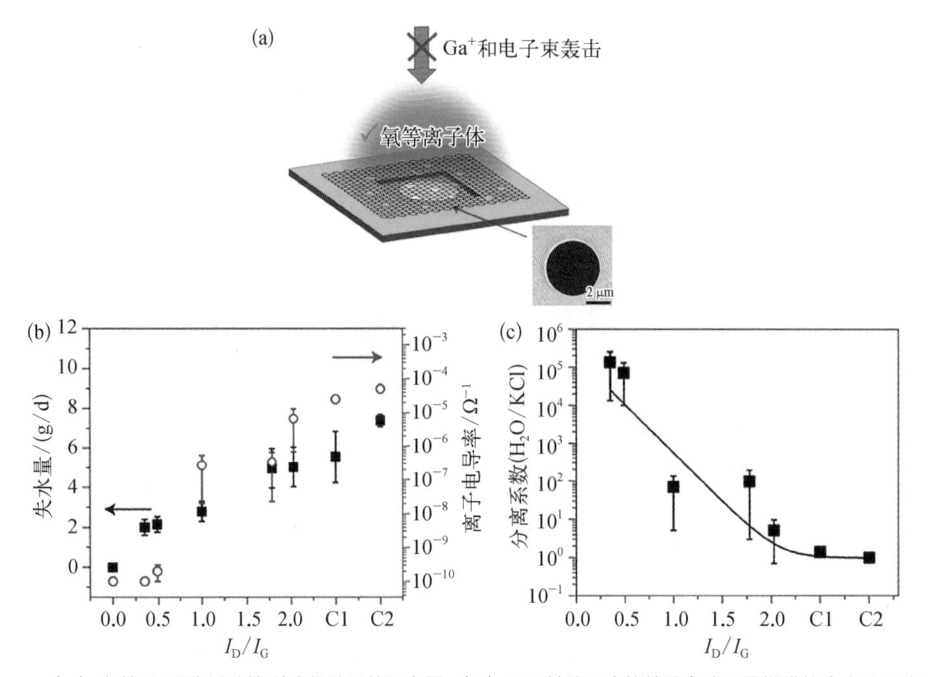

图 10-4 单层多孔石墨烯膜的水处理性能

(a)在单层石墨烯上制备纳米级孔洞的示意图;(b)不同缺陷程度的单层多孔石墨烯膜的失水量和离子电导率;(c)滤出液中水和离子的分离系数(C1 为膜有缺口的对照组,C2 为膜完全破坏的对照组)

2. 单层多孔石墨烯膜的前景与局限

通过控制石墨烯片上孔洞的尺寸、形状及其边缘所带的官能团种类,可以实现对单层多孔石墨烯膜分离性能的精确调控。这是单层多孔石墨烯膜与传统的分离膜(如聚合物膜)相比最独特的优势。可以根据应用领域的不同对单层多孔石墨烯膜的分离性能进行合理的设计,从而最大化其分离效率。此外,石墨烯材料本身优异的机械性能和理化特性也让单层多孔石墨烯膜具有很好的稳定性和较长的使用寿命。这些独特的优点给予了单层多孔石墨烯膜巨大的应用前景。

但需要注意的是,现有的化学气相沉积法几乎无法制备出满足工业级需求的大面积、高质量的石墨烯。此外,传统的 CVD 法制备出的石墨烯片上经常会不可避免地引入一些缺陷，使所得到的石墨烯的机械性能大打折扣，给石墨烯膜在实际应用中带来不利的影响。更重要的是，即使成功制备出了大面积、高质量的石墨烯，后续的转移与加工过程中也很容易引入其他的缺陷，对石墨烯的结构和性能产生破坏。除了这些，孔洞大小和结构的控制需要更进一步精确可控，同时也需要减少造孔过程对石墨烯本身的机械性能带来的不良影响。总之，制约单层多孔石墨烯膜大规模应用的主要问题还是制备工艺的水平不足，因此需要进行更多的探索研究。

10.1.3 多层石墨烯膜

除了单层多孔石墨烯膜，由多层石墨烯片堆叠而成的薄膜也可以依靠其石墨烯片层间的二维纳米孔道来实现对气体、液体和离子的有效分离。为了提高膜的亲水性及加工上的便捷性，多层石墨烯膜采用的原料一般为片上含有大量羟基、羧基等含氧官能团的氧化石墨烯。使用氧化石墨烯为原料不仅可以大大降低膜的制备难度，还可以赋予膜良好的亲水性，有助于改善膜的分离效果。在湿态条件下，氧化石墨烯膜中片的层间距为 1～2 nm，这个距离大小刚好与纳滤膜的孔径范围相当。此外，已有相关研究表明，水分子在受限碳纳米孔道里能够实现无摩擦的超快速流动，流动速度要比经典牛顿流体理论预测的速度快 1000～10000 倍。目前，已经有大量的相关研究工作对多层石墨烯膜的分离效果进行了探索，并取得了不错的结果。

1. 多层石墨烯膜的结构与制备

在多层石墨烯膜中，氧化石墨烯片都是层层堆叠形成的层状结构。与完美石墨烯片相比，氧化石墨烯片上含有丰富的含氧官能团和大量的缺陷孔洞，这些都是在氧化石墨烯的制备过程中引入的，之前的章节中已有详细分析。这些大量的缺陷孔洞恰好可以成为气体、液体分子进入石墨烯层间的入口，而且氧化石墨烯片上的含氧官能团之间还存在着高密度的氢键作用，能够为多层石墨烯膜提供良好的机械强度和结构稳定性。如图 10－5 所示，多层石墨烯膜的石墨烯层之间具有丰富的二维纳米孔道，这些层间孔道通过石墨烯片的边缘及片上的缺陷孔洞相互贯通，形成通道网络，给气液分子的传输提供了路径[12]。因此，氧化石墨烯片的层间

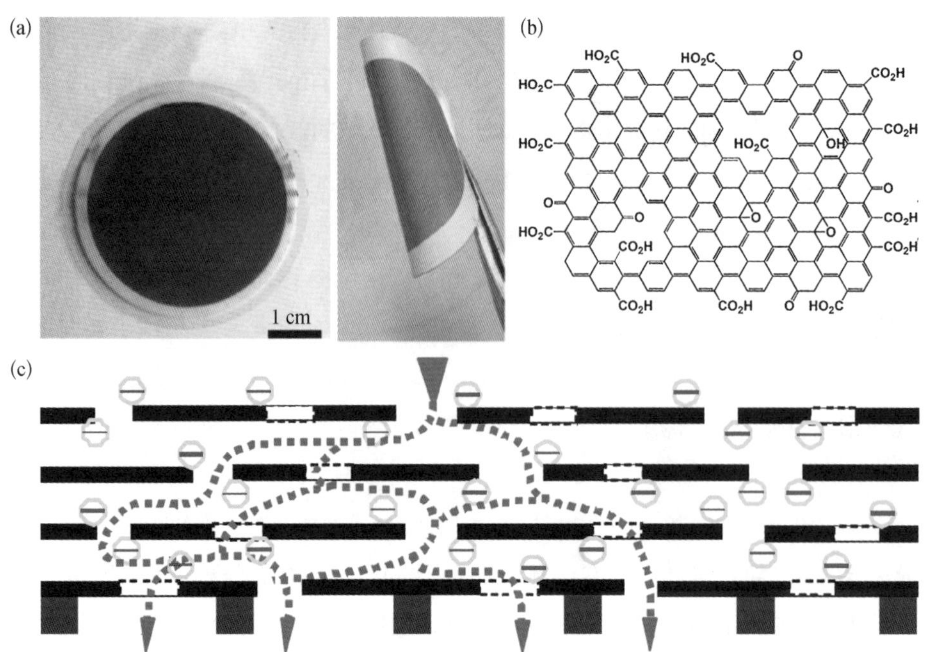

图 10-5　多层石墨烯膜

（a）多层石墨烯膜的实物图；（b）多层石墨烯膜的结构示意图；（c）多层石墨烯膜的传输机理示意图[12]

距、尺寸以及片上含氧官能团和缺陷孔洞的分布是影响多层石墨烯膜结构与分离性能的主要因素。

多层石墨烯膜的厚度一般为几十纳米到几个微米，通常采用抽滤法或涂膜法来制备。抽滤法是一种流动引导的组装方法，所得到的多层石墨烯膜中片的层间距在亚纳米级，并且石墨烯片堆叠紧密、结构规整，具有良好的机械性能。涂膜法具体可以分为刮涂法、旋涂法、滴涂法、浸涂法和喷涂法等多种，工艺成熟，能够方便快捷地制备多层石墨烯膜。

2. 多层石墨烯膜的分离机理

（1）石墨烯层间二维纳米孔道的传输

石墨烯片层之间具有丰富的二维纳米孔道，这些孔道的尺寸由石墨烯片的层间距决定。在石墨晶体中，相邻碳层的间距为 0.34 nm，其被氧化后会引入大量含氧官能团，进一步撑开了石墨烯片的层间距。与石墨不同，氧化石墨烯的层间距由于羟基、羧基等含氧官能团的存在会更大，而且还会受其氧化程度和环境湿度的影响。Blanton 等[13]用 X 射线衍射研究了氧化石墨烯在不同相对湿度下的层间距，发现氧化石墨烯的层间距可以从相对湿度为0%时的0.77 nm增大到相对湿度为93.79%时的1.15 nm。Lerf等[14]研究了不同样品的氧化石墨烯层间距在不同湿度下的变化趋势，进一步证明氧化石墨烯的层间距不仅与环境湿度有关，还与氧化石墨烯本身的氧化程度、官能团的种类和分布有关。综合已有的文献数据，氧化石墨烯在空气环境中的层间距一般在0.9 nm左右；当氧化石墨烯浸泡在水中充分溶胀后，层间距会扩大到1.3 nm左右。排除石墨烯片自身的有效厚度(0.34 nm)，氧化石墨烯层间的二维纳米孔道的纵向尺寸可以认为在0.7～1.1 nm。由于水分子的直径大约为0.4 nm，氧化石墨烯层间的二维纳米孔道可以容纳1～3层水分子。

已有大量的研究工作表明，水分子在受限的碳纳米孔道里会展现出不同于传统牛顿流体力学理论所预测的传输行为。直径在几个纳米左右的碳纳米管就提供了这样一种受限孔道。大量的研究结果表明，水分子在碳纳米管内的运动速度要比Hagen－Poiseuille方程所计算的速度快3或4个数量级以上。其原因主要来自以下两方面。① 碳纳米管具有原子级光滑的内壁，水分子在其间移动时受到的摩擦力极小，从而管壁处水分子的流动速度并不为零。而在传统的层流理论中，认为管壁处的层流流速为零。两者的偏差可以定量地用"滑移长度"来衡量。② 在这种受限的空间内，水分子会在氢键的作用下取向排列成一维有序的"分子束"，这种有序的排列结构会大大增快水分子在碳纳米管内的流动速度。

由于氧化石墨烯层间二维纳米孔道与碳纳米管内的环境非常相似，水分子在氧化石墨烯层间也会表现出这种不同于传统牛顿流体的流动行为(图10－6)[15]。Nair等[16]首次发现水蒸气通过氧化石墨烯膜的速度极快，比Hagen－Poiseuille方程所计算的值要高几个数量级。他们把氧化石墨烯膜划分为氧化区域和未氧化的石墨烯区域。其中，氧化区域主要起到撑开层间距和维持氧化石墨烯膜层状结构稳定的作用，而水分子的快速流动则是在未氧化的石墨烯区域发生的。他们还通过分子动力学模拟进一步证明了水在未氧化的石墨烯区域的层间滑流及氢键网络的存在，并认为这是水分子快速流动的主要原因。Boukhvalov等[15]利用第一性原理模拟计算发现，实现水分子在氧化石墨烯层间超快速流动包含两个关键步骤：① 水分子在层间距适当的氧化石墨烯片层之间形成双层的六角冰晶结构；② 冰晶在氧化石墨烯片边缘的熔融转变。他们研究发现，氧化石墨烯的层间距刚好能够容纳两层冰晶，有利于水分子的快速流动，而偏离这个层间距的环境都不利于水分

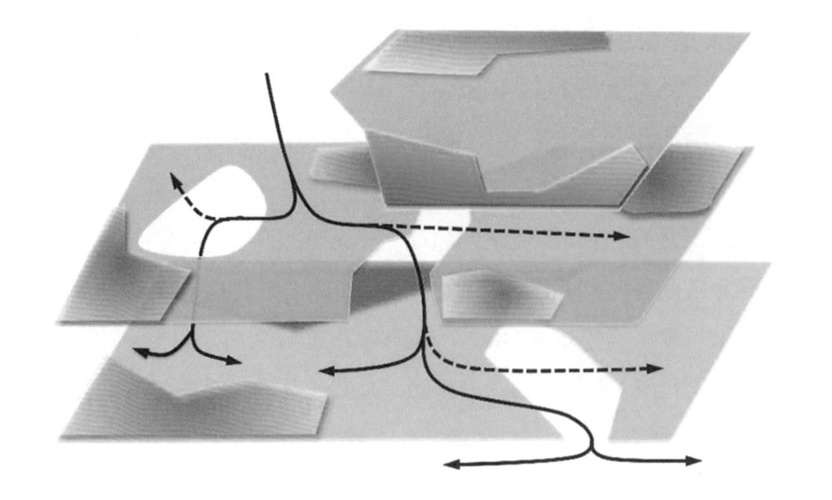

图 10-6　水分子在氧化石墨烯层间的运动示意图，其中氧化区域用棕色表示，未氧化石墨烯区域用绿色表示[15]

子在其中的快速流动。

但需要指出的是，"滑移流动"理论至今仍然是一个有争议的理论，还缺少直接有力的证据来进一步证实。彭新生课题组[17,18]就提出，水分子在氧化石墨烯层间二维纳米孔道中的流动行为属于一种几乎没有"滑移长度"的经典黏性流动。与"滑移流动"理论预测的柱塞流动不同，他们认为水分子在氧化石墨烯层间流动时表现出典型的抛物线形状。他们计算出在尺寸为 3 nm 的氧化石墨烯层间二维纳米孔道中，"滑移长度"约为 0.35 nm，比氧化石墨烯孔道的长度（约 48 nm）要小 2 个数量级；最后所产生的促进效果在 1.7 nm 左右，也远小于氧化石墨烯孔道的长度。他们认为，氧化石墨烯膜上的缺陷孔洞、微褶皱和边缘间隙会使分子在多层石墨烯膜间的传输路径大幅缩短，这才是液体快速通过多层石墨烯膜的主要原因。

(2) 石墨烯片上缺陷孔洞的传输

除了层间二维纳米孔道，石墨烯片上固有的一些缺陷或人为引入的孔洞也能起到分子传输和筛分的作用。而且这些缺陷与孔洞可以为分子在石墨烯层间的运动提供捷径，提高传输速度。除此以外，正如前文提到的单层多孔石墨烯膜中孔洞的选择分离机理一样，如果对这些缺陷和孔洞进行精确的调控与设计，它们也能展现出特殊的分子筛分效果。

相关研究指出，多层石墨烯膜对气体分子的截留效果与石墨烯片上孔洞尺寸之间的关系可以用两种理论来解释：对于尺寸较小的孔洞，用自由分子扩散理论；对于尺寸较大的孔洞，则用改进过的 Sampson 模型[19]。总的来说，气体分子通过

多层石墨烯膜的传输可以用 Knudsen 扩散理论来描述，即

$$J = \frac{\Delta p}{\sqrt{2\pi m k_B T}} \tag{10-1}$$

式中，J 为气体的通量；p 为压力；m 为气体分子的分子量；k_B 为玻耳兹曼常数；T 为绝对温度。根据式(10-1)，气体的传输主要靠石墨烯片上的孔洞及气体分子在传输过程中所经过的路径。Knudsen 扩散理论表明，分子量不同的分子的渗透速度会有很大差异，从而实现对不同分子量分子的分离。也有研究通过分子动力学模拟探索了多层石墨烯膜对水分子的传输效果与石墨烯片上孔洞尺寸的关系[20]。他们发现，当石墨烯片上的孔洞尺寸大于 2.75 nm 时，多层石墨烯膜的水通量大幅提高。

(3) 石墨烯片上官能团的影响

除了层间二维纳米孔道和片上的缺陷孔洞，氧化石墨烯上丰富的官能团也在多层石墨烯膜对分子的选择性传输过程中起到至关重要的作用。通过在氧化石墨烯片上引入特定的官能团，可以改变多层石墨烯膜与通过膜的分子间的相互作用，从而调控多层石墨烯膜的分离性能。对于氧化石墨烯来说，其片上大量的含氧官能团会与水分子之间形成氢键，这有助于水分子在多层石墨烯膜中的快速传输。此外，氧化石墨烯片上的羰基、羧基和环氧基等都是亲水性官能团，这也有利于多层石墨烯膜从混合液体中优先吸附水分子，提高了氧化石墨烯作为渗透汽化膜的应用潜力。相关报道指出，多层石墨烯膜对水分子比对有机小分子(如甲醇等)有更好的吸附力[21]。而且氧化石墨烯片上的这些极性官能团还可以与气体分子(如二氧化碳)中的极性化学键产生相互作用，提高了多层石墨烯膜对这些气体分子的吸附能力。

此外，氧化石墨烯片上的官能团都是负电性的，这使得多层石墨烯膜对带电分子和离子的筛分也有很好的效果，可以用于纳滤和脱盐等领域。根据电荷排斥理论，由于在溶液与膜的界面处存在电势，同种荷电性的离子就会因为静电作用而被排斥，使得它们难以像不带电的水分子一样透过膜；而整个体系为了保持膜两侧的溶液都为电中性，即使是相反电荷的离子也会被限制难以透过膜，从而实现对离子的阻隔效果。同时，这些电势还会使带有相同荷电性的石墨烯片之间互相排斥，通过改变石墨烯片上官能团的含量和分布，可以实现对层间距的调节，从而影响膜的

分离性能。

总的来说，在实际使用过程中，石墨烯层间的二维纳米孔道、石墨烯片上的缺陷孔洞及石墨烯片上的官能团是相辅相成的，共同对多层石墨烯膜的分离性能产生影响。通过制备过程中的工艺设计，可以实现对多层石墨烯膜分离性能的有效调控。这种性能上的可设计性，也使得多层石墨烯膜的功能多种多样、应用领域十分广阔。

3. 多层石墨烯膜的应用

通过制备过程中对石墨烯膜结构的调控，可以实现多层石墨烯膜的多功能化，从而实现其在多个领域的应用。目前，多层石墨烯膜主要用于气体分离、离子分离和渗透汽化等领域。

（1）气体分离

Nair 等[16]在铜膜上旋涂了一层氧化石墨烯膜，采用化学方法将部分铜膜蚀刻掉并将其封闭在金属容器中，测定了容器内气体通过氧化石墨烯膜的速度。他们研究发现，水通过氧化石墨烯膜的蒸发速度为 10^{-5} mm·g/(cm^2·s·bar①)，比氦气的渗透速度高 10 个数量级，比氩气、氮气的渗透速度高 8 个数量级。Kim 等[22]利用 CVD 法制备出只有几层的石墨烯膜并转移到 1-甲基硅烷-1-丙炔基底上，随着石墨烯层数的增加，这种膜的氧气渗透系数从 730 barrer② 下降到 29 barrer，对氧气/氮气分离系数可达 6，超越了聚合物膜对氧气/氮气体系的分离极限，与碳分子筛相似。他们认为，除了石墨烯自身的缺陷和褶皱，石墨烯片层之间的二维纳米孔道也起到了筛分作用。他们还用旋涂的方法在聚醚砜多孔膜上涂覆了不到 10 nm 厚的石墨烯膜，并研究了这种膜对不同气体的渗透行为。实验结果表明，在用不同方法制备的石墨烯膜中，石墨烯片的堆叠方式不同，导致了气体在膜内的渗透机理也不同。这其中具有高度互锁结构的氧化石墨烯膜经过 140℃ 的热处理以后会在片上形成大量微孔，使得氢气在膜中的渗透系数大幅度增大，而二氧化碳的渗透系数则大幅度减小。这种膜对氢气/二氧化碳体系的分离系数高达 40，因此在石油化工等领域有着巨大的应用前景。Li 等[23]利用

---

① 1 bar=0.1 MPa。

② 1 barrer=10^{-9} mol/(m^2·s·Pa)。

真空抽滤法在阳极氧化铝薄膜基底上制备了最薄厚度仅为 1.8 nm 的一系列超薄氧化石墨烯膜。这些膜对氢气/二氧化碳和氢气/氮气体系的分离系数分别高达 3400 和 900，比传统聚合物膜的分离极限高出了 1 或 2 个数量级。他们认为，氧化石墨烯上的缺陷能够让氢气分子优先通过，而二氧化碳分子与氧化石墨烯之间强烈的相互作用力使得二氧化碳的渗透非常慢，从而使这种膜具有极高的选择分离特性。

(2) 离子分离

目前，在离子分离领域，最常用的膜分离技术有基于压力驱动的纳滤和反渗透技术以及基于非压力驱动的透析技术。

① 压力驱动的离子分离膜

压力驱动的离子分离膜是膜分离领域一个重要的研究方向，也是氧化石墨烯膜迄今为止应用最广泛的一个领域。在过去几年间，众多研究人员不断在该领域取得突破，使得氧化石墨烯膜的性能逐步上升。氧化石墨烯膜用于压力过滤领域主要有以下几个优势。一是氧化石墨烯膜具有独特的分子传输机理，水分子可以在膜间超快速传输，而在压力作用下，传输速度还会进一步提高，这些都有助于提高膜的通量。二是氧化石墨烯膜具有高度的选择分离特性，可以精确地选择性分离目标分子。三是压力的作用还可以调节氧化石墨烯膜中石墨烯片的层间距，实现对层间二维纳米孔道尺寸的调控，因此通过对驱动压力的控制就可以实现对膜分离性能的调控。这些得天独厚的优势都是现有的传统分离膜不具备的，也展现了氧化石墨烯膜的巨大潜力。

Qiu 等[24]利用真空辅助成膜法制备了氧化石墨烯膜，并探索了其在离子分离领域的潜在应用。他们通过对还原温度的控制制备了对直接黄染料溶液截留率达 67%的膜，并具有 40 L/(m^2 · h · bar)的纯水通量。Huang 等[25]则在聚碳酸酯微滤膜上用真空抽滤的方法制备了氧化石墨烯膜，这种膜对伊文氏蓝染料溶液具有 85%的截留率，并且水通量高达 71 L/(m^2 · h · bar)。他们认为，过滤液的盐浓度、pH 及过滤时所施加的压力都会改变氧化石墨烯的层间距，进而影响膜的水通量和截留率(图 10-7)。他们研究发现，随着氯化钠溶液浓度的升高，膜的水通量大幅下降，而溶液 pH 和驱动压力的变化也会对膜的水通量和截留率产生影响。这些都体现了这种膜分离性能的可控制性。

在上述工作的基础上，为了改善膜的分离性能，Huang 等[18]利用带负电的氧

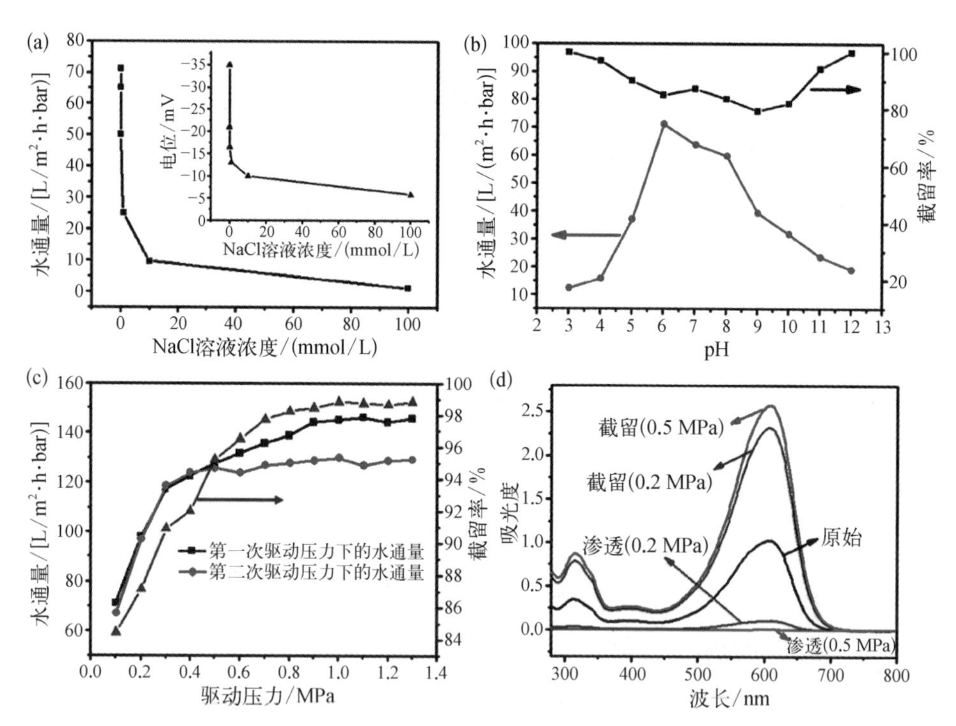

图 10-7 真空辅助成膜法制备的氧化石墨膜的分离性能

（a）氯化钠溶液浓度对氧化石墨烯膜的水通量的影响；（b）溶液 pH 对氧化石墨烯膜的水通量和截留率的影响；（c）驱动压力对氧化石墨烯膜的水通量和截留率的影响；（d）不同驱动压力下通过氧化石墨烯膜的伊文氏蓝染料溶液的紫外-可见光光谱[25]

化石墨烯片和带正电的氢氧化铜纳米线(copper hydroxide nanowire，CHN)抽滤组装成复合膜，然后再将氢氧化铜纳米线溶解去除，形成带有纳米孔道的氧化石墨烯膜(图 10-8)。这种膜的水通量高达 695 L/(m^2 · h · bar)，并且仍保持着对伊文氏蓝染料溶液 83%左右的截留率。他们通过分子动力学模拟证明，水在这种 3～5 nm的亲水性氧化石墨烯膜孔道里遵循黏性流动的规律。

Han 等[12]通过真空抽滤法在多孔的聚偏氟乙烯微滤膜基底上制备了还原氧化石墨烯膜，并利用死端过滤装置研究了这种膜对有机染料分子和无机盐离子的分离性能。实验结果表明，这种膜的纯水通量为 21.8 L/(m^2 · h · bar)，对有机染料分子的截留率高达 99%，对不同种类的无机盐离子的截留率也有 20%～60%。在后续的研究中，Han 等[26] 又在氧化石墨烯片间引入了多壁碳纳米管，刚性的碳纳米管在氧化石墨烯片层间起到支撑作用，从而使层间的纳米孔道能够在驱动压力作用下保持稳定，将膜的水通量进一步提升到 44 L/(m^2 · h · bar)。Hu 等[27]也

图 10-8 带有纳米孔道的氧化石墨膜的制备及其分离性能

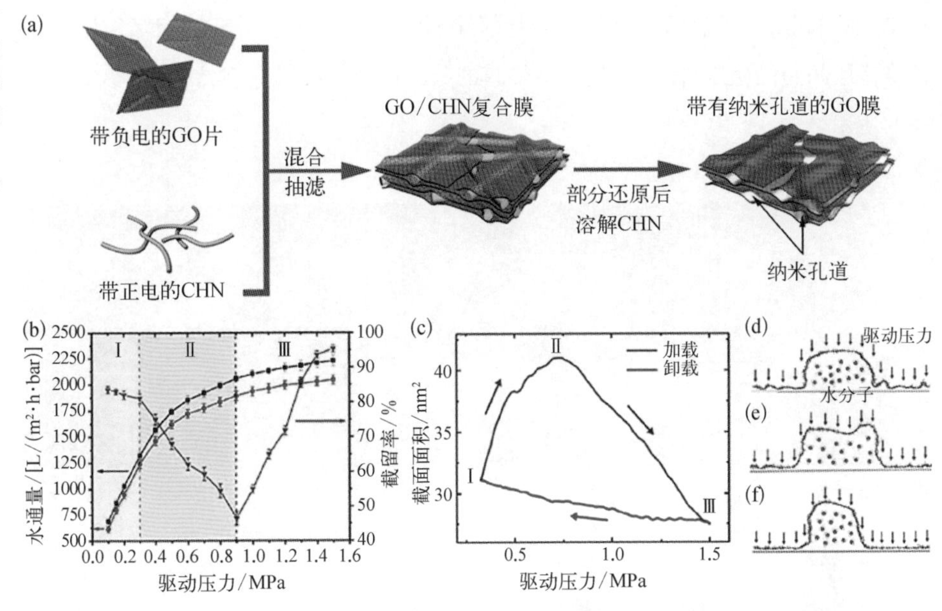

（a）带有纳米孔道的氧化石墨烯膜的制备示意图；（b）驱动压力对氧化石墨烯膜的水通量和截留率的影响；（c）通过分子动力学模拟得出的截面面积随驱动压力变化的关系图；（d）~（f）通过分子动力学模拟得出的孔道形貌随驱动压力变化的示意图[18]

得到了类似的结果。他们在经过聚多巴胺涂覆处理过的聚砜膜上利用层层自组装的方法制备了氧化石墨烯的复合膜，这种膜的水通量为 8～27.6 L/(m^2 · h · bar)，比传统的商用纳滤膜要高出 4～10 倍。

近期，氧化石墨烯膜在离子分离领域的研究又取得了新的进展。Abraham 等[28]发现，现有的绝大多数氧化石墨烯膜的层间距都在 9 Å 以上，这个值要比大多数金属盐离子的水化半径要大，而当氧化石墨烯膜被水溶胀以后，层间距还会进一步增加到 13.5 Å 左右，这些因素导致氧化石墨烯膜对无机盐离子的截留效果一直不好。他们指出，氧化石墨烯片层间距难以进一步缩小是由于氧化石墨烯片上官能团的荷电性，导致氧化石墨烯片之间会有静电排斥作用。因此，他们选择在带有负电的氧化石墨烯片之间加入电中性的石墨烯片，通过弱化片间的静电排斥作用，将层间距减小到 6.4 Å，比大多数盐离子的水化半径都小。经过测试，这种膜对氯化钠盐的截留率达到了 97%，远高于之前的报道。Chen 等[29]也发现，氧化石墨烯膜在使用过程中的溶胀现象会使氧化石墨烯片的层间距逐渐变大，导致膜的截留性能会随着使用时间的延长而下降。为了抑制氧化石墨烯膜在使用过程中的溶胀现象，他们利用无机盐(氯化钾)离子与氧化石墨烯片上 π 电子云的相互作用来有效维持层间距的稳定，使得氧化石墨烯膜的分离性能得以稳定保持，并大幅增加了膜的使用寿命(图 10-9)。

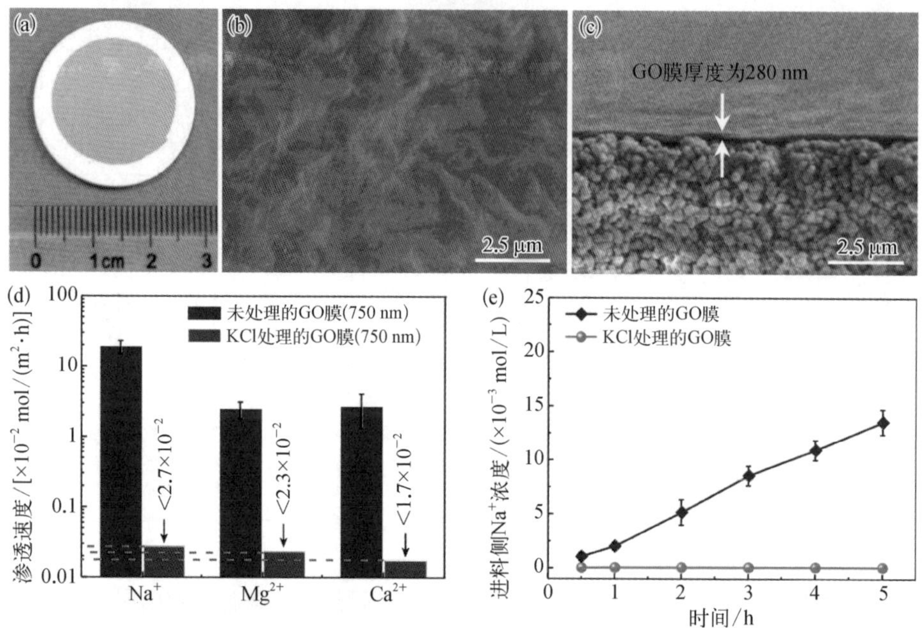

图 10-9 层间距可调控的氧化石墨烯膜及其分离性能

(a) 氧化石墨烯膜的实物图；(b)(c) 氧化石墨烯膜表面和界面的电子显微镜图；(d) 用氯化钾处理过的氧化石墨烯膜和未处理过的氧化石墨烯膜对不同盐离子的渗透速度；(e) 用氯化钾处理过的氧化石墨烯膜和未处理过的氧化石墨烯膜在长时间过滤过程中对钠离子的渗透速度[29]

② 非压力驱动的离子分离膜

氧化石墨烯膜也经常用来作为透析过程中的半透膜，实现对特定离子的选择性分离。Sun 等[30]利用自支撑的氧化石墨烯膜研究了不同离子的选择透过行为。他们通过实验发现，钠离子可以很快透过氧化石墨烯膜，而重金属离子的渗透速度则很小，铜离子完全无法透过。作者认为，金属盐离子主要通过氧化石墨烯层间的二维纳米孔道进行渗透，但重金属离子由于与氧化石墨烯片上的羧基等官能团有着较强的配合作用而被截留。Joshi 等[31]利用透析装置研究了不同离子通过氧化石墨烯膜的速度，并指出氧化石墨烯膜是一种非常精确的尺寸选择性半透膜，它能够阻挡所有水化半径大于 0.45 nm 的溶质通过，而小于该尺寸的离子则可以快速通过，并且其通过速度要高于传统扩散理论的预测值上千倍。Sun 等[32]又利用滴涂法制备了自支撑的氧化石墨烯膜，这种膜能够有效地将钠离子从铜离子或有机染料分子的混合体系中选择性分离出来。

除了用于对金属盐离子的选择性分离，这种非压力驱动的氧化石墨烯膜还可以用来进行质子分离。大体积的过渡金属阳离子与小尺寸的质子在通过氧化石墨烯膜时的渗透速度相差很大，因此这种氧化石墨烯膜可以实现有效的质子分离，这在工业领域如回收废液中的酸等有着很大的应用价值。Sun 等[30]研究发现，质子通过氧化石墨烯膜的速度比 Fe^{3+} 要高 2 个数量级（图 10－10）。当混合溶液中 Fe^{3+} 浓度低于一定值（如 0.01 mol/L）时，Fe^{3+} 将被完全阻隔，而质子却仍能快速通过氧化石墨烯膜。因此，这种氧化石墨烯膜能够有效地从一些含铁离子的废液中分离回收酸，具有很高的应用价值。

图 10－10 非压力驱动的氧化石墨烯膜的分离性能

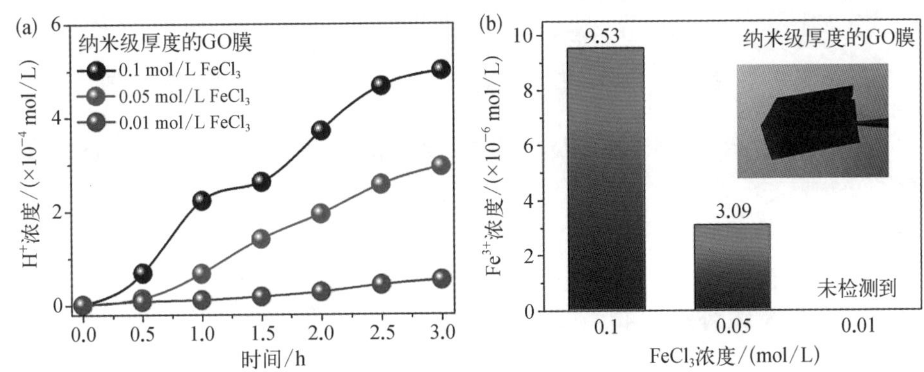

（a）不同浓度的氯化铁溶液中质子的渗透速度；（b）不同浓度的氯化铁溶液经过 3 h 过滤后滤出液中铁离子的浓度[30]

（3）渗透汽化

渗透汽化过程一般用于对液体分子的选择性分离。在混合液体透过渗透汽化膜时，某些组分会优先通过膜，并在膜的另一侧以蒸气的形式被浓缩富集，达到选择分离的效果。前文提到过，水分子可以在石墨烯层间的二维纳米孔道中快速传输，再加上氧化石墨烯本身良好的亲水性，使得氧化石墨烯膜很适合通过渗透汽化的方式来分离液体分子。目前，氧化石墨烯膜在渗透汽化领域主要用于将混合液体中的水分子选择性分离出来，常用于水/乙醇、水/正丁醇和水/异丙醇等体系中。Chung 课题组[33]利用正压过滤装置在聚碳酸酯超滤膜上制备出自支撑的氧化石墨烯膜，并用于渗透汽化过程来实现选择性分离水/乙醇的混合液体。实验结果表明，这种氧化石墨烯膜中片堆叠的致密度与制备过程中的操作压力有很大的关系，在合适的压力下，这种氧化石墨烯膜的水渗透系数高达 13800 barrer；对于乙醇含量为 85%的两相体系，水对于乙醇的分离系数可达 227。Huang 等[34] 利用真空抽滤法在陶瓷基中空纤维膜上附着了一层氧化石墨烯膜。通过实验他们发现，这种氧化石墨烯膜能够高效地将水从水/碳酸二甲酯混合液体中分离出来(图 10-11)。

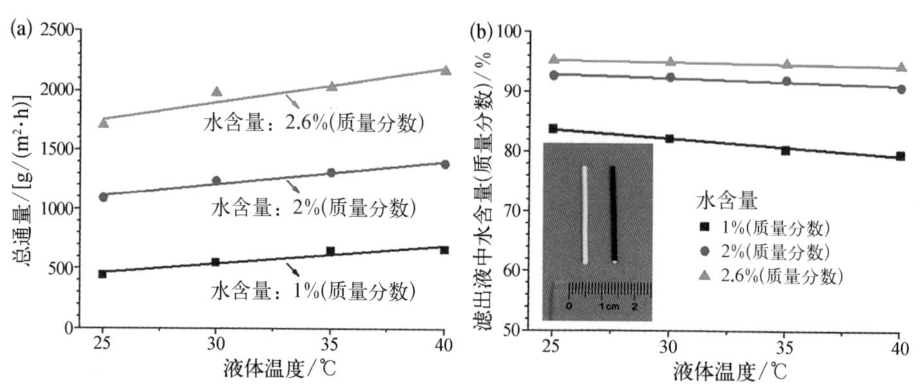

图 10-11 附着一层氧化石墨烯膜的陶瓷基中空纤维膜在渗透汽化过程中的分离性能

（a）渗透汽化过程中总通量与液体温度和水含量的关系；（b）渗透汽化过程中滤出液中水含量与液体温度和水含量的关系[34]

10.1.4 石墨烯分离膜的总结与展望

近年来，基于石墨烯材料的分离膜取得了很大的突破，石墨烯分离膜的优异截留性能、超高的水通量、出色的使用稳定性等特点使得它在水脱盐处理、气体分离、渗透汽化、传感探测等领域都有着广泛的应用和巨大的潜力。但是就石墨烯材料而言，限制其进一步发展的最大问题是制备技术。迄今为止，我们还很难高效大批量地制备出满足工业需求的高质量石墨烯膜。解决这个问题的主要思路有两个方向：一是进一步发展优化石墨烯的制备技术，降低现有技术的门槛，这是最根本的办法；二是寻找制备工艺相对简单的石墨烯衍生物来进行石墨烯膜的生产，从而提高生产效率并降低成本。目前，大多数大面积的石墨烯膜均是采用氧化石墨烯这种制备相对简单的石墨烯衍生物作为原料，所得到的氧化石墨烯膜也继承了石墨烯材料的独特优势，有着优异的分离性能，让我们看到了石墨烯分离膜大规模化的曙光。未来，随着对石墨烯膜传质机理理解的更加深入，以及制备技术的进一步成熟，石墨烯膜有望在膜分离领域发挥出更大的作用。

10.2　石墨烯吸附材料

除了二维的石墨烯膜材料，三维的石墨烯组装体如石墨烯基气凝胶材料在环境净化领域也有着广泛的应用。与二维的石墨烯膜材料利用选择性分离过程来分离污染物不同，三维的石墨烯基气凝胶材料一般通过吸附的方式来实现对污染物的分离。三维的石墨烯基气凝胶材料具有很大的比表面积，这使得石墨烯基气凝胶材料有着很高的理论吸附量。而且石墨烯基气凝胶的原料大多为氧化石墨烯或还原氧化石墨烯，其中含有大量官能团，这些官能团使得可以方便地按照使用需求进行改性，如掺杂、接枝等。此外，石墨烯基气凝胶材料含有丰富的孔结构，从纳米级的微孔、介孔，到微米级、毫米级的大孔，这些具有梯度的孔结构不仅赋予石墨烯基气凝胶材料很大的比表面积，还有助于让其中丰富的表面能够得到充分的利用。此外，石墨烯材料具有良好的机械性能、出色的理化稳定性，这些可以让石墨烯基气凝胶材料具有稳定的吸附性能和耐候性。近年来，随着石墨烯材料制备工艺的日益成熟，石墨烯基气凝胶材料的应用引发了越来越多的关注。

石墨烯基气凝胶独特的孔结构和大的比表面积，让它在吸附污染物领域有着广泛的应用。无论是吸附有机染料、油性有机液体，还是吸附有害气体、颗粒物，石墨烯基气凝胶都有着良好的表现。此外，石墨烯基气凝胶不仅可以在水环境中使用，还可以在空气环境中有效发挥吸附作用。按照应用领域的不同，可以分为有机染料的吸附、油性有机液体的吸附、重金属离子的吸附及空气污染物的吸附等。

10.2.1　有机染料的吸附

有机染料废液是纺织加工等行业最常见的排放物，从环境保护的角度来看，高效吸附有机染料有着重大的意义。目前，绝大多数有机染料在溶解以后都是以离子形态存在的，只有少数以分子形态存在(表 10－2)。对于不同类型的有机染料，其所需的吸附材料也不同。

表 10-2 常见有机染料的分类

类　型	种　　类
阳离子型	甲基蓝、孔雀绿、罗丹明 B、甲基紫、亮绿、罗丹明 6G
阴离子型	伊红 Y、钙黄素、甲基橙、波尔多红、玫瑰红
分 子 型	吖啶橙

与传统的吸附材料相比，三维石墨烯组装体对有机染料的吸附有着更突出的表现。有文献报道，氧化石墨烯和生物高分子的复合气凝胶对甲基蓝和甲基紫染料的吸附量分别可以达到 1100 mg/g 和 1350 mg/g[35]。Sui 等[36]制备了一种氧化石墨烯-聚乙烯亚胺复合气凝胶材料，这种材料对深紫染料的吸附量可以达到 800 mg/g，远高于之前报道的其他碳材料，如花生壳粉(14.9 mg/g)、介孔碳(520 mg/g)等。石墨烯材料对有机染料良好的吸附性能源于它极大的比表面积和贯通的孔结构：大的比表面积提供了大量吸附有机染料分子的位点，而贯通的孔结构则有利于有机染料分子在吸附材料中的扩散。需要指出的是，氧化石墨烯片上含有丰富的含氧官能团，其三维组装体的表面在水环境中会表现出负电性，因此三维石墨烯组装体更多的是用于吸附阳离子型有机染料。据报道，现有的三维石墨烯组装体对常见的阳离子型有机染料，如甲基紫、甲基蓝和罗丹明 B 等，都有出色的吸附性能。

此外，石墨烯吸附材料的另外一大优势就是它的可循环利用性。在吸附饱和后，只需要简单的溶剂(如乙醇、乙二醇等)清洗和真空抽滤等工艺，就可以将三维石墨烯组装体上吸附的有机染料有效地提取和收集。这种回收方法便捷高效，同时还不会对三维石墨烯组装体的结构带来破坏，有利于三维石墨烯组装体的循环使用。Tiwari 等[37]发现，只需要用溶剂清洗三次，吸附在石墨烯基气凝胶上的甲基蓝染料就可以实现完全脱除，罗丹明 B 染料也可以脱除 80%以上。三维石墨烯组装体超高的吸附量和可循环利用性使得它在有机染料吸附领域有着巨大的应用前景。

10.2.2 油性有机液体的吸附

近年来，原油的泄漏和工业上大量有机溶剂的排放给环境造成了巨大的损害，如何有效地回收处理泄漏在环境中的油性有机液体已成为各方都重点关注的话题。而高性能的吸附材料就是解决这一问题的有效方法之一。三维石墨烯组装体已经被广泛用于吸附各种油类,如汽油、橄榄油、泵油和原油等。此外,在有机溶剂的吸附领域,三维石墨烯组装体也有很好的效果,它可以有效吸附氯仿、硝基苯、四氢呋喃和 N,N-二甲基甲酰胺等多种常用有机溶剂,并且其吸附量要高出大部分现有的吸附材料。Ruoff 课题组[38]制备的石墨烯海绵可以吸附 54.7 倍自身质量的甲苯,比传统的膨胀石墨(一般小于 10 倍自身质量)要高出很多。杨全红课题组[39]制备了还原氧化石墨烯-聚乙烯醇的复合气凝胶材料,这种材料对泵油的吸附效率是传统活性炭的 17 倍以上。

Cong 等[40]首先系统地研究了石墨烯基凝胶材料对各种常见有机溶剂如环己烷、甲苯、汽油、液体石蜡、植物油和四氯化碳等的吸附性能及其原理。他们认为,石墨烯基凝胶间丰富的疏水性的 $\pi-\pi$ 堆积区域和毛细效应是它具有优异吸附性能的原因。除此以外,有机溶剂本身的结构和性质也对吸附过程有着重要影响。由于石墨烯本身具有共轭六元环结构,三维石墨烯组装体对芳香类有机溶剂的吸附性能要优于对脂肪类有机溶剂。此外,有机溶剂的密度、挥发性和黏度等性质也对材料的吸附性能有很大的影响。考虑到石墨烯材料内部有限的孔道空间,它对高密度的有机溶剂有着更高的理论吸附量;挥发性液体由于其自身的易挥发性,会使得石墨烯材料对其的吸附量偏低;液体黏度的增加则会显著降低吸附速度。为了提高对高黏度液体的吸附性能,俞书宏课题组[41]利用焦耳热对氧化石墨烯包覆的海绵材料进行处理,得到了一种可以高速吸附高黏度原油的石墨烯基海绵材料(图10-12)。与传统的吸附材料相比,这种材料对高黏度原油的吸附速度要高出 20 倍以上,并且具有很高的吸附量。

除了吸附量很高,三维石墨烯组装体在吸附油类和有机溶剂领域的另外一大优势就是它具有很高的吸附速度。如图 10-13 所示,当一块石墨烯基气凝胶被放入油水混合液体中后,油层表面积会迅速减小,并在几秒以后完全消失[42]。这种石墨烯材料对甲苯和正癸烷的吸附速度分别可以达到 68.8 g/(g·s)和 27 g/(g·s)。这是因为三维石墨烯组装体具有很大的比表面积来充分接触油性有机液体,并且其丰富的孔结构也有利于油性有机分子的快速流入。

此外,三维石墨烯组装体所吸附的油类和有机溶剂可以通过燃烧、压榨、冲洗或蒸馏等方法便捷地脱除和收集。而且大部分三维石墨烯组装体都具有极好的循环稳定性,在多次吸附与脱附循环后,仍然能保持很高的吸附量和吸附速度。高超

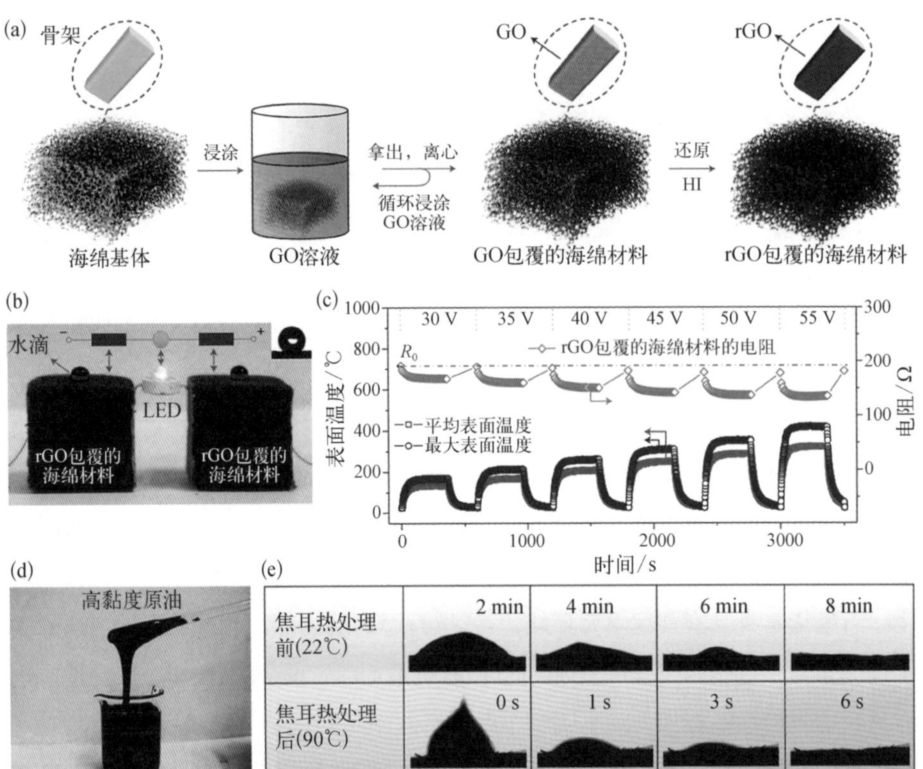

图 10-12　还原氧化石墨烯包覆的海绵材料的制备与性能

（a）氧化石墨烯包覆的海绵材料的制备和焦耳热还原过程示意图；（b）还原氧化石墨烯包覆的海绵材料具有良好的导电性和疏水性；（c）还原氧化石墨烯包覆的海绵材料的表面温度和电阻随焦耳热处理时间的变化；（d）高黏度原油的照片；（e）焦耳热处理前后，还原氧化石墨烯包覆的海绵材料对高黏度原油吸附性能的变化[41]

课题组[42]通过热处理的方法将石墨烯基气凝胶上吸附的有机溶剂进行脱除，在重复十多次吸附与脱附循环后，该气凝胶的吸附能力仍然基本保持不变。

10.2.3　重金属离子的吸附

除了有机染料和油性有机液体，重金属离子也是世界范围内水污染问题的一大元凶。而大量的研究表明，三维石墨烯组装体对水中的重金属离子如 Cu^{2+}、Pb^{2+}、Cd^{2+}、Cr(VI)等也有很好的吸附性能。经过计算[40,43]，发现石墨烯基气凝胶对 Cr(VI)和 Pb^{2+} 的吸附量分别可以达到 139.2 mg/g 和 373.8 mg/g，远高于传统的 $\gamma-Fe_2O_3$ 和 γ-FeOOH 等吸附材料。相关研究表明，静电吸附作用是三维石墨

图 10-13 石墨烯基气凝胶的吸附性能

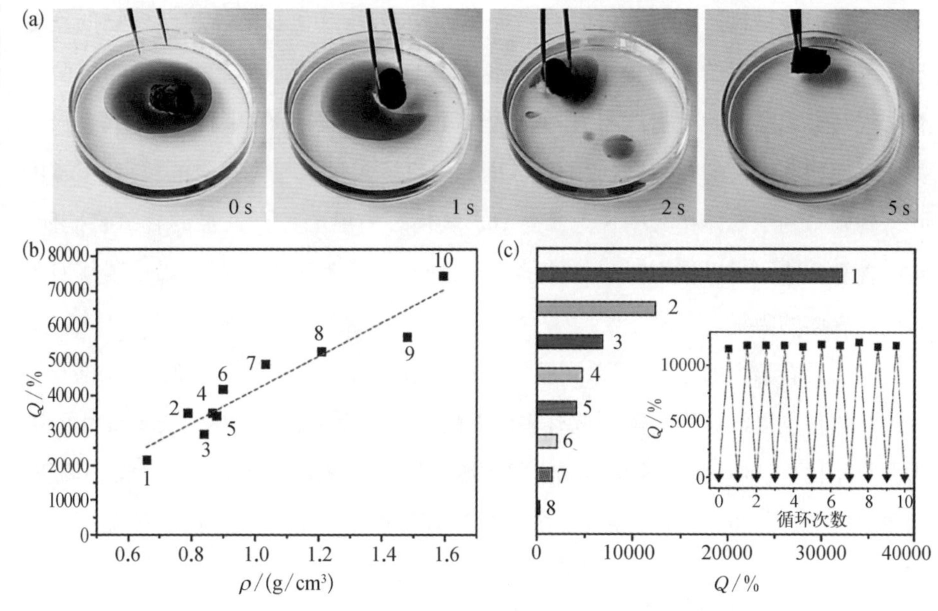

（a）石墨烯基气凝胶对甲苯的快速吸附；（b）石墨烯基气凝胶对不同密度的有机溶剂的吸附性能，1到10分别是正己烷、乙醇、原油、甲苯、机油、植物油、二噁烷、离子液体、氯仿和四氯化碳；（c）石墨烯基气凝胶的吸附性能与其他吸附材料的对比，1到8分别是石墨烯基气凝胶、碳纳米管海绵、纯石墨烯海绵、膨胀石墨、聚氨酯海绵、纸巾、商用吸油材料和活性炭[42]

烯组装体吸附重金属离子的主要机理。氧化石墨烯上大量负电性的含氧官能团对重金属阳离子有很强的静电吸附作用，从而能够有效地吸附水中的重金属离子。此外，三维石墨烯组装体具有丰富的贯通孔结构，这也有利于重金属离子的流入和快速扩散。影响石墨烯材料对重金属离子吸附性能的主要因素是溶液的 pH 和温度。在较小的 pH 下，水分子和氧化石墨烯上的含氧官能团都会因为质子化而带正电，这不利于它对同样带正电的重金属离子的吸附；随着 pH 的增大，含氧官能团开始去质子化，其吸附性能开始大幅提高。总的来说，超大的比表面积和丰富的带负电的官能团是三维石墨烯组装体能够高效吸附重金属离子的关键，通过控制三维石墨烯组装体的孔结构和官能团分布，就可以实现对重金属离子的高效吸附。

10.2.4 空气污染物的吸附

相关研究表明，三维石墨烯组装体对空气污染物如丙酮蒸气、二氧化碳和甲醛等也有很好的吸附性能。He 等[44]研究发现，氧化石墨烯气凝胶对丙酮蒸气的吸附量比其他碳材料要高出一倍以上。也有研究表明，氧化石墨烯和聚合物的复合气凝胶对二氧化碳的吸附量也高于很多传统的吸附材料[45]。三维石墨烯组装体对空气污染物良好的吸附性能主要来源于两方面：① 三维石墨烯组装体具有极大的比表面积和丰富的孔结构，大的比表面积提供了大量供气体吸附的位点，丰富的孔结构则有利于气体在其中快速扩散；② 氧化石墨烯上具有大量的含氧官能团，这些含氧官能团可以作为吸附气体的化学位点，也有利于三维石墨烯组装体对各种极性气体的吸附。

由于具有超大的比表面积、大量的梯度孔结构及丰富的含氧官能团，三维石墨烯组装体在空气污染物吸附领域有着得天独厚的优势与潜力。尽管与商业化的吸附材料相比，三维石墨烯组装体在吸附领域的研究与应用还处在起步阶段，但随着相关研究的进一步发展，三维石墨烯组装体有望在未来的环境保护领域发挥巨大的作用。

参考文献

[1] Sun P Z, Wang K L, Zhu H W. Recent developments in graphene-based membranes: Structure, mass-transport mechanism and potential applications[J]. Advanced Materials, 2016, 28(12): 2287 - 2310.

[2] Berry V. Impermeability of graphene and its applications[J]. Carbon, 2013, 62: 1 - 10.

[3] Bunch J S, Verbridge S S, Alden J S, et al. Impermeable atomic membranes from graphene sheets[J]. Nano Letters, 2008, 8(8): 2458 - 2462.

[4] Hu S, Lozada - Hidalgo M, Wang F C, et al. Proton transport through one-atom-thick crystals[J]. Nature, 2014, 516(7530): 227 - 230.

[5] Jiang D E, Cooper V R, Dai S. Porous graphene as the ultimate membrane for gas separation[J]. Nano Letters, 2009, 9(12): 4019 - 4024.

[6] Sun C Z, Boutilier M S H, Au H, et al. Mechanisms of molecular permeation through nanoporous graphene membranes[J]. Langmuir, 2014, 30(2): 675 - 682.

[7] Wang L D, Drahushuk L W, Cantley L, et al. Molecular valves for controlling gas phase transport made from discrete ångström-sized pores in graphene[J]. Nature Nanotechnology, 2015, 10(9): 785 - 790.

[8] Cohen - Tanugi D, Grossman J C. Water desalination across nanoporous graphene[J]. Nano Letters, 2012, 12(7): 3602 - 3608.

[9] Sint K, Wang B Y, Král P. Selective ion passage through functionalized graphene nanopores[J]. Journal of the American Chemical Society, 2008, 130(49): 16448-16449.
[10] He Z J, Zhou J, Lu X H, et al. Bioinspired graphene nanopores with voltage-tunable ion selectivity for Na^+ and K^+[J]. ACS Nano, 2013, 7(11): 10148-10157.
[11] Surwade S P, Smirnov S N, Vlassiouk I V, et al. Water desalination using nanoporous single-layer graphene[J]. Nature Nanotechnology, 2015, 10(5): 459-464.
[12] Han Y, Xu Z, Gao C. Ultrathin graphene nanofiltration membrane for water purification[J]. Advanced Functional Materials, 2013, 23(29): 3693-3700.
[13] Blanton T N, Majumdar D. Characterization of X-ray irradiated graphene oxide coatings using X-ray diffraction, X-ray photoelectron spectroscopy, and atomic force microscopy[J]. Powder Diffraction, 2013, 28(2): 68-71.
[14] Lerf A, Buchsteiner A, Pieper J, et al. Hydration behavior and dynamics of water molecules in graphite oxide[J]. Journal of Physics and Chemistry of Solids, 2006, 67(5-6): 1106-1110.
[15] Boukhvalov D W, Katsnelson M I, Son Y W. Origin of anomalous water permeation through graphene oxide membrane[J]. Nano Letters, 2013, 13(8): 3930-3935.
[16] Nair R R, Wu H A, Jayaram P N, et al. Unimpeded permeation of water through helium-leak-tight graphene-based membranes[J]. Science, 2012, 335(6067): 442-444.
[17] Ying Y L, Ying W, Li Q C, et al. Recent advances of nanomaterial-based membrane for water purification[J]. Applied Materials Today, 2017, 7: 144-158.
[18] Huang H B, Song Z G, Wei N, et al. Ultrafast viscous water flow through nanostrand-channelled graphene oxide membranes[J]. Nature Communications, 2013, 4: 2979.
[19] Celebi K, Buchheim J, Wyss R M, et al. Ultimate permeation across atomically thin porous graphene[J]. Science, 2014, 344(6181): 289-292.
[20] Suk M E, Aluru N R. Water transport through ultrathin graphene[J]. The Journal of Physical Chemistry Letters, 2010, 1(10): 1590-1594.
[21] Hung W S, An Q F, De Guzman M, et al. Pressure-assisted self-assembly technique for fabricating composite membranes consisting of highly ordered selective laminate layers of amphiphilic graphene oxide[J]. Carbon, 2014, 68: 670-677.
[22] Kim H W, Yoon H W, Yoon S M, et al. Selective gas transport through few-layered graphene and graphene oxide membranes[J]. Science, 2013, 342(6154): 91-95.
[23] Li H, Song Z N, Zhang X J, et al. Ultrathin, molecular-sieving graphene oxide membranes for selective hydrogen separation[J]. Science, 2013, 342(6154): 95-98.
[24] Qiu L, Zhang X H, Yang W R, et al. Controllable corrugation of chemically converted graphene sheets in water and potential application for nanofiltration[J]. Chemical Communications, 2011, 47(20): 5810-5812.

[25] Huang H B, Mao Y Y, Ying Y L, et al. Salt concentration, pH and pressure controlled separation of small molecules through lamellar graphene oxide membranes [J]. Chemical Communications, 2013, 49(53): 5963-5965.
[26] Han Y, Jiang Y Q, Gao C. High-flux graphene oxide nanofiltration membrane intercalated by carbon nanotubes[J]. ACS Applied Materials & Interfaces, 2015, 7 (15): 8147-8155.
[27] Hu M, Mi B X. Enabling graphene oxide nanosheets as water separation membranes [J]. Environmental Science & Technology, 2013, 47(8): 3715-3723.
[28] Abraham J, Vasu K S, Williams C D, et al. Tunable sieving of ions using graphene oxide membranes[J]. Nature Nanotechnology, 2017, 12(6): 546-550.
[29] Chen L, Shi G S, Shen J, et al. Ion sieving in graphene oxide membranes via cationic control of interlayer spacing[J]. Nature, 2017, 550(7676): 380-383.
[30] Sun P Z, Zhu M, Wang K L, et al. Selective ion penetration of graphene oxide membranes[J]. ACS Nano, 2013, 7(1): 428-437.
[31] Joshi R K, Carbone P, Wang F C, et al. Precise and ultrafast molecular sieving through graphene oxide membranes[J]. Science, 2014, 343(6172): 752-754.
[32] Sun P Z, Wang K L, Wei J Q, et al. Effective recovery of acids from iron-based electrolytes using graphene oxide membrane filters [J]. Journal of Materials Chemistry A, 2014, 2(21): 7734-7737.
[33] Tang Y P, Paul D R, Chung T S. Free-standing graphene oxide thin films assembled by a pressurized ultrafiltration method for dehydration of ethanol[J]. Journal of Membrane Science, 2014, 458: 199-208.
[34] Huang K, Liu G P, Lou Y Y, et al. A graphene oxide membrane with highly selective molecular separation of aqueous organic solution[J]. Angewandte Chemie-International Edition, 2014, 53(27): 6929-6932.
[35] Cheng C, Deng J, Lei B, et al. Toward 3D graphene oxide gels based adsorbents for high-efficient water treatment via the promotion of biopolymers[J]. Journal of Hazardous Materials, 2013, 263: 467-478.
[36] Sui Z Y, Cui Y, Zhu J H, et al. Preparation of three-dimensional graphene oxide-polyethylenimine porous materials as dye and gas adsorbents[J]. ACS Applied Materials & Interfaces, 2013, 5(18): 9172-9179.
[37] Tiwari J N, Mahesh K, Le N H, et al. Reduced graphene oxide-based hydrogels for the efficient capture of dye pollutants from aqueous solutions[J]. Carbon, 2013, 56: 173-182.
[38] Bi H C, Xie X, Yin K B, et al. Spongy graphene as a highly efficient and recyclable sorbent for oils and organic solvents[J]. Advanced Functional Materials, 2012, 22 (21): 4421-4425.
[39] Tao Y, Kong D B, Zhang C, et al. Monolithic carbons with spheroidal and hierarchical pores produced by the linkage of functionalized graphene sheets[J]. Carbon, 2014, 69: 169-177.

[40] Cong H P, Ren X C, Wang P, et al. Macroscopic multifunctional graphene-based hydrogels and aerogels by a metal ion induced self-assembly process[J]. ACS Nano, 2012, 6(3): 2693-2703.

[41] Ge J, Shi L A, Wang Y C, et al. Joule-heated graphene-wrapped sponge enables fast clean-up of viscous crude-oil spill [J]. Nature Nanotechnology, 2017, 12 (5): 434-440.

[42] Sun H Y, Xu Z, Gao C. Multifunctional, ultra-flyweight, synergistically assembled carbon aerogels[J]. Advanced Materials, 2013, 25(18): 2554-2560.

[43] Wang P, Lo I M C. Synthesis of mesoporous magnetic $\gamma-Fe_2O_3$ and its application to Cr(VI) removal from contaminated water[J]. Water Research, 2009, 43(15): 3727-3734.

[44] He Y Q, Zhang N N, Wu F, et al. Graphene oxide foams and their excellent adsorption ability for acetone gas[J]. Materials Research Bulletin, 2013, 48(9): 3553-3558.

[45] Sudeep P M, Narayanan T N, Ganesan A, et al. Covalently interconnected three-dimensional graphene oxide solids[J]. ACS Nano, 2013, 7(8): 7034-7040.

第 11 章

石墨烯宏观材料在光热及光电领域的应用

石墨烯具有极高的电子迁移率、良好的光吸收和热传导性能，这些独特的光学和电学特性使石墨烯在光热和光电领域具有很大的应用前景。本章将从光热海水淡化、光电探测和太阳能电池三个方面阐述石墨烯的应用。

11.1 光热海水淡化

水资源短缺是21世纪人类面临的重大难题之一。利用太阳能将海水蒸发脱盐从而获得清洁淡水是目前非常有前景的技术之一。传统的太阳光海水淡化方法使用金或者铝等纳米颗粒作为吸光材料，将光能转换为热能，促进液态水蒸发产生水蒸气，然后收集蒸发的气态水，从而达到海水淡化或者污水净化的目的。然而，高成本吸光材料的使用大大增加了光热产水的工业成本[1,2]。石墨烯具有良好的光吸收和光热转换性能，同时较易与其他材料复合，是一种新兴的具有较高应用价值的光热海水淡化材料。

一个高效的太阳光光热产水装置需满足以下条件(图 11 - 1)：① 吸光材料应该具有优异的光吸收特性；② 具有良好的水传输通道，保证水的持续供给；③ 将产

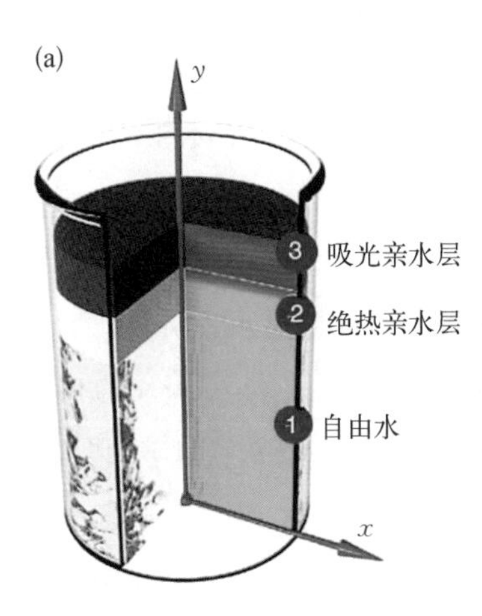

图 11 - 1 太阳光光热产水装置的结构示意图及实验照片

生的热量锁定在吸光材料的表面，避免热量的损耗，特别是避免热量传递到水体中。

11.1.1 石墨烯材料

目前，报道应用于太阳光光热产水的石墨烯材料有氧化石墨烯(GO)膜、石墨烯泡沫、石墨烯基气凝胶等。使用GO膜作为太阳光光热产水材料具有以下优势：① 这种低成本制备的GO膜对太阳光具有较高的吸收效率和较宽的吸收边；② GO膜内部的多孔结构能够为水的传递和水蒸气的逸出提供通道；③ GO膜的横截面热导率比较低[约0.2 W/(m·K)]，从而有效地抑制热量的损失；④ GO膜可以弯曲折叠，并且较容易地附着在其他材料如纤维素上，从而使"泵送"的水能够有效地转移到GO膜上。

将GO膜用作太阳光海水淡化的吸光材料，能够使得太阳光光热产水效率达到94%以上[3]。在典型的构件中，GO膜并不与水体直接接触，而是置于一层聚苯乙烯泡沫隔热材料上，从而有效地隔绝热传导带来的热量损失。同时，聚苯乙烯泡沫隔热层外包裹着一层纤维素，从而保证水的"泵送"(图11-2)。该材料能够漂浮在水面上，只有纤维素底部部分直接与大面积水接触，并在毛细作用下通过纤维素内部的水传输通道将水"泵送"到材料的上表面。不同于直接与大量水体接触，该设计构件有效地降低了水输送路径的通量，从而将热量损失减少到最低限度，能够有效地实现水的高效输送和热传导的抑制。

限制吸光材料与水体接触，从而减少热量的散失，这是保证产水效率的重要因素。实验表明，在模拟太阳光(1个太阳光强度)照射4 h后，在吸光材料与大量水体接触的情况下，水体表面温度上升了11.4℃，而当采用吸光材料与水体分离的体系时，水体表面温度只上升了0.6℃，有效地避免了热量的扩散[3]。木头是一种天然提供水传输通道且隔热的良好材料。而且天然木头具有良好的多孔结构，其较轻、热导率低并且具有一定的亲水性。扫描电子显微镜显示木头具有大量的直径为数十微米的微孔道网络，这为水的输送提供了良好的路径。将GO膜附着在木头上做成太阳光光热产水材料，在12 kW/m^{2}的模拟太阳光照射下，装置的光热转换效率达到83%[4]。

此外，通过设计石墨烯膜的结构来制造水传输通道，可以大大提高太阳光的产

图 11-2 GO 膜用作太阳光海水淡化吸光材料的机理流程图

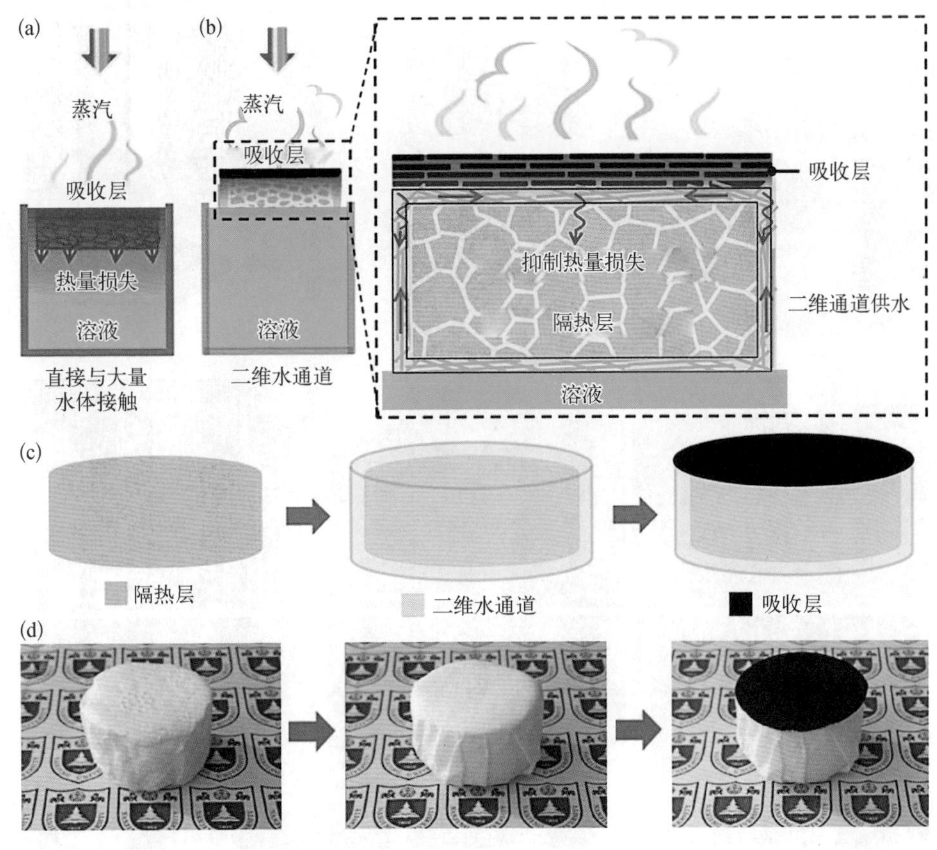

(a) 传统的直接与大量水体接触的光热水蒸气装置；(b) 拥有表面热量锁定管理及二维水通道的新型光热水蒸气装置；(c)(d) 太阳光光热产水装置的示意图，其中左图为聚苯乙烯泡沫作为隔热层，中图为外面包裹一层纤维素作为水传输通道，右图为上面再覆盖一层 GO 膜作为吸光材料

水效率。图 11-3 展示的是具有长程竖直排列结构的石墨烯膜[5]。该结构提供了很好的水传输通道，并且由于光的多次反射进一步增加了石墨烯膜对太阳光的吸收。使用长程竖直排列石墨烯膜作为吸光材料，在 1 个模拟太阳光强度照射下，1 h 后水体的温度仅仅上升了 3.2℃，光热转换效率达到 86.5%，在 4 个模拟太阳光强度照射下的光热转换效率甚至能达到 94.2%。

石墨烯吸光材料的结构是影响石墨烯光吸收性能的重要因素。具有多级结构的石墨烯泡沫能够提高石墨烯的光吸收率，将光热转换效率提高到 93.4%，最终使得太阳光光热产水效率达到 90%以上(图 11-4)[6]。采用等离子体增强化学气相沉积法制备得到具有多级结构的石墨烯泡沫，该结构在石墨烯三维泡沫骨架上附着垂直的石墨烯纳米片，从而提供足够的热交换面积。这

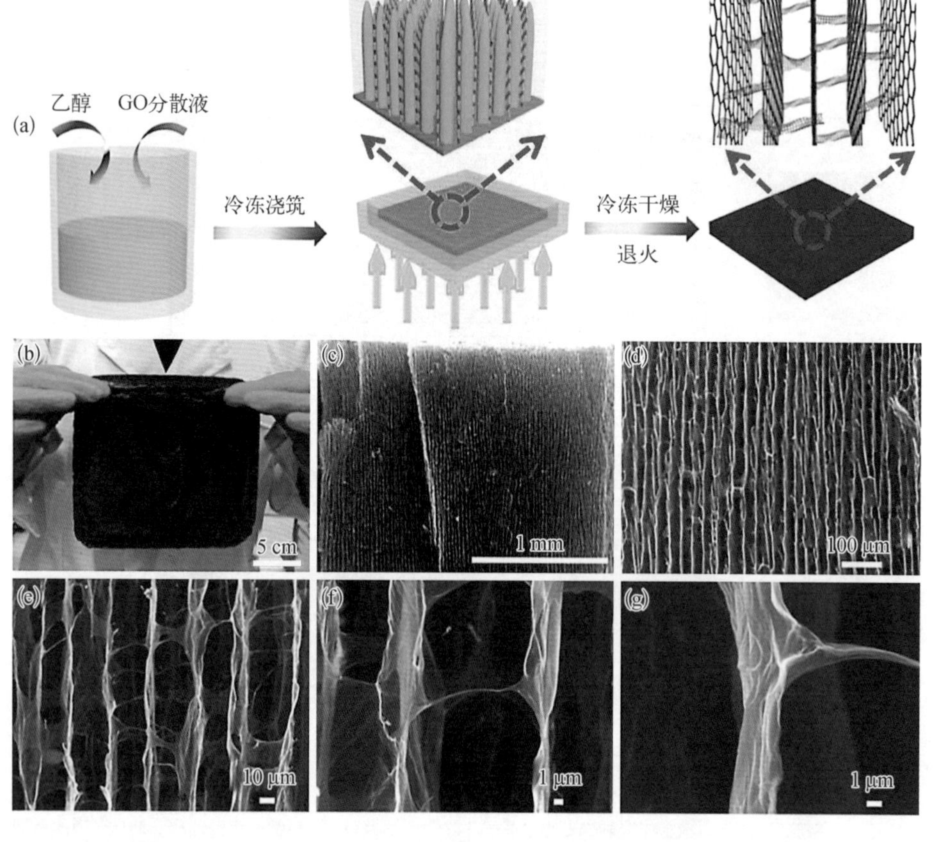

图 11-3　具有长程竖直排列结构的石墨烯膜[5]

（a）石墨烯膜的制备示意图；（b）石墨烯膜的光学照片；（c）~（g）石墨烯膜的 SEM 图

种独特的结构保证在任意入射角下石墨烯吸光材料都具有较高的太阳光吸收率，减少太阳光的反射，从而保证在太阳光照射下石墨烯吸光材料表面比较高的温度。高孔隙率石墨烯基气凝胶也被试验证明是光热海水淡化的良好材料[7]。

氮掺杂会导致石墨烯晶格缺陷的产生，改善石墨烯的亲水性，有利于水的输送。同时，氮掺杂能够显著降低石墨烯的热导率，减少热量的散失。因此，氮掺杂石墨烯与未掺杂的石墨烯相比，具有更高的产水效率和光热转换效率[8]。将石墨烯官能化以增强其亲水性，通过毛细效应影响气-液界面，导致水的三相接触线附近产生更薄的水膜，减小蒸发阻力，也会使蒸发效率大大提高[9]。

图 11-4 具有多级结构的石墨烯泡沫[6]

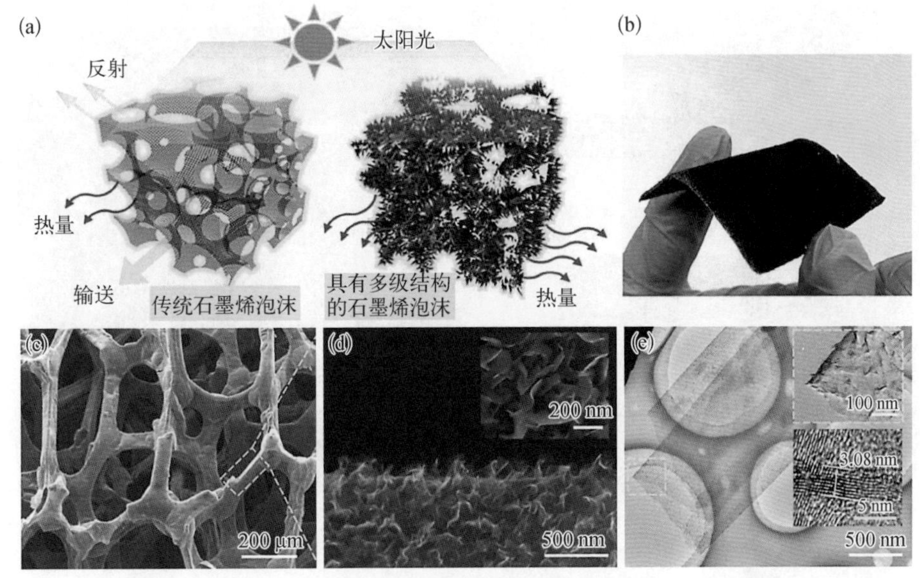

（a）传统石墨烯泡沫和具有多级结构的石墨烯泡沫的光热转换示意图；（b）具有多级结构的石墨烯泡沫的光学照片；（c）~（e）具有多级结构的石墨烯泡沫的 SEM 图和 TEM 图

11.1.2 石墨烯基复合材料

石墨烯基复合材料也可以被应用到光热产水领域，例如石墨烯-多壁碳纳米管复合材料、还原氧化石墨烯-聚氨酯纳米杂化泡沫材料、还原氧化石墨烯-纤维素酯混合膜材料、细菌纳米纤维素和氧化石墨烯组成的双层杂化生物泡沫材料、金颗粒负载的氧化石墨烯纳米流体材料及 Fe_3O_4 磁性纳米颗粒负载的还原氧化石墨烯材料等。

将 rGO 与 MWCNT 复合可以得到高效的光热材料。该光热材料具有可控的纳米结构，通过合理的结构设计可以控制和优化光热层的表面粗糙度，从而通过减少光反射来增强宽波长范围内的太阳辐射吸收[图 11-5(a)]。材料内部疏松的多孔结构和亲水性有利于蒸发过程中光热层内的水输送。即使在 1 个模拟太阳光强度（1 kW/m^2）照射下，该复合膜材料的表面温度可以达到 78℃，比纯氧化石墨烯膜材料的结果高 10℃，光热蒸发速度也分别比纯氧化石墨烯膜材料和碳纳米管膜材料高出 79.4%和 8.9%[10]。这种光热材料可以通过简单的真空抽滤法或涂覆法将石墨烯附着在不同的基底表面制备得到。

将 rGO 共价交联到聚氨酯（PU）上，可以有效地提高 rGO 纳米片的稳定性和

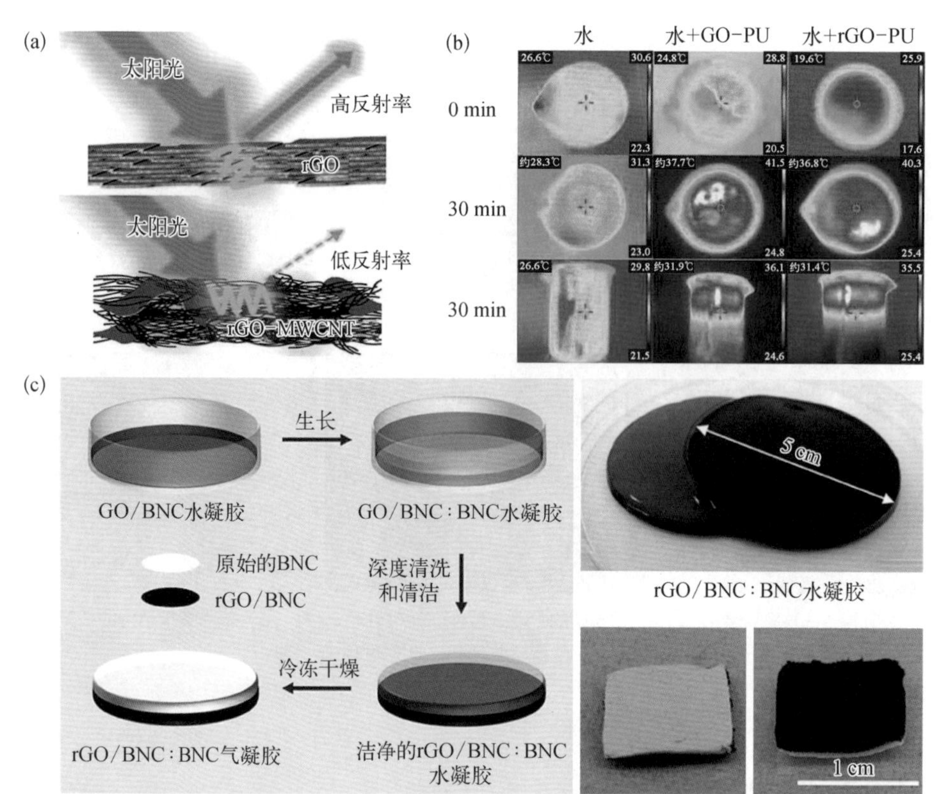

图 11-5　具有高效光热性能的石墨烯基复合材料

（a）rGO-MWCNT 复合膜材料比纯 rGO 膜材料对太阳光有更好的吸收；（b）rGO-PU 纳米杂化泡沫材料在 1 kW/m²的模拟太阳光照射下照射 30 min 前后的温度变化；（c）rGO/BNC∶BNC 气凝胶的制备示意图及光学照片

光吸收率。PU 具有保温作用，能够减少热量的散失。同时，复合材料的亲水性和相互连接的孔隙可作为补充表面水蒸发的水传输通道。rGO-PU 纳米杂化泡沫材料在1 kW/m^2的模拟太阳光照射下拥有 65%的光热转换效率[图 11-5(b)][11]。其他聚合物如混合纤维素酯(MCE)薄膜也可以作为石墨烯光热材料的多孔支撑层。由聚乙烯亚胺连接的双层光热系统在 1 kW/m^2的模拟太阳光照射下能实现约60%的光热转换效率[12]。

细菌纳米纤维素(BNC)由高纯度的纤维素纳米纤维组成，通过一系列生化步骤产生葡萄糖，然后由培养基中细菌分泌的纤维素原纤维自组装产生[图 11-5(c)]。由于 BNC 具有较大的比表面积、开放的微孔结构、优异的机械性能，以及简便和可扩展的合成方法，它可以和氧化石墨烯组成双层杂化生物泡沫并用于光热产水领域[13]。杂化生物泡沫的双层结构专为高光吸收率、高光热转换效率、热量锁定和水分输送而设计，可实现高效的太阳能光热产水。此外，即使在剧烈的机械搅拌和苛刻的化学条件下，该双层结构也表现出优异的稳定性。

由于等离子共振效应，可直接利用金颗粒的光热效应产生水蒸气[14]。然而，贵金属高昂的成本限制了工业上的大量应用。在氧化石墨烯纳米流体上负载少量金颗粒，在提高光热效应的同时可以有效地降低成本[7]。此外，实际工业生产往往面临着材料大规模回收的问题。Fe_3O_4纳米颗粒具有铁磁性，将其负载在还原氧化石墨烯上，不仅大大提高了材料对光的吸收，也解决了实际应用中材料回收困难的问题[15]。而且研究表明，太阳光光热产水过程中存在磁增强光子传输机理，Fe_3O_4磁性纳米颗粒可以抑制光子在传输过程中的衰减[16]。

11.2 光电探测

石墨烯具有独特的光学和电学特性，在光电探测领域具有很大的潜力[17]。电子在石墨烯中传播表现为无质量的狄拉克费米子，其能量与动量之间呈线性关系。因此，石墨烯在室温下的电子迁移率高达 10^5 $cm^2/(V \cdot s)$，在低温下的电子迁移率达到 10^6 $cm^2/(V \cdot s)$。光电探测在现代社会中具有非常重要的意义，其内容涵盖光学成像、通信设备、安全监测传感器、显像等实用技术领域，甚至包括宇宙观察等基础空间科学。光电探测是一种将光信号转换为电信号的技术，其中依次涉及三种物理机制：光捕获、激子分离和电荷载体的传输。

单层石墨烯在可见光和红外区域的光吸收率仅为 2.3%左右，这一低的光吸收率对于光电探测应用是不够的，而且激子在纯石墨烯中寿命较短，不利于其分离。单层石墨烯的光电探测响应度被限制在 6.1 mA/W。因此，需要对石墨烯材料进行改性，用于制备高性能石墨烯基光电探测器，主要有以下方式：① 设计器件结构，将石墨烯与诸如等离子体激元结构、光学波导和光学腔等光学结构相结合，增加光和石墨烯的相互作用，进而增强光吸收；② 石墨烯官能化，例如通过掺杂在石墨烯中产生带隙来制备石墨烯纳米带，以及施加偏压调制等方法；③ 将石墨烯与聚合物、纳米粒子、量子点及薄膜等各种材料相结合进行杂化，所得杂化材料不仅可以用作光收集器，还可以形成界面和结，促进激子分离。

11.2.1 石墨烯基光电探测器设计

石墨烯在光电器件中的作用主要通过光电效应、光热电效应和光致辐射热效应实现。在石墨烯沟道中,入射光子激发电子形成激子,然后激子被外部偏压分离并推动形成光电流。光热电效应是光照引起的热电效应。基本上,这种机制对于光电探测应用是不利的,因为这种从光能到热能再到电能的能量转换过程速度慢、效率低。然而,这种机制在二元结构石墨烯器件的光电响应中起着重要作用。考虑到石墨烯中较小的电子比热容和较大的电子温度变化,这种机制在石墨烯光电探测和其他光电子应用中作用较大。光致辐射热效应是针对石墨烯基光电探测器的光电响应提出的另一种机制。这种机制表现为电导率对温度的依赖性,具体表现为石墨烯的独特热性质,如小电子比热容、电子声子衰变瓶颈,以及石墨烯中的大量热载体等。

由于纯单层石墨烯较低的光吸收率,需要对石墨烯基光电探测器进行改性。通过对石墨烯双层异质结构进行设计,可以获得具有超宽带的石墨烯基光电探测器。该光电探测器是由两片堆叠的单层石墨烯(顶层石墨烯作为栅极,底层石墨烯作为沟道)组成的光电晶体管,由一层隧道势垒隔开[图 11-6(a)(b)][18]。在光照

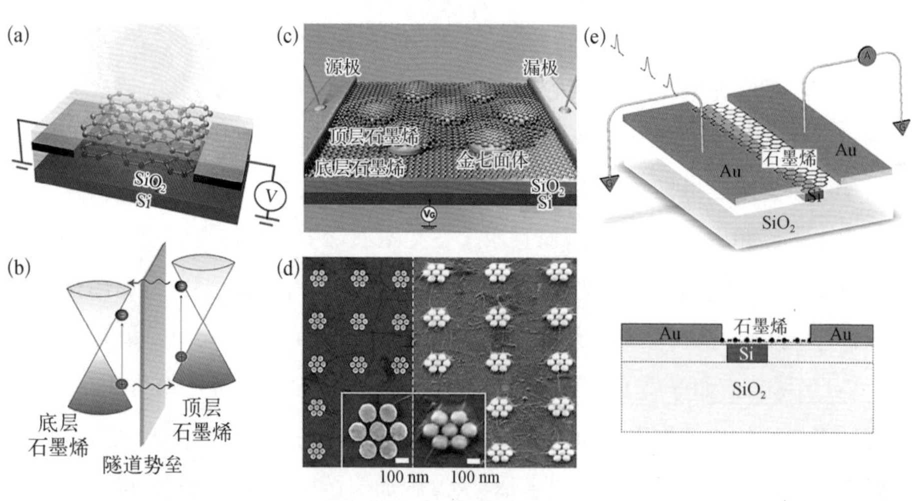

图 11-6 石墨烯基光电探测器

(a)(b)具有双层异质结构的石墨烯基光电探测器的结构示意图及其在光照下的能带分布和光激发热载流子传输示意图;(c)金七面体夹在两片单层石墨烯之间组成三明治结构;(d)金七面体阵列的 SEM 图;(e)波导集成石墨烯基光电探测器的原理图

下，顶层石墨烯产生的光激发热载流子进入底层，导致栅极电荷积聚，对沟道电导产生较强的光栅效应。该器件展示了从可见光到中红外范围的室温光电探测，其中红外响应度高于1 A/W。

由在两片单层石墨烯之间加入纳米天线所组成的三明治结构制作的光电探测器[图11-6(c)(d)]，可以将可见光和近红外光子高效地转换为电子，相对于没有添加天线的石墨烯器件，光电流增强了8倍[19]。天线以两种方式对光电流做出贡献：① 通过等离子体衰变在天线结构中产生热电子传递；② 由天线近场引起的石墨烯电子等离子增强激发。这导致石墨烯基光电探测器在可见光和近红外光谱区域可以实现高达20%的内部量子效率。

将石墨烯和法布里-珀罗微腔集成在一起，可以使入射光进入空腔并多次穿过石墨烯，从而将光吸收率提高到60%以上，比单纯的石墨烯增强了26倍，所制备的石墨烯基微腔光电探测器的响应度达到21 mA/W。该器件还可以应用于光电探测器以外的其他设备，如电吸收调制器、可变光衰减器及发光器[20]。

基于混合响应机制的石墨烯基光电探测器可用于多光谱主动红外成像。使用石墨烯基光电探测器可获得光学分辨率为418 nm、657 nm和877 nm的高质量图像，以及0.997、0.994和0.996的迈克耳孙干涉精度[21]。石墨烯基光电探测器中混合光电流的形成归因于光电效应和光热电效应的协同作用。红外成像的初步应用将有助于推动高性能石墨烯基红外多光谱探测器的发展。

为了改善石墨烯较弱的光吸收，石墨烯被集成到纳米腔、微腔或等离子体激元中。但这些方法限制了窄带区域的光电探测。杂化石墨烯量子点结构可以极大地提高响应度，但是这种方法以牺牲响应速度为代价。使用波导集成石墨烯基光电探测器，可以兼具高响应度、高响应速度和宽光谱带宽。首先使用SiO_2将绝缘体上硅(silicon on insulator，SOI)晶片上的硅总线波导平面化，然后将石墨烯层转移到具有10 nm厚的SiO_2间隔层的平坦波导上。两个金属电极与石墨烯接触，并传导光电流。其中一个电极更靠近波导，在石墨烯中产生电势差，与波导的瞬逝光场耦合[图11-6(e)]。将金属掺杂石墨烯结耦合到波导结构中，可以使光电探测器实现超过0.1 A/W的光电响应度及在1450～1590 nm的均匀响应[22]。硅槽波导耦合石墨烯基光电探测器能够以双栅极的形式在器件的光吸收区域创建pn结。当没有外加偏压时，光热电效应是主要的转换形式；当有外加偏压时，则能实现额外的光电效应。有报道指出，硅槽波导耦合石墨烯基光电探测器在零偏压时能实现

35 mA/W 或 3.5 V/W 的外部响应度，在 300 mV 的偏压下能实现高达76 mA/W的外部响应度[23]。

11.2.2 石墨烯官能化

通过调控石墨烯的物理结构及进行化学修饰，可以对石墨烯进行官能化，从而提高石墨烯在光电探测领域的性能。构建石墨烯纳米带会导致原子对称性被破坏，从而产生相应宽度的带隙。带隙的产生可以增强光子诱导激子的分离，使其具有更高的载流子提取效率及对长波长的选择性响应。而且石墨烯纳米带表现出较差的热传输能力，这在光电探测器中具有重要的意义。此外，利用褶皱石墨烯三维结构可以制备可拉伸的柔性光电探测器。这种褶皱结构可以提高石墨烯的面密度，将光吸收率提高 12.5 倍，并将器件的光电响应度提高到原来的 4 倍（图 11-7）[24]。更重要的是，这种柔性光电探测器的伸缩能力可以达到其原始长度的 200%，并且对检测波长没有限制。

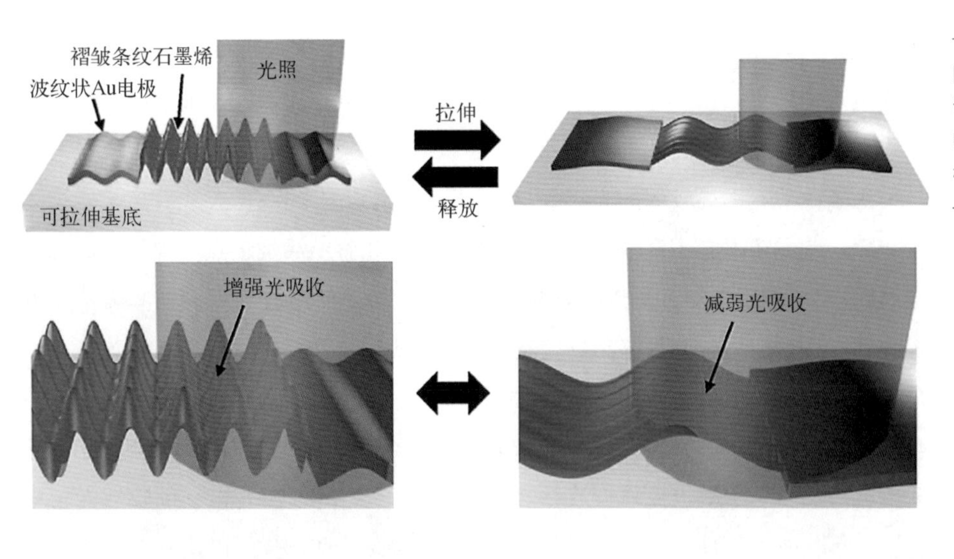

图 11-7 应变可调褶皱石墨烯基光电探测器阵列的结构示意图[24]

纯单层石墨烯基光电探测器的性能略差，较低的响应度限制了它们的应用潜力。通过引入钛牺牲层的方法制造缺陷中间态，在石墨烯中构筑带隙，可以使石墨烯基光电探测器的光电响应度达到 8.61 A/W，远远高于纯单层石墨烯基光电探测器[25]。另外，该器件在可见光到中红外区域均具有较高的光电响应度。

11.2.3 石墨烯杂化材料

量子点具有加工性能好、成本低、波长可调和响应度高等特点，在红外传感器中具有广泛的应用[26,27]。将 PbS 量子点加入石墨烯中组成光电探测器，可以在光照下形成 PbS 量子点和石墨烯之间的电荷转移。由于电子和空穴从 PbS 量子点到石墨烯的传输速度不同，负电荷在 PbS 量子点中累积，导致石墨烯膜 p 型掺杂。结果显示，PbS/石墨烯光电探测器的响应度随光照强度的降低而增加，在低光照强度下达到 10^7 A/W，高于单纯基于石墨烯或 PbS 量子点的光电导器件［图 11-8(a)(c)］。而且这些器件都是在柔性塑料基底上制造的，具有出色的弯曲稳定性。

图 11-8 石墨烯基复合材料光电探测器

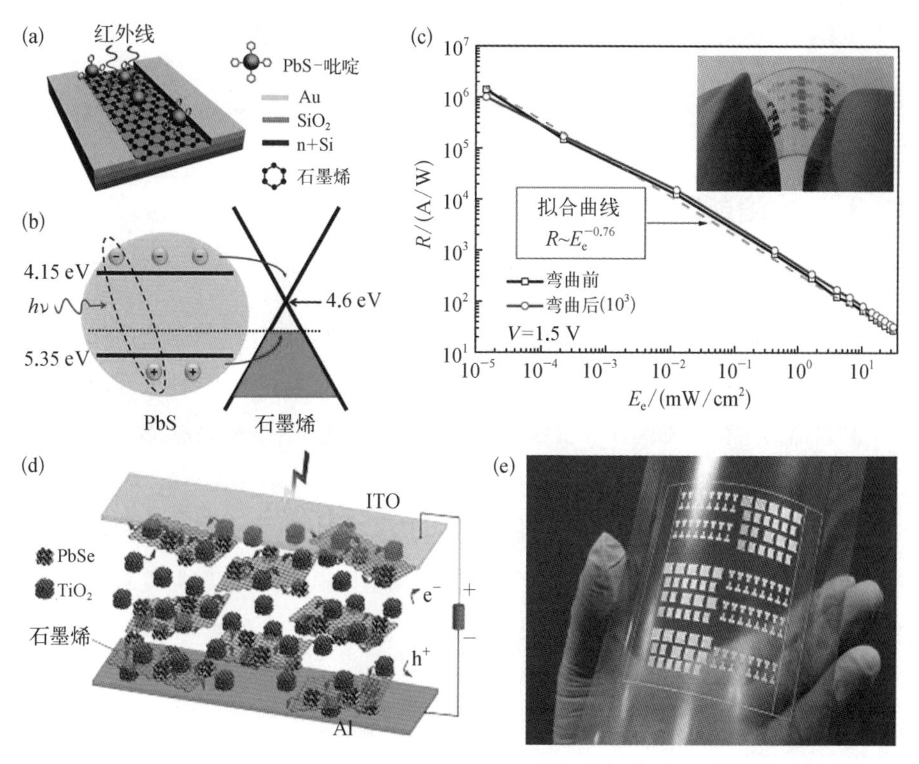

（a）PbS/石墨烯光电探测器的结构示意图；（b）PbS/石墨烯异质结上光生电荷的产生；（c）弯曲前后 PbS/石墨烯光电探测器的响应性能；（d）PbSe-TiO_2-石墨烯杂化光电探测器的组装示意图，其中红色和蓝色的箭头显示了石墨烯网络产生的光生载流子的偏置传输；（e）柔性基底上大面积印刷的 PbSe-TiO_2-石墨烯杂化光电探测器的光学照片

在有机-无机杂化有机光电膜中，通常将无机纳米材料用作电子受体，有机聚合物用作空穴传输剂。然而，有机基体的空穴传输性能往往较差，导致光电器件性能受到限制。使用石墨烯代替有机基体，可以发挥双极性传输和作为纳米材料分散基底的双重作用。基于以上原理，开发一种 PbSe - TiO_2-石墨烯杂化材料，可用于制造高性能宽带光电探测器[28]。PbSe 量子点与石墨烯上的 π 共轭网络相互作用，可以使 PbSe 量子点激子态转变为电荷转移态，并且电荷以更快的速度注入石墨烯中，避免发生激子重组。该杂化材料在光检测、光生载流子产生和收集方面具有协同效应，与单组分系统相比，显示出更加优异的光电探测效率[图 11 - 8(d)(e)]。石墨烯和 Bi_2Te_3 之间的界面能有效地促进光生载流子的产生和迁移，与纯单层石墨烯基光电探测器相比，Bi_2Te_3/石墨烯光电探测器具有更高的光电响应度(波长 532 nm 处为 35 A/W)和更高的灵敏度(光电导增益高达 83)，而且检测波长范围进一步扩大到近红外(980 nm)和通信频段(1550 nm)[29]。此外，石墨烯和 $CH_3NH_3PbI_3$ 钙钛矿层组成的新型杂化光电探测器在低光照成像传感器、高响应紫外探测器及智能皮肤传感器上具有巨大的应用潜力[30]。

11.3 太阳能电池

随着社会的发展，人类对能源的需求呈指数式增长，能源短缺成为困扰人类生存和社会发展的重大问题。同时，伴随着化石燃料的开采和使用，环境污染正威胁人类和自然的生存。光伏发电技术将太阳能转化为电能，是解决能源短缺和环境污染的重要途径之一。

石墨烯具有独特的电学、光学、机械、热电及磁学性质，在能源相关领域具有极大的应用潜力，例如太阳能电池、燃料电池、锂离子电池、超级电容器等领域。目前报道的石墨烯在太阳能电池上的应用主要有石墨烯电极、石墨烯对电极、石墨烯电子/空穴传输层和石墨烯肖特基结等。

11.3.1 石墨烯电极

采用透明导电的石墨烯膜制备太阳能电池是一种新型的低成本、高效率太阳能电池技术。将 rGO 转移到聚对苯二甲酸乙二醇酯(PET)基底上,可以用作柔性有机光伏器件的透明导电电极(图 11－9)[31]。当 rGO 的光透射率达到 65%以上时,该有机光伏器件性能的提高主要得益于 rGO 电极优异的电荷传输能力;如果 rGO 的光透射率在 65%以下,该有机光伏器件的性能则受制于 rGO 的光透射率。该 rGO 有机光伏器件具有很好的柔性,在 2.9%的拉伸应变下能够耐受上千次的弯曲。使用 CVD 法可以制备得到 30 in 大小的单层石墨烯膜,其光透射率可以达到 97.4%,相比于商品化的氧化铟锡(ITO)电极,石墨烯电极具有更好的透光性及更低的电阻率[32]。

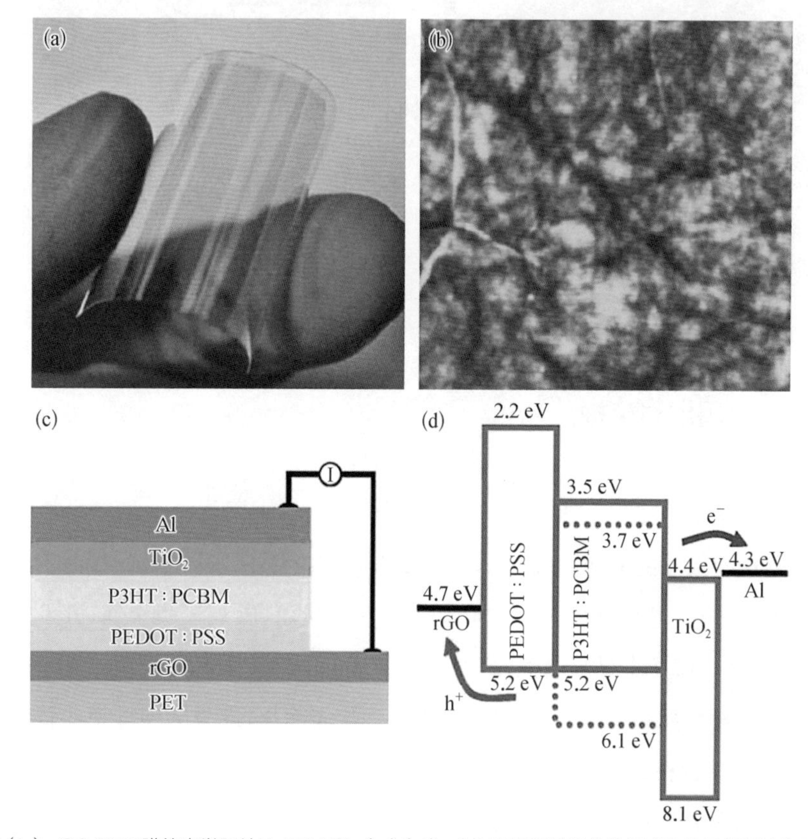

图 11－9 柔性有机光伏器件的石墨烯基透明导电电极[31]

(a)(b) rGO/PET 膜的光学照片及 AFM 图;(c)(d) rGO 有机光伏器件的组成结构及能带结构示意图

通过导电聚合物夹层修饰石墨烯表面,能够在石墨烯上生长高度均匀排列的 ZnO 纳米线,可以作为太阳能电池的电子/空穴传输层[33]。杂化 ZnO 石墨烯太阳能电池的结构如下:最底层的石墨烯沉积在石英上;上面被一层聚合物覆盖,通常为 PEDOT：PEG(PC)或者 RG-1200；聚合物上面为 ZnO 的种子层及 400 nm 厚的 ZnO 纳米线层；纳米线被 PdS 量子点(300 nm)或者聚 3-己基噻吩(P3HT，700 nm)覆盖；最上面为 MoO_3(25 nm)/Au (100 nm)层(图 11-10)。所制备的杂化 ZnO 石墨烯太阳能电池的性能可以与传统的 ITO 太阳能电池相媲美。

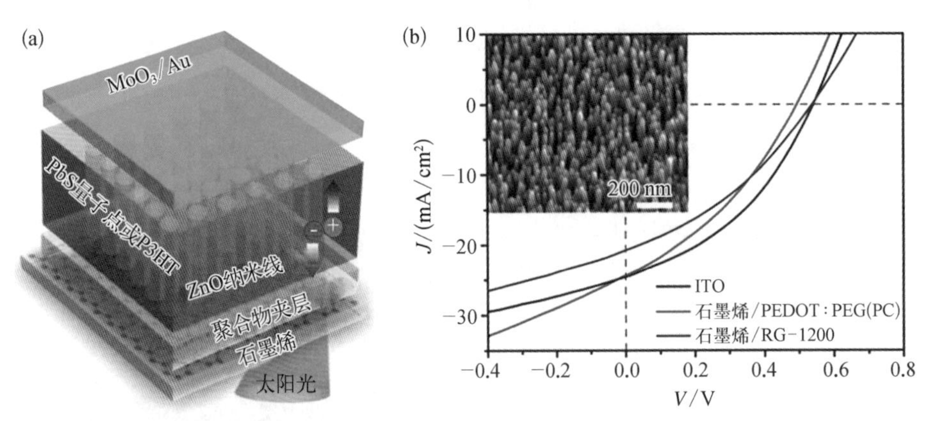

图 11-10 杂化 ZnO 石墨烯太阳能电池

(a) 杂化 ZnO 石墨烯太阳能电池的结构示意图；(b) 杂化 ZnO 石墨烯太阳能电池在 100 mW/cm² 的模拟太阳光照射下的 J-V 特性

11.3.2 石墨烯对电极

石墨烯除了用作太阳能电池的电极，还可以用作太阳能电池的对电极。在传统的染料敏化太阳能电池(dye sensitized solar cell, DSSC)中，金属 Pt 由于良好的导电性和强催化特性而被用作 DSSC 的对电极。然而，Pt 属于贵金属，开发使用成本高，在液体电解质中易被腐蚀，这严重限制了 DSSC 的大规模应用。石墨烯由于具有良好的导电性和稳定性，同时能够提供大比表面积，成为一种理想的替代传统 Pt 对电极的碳材料。

采用热剥离法制备得到的功能化石墨烯片作为 DSSC 的对电极，效率只比 Pt 对电极低 10%[34]。当没有施加偏压时，该石墨烯片的电荷转移电阻是 Pt 对电极的 10 倍，然而在施加偏压的情况下，石墨烯片已经接近 Pt 对电极的电荷转移电阻，并且石墨烯片上较高的含氧官能团浓度能够导致材料表观催化活性的增加。Grätzel 课题组[35]指出，$Co^{2+/3+}(L)_2$[L：6-(1H-吡唑-1-基)-2,2-联吡啶]氧化还原反应的交换电流密度与石墨烯片的光吸收率呈线性关系，并且比相同对电极上 I_3^-/I^- 耦合电流密度大 1 或 2 个数量级。

将石墨烯与其他材料复合形成石墨烯杂化材料，可以提高 DSSC 对电极的性能。采用 CVD 法在 750℃下使用乙烯作为碳源、Fe 纳米粒子作为催化剂，可以在石墨烯纸(graphene paper, GP)上覆盖一层竖直排列碳纳米管(vertically aligned carbon nanotube, VACNT)[36]。VACNT 理想的载流子输运能力、石墨烯良好的导电性和机械性能，以及 VACNT 和石墨烯之间的牢固结合使得该杂化材料比纠缠的碳纳米管(tangled carbon nanotube, TCNT)和石墨烯杂化材料作为 DSSC 对电极时具有优异的性能(图 11-11)。规则排列的碳纳米管可以有效地促进离子(I_3^-)的传输，并且降低电荷转移阻力。

图 11-11 石墨烯基 DSSC 对电极

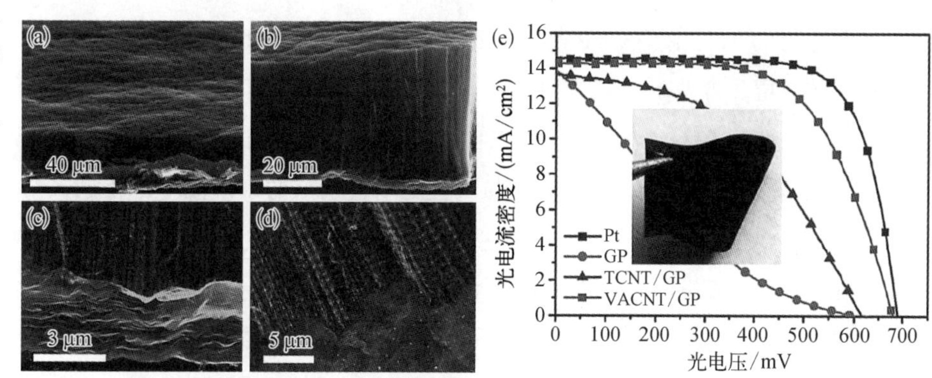

(a)~(d)竖直排列碳纳米管和石墨烯杂化材料的 SEM 图；(e)DSSC 对电极的性能表征，插图为该杂化材料的光学照片

11.3.3 石墨烯电子/空穴传输层

在有机光伏器件中，聚(3,4-亚乙二氧基噻吩)-聚(苯乙烯磺酸)(PEDOT∶PSS)通常用作阳极界面层，以改善阳极接触、促进空穴收集。然而，PEDOT∶PSS 具有高酸度、吸湿性和不均匀电性能等缺点，导致电池稳定性较差。使用 GO 作为空穴传输层，可以有效地解决这个问题。GO 在有机光伏器件中可以作为空穴传输层和电子传输层。GO 被沉积在 P3HT∶PCBM 和 ITO 之间，以减少光生电子与空穴的复合及抑制泄漏电流，最终提高有机光伏器件的效率[37]。在 GO 中添加

单壁碳纳米管，可以显著提高材料的垂直电导率，从而允许使用更厚且更容易制备的 GO 薄膜。这有助于减少器件性能对 GO 薄膜厚度和溶液条件的强烈依赖性，从而提高材料性能并改善制备工艺[38]。此外，实验表明，与使用 PEDOT：PSS 太阳能电池相比，石墨烯太阳能电池具有更长的电池寿命[37-39]。而且 GO 薄膜（大约几纳米）比 PEDOT：PSS（40 nm）的厚度更小，在长波长中也有相当高的光透射率[38]。GO 是优异的空穴提取层，它的铯衍生物（GO - Cs）则是很好的电子提取层。其卓越的电子提取性能可归因于独特的功函数，并且通过 GO—COOH 与 Cs_2CO_3 中和生成 COOCs 基团，通过面内的亲核传输能力对功函数进行调控[图 11 - 12(e)][40]。

GO 能够增强电子传输能力，且具有较低的串联电阻，因此将 GO 作为太阳能电池的电子传输层能够有效提高其光电转换效率[41]。使用转印膜技术，可以将可拉伸 GO 作为 PCDTBT：$PC_{71}BM$ 体异质结（bulk heterojunction，BHJ）太阳能电池的电子传输层。首先在 BHJ 层顶部附着转印膜，剥离薄膜后转移 GO 电子传输层并均匀地涂覆到 BHJ 层上，然后在 GO 上覆盖 TiO_x 电子传输层，最终沉积 Al 完成器件的制备[图 11 - 12(a)～(d)]。与没有电子传输层的太阳能电池相比，GO 电子传输层可以有效提高其短路电流密度，并且将能量转换效率提高 18%，同时增加了其在空气中的稳定性。GO 在多层异质结太阳能电池上也有优异的表现[图 11 - 12(f)(g)]。通过 P3HT 上的羟甲基和 GO 上的羧基发生酯化反应将 P3HT 和 GO 复合在一起，所得到的 P3HT - GO 可以溶解于大部分有机溶剂中[37]。实验证明，P3HT 与 GO 之间存在着共价键和强电子相互作用，在 100 mW/cm^2 的模拟太阳光照射下该太阳能电池的能量转换效率提高了 2 倍[42]。

11.3.4　石墨烯肖特基结

使用类金刚石非晶膜（α - C）部分取代硅，可以产生 p 型 α - C/n 型硅异质结，为实用型碳基太阳能电池奠定了基础。然而，α - C 主要是单极半导体，由于其极大的扩散能和键能，很难通过扩散促进掺杂或者通过退火处理除去缺陷，这极大地阻碍了碳基太阳能电池的应用。尽管碳纳米管/硅异质结的性能有所提升，但是碳纳米管网络中存在着大量的间隙，这虽然提升了膜的透明度，却牺牲了膜的导电性。因此，将高电导率、高透明度的石墨烯片和 n 型硅结合，可以在 DSSC 中形成

图 11-12　电子传输层 GO 与空穴传输层 GO

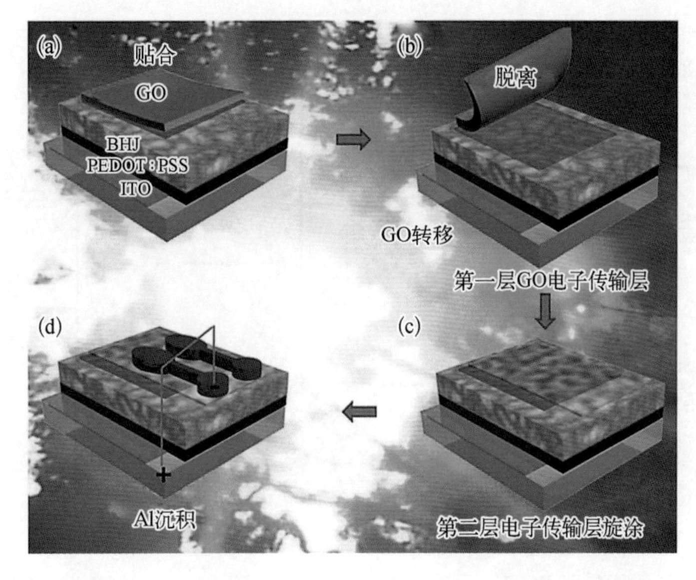

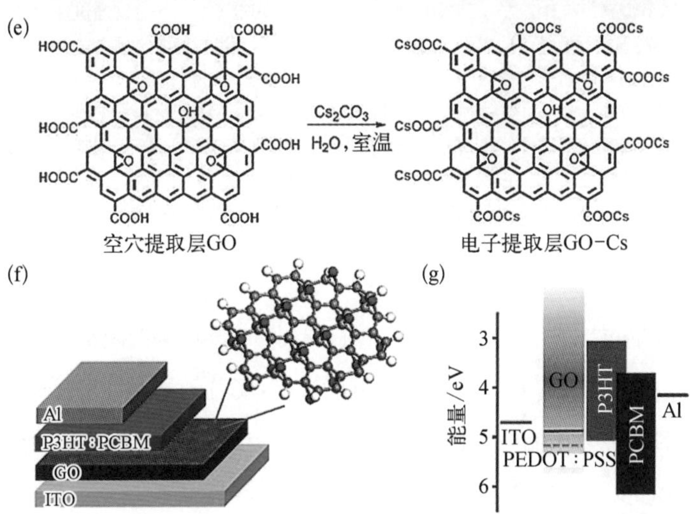

（a）~（d）GO 作为电子传输层的 PCDTBT：$PC_{71}BM$ 体异质结太阳能电池的结构示意图；（e）空穴提取层 GO 和电子提取层 GO-Cs 的化学结构和合成路径；（f）（g）GO 作为空穴传输层的多层异质结太阳能电池的组成结构及能带关系图

高性能的肖特基结[图 11-13(a)]。石墨烯和 n 型硅可以使太阳能电池在 0.1 cm^2 和 0.5 cm^2 的接合面积的肖特基结上分别达到 1.65% 和 1.34% 的太阳能转换效率[43]。rGO 和 TiO_2 也可以形成肖特基结，rGO 在 DSSC 中可以作为染料分子和电极之间的高效电子传输通道，有效地改善染料与 TiO_2 之间的界面接触，从而提高光电极中的光生电子传输和注入效率[44]。

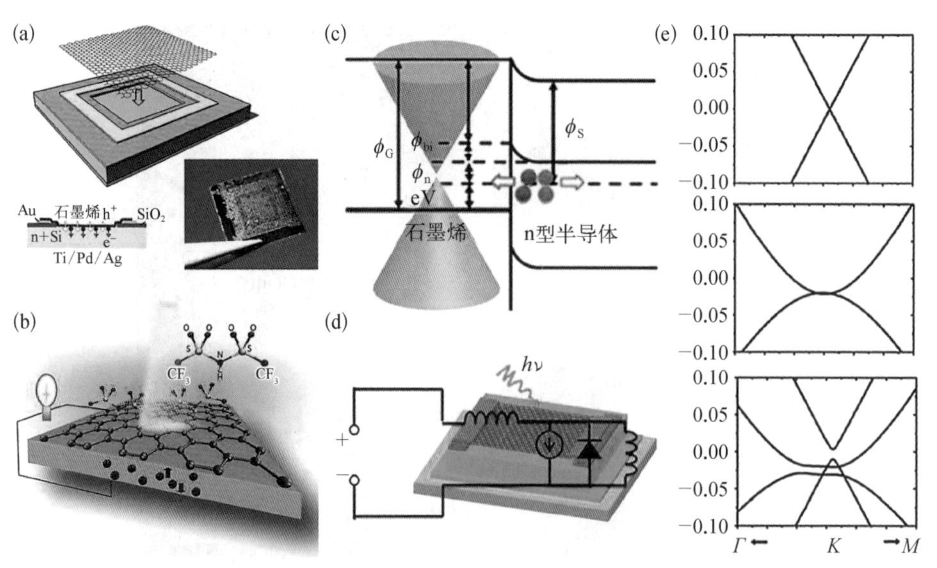

图 11-13 石墨烯/n型硅肖特基结太阳能电池

（a）石墨烯/n型硅肖特基结结构示意图，光生空穴（h^+）和电子（e^-）分别通过内建电场被驱入石墨烯和n型硅，其中右下插图为具有0.1 cm^2接合面积的石墨烯/n型硅肖特基结单元的光学照片；（b）掺杂石墨烯提升太阳能电池性能的机理示意图；（c）正偏压石墨烯肖特基结的能带图，其中 Φ_S和 Φ_G分别为n型半导体和石墨烯的功函数，Φ_{bi}为内建电场，Φ_n为n型半导体的电导带与费米能级之间的能量差，灰色锥体表示石墨烯在狄拉克点附近的线性色散，红色球体和蓝色球体分别表示入射光产生的电子和空穴并被内建电场隔开；（d）等效电路模型，器件被视为与电流源并联的理想二极管；（e）单层（上）、双层（中）和三层（下）石墨烯中电子在狄拉克点附近的分布，其中K、Γ和M表示布里渊区的高对称点，垂直轴表示石墨烯中的电子能量

掺杂石墨烯可以进一步提高石墨烯/n型硅肖特基结太阳能电池的性能[图11-13(b)]。掺杂会引起石墨烯化学势能的改变，增加石墨烯载流子密度(降低串联电阻)，并且增加太阳能电池的内建电场(增加开路电压)，两者均可改善太阳能电池的填充因子。石墨烯薄层电阻率的增加可以降低材料的欧姆损失，内建电场的增加能够促进光生电子-空穴对的有效分离。实验表明，使用双(三氟甲磺酰基)酰胺对石墨烯进行掺杂，能够使得制备的太阳能电池比未掺杂的石墨烯有机光伏器件的性能大大提高，光电转换效率从1.9%提高到8.6%[45]。计算表明，通过施加电场或化学掺杂可以调控石墨烯的功函数。功函数增加会导致内建电场在结点附近被放大，从而改善异质结的光生载流子收集能力[图11-13(c)～(e)]。此外，还可以调控石墨烯的层数，确保表面电阻和光透射率达到最佳值，并且引入抗反射层以减轻光学反射导致的能量耗散。经过以上优化，石墨烯有机光伏器件的光电转换效率达到了9.2%[46]。

石墨烯具有极高的电子传输能力，以及优异的吸光性能和导热性能，可以作为光热材料、光电材料、太阳能电池的电极和对电极、电子和空穴的传输层及肖特基结等。其独特的光学性能和电学性能使石墨烯在光热海水淡化、光电探测、太阳能电池等领域发挥重要的作用。同时，将石墨烯和其他材料进行复合，不仅可以增强原有材料的性能，而且能够在原有性能的基础上产生新的性能。

参考文献

[1] Bae K, Kang G M, Cho S K, et al. Flexible thin-film black gold membranes with ultrabroadband plasmonic nanofocusing for efficient solar vapour generation[J]. Nature Communications, 2015, 6: 10103.

[2] Zhou L, Tan Y L, Wang J Y, et al. 3D self-assembly of aluminium nanoparticles for plasmon-enhanced solar desalination[J]. Nature Photonics, 2016, 10(6): 393-398.

[3] Li X Q, Xu W C, Tang M Y, et al. Graphene oxide-based efficient and scalable solar desalination under one sun with a confined 2D water path[J]. Proceedings of the National Academy of Sciences of the United States of America, 2016, 113(49): 13953-13958.

[4] Liu K K, Jiang Q S, Tadepalli S, et al. Wood-graphene oxide composite for highly efficient solar steam generation and desalination[J]. ACS Applied Materials & Interfaces, 2017, 9(8): 7675-7681.

[5] Zhang P P, Li J, Lv L X, et al. Vertically aligned graphene sheets membrane for highly efficient solar thermal generation of clean water[J]. ACS Nano, 2017, 11(5): 5087-5093.

[6] Ren H Y, Tang M, Guan B L, et al. Hierarchical graphene foam for efficient omnidirectional solar-thermal energy conversion[J]. Advanced Materials, 2017, 29(38): 1702590.

[7] Fu Y, Wang G, Mei T, et al. Accessible graphene aerogel for efficiently harvesting solar energy[J]. ACS Sustainable Chemistry & Engineering, 2017, 5(6): 4665-4671.

[8] Ito Y, Tanabe Y, Han J H, et al. Multifunctional porous graphene for high-efficiency steam generation by heat localization[J]. Advanced Materials, 2015, 27(29): 4302-4307.

[9] Yang J L, Pang Y S, Huang W X, et al. Functionalized graphene enables highly efficient solar thermal steam generation[J]. ACS Nano, 2017, 11(6): 5510-5518.

[10] Wang Y C, Wang C Z, Song X J, et al. A facile nanocomposite strategy to fabricate a rGO-MWCNT photothermal layer for efficient water evaporation[J]. Journal of Materials Chemistry A, 2018, 6(3): 963-971.

[11] Wang G, Fu Y, Guo A K, et al. Reduced graphene oxide-polyurethane nanocomposite foam as a reusable photoreceiver for efficient solar steam generation [J]. Chemistry of Materials, 2017, 29(13): 5629 - 5635.

[12] Wang G, Fu Y, Ma X F, et al. Reusable reduced graphene oxide based double-layer system modified by polyethylenimine for solar steam generation[J]. Carbon, 2017, 114: 117 - 124.

[13] Jiang Q S, Tian L M, Liu K K, et al. Bilayered biofoam for highly efficient solar steam generation[J]. Advanced Materials, 2016, 28(42): 9400 - 9407.

[14] Zhou L, Tan Y L, Ji D X, et al. Self-assembly of highly efficient, broadband plasmonic absorbers for solar steam generation[J]. Science Advances, 2016, 2 (4): e1501227.

[15] Wang X Q, Ou G, Wang N, et al. Graphene-based recyclable photo-absorbers for high-efficiency seawater desalination[J]. ACS Applied Materials & Interfaces, 2016, 8(14): 9194 - 9199.

[16] Wang Z Y, Tong Z, Ye Q X, et al. Dynamic tuning of optical absorbers for accelerated solar-thermal energy storage [J]. Nature Communications, 2017, 8: 1478.

[17] Xia F N, Mueller T, Lin Y M, et al. Ultrafast graphene photodetector[J]. Nature Nanotechnology, 2009, 4(12): 839 - 843.

[18] Liu C H, Chang Y C, Norris T B, et al. Graphene photodetectors with ultra-broadband and high responsivity at room temperature[J]. Nature Nanotechnology, 2014, 9(4): 273 - 278.

[19] Fang Z Y, Liu Z, Wang Y M, et al. Graphene-antenna sandwich photodetector[J]. Nano Letters, 2012, 12(7): 3808 - 3813.

[20] Furchi M, Urich A, Pospischil A, et al. Microcavity-integrated graphene photodetector[J]. Nano Letters, 2012, 12(6): 2773 - 2777.

[21] Guo N, Hu W D, Jiang T, et al. High-quality infrared imaging with graphene photodetectors at room temperature[J]. Nanoscale, 2016, 8(35): 16065 - 16072.

[22] Gan X T, Shiue R J, Gao Y D, et al. Chip-integrated ultrafast graphene photodetector with high responsivity[J]. Nature Photonics, 2013, 7(11): 883 - 887.

[23] Schuler S, Schall D, Neumaier D, et al. Controlled generation of a p-n junction in a waveguide integrated graphene photodetector[J]. Nano Letters, 2016, 16(11): 7107 -7112.

[24] Kang P, Wang M C, Knapp P M, et al. Crumpled graphene photodetector with enhanced, strain-tunable, and wavelength-selective photoresponsivity[J]. Advanced Materials, 2016, 28(23): 4639 - 4645.

[25] Zhang Y Z, Liu T, Meng B, et al. Broadband high photoresponse from pure monolayer graphene photodetector[J]. Nature Communications, 2013, 4: 1811.

[26] Sun Z H, Liu Z K, Li J H, et al. Infrared photodetectors based on CVD - grown graphene and PbS quantum dots with ultrahigh responsivity[J]. Advanced Materials,

2012, 24(43): 5878 - 5883.

[27] Konstantatos G, Badioli M, Gaudreau L, et al. Hybrid graphene-quantum dot phototransistors with ultrahigh gain[J]. Nature Nanotechnology, 2012, 7(6): 363 - 368.

[28] Manga K K, Wang J Z, Lin M, et al. High-performance broadband photodetector using solution-processible PbSe - TiO_2 - graphene hybrids[J]. Advanced Materials, 2012, 24(13): 1697 - 1702.

[29] Qiao H, Yuan J, Xu Z Q, et al. Broadband photodetectors based on graphene - Bi_2Te_3 heterostructure[J]. ACS Nano, 2015, 9(2): 1886 - 1894.

[30] Lee Y, Kwon J, Hwang E, et al. High-performance perovskite-graphene hybrid photodetector[J]. Advanced Materials, 2015, 27(1): 41 - 46.

[31] Yin Z Y, Sun S Y, Salim T, et al. Organic photovoltaic devices using highly flexible reduced graphene oxide films as transparent electrodes[J]. ACS Nano, 2010, 4(9): 5263 - 5268.

[32] Bae S, Kim H, Lee Y, et al. Roll-to-roll production of 30-inch graphene films for transparent electrodes[J]. Nature Nanotechnology, 2010, 5(8): 574 - 578.

[33] Park H, Chang S, Jean J, et al. Graphene cathode-based ZnO nanowire hybrid solar cells[J]. Nano Letters, 2013, 13(1): 233 - 239.

[34] Roy - Mayhew J D, Bozym D J, Punckt C, et al. Functionalized graphene as a catalytic counter electrode in dye-sensitized solar cells[J]. ACS Nano, 2010, 4(10): 6203 - 6211.

[35] Kavan L, Yum J H, Nazeeruddin M K, et al. Graphene nanoplatelet cathode for co (III)/(II) mediated dye-sensitized solar cells[J]. ACS Nano, 2011, 5(11): 9171 - 9178.

[36] Li S S, Luo Y H, Lv W, et al. Vertically aligned carbon nanotubes grown on graphene paper as electrodes in lithium-ion batteries and dye-sensitized solar cells[J]. Advanced Energy Materials, 2011, 1(4): 486 - 490.

[37] Li S S, Tu K H, Lin C C, et al. Solution-processable graphene oxide as an efficient hole transport layer in polymer solar cells[J]. ACS Nano, 2010, 4(6): 3169 - 3174.

[38] Kim J, Tung V C, Huang J X. Water processable graphene oxide: Single walled carbon nanotube composite as anode modifier for polymer solar cells[J]. Advanced Energy Materials, 2011, 1(6): 1052 - 1057.

[39] Yun J M, Yeo J S, Kim J, et al. Solution-processable reduced graphene oxide as a novel alternative to PEDOT: PSS hole transport layers for highly efficient and stable polymer solar cells[J]. Advanced Materials, 2011, 23(42): 4923 - 4928.

[40] Liu J, Xue Y H, Gao Y X, et al. Hole and electron extraction layers based on graphene oxide derivatives for high-performance bulk heterojunction solar cells[J]. Advanced Materials, 2012, 24(17): 2228 - 2233.

[41] Wang D H, Kim J K, Seo J H, et al. Transferable graphene oxide by stamping nanotechnology: Electron-transport layer for efficient bulk-heterojunction solar cells

[J]. Angewandte Chemie-International Edition, 2013, 52(10): 2874 - 2880.

[42] Yu D S, Yang Y, Durstock M, et al. Soluble P3HT - grafted graphene for efficient bilayer-heterojunction photovoltaic devices[J]. ACS Nano, 2010, 4(10): 5633 - 5640.

[43] Li X M, Zhu H W, Wang K L, et al. Graphene-on-silicon Schottky junction solar cells[J]. Advanced Materials, 2010, 22(25): 2743 - 2748.

[44] Song J L, Yin Z Y, Yang Z J, et al. Enhancement of photogenerated electron transport in dye-sensitized solar cells with introduction of a reduced graphene oxide - TiO_2 junction[J]. Chemistry - A European Journal, 2011, 17(39): 10832 - 10837.

[45] Miao X C, Tongay S, Petterson M K, et al. High efficiency graphene solar cells by chemical doping[J]. Nano Letters, 2012, 12(6): 2745 - 2750.

[46] Lin Y X, Li X M, Xie D, et al. Graphene/semiconductor heterojunction solar cells with modulated antireflection and graphene work function [J]. Energy & Environmental Science, 2013, 6(1): 108 - 115.

第 12 章

石墨烯宏观材料的其他应用

12.1　石墨烯电磁屏蔽及吸波

随着信息时代的不断发展，人们对智能化、集成化电子设备的需求不断增长，电磁干扰、电磁泄漏、电磁污染等问题对于设备及环境的危害是不可忽视的。电磁辐射污染不仅降低了电子器件性能和缩短了其使用寿命，而且对人体健康存在一定的影响。传统的电磁屏蔽材料主要为金属材料，如铜、铝、镍等，其电磁屏蔽效能高、机械性能好，但是存在密度高、易腐蚀等缺点。相比之下，碳材料，如碳黑、碳纤维、碳纳米管、石墨烯等，具有质量轻、耐腐蚀性等优势。作为一种新型碳材料，石墨烯为二维平面结构，具有较大长径比、大比表面积、高机械强度、高电导率、高热导率等一系列特征，表现出良好的屏蔽效果，相关的研究在近 10 年内呈现指数增长[1,2]。本节将从电磁屏蔽、吸波机理和相关材料设计角度出发，对石墨烯材料在电磁屏蔽及吸波领域的应用及发展进行简要介绍。

12.1.1　电磁屏蔽及吸波机理

从与材料相互作用的路径来看，电磁波可以分成三部分：一部分被材料表面反射；一部分在材料内部被吸收（衰减）；其余部分透过材料基体。所谓电磁屏蔽便是尽可能地通过反射和吸收（衰减）最大限度降低电磁波透过率，进而抑制或阻碍电磁辐射进入所屏蔽区域，从而实现屏蔽效果。材料电磁屏蔽性能的好坏通常采用屏蔽效能（shielding effectiveness，SE）来评估。如式（12－1）所示，在定量计算时，为了简化数学表达形式，反射（SE_R）项是指电磁波与界面第一次接触时的反射，吸收（SE_A）项是指进入材料内部的第一次吸收（衰减），而由多级反射造成的影响则归入多次反射（SE_M）项，作为电磁屏蔽性能的修正项（图 12－1）。

$$SE = SE_R + SE_A + SE_M \tag{12-1}$$

高导电非磁性材料的反射损耗、吸收（衰减）损耗及多次反射损耗可由以下公式进行估算：

$$SE_R = 168 - 10\lg(f\mu_r/\sigma_r) \tag{12-2}$$

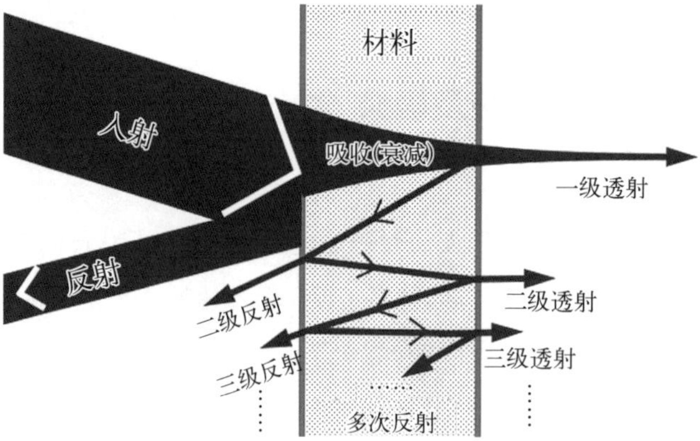

图 12-1 电磁波入射材料时的反射、吸收(衰减)和多次反射

$$SE_A = 1.314t(f\mu_r\sigma_r)^{1/2} \quad (12-3)$$

$$SE_M = 20\lg(1 - e^{-2t/\delta}) \quad (12-4)$$

式中,f 为电磁波频率;μ_r为材料的相对磁导率;σ_r为材料相对铜的电导率;t 为材料厚度;δ 为趋肤深度,$\delta = (2/\omega\mu\sigma)^{1/2}$($\omega$ 为角频率,μ为磁导率,σ 为电导率)。其中,SE_M通常为负值。一般情况下,当 $SE_A \geqslant 10$ dB 时,多次反射的影响可以忽略不计。因此,材料的电磁屏蔽性能主要取决于其反射能力和吸收能力。此外,不同材料在使用这些公式计算屏蔽效能时,常数部分也略有差异。屏蔽效能越高,说明材料的电磁屏蔽性能越好,电磁波的透过率越低。总体而言,材料的电导率越高,磁导率越低,反射能力就越强,而吸收能力随电导率和磁导率的提高而增强。因此,高电导率的材料往往会展示出优异的电磁屏蔽性能。

为了避免电磁波的二次污染,吸波材料不仅需要降低电磁波的透过率,也要尽可能地降低电磁波的反射率,从而最大限度实现电磁波的吸收。吸波材料的反射能力、吸收能力同样可以通过式(12-1)至式(12-4)计算,但是当考虑材料反射时,为了更加清楚地表示影响反射的因素,式(12-5)给出了电磁波在界面处反射的另一种表达方式,即

$$\rho_{12} = \frac{\sqrt{\mu_2/\varepsilon_2} - \sqrt{\mu_1/\varepsilon_1}}{\sqrt{\mu_2/\varepsilon_2} + \sqrt{\mu_1/\varepsilon_1}} = \frac{Z_2 - Z_1}{Z_2 + Z_1} \quad (12-5)$$

式中,ε_1和 ε_2、μ_1和μ_2分别为界面两边材料的介电常数和磁导率;Z_1、Z_2 分别为界

面两边材料的磁导率与介电常数比值的平方根，被称为波阻抗。

式(12－5)表明，界面两边材料的电磁性质差异越大，则反射率越大；界面两边材料的电磁性质差异越小，则反射率越小。不同材料的波阻抗很难做到完全一致，可以认为，只要有异质界面就会存在电磁波的反射。为了尽可能地降低材料对电磁波的反射率，需要调节材料与自由空间(空气)的波阻抗，使其相似。因此，在提升材料与空气波阻抗匹配性的同时，提高材料的吸收性能，是提高材料吸波性能的有效方法。由于空气是不导电的，对于非磁性的材料来说，电导率越低，它与空气的“差异”就越小，反射率也越低。但是，过低的电导率会损害材料对电磁波的损耗性能[式(12－3)]，反而不利于材料对电磁波的吸收。为了实现波阻抗匹配和损耗能力的最佳平衡，吸波材料往往具有适中的导电性。另外，将磁损耗为主的材料与介电损耗为主的材料进行有机复合，可增强波阻抗匹配性，降低材料表面的反射率，同时提高材料的损耗性能，从而提高吸波性能，进而满足当下对吸波材料“薄、宽、强”的综合性能需求。

12.1.2 石墨烯电磁屏蔽及吸波材料

石墨烯材料为导电非磁性材料，其电导率较高，而相对磁导率为 1。因而根据以上对电磁屏蔽及吸波机理的讨论可知，石墨烯对电磁波同时具有高反射能力和高吸收能力。

1. 石墨烯电磁屏蔽材料

典型的石墨烯电磁屏蔽材料的屏蔽效能曲线如图 12－2 所示。一般情况下，屏蔽效能在千兆赫兹频率范围内是常数[图 12－2(a)][3]，或表现出随着频率的增加而增加的趋势[图 12－2(b)]，通常可以由式(12－1)至式(12－4)进行解释。屏蔽效能曲线多不存在峰值，这说明以介电损耗为主要电磁屏蔽机理的石墨烯材料在千兆赫兹频率范围内不存在频率选择性，因此其 SE 是电磁屏蔽性能的主要考量标准。

目前，为了实现石墨烯材料屏蔽效能的最大化，主要从以下两方面入手。

(1) 改变材料本身的电导率和磁导率

从以上电磁屏蔽效能理论计算公式可以看出，对于导电材料(如石墨烯基碳材

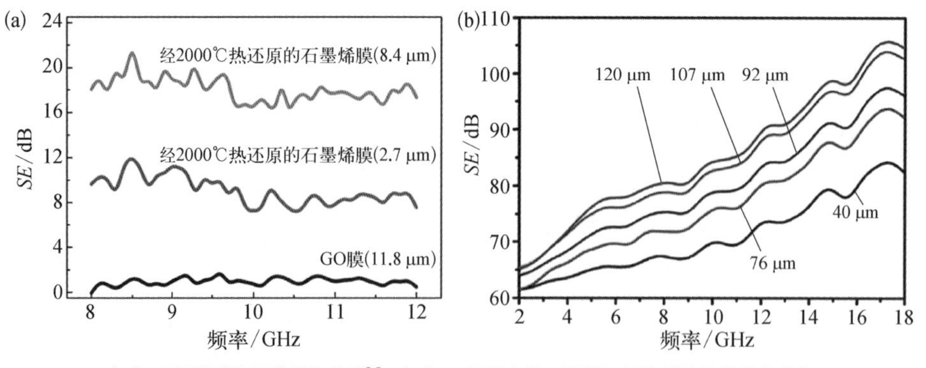

（a）石墨烯膜的屏蔽效能曲线[3]；（b）不同厚度的石墨烯气凝胶膜的屏蔽效能曲线

图 12-2 典型的石墨烯电磁屏蔽材料的屏蔽效能曲线

料）而言，进一步增大材料电导率，反射损耗和吸收损耗均会相应增加，因而可有效实现总体屏蔽效能的提高。多个研究结果也证实，电导率较高的石墨烯材料（如高度还原的氧化石墨烯材料及化学气相沉积法制备的石墨烯材料）多表现出更为优异的电磁屏蔽效能（表 12-1）。

表 12-1 各种石墨烯材料的电磁屏蔽性能比较

形貌	材　　料	石墨烯含量	厚度/mm	密度/(g/cm³)	电导率/(S/cm)	测试频段/GHz	屏蔽效能/dB
膜/纸	石墨烯/环氧树脂[4]	15 wt%¹	—	—	0.1	8.2～12.4	21
	还原氧化石墨烯/环氧树脂[4]	2 wt%	>0.1	1.07	约 0.01	0.4～4	38
	石墨烯/聚甲基丙烯酸甲酯[5]	4.2 vol.%²	约 3.4	—	0.2	8.8～12	约 30
	还原氧化石墨烯/聚苯乙烯[4]	3.47 vol.%	2.5	—	0.435	8.2～12.4	45.1
	石墨烯/聚偏氟乙烯[6]	15 wt%	0.02	—	16.03	8～12	47
	还原氧化石墨烯/聚醚酰亚胺[4]	0.66 vol.%	2×10^{-3}	—	12.5	0.5～8.5	6.37
	石墨烯/聚氨酯[4]	5 vol.%	2	—	5.1×10^{-2}	8.2～12.4	32
	石墨烯/热塑性聚氨酯弹性体[7]	20 wt%	0.05	—	26.48	5.4～59.6	15～26
	石墨烯/乙烯-醋酸乙烯共聚物[4]	60 vol.%	0.35	—	2.5	8.2～12.4	23～27
	石墨烯/聚二甲基硅氧烷[8]	3 wt%	2	—	1.03	8.2～12.4	54
	石墨烯/聚偏氟乙烯/碳管[9]	10 wt%	0.25	—	1.2×10^{-2}	18～26.5	36.46
	还原氧化石墨烯/聚苯乙烯/四氧化三铁[4]	2.24 vol.%	—	—	0.21	9.8～12	30
	石墨烯/碳管/三氧化二铁/热塑聚合物[10]	20%～60%	0.6	—	228	8～12	130～134
	磁性石墨烯/聚乙烯醇[11]	6%	0.36	—	3.11×10^{-2}	8.2～12.4	约 20.3
	磁性石墨烯[4]	50%	<0.3	0.78	50	8.2～12.4	21～24

形貌	材料	石墨烯含量	厚度/mm	密度/(g/cm³)	电导率/(S/cm)	测试频段/GHz	屏蔽效能/dB
膜/纸	还原氧化石墨烯/四氧化三铁/还原氧化石墨烯[12]	—	5	—	—	9.5	29~46
	还原氧化石墨烯/二氧化硅[4]	20 wt%	约 1.5	—	—	8.2~12.4	38
	还原氧化石墨烯/酞菁铜[11]	66.7%	0.47	—	36.4	8.5~12	55.2
	碘掺杂石墨烯[10]	—	1.25×10^{-2}	—	1050	8.2~18	52.2
	多层石墨烯[4]	100%	1.8×10^{-2}	1.09	1432	10~18	约 55
	石墨烯[4]	100%	8.4×10^{-3}	—	1000	8~12	约 20
	石墨烯[11]	100%	1.5×10^{-2}	—	243±12	0.3~4	20.2
	石墨烯[4]	100%	0.1	—	220	8.2~12.4	约 20
	石墨烯[4]	100%	0.3	—	220	8.2~12.4	46.3
	石墨烯[4]	100%	5×10^{-2}	0.81	680	8~12	约 60
无纺布/织物	石墨烯[13]	100%	—	—	66.7~127	9.2~15	12.86
	还原氧化石墨烯/四氧化三铁/二氧化硅/聚吡咯[10]	—	0.27	0.094	0.71	8~12	32
	石墨烯/碳织物[10]	42%	3.0	0.07	80	8.2~12.4	36~37
泡沫/网络/气凝胶	石墨烯/聚甲基丙烯酸甲酯[4]	1.8 vol.% (5 wt%)	2.4	0.79	3.11×10^{-2}	8~12	13~19
	石墨烯/热解聚酰亚胺[10]	4 wt%	7.3×10^{-2}	0.72	2300	8~12	51
	功能化石墨烯/聚苯乙烯[4]	30 wt% (5.6 vol.%)	2.5	0.45	1.2×10^{-2}	8.2~12.4	约 29
	四氧化三铁/石墨烯/聚醚酰亚胺[4]	10 wt%	2.5	0.40	—	8~12	14.3~18.2
	多层石墨烯[4]	100%	5.3×10^{-2}	0.33	256.7	10~18	48~51
	石墨烯/聚醚酰亚胺[4]	10 wt%	2.3	0.29	2.2×10^{-5}	8~12	约 20
	石墨烯/聚酰亚胺[5]	16 wt%	0.8	0.28	8×10^{-3}	8~12	17~21
	石墨烯/热解木材/银纳米线[14]	—	5	0.13	69.79	8~12	约 60
	碳纳米纤维/石墨烯/碳纳米纤维[4]	17.2 wt%	0.22~0.27	0.08~0.1	8	8.2~12.4	25~28
	石墨烯/碳纳米线/聚二甲基硅氧烷[15]	8%	1.6	0.0971	3.4	8.2~12.4	36
	石墨烯/聚氨酯[7]	约 10 wt%	20~60	0.030	约 2.5×10^{-3}	8.2~12.4	19.9~57.7
	石墨烯/聚二甲基硅氧烷[4]	0.7 wt%	约 1	0.06	1.7	0.03~1.5	30
		约 0.8 wt%	约 1	0.06	2	8~12	22
	石墨烯[5]	100%	0.3	0.06	约 3.1	8.2~59.6	25.2

续　表

形貌	材　　料	石墨烯含量	厚度/mm	密度/(g/cm³)	电导率/(S/cm)	测试频段/GHz	屏蔽效能/dB
泡沫/网络/气凝胶	石墨烯/热塑聚合物[10]	58%	1	0.0182	35.2	8～12	91.9
	石墨烯[10]	100%	4	0.0055	1.1×10^{-2}	8.2～12.4	27.6
	石墨烯/碳管[10]	—	1.6	0.0089	1.18	8.2～12.4	47.5
	石墨烯/热解纤维素纤维[10]	33.3%	5	0.00283	15.9	8.2～12.5	约47.8

注：1. wt%表示质量分数；2. vol.%表示体积分数。

此外，磁性材料的引入可提高材料的磁导率。根据式(12－2)，此举在增加磁吸收损耗的同时也可降低电磁波的反射损耗，因而材料可以显示出低反射率的电磁屏蔽性能。这样不仅可以降低辐射源对外界的干扰，也可以降低电磁波因反射产生的对自身的干扰[4]。显然，材料的磁性也是材料总体屏蔽效能优化的关键因素之一。

(2) 对材料的结构进行优化设计(如厚度、三维多结构设计等)

材料的厚度越大，电磁波的衰减就越多，所以必要时增加材料厚度是提高电磁屏蔽效能的有效手段。然而厚度增加的同时也会增加材料本身的质量和体积，因而该策略仅适用于对电磁屏蔽材料质量及体积要求不高的领域。

石墨烯泡沫具有密度小、质量轻及比表面积大等特点，目前报道的石墨烯泡沫的密度可低至0.002～0.07 g/cm³。由于泡沫结构内部的孔壁彼此连续地搭接，石墨烯泡沫仍然保持良好的导电性；电磁波可以在孔壁上被多次反射吸收，从而增大材料对电磁波的损耗能力，并在轻质的条件下实现优异的电磁屏蔽性能。

2. 石墨烯吸波材料

典型的吸波材料(石墨烯/四氧化三铁气凝胶)的吸波性能曲线如图12－3所示[16]。不同于电磁屏蔽材料，吸波材料经常会在某处展示出强吸收峰，这是由四分之一波长干涉引起的[17,18]，即当电磁波在材料中的波长恰为材料厚度的四分之一时，材料具有强吸收峰。虽然吸波材料的最大吸收值是吸波性能的参量之一，但它只表示在某个特定频率下的吸波性能。优异的吸波材料需要在宽频范围下实现优异的吸波性能，因此常以有效吸收带宽(反射损耗不大于－10 dB的频带带宽)作为吸波材料吸波性能的主要考量标准。

图 12-3 典型的吸波材料（石墨烯/四氧化三铁气凝胶）的吸波性能曲线[16]

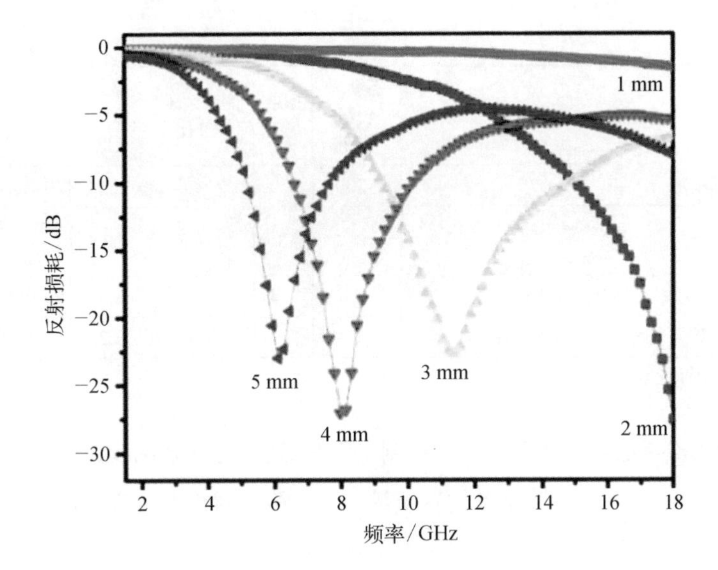

吸波材料需要具有适中的导电性，而石墨烯的导电性较强，通常以较少含量的石墨烯搭建石墨烯网络以实现优异的吸波性能。过高含量的石墨烯材料，如石墨烯致密膜，反而由于波阻抗不匹配而不利于吸波。从材料结构上分类，石墨烯吸波材料主要包括石墨烯织物、石墨烯复合材料及石墨烯基气凝胶。石墨烯吸波材料的厚度一般较大（＞1 mm），这是由于较大的厚度可充分增加电磁波的吸收（表 12-2）。

表 12-2 典型的石墨烯吸波材料及其吸波性能

材　　料	石墨烯含量/wt%[1]	厚度/mm	测试频段/GHz	最大吸收/dB	有效吸收带宽/GHz
石墨烯花状物[19]	10	4	2～18	−42.9	5.59
还原氧化石墨烯/碳管/聚二甲基硅氧烷[4]	5	2.75	8～12	−55	3.5
还原氧化石墨烯/二氧化硅织物[10]	4.1	4	8.2～12.4	−22	4.2(8.2～12.4)
还原氧化石墨烯/碳管/四氧化三铁[20]		2	2～18	−36	3.6(12～15.6)
还原氧化石墨烯/四氧化三铁[21]	50	1.7	2～18	−65.1	4.64(13.36～18)
还原氧化石墨烯/四氧化三铁[16]	40	2	2～18	−15.38	2.8(10.4～13.2)
还原氧化石墨烯/四氧化三铁[16]	10	3	2～18	约−21	约3.5(7～10.5)
还原氧化石墨烯/四氧化三铁[22]	15	1.48	2～18	−30.1	约3(15～18)
还原氧化石墨烯/3,4-乙烯二氧噻吩聚合物[16]	25	2	2～18	−48.1	3.1(9.2～12.3)
还原氧化石墨烯/3,4-乙烯二氧噻吩聚合物/四氧化三铁[23]	50	2.9	2～18	−56.5	3(7.6～10.6)

续　表

材　　料	石墨烯含量/wt%	厚度/mm	测试频段/GHz	最大吸收/dB	有效吸收带宽/GHz
还原氧化石墨烯/铁[17]	20	2.5	2～18	−31.5	约 4.5(12～16.5)
还原氧化石墨烯/铁[4]	60	3	2～18	−52.46	4.19(7.79～11.98)
四氧化三铁/玻璃/还原氧化石墨烯[16]		2.5	2～18	−15.8	3.6(10.3～13.9)
还原氧化石墨烯/硫化铜/聚偏氟乙烯[4]	5	2.5	2～18	−32.8	约 2.6(8.8～12.4)

注：1. wt%表示质量分数。

石墨烯泡沫的导电性可以通过控制碳含量、还原程度来调节，从而增强波阻抗匹配性。此外，以不同方法制备的石墨烯泡沫在微观结构上可表现出较大差异，因此石墨烯泡沫可以在结构、电导率等多个维度进行调控，不仅可以作为电磁屏蔽材料，也大多可以作为吸波材料(表 12－3)。

表 12－3　石墨烯泡沫吸波材料及其吸波性能

材　　料	厚度/mm	密度/(mg/cm³)	测试频段/GHz	最大吸收/dB	有效吸收带宽/GHz
还原氧化石墨烯/聚吡咯[24]	3	20	2～18	约－27	5.9 (10.5～16.4)
氮掺杂还原氧化石墨烯[25]	3.3	11.6	2～18	－53.2	8.1(9.0～17.1)
还原氧化石墨烯/聚乙烯醇[4]	3.5	8.1	2～18	－44.5	7.5(9.3～16.8)
还原氧化石墨烯/四氧化三铁[5]	3	6.8	2～18	－23.0	5.8(9.2～15)
还原氧化石墨烯[18]	10	1.4	2～18	－26	13.9(4.1～18)
还原氧化石墨烯[24]	10	1.6	2～18	－30.5	14.3(3.7～18)
还原氧化石墨烯/碳管[26]	10	1.56	2～18	－39.5	16(2～18)

出于对成本及加工性等方面的考虑，石墨烯与聚合物复合材料是目前电磁屏蔽材料及吸波材料中的一项研究热点。但石墨烯复合材料的研究与发展仍受规模化生产、石墨烯难以在聚合物基体中均匀分散、石墨烯与基体的表面结合力调控等诸多制约，尚处于研发向应用过渡阶段。

总体而言，石墨烯材料展示出了优异的电磁屏蔽性能和吸波性能，并展示出优于传统金属材料及铁氧体材料的轻质、柔性、耐腐蚀、耐高温等特性。但是，目前石墨烯电磁屏蔽材料和吸波材料的研究仍处于基础研究阶段。为实现石墨烯电磁屏蔽材料和吸波材料向实际应用的进一步迈进，材料的力学性能、生产能力、质量稳定性都是要考虑的重要因素。此外,建立系统的测试方法和评价标准,也是石墨烯电磁屏蔽材料和吸波材料走向应用的必经之路。

12.2 石墨烯基催化化学

石墨烯是由众多 sp^2 杂化的邻近碳原子在同一平面上相互键接形成的蜂窝状二维平面碳结构。邻近 sp^2 杂化的碳原子之间强烈的面内 σ 键及面外 π 键赋予了其极强的键能(607 kJ/mol),结构非常稳定,显现出很强的化学惰性[27]。同时,其特殊的键接方式使得石墨烯具有特殊的零带隙结构:价带完全填满,导带完全空缺[28]。石墨烯稳定单一的键接结构使其表现出极弱的催化活性。然而,单原子层引入的巨大比表面积(2600 m^2/g)使得石墨烯可以作为催化剂载体被广泛应用[29]。

石墨烯的结构具有极大的可调整优势。经过化学修饰、掺杂或者功能化等手段改性后的石墨烯统称为石墨烯衍生物(图 12-4 和图 12-5)[30]。其表面存在着丰富的活性位点:结构位点(共轭结构、孔洞缺陷、锯齿型/扶手椅型边缘)及原子位点(含杂原子官能团、掺杂原子、未成对共轭电子)。丰富的活性位点赋予了石墨烯衍生物丰富的催化能力,可以用于催化氧化、还原、耦合、酯交换等多种类型的化学反应[29]。

本节重点关注石墨烯本身的化学性质,将从石墨烯及石墨烯衍生物催化种类出发,讨论石墨烯及其衍生物适用的催化反应类型及催化机理。

12.2.1 石墨烯催化

石墨烯是具有无带隙结构的半金属材料。其全空导带及全满价带结构使其具有一定的活性来催化还原反应及氧化反应。Byung 等报道了天然石墨可以催化由硝基苯和肼制备苯胺等一系列硝基还原反应[31]。Larsen 等[32]进一步研究了其催化机理(图 12-6),石墨中石墨烯的共轭结构可以用来吸附并转移电子,进而加速硝基还原反应。这些催化反应所用的都是堆叠的石墨烯,催化位点少,没有发挥出石墨烯大比表面积的优势,因此需要苛刻的条件才能表现出明显的催化效果。

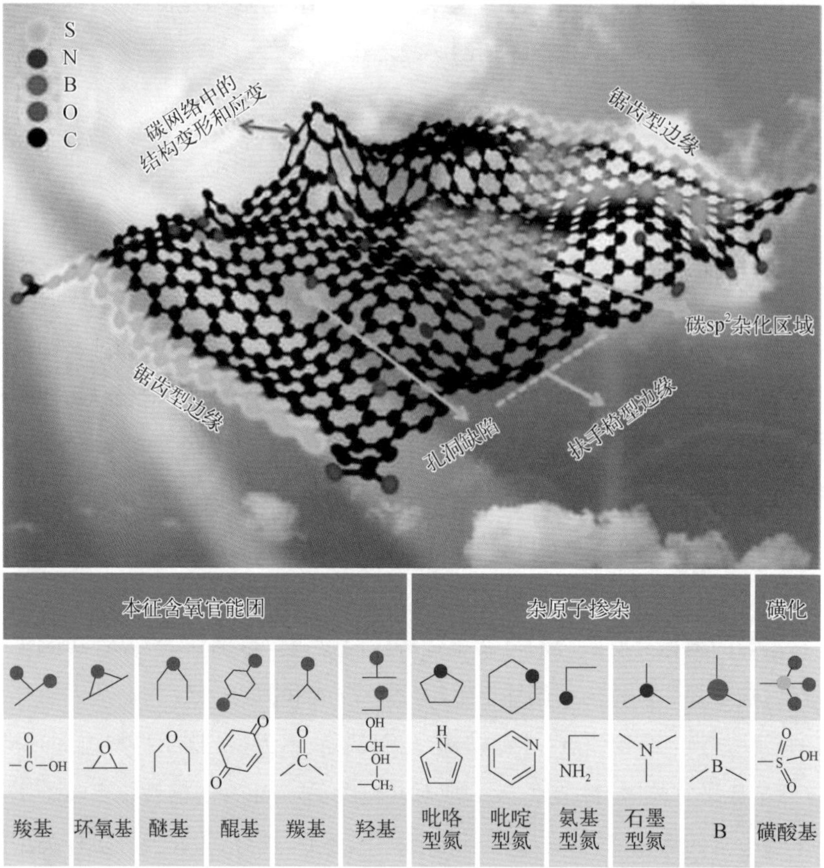

S
N
B
O
C
碳网络中的结构变形和应变
锯齿型边缘
碳sp^2杂化区域
锯齿型边缘
孔洞缺陷
扶手椅型边缘

本征含氧官能团						杂原子掺杂					磺化
羧基	环氧基	醚基	醌基	羰基	羟基	吡咯型氮	吡啶型氮	氨基型氮	石墨型氮	B	磺酸基

图 12-4　石墨烯衍生物的结构示意图[30]

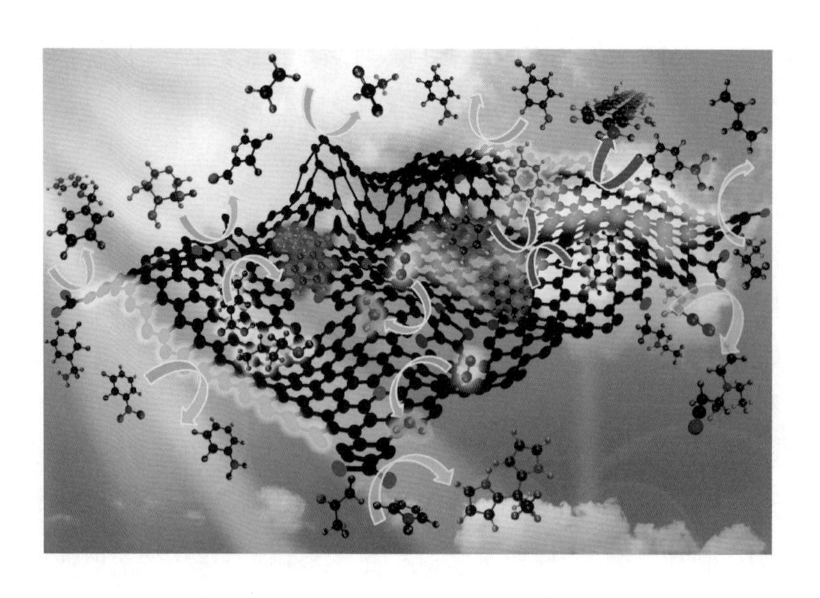

图 12-5　石墨烯衍生物的结构示意图及其催化反应应用[30]

Rai 等[33]研究了附载有氢氧化钾的单层或少层石墨烯的 N,N-二甲基甲酰胺(DMF)分散液,并将其用于利用分子氧催化氧化 9-芴反应形成 9-芴酮。石墨烯在催化反应中一方面起到分散强碱的作用,另一方面可以辅助氧化过程中的电子转移,并吸附含芳香烃分子,进而促进氧化反应的进行。

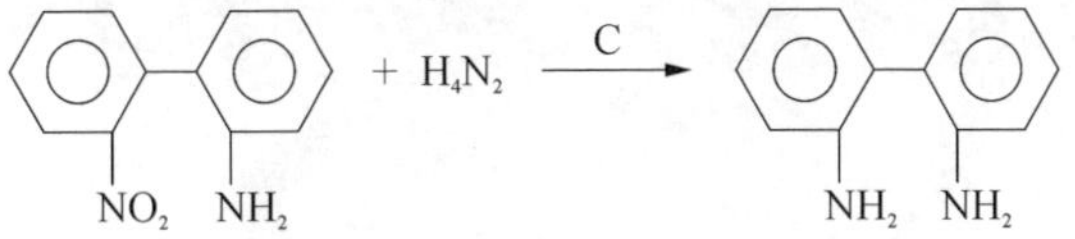

图 12-6 硝基化合物的还原机理[32]

$$\text{(Ar-NO}_2\text{, Ar-NH}_2\text{ biphenyl)} + H_4N_2 \xrightarrow{C} \text{(biphenyl with } NH_2, NH_2)$$

$$ArNO_2 \xrightarrow[2H^+]{2e^-} ArNO \xrightarrow[2H^+]{2e^-} ArNHOH \xrightarrow[2H^+]{2e^-} ArNH_2$$

12.2.2 氧化石墨烯催化

氧化石墨烯含有丰富的活性位点(共轭结构、孔洞缺陷、边缘、含氧官能团、未成对共轭电子),使得其可以作为氧化剂、还原剂和固体酸用于催化氧化、耦合、水合及开环等反应。但是氧化石墨烯作为催化剂有自己的缺陷:不稳定。

氧化石墨烯的催化活性都是通过官能团的配合实现的[29]。羟基、烷氧自由基及孔洞缺陷的配合,可以催化硝基苯酚的还原反应制备硝基苯胺。基底物可以向氧化石墨烯表面转移氢原子,并促使环氧官能团的开环,因而氧化石墨烯可以用来催化氧化反应。羧基及边缘未配对电子协同作用,可以催化胺的氧化耦合反应形成亚胺。环氧和羟基的协同作用,特别是邻近官能团,可以催化丙烷的氧化脱氢反应合成丙烯,以及烯烃、乙醇、苯酚的氧化反应和炔烃的水合反应。

羟基和羧基的配合,使得氧化石墨烯可以作为固体酸/亲核试剂催化吡咯基化合物的还原及环氧开环[29];羧基、羟基及未配对电子协同作用,可以催化 S→O 乙酰基转移反应(图 12-7);硫酸根、羧基等相互协同,可以催化醇和醛基的缩醛作用[34];羟基和环氧可以和强碱的碱性离子相互作用,增强碱性,催化乙酰基丙酮和硝基苯乙烯的迈克尔加成反应[30];羟基、环氧及羧基的协同作用,可以催化胺烯加成反应制备β-氨基化合物[30]以及炔烃和醇的联合氧化-水合-醇醛耦合反应制备查耳酮[29];共轭官能团的吸附作用及酸性位点相互协同,可以催化苯甲醇的醚化反应[31,33]。

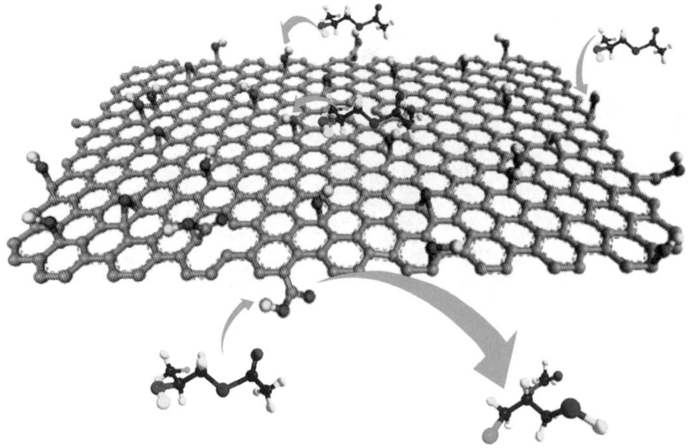

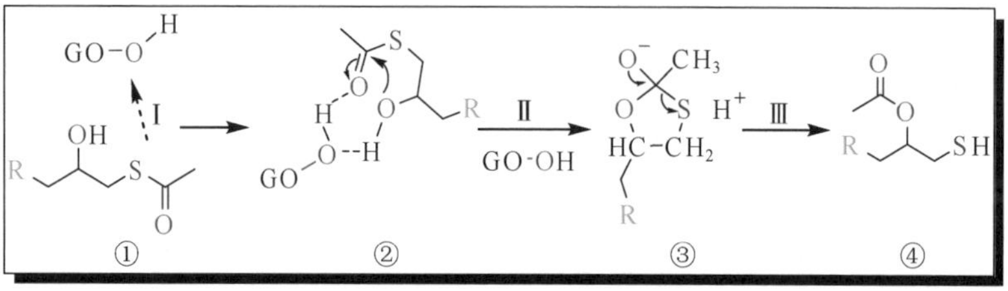

图 12-7 氧化石墨烯催化 S→O 乙酰基转移反应的机理

氧化石墨烯在上述催化反应中一方面作为纯催化剂使用，催化反应进行；另一方面作为氧化剂使用，通过环氧的开环反应氧化有机分子。理论计算表明，氧化石墨烯在自身脱水及分子氧氧化作用下恢复氧化石墨烯结构[29]。两者都可以促使氧化石墨烯循环使用，增加氧化石墨烯的催化产率。

12.2.3 还原氧化石墨烯催化

化学还原过程会降低氧化石墨烯表面及边缘活性官能团的数量，从而极大地降低官能团依赖型反应的催化活性。还原过程会增加边缘、孔穴、扭曲结构、掺杂原子[29]，从而增加对特定反应的催化效果。例如，化学还原石墨烯锯齿型边缘结构及内部缺陷协同端基氧相互作用，可以有效催化硝基苯的还原反应；锯齿型边缘及共轭结构协同作用，可以有效催化硝基芳烃化合物的还原[31]。还原过程会增加氧化石墨烯表面 sp^2 碳原子区域。一方面降低化学阻力、增加热稳定性，从而提高催化反应环境耐受性[29,30]；另一方面共轭结构可以给氧化剂提供电子，促进氧化剂的还原，同时可以吸附芳香性有机分子，提高反应浓度，进而加速反应过程。例如，共轭结构及结构缺陷可以在高温下催化乙烯的氢化反应[31]；还原氧化石墨烯可以为双氧水提供活性位点，同时通过共轭吸附作用和巨大的比表面积吸附苯分子，进而可以在低温下催化苯的氧化形成苯酚（图 12-8）[34]。Sun 等[35]利用化学还原石墨烯锯齿型边缘富电子含氧官能团催化过硫氧化物的分解形成硫酸根自由基，进而促进苯酚、二氯苯及甲基蓝的降解。Tan 等[36]发现，氧化石墨烯和还原氧化石墨烯都可以通过单体和氧化剂的预浓缩操作催化 3-氨基苯硼酸的聚合反应，但还原氧化石墨烯的共轭结构使得其可以进行电化学催化聚合。另外，共轭结构的吸附和转移电子的作用可以催化二硫苏糖醇对 2,4-二硝基甲苯的还原[37]。

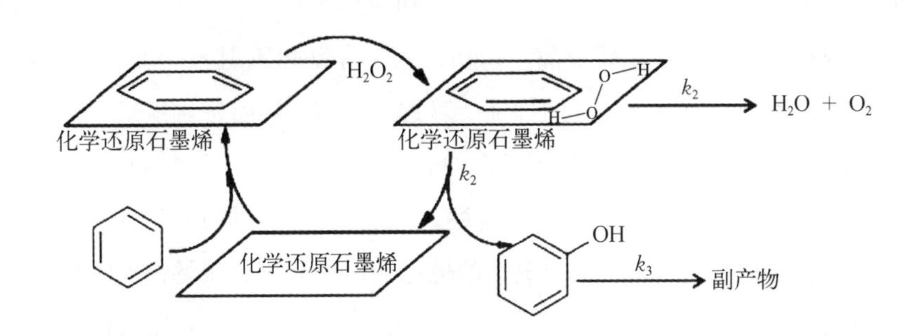

图 12-8 还原氧化石墨烯催化苯的氧化机理[34]

另外，化学还原石墨烯可以作为固体酸用于催化反应。Huang 等[38]报道了化学还原氧化石墨烯上弱酸及中强酸活性位点对丙酮和吡咯的缩合催化作用。Qi 等[39]报道了化学还原氧化石墨烯上酸性位点对腈类和叠氮化钠的催化加成作用。还原石墨烯还可以用于催化热分解反应。Xu 等[40]用微波及热还原的石墨烯催化硼氢化锂的可逆加氢或去氢，但其活性位点仍未确定。

12.2.4 掺杂石墨烯催化

石墨烯的载流子浓度和极性可以通过取代掺杂提升，最高可提升 20 倍左右[41]，进而提升石墨烯的催化活性。例如，无缺陷的石墨烯没有催化活性，但引入掺杂原子后，其对苯甲醇等一级醇的氧化催化活性被激活[42]。在此催化过程中，掺杂氮原子可以吸附氧分子并形成 sp^2 杂化的 $N-O_2$ 加合物，激活氧分子对低空间位阻端基醇的氧化活性。Zhu 等[43]报道了氮掺杂石墨烯催化叔丁基过氧化氢对苄基型碳氢键（乙基苯、环烃）的选择性氧化作用。Sun 等[44]扩展了氧化剂的种类，报道了氮掺杂石墨烯对氧化剂吩嗪硫酸甲酯(PMS)的催化作用,形成硫酸根自由基并降解苯酚。这些催化反应中,掺杂氮原子有以下三种作用,第一,吸附氧原子;第二,促进碳原子导带电子到氧反键轨道的跃迁;第三,作为活性位点催化反应的进行。

相比于单原子掺杂,多原子掺杂及氮碳聚合物表面掺杂两种方式极大地提升了石墨烯表面电荷密度,从而显著提升了石墨烯催化活性。Dhakshinamoorthy 等将氮原子和硼原子同时引入石墨烯,将掺杂石墨烯催化氧化种类扩展到苄基型位置的芳烃化合物、环辛烷及苯乙烯的有氧氧化,形成相应的醇和酮,并且反应条件简单温和、催化剂用量少。Li 等[45]将氮原子和硼原子引入二维石墨烯中,有效地催化了胺的有氧耦合作用形成亚胺。Liang 等[46]将氮和硫引入二维石墨烯,极大地提升了石墨烯氧气还原催化剂的性能。除此以外,Li 等还将含氮聚合物与石墨烯复合,并成功催化了端基和二级碳氢键的氧化。数据表明,石墨烯和含氮聚合物的紧密均匀结合对反应过程中电子的交换起到决定作用。同理,Wang 等[47]发现少层石墨烯和壳聚糖的复合物对双氧水的催化活性是氧化石墨烯的 45 倍、还原氧化石墨烯的 4 倍。在一定的酸碱条件下,氨基和羟基对石墨烯的掺杂作用极大提高了双氧水在石墨烯表面的电子转移效应,并在石墨烯自身巨大的电子迁移率下提升了对四甲基联苯胺的氧化活性。

另外,掺杂石墨烯还可以用于催化还原反应。密度泛函理论计算证明,石墨烯表面 Cl、N—、S—、O—、P—、F—和 O 杂化原子对附近碳原子的极化作用和环缩作用会降低氢气在石墨烯边沿的化学吸附解离能[48];硅掺杂石墨烯可以加强石墨烯对 NO、N_2O 等分子的吸收,并在石墨烯共轭结构的辅助下促进其还原过程[49,50]。Kong 等[51]报道了氮掺杂石墨烯对羟基氧的吸附作用,加强了石墨烯对硝基苯酚钠的催化还原作用。

12.2.5 功能化氧化石墨烯催化

氧化石墨烯表面具有丰富的官能团和活性位点,非常便于进行各种官能团的改性(图 12-9)[29]。在共轭结构的辅助下,可以增强特定官能团的活性并拓展石墨烯催化反应的类型。例如,苯磺酸基的引入赋予磺酸改性的氧化石墨烯更强的酸性及热力学稳定性,可以作为固体酸催化木糖醇的脱水反应[31]、酸催化的液相反应、酯交换反应和酯化反应(苯甲酸与异戊醇反应)[29]。其中磺酸基作为催化主体,提供酸催化位点;共轭结构起到吸附并传输电子的作用,增强酸活性。Yuan 等通过引入三乙胺,赋予了石墨烯与氢氧化钠相媲美的碱性以催化酯的水解。Wu 等[52]将端基封端的氨基超支化分子接枝到石墨烯表面增强石墨烯的碱性,用于催化苯甲醛和二甲基的克内文纳格尔缩合反应。氢化改性石墨烯表面的 sp^3 碳原子和缺陷结构,可以用来催化双氧水的分解形成氧自由基,进而催化有机染料的氧化反应[31]。另外,含氧官能团引起的碳原子缺陷可以通过急速氧官能团和硝基甲烷的氧交换过程加速硝基甲烷及其衍生物的热解反应[31]。

图 12-9 氧化石墨烯功能化方法[29]

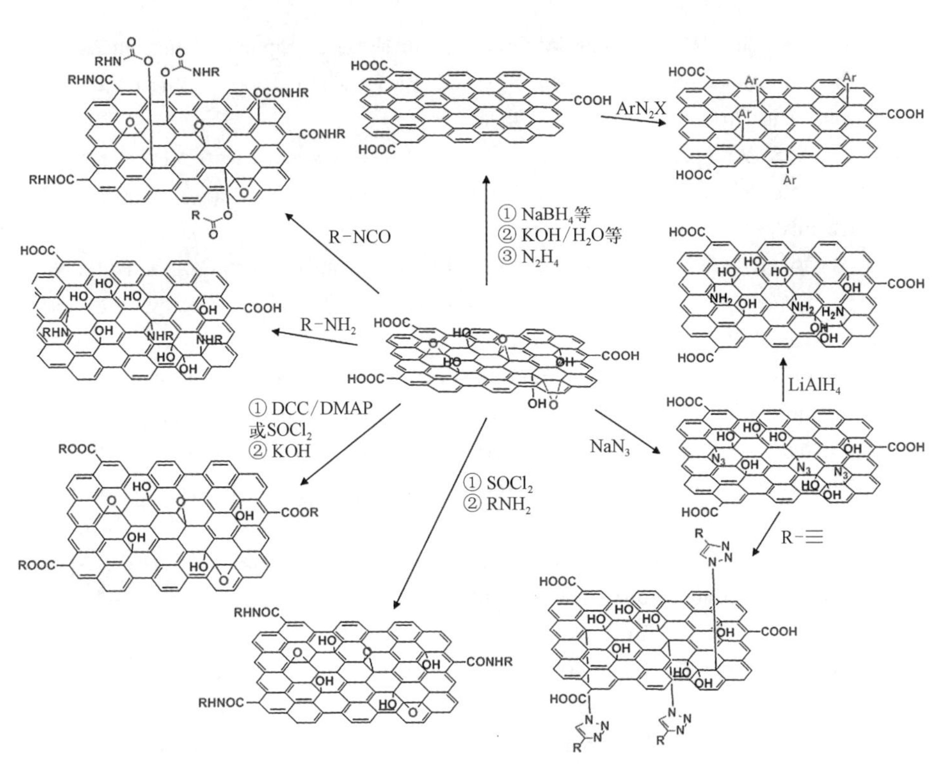

DCC—二环己基碳二亚胺; DMAP—4-二甲氨基吡啶

总而言之,碳缺陷、孔洞及悬挂的官能团可以激发分子氧形成氧自由基进而氧化基底物质;掺杂原子、边缘和孔洞缺陷处的锯齿型结构也可以充分激发分子氧;功能化和掺杂可以有效地引入酸性和碱性活性位点。丰富的官能团及结构为石墨烯及其衍生物提供了多样充足的催化位点;巨大的比表面积赋予石墨烯及其衍生物极强的吸附能力；共轭结构的存在为石墨烯和基底物质之间的电子传递提供了绝佳的平台，加强了活性位点的催化能力。

参考文献

[1] 翁立，闵永刚.石墨烯基吸波复合材料的研究新进展[J].功能材料，2017，48(12)：12041－12049.

[2] 王婵媛，王希晰，曹茂盛.轻质石墨烯基电磁屏蔽材料的研究进展[J].材料工程，2016，44(10)：109－118.

[3] Shen B，Zhai W T，Zheng W G. Ultrathin flexible graphene film：An excellent thermal conducting material with efficient EMI shielding[J]. Advanced Functional Materials，2014，24(28)：4542－4548.

[4] Cao M S，Wang X X，Cao W Q，et al. Ultrathin graphene：Electrical properties and highly efficient electromagnetic interference shielding[J]. Journal of Materials Chemistry C，2015，3(26)：6589－6599.

[5] Abbasi H，Antunes M，Velasco J I. Recent advances in carbon-based polymer nanocomposites for electromagnetic interference shielding[J]. Progress in Materials Science，2019，103：319－373.

[6] Sabira K，Jayakrishnan M P，Saheeda P，et al. On the absorption dominated EMI shielding effects in free standing and flexible films of poly(vinylidene fluoride)/graphene nanocomposite[J]. European Polymer Journal，2018，99：437－444.

[7] Sankaran S，Deshmukh K，Ahamed M B，et al. Recent advances in electromagnetic interference shielding properties of metal and carbon filler reinforced flexible polymer composites：A review[J]. Composites Part A：Applied Science and Manufacturing，2018，114：49－71.

[8] Xu F，Chen R F，Lin Z S，et al. Superflexible interconnected graphene network nanocomposites for high-performance electromagnetic interference shielding[J]. ACS Omega，2018，3(3)：3599－3607.

[9] Zhao B，Zhao C X，Li R S，et al. Flexible，ultrathin，and high-efficiency electromagnetic shielding properties of poly(vinylidene fluoride)/carbon composite films[J]. ACS Applied Materials & Interfaces，2017，9(24)：20873－20884.

[10] Gupta S，Tai N H. Carbon materials and their composites for electromagnetic interference shielding effectiveness in X－band[J]. Carbon，2019，152：159－187.

[11] Kumar P. Ultrathin 2D nanomaterials for electromagnetic interference shielding[J]. Advanced Materials Interfaces，2019，6(24)：1901454.

[12] Song W L，Gong C C，Li H M，et al. Graphene-based sandwich structures for frequency selectable electromagnetic shielding[J]. ACS Applied Materials &

Interfaces，2017，9(41)：36119 - 36129.

[13] Han J C，Wang X N，Qiu Y F，et al. Infrared-transparent films based on conductive graphene network fabrics for electromagnetic shielding[J]. Carbon，2015，87：206 - 214.

[14] Yuan Y，Sun X X，Yang M L，et al. Stiff，thermally stable and highly anisotropic wood-derived carbon composite monoliths for electromagnetic interference shielding[J]. ACS Applied Materials & Interfaces，2017，9(25)：21371 -21381.

[15] Kong L，Yin X W，Han M K，et al. Macroscopic bioinspired graphene sponge modified with in-situ grown carbon nanowires and its electromagnetic properties[J]. Carbon，2017，111：94 - 102.

[16] Hu C G，Mou Z Y，Lu G W，et al. 3D graphene-Fe_3O_4 nanocomposites with high-performance microwave absorption[J]. Physical Chemistry Chemical Physics，2013，15(31)：13038 - 13043.

[17] Shukla V. Review of electromagnetic interference shielding materials fabricated by iron ingredients[J]. Nanoscale Advances，2019，1(5)：1640 - 1671.

[18] Chen Y J，Lei Z Y，Wu H Y，et al. Electromagnetic absorption properties of graphene/Fe nanocomposites[J]. Materials Research Bulletin，2013，48(9)：3362 - 3366.

[19] Chen C，Xi J B，Zhou E Z，et al. Porous graphene microflowers for high-performance microwave absorption[J]. Nano-Micro Letters，2018，10(2)：26.

[20] Zhang H，Hong M，Chen P，et al. 3D and ternary rGO/MCNTs/Fe_3O_4 composite hydrogels：Synthesis，characterization and their electromagnetic wave absorption properties[J]. Journal of Alloys and Compounds，2016，665：381 - 387.

[21] Yin Y C，Zeng M，Liu J，et al. Enhanced high-frequency absorption of anisotropic Fe_3O_4/graphene nanocomposites[J]. Scientific Reports，2016，6：25075.

[22] Li X H，Yi H B，Zhang J W，et al. Fe_3O_4 - graphene hybrids：Nanoscale characterization and their enhanced electromagnetic wave absorption in gigahertz range[J]. Journal of Nanoparticle Research，2013，15(3)：1472.

[23] Liu P B，Huang Y，Zhang X. Synthesis，characterization and excellent electromagnetic wave absorption properties of graphene/poly(3，4-ethylenedioxythiophene) hybrid materials with Fe_3O_4 nanoparticles[J]. Journal of Alloys and Compounds，2014，617：511 - 517.

[24] Liu B，Li J H，Wang L F，et al. Ultralight graphene aerogel enhanced with transformed micro-structure led by polypyrrole nano-rods and its improved microwave absorption properties[J]. Composites Part A：Applied Science and Manufacturing，2017，97：141 - 150.

[25] Zhou J，Chen Y J，Li H，et al. Facile synthesis of three-dimensional lightweight nitrogen-doped graphene aerogel with excellent electromagnetic wave absorption properties[J]. Journal of Materials Science，2018，53(6)：4067 - 4077.

[26] Chen H H, Huang Z Y, Huang Y, et al. Synergistically assembled MWCNT / graphene foam with highly efficient microwave absorption in both C and X bands [J]. Carbon, 2017, 124: 506 - 514.

[27] Hass J, de Heer W A, Conrad E H. The growth and morphology of epitaxial multilayer graphene [J]. Journal of Physics: Condensed Matter, 2008, 20 (32): 323202.

[28] Neto A H C, Guinea F, Peres N M R, et al. The electronic properties of graphene [J]. Reviews of Modern Physics, 2009, 81(1): 109 - 162.

[29] Rao C N R, Sood A K, Subrahmanyam K S, et al. Graphene: The new two-dimensional nanomaterial[J]. Angewandte Chemie-International Edition, 2009, 48 (42): 7752 - 7777.

[30] Nia A S, Binder W H. Graphene as initiator /catalyst in polymerization chemistry [J]. Progress in Polymer Science, 2017, 67: 48 - 76.

[31] Hu H W, Xin J H, Hu H, et al. Metal-free graphene-based catalyst—Insight into the catalytic activity: A short review[J]. Applied Catalysis A: General, 2015, 492: 1 - 9.

[32] Larsen J W, Freund M, Kim K Y, et al. Mechanism of the carbon catalyzed reduction of nitrobenzene by hydrazine[J]. Carbon, 2000, 38(5): 655 - 661.

[33] Rai V K, Mahata S, Kashyap H, et al. Bio-reduction of graphene oxide: Catalytic applications of (reduced) GO in organic synthesis[J]. Current Organic Synthesis, 2020, 17(3): 164 - 191.

[34] Yang J H, Sun G, Gao Y J, et al. Direct catalytic oxidation of benzene to phenol over metal-free graphene-based catalyst[J]. Energy & Environmental Science, 2013, 6(3): 793 - 798.

[35] Sun H Q, Liu S Z, Zhou G L, et al. Reduced graphene oxide for catalytic oxidation of aqueous organic pollutants[J]. ACS Applied Materials & Interfaces, 2012, 4(10): 5466 - 5471.

[36] Tan L, Wang B, Feng H X. Comparative studies of graphene oxide and reduced graphene oxide as carbocatalysts for polymerization of 3-aminophenylboronic acid [J]. RSC Advances, 2013, 3(8): 2561 - 2565.

[37] Oh S Y, Son J G, Hur S H, et al. Black carbon-mediated reduction of 2, 4-dinitrotoluene by dithiothreitol[J]. Journal of Environmental Quality, 2013, 42(3): 815 - 821.

[38] Huang C C, Li C, Shi G Q. Graphene based catalysts[J]. Energy & Environmental Science, 2012, 5(10): 8848 - 8868.

[39] Qi G, Zhang W G, Dai Y. An efficient synthesis of 5-substituted 1H-tetrazoles catalyzed by graphene[J]. Research on Chemical Intermediates, 2015, 41 (2): 1149 -1155.

[40] Xu J, Meng R R, Cao J Y, et al. Enhanced dehydrogenation and rehydrogenation properties of $LiBH_4$ catalyzed by graphene[J]. International Journal of Hydrogen

Energy, 2013, 38(6): 2796 - 2803.

[41] Liu Y J, Xu Z, Zhan J M, et al. Superb electrically conductive graphene fibers via doping strategy[J]. Advanced Materials, 2016, 28(36): 7941 - 7947.

[42] Long J L, Xie X Q, Xu J, et al. Nitrogen-doped graphene nanosheets as metal-free catalysts for aerobic selective oxidation of benzylic alcohols[J]. ACS Catalysis, 2012, 2(4): 622 - 631.

[43] Zhu S H, Wang J G, Fan W B, et al. Graphene-based catalysis for biomass conversion[J]. Catalysis Science & Technology, 2015, 5(8): 3845 - 3858.

[44] Sun H Q, Wang Y X, Liu S Z, et al. Facile synthesis of nitrogen doped reduced graphene oxide as a superior metal-free catalyst for oxidation [J]. Chemical Communications, 2013, 49(85): 9914 - 9916.

[45] Li X H, Antonietti M. Polycondensation of boron- and nitrogen-codoped holey graphene monoliths from molecules: Carbocatalysts for selective oxidation [J]. Angewandte Chemie-International Edition, 2013, 52(17): 4572 - 4576.

[46] Liang J, Jiao Y, Jaroniec M, et al. Sulfur and nitrogen dual-doped mesoporous graphene electrocatalyst for oxygen reduction with synergistically enhanced performance[J]. Angewandte Chemie-International Edition, 2012, 51(46): 11496 - 11500.

[47] Wang Z B, Lv X C, Weng J. High peroxidase catalytic activity of exfoliated few-layer graphene[J]. Carbon, 2013, 62: 51 - 60.

[48] Liao T, Sun C H, Sun Z Q, et al. Chemically modified ribbon edge stimulated H_2 dissociation: A first-principles computational study[J]. Physical Chemistry Chemical Physics, 2013, 15(21): 8054 - 8057.

[49] Chen Y, Gao B, Zhao J X, et al. Si-doped graphene: An ideal sensor for NO - or NO_2 - detection and metal-free catalyst for N_2O-reduction[J]. Journal of Molecular Modeling, 2012, 18(5): 2043 - 2054.

[50] Chen Y, Liu Y J, Wang H X, et al. Silicon-doped graphene: An effective and metal-free catalyst for NO reduction to N_2O? [J]. ACS Applied Materials & Interfaces, 2013, 5(13): 5994 - 6000.

[51] Kong X K, Sun Z Y, Chen M, et al. Metal-free catalytic reduction of 4-nitrophenol to 4-aminophenol by N - doped graphene[J]. Energy & Environmental Science, 2013, 6(11): 3260 - 3266.

[52] Wu T, Wang X R, Qiu H X, et al. Graphene oxide reduced and modified by soft nanoparticles and its catalysis of the Knoevenagel condensation [J]. Journal of Materials Chemistry, 2012, 22(11): 4772 - 4779.

索 引

J

L

M

Q

R

S

T

X

Y

跋　石墨烯与创新赋

烯望诗云:“石陶铜铁竞风流,信息时代硅独秀。量子纪元孰占优,一片石墨立潮头。”

石墨烯者,单层石墨之意也,碳原子呈蜂窝状平面排布而成。海姆和诺沃肖洛夫师生协同之天作也。始于1986,名于1997,成于2004,奖于2010。其氧化态,探索于1859,改进于1958,抽膜于2007,纺丝于2011,超轻于2013,成布于2016。其母石墨,乘宇宙之灵气,炼日月之精光;藏北国之苍野,富东方之华夏。得之甚易,胶带粘、机械磨、超声剥;产之勿难,化学插、分子聚、气相积。其性妖也,其质仙也;其能鬼也,其用神也。

测查析算,赞曰:力学最强、模量最硬,导电最好、传热最佳,载流最快、透光最明。

验证模拟,赞曰:筛孔极小、拒物绝多,柔韧有度、润滑无阻,霍尔室效、铁磁缺金。

复合组装,赞曰:增强加韧、抗电阻燃,升温散热、除冰消雾,转能储容、屏磁吸波。

修饰集成,赞曰:杀菌驻颜、催化测序,调光隔气、汇智传感,变数存信、穿器戴件。

享“材料之王”名誉,天下无双;配“纳米之冠”美称,物质独一。

烯用之期甚高,然实用案例不多,何也?万物因时而长,问题因才而解。料材器用产业链整合尚需时日,研孵造控科创环通达特费功夫。从0到1为原创,需颠覆原理;从1到10为创新,需提升性能;从10到100为进步,需突破技术。石墨烯产业化,忌一哄而上,宜循序渐进。伴生、共生、创生,三生模型,阶续推进,烯业当成。

碳，普通而神奇的第六号元素，杂化轨道多种，同素异形体众。石墨、金刚石外，不断发现新纳米物质。

其长兄富勒烯，纳碳家族之首也。明星碳六十，笼状分子，形似足球，完美对称，绝妙想象。现于1985，奖于1996，柯尔、克罗托、斯莫利三人合作之胜果也。开新碳结构之先河，领低维材料之前潮。延电子受体之用，续规模制备之艰。

其仲兄纳米管，长蛇之状，中空碳卷。壁有单层、双层、多层之分，型存锯齿、扶手、螺旋之别。感饭岛电镜洞察之功，叹安藤样品提供之助。扬名1991，火热二十载。其力、电、热、磁诸异能不输三弟，粉、丝、膜、体多奇用尤胜长兄。时至今日，威力稍减，何也？盖因导体半导体纯化之难，疑有团聚再团聚分散之苦。若能克之，前途亦不可限量。

其贤弟石墨炔，平面半导体。李玉良定名，中国人原创。结构独特，性能卓越，潜力巨大，应用可期。

是故，烯出于墨而胜于墨，碳小于硅而强于硅。分子之键合，形态各异；物质之构筑，维度有别；纳米之组装，尺寸无限；构效之关联，规律可寻。合则两利，分则俱伤。独创留名，协作增效。散指乏力，同心断金。智耶德耶？情耶性耶？自然科学耶？社会法则耶？

由此上溯，回望历史。科技革命五百年，创新引领千万业。其大者五，科学革命两次，经典物理大成，量子理论确立；技术革命有三，机械化、电气化、电子化。哥白尼、日心说，伽利略、斜塔落，牛顿出、物理火，观测实验举，求是科学阔。珍妮机、纺纱速，詹瓦特、蒸汽鼓，富尔顿、机代橹，斯蒂森、火车父，社会需求旺，技术革命促。意伏特、电池原，法拉第、感应电，马威尔、电磁转，爱迪生、灯丝线，特斯拉、交流电，电气时代始，科学技术连。拉瓦锡、元素论，道尔顿、原子论，汤姆逊、电子论，达尔文、进化论，普朗克、量子论，爱因斯坦、相对论，斯陶丁格、聚合论，沃森克里克、双螺旋遗传论，现象问题引，现代科学春。原子能，航天器，高分子，生物药，计算机，互联网，科技改变生活，创造颠覆思维。斗转星移，潮涨潮落，竞争不息，创新永恒。

何为创新？谓之以“3T”，曰：First、Best、Most，即原创、极致、使命。

创新难夫？气浮则无事不难，心沉则万事甚易。故谓之，心沉则灵，气和则顺。仰望星空，眼盯实验。机缘应变，入门达岸。

如何创新？心法口诀，古已有之，今乐而再歌。歌曰：

博学辨析是非，审问参悟本源。
躬行方得体验，明察终有发现。
率性萌发兴趣，深思捕获灵感。
求是颠覆创新，厚德载承顶端。

一言以蔽之，曰：发奋、发现、发明、发达，“四发”可也。

概言之，一心二眼三梯四发，则创新可得。

吾观之，科技兴，国运昌，列强先，中国赶。浪潮过，跟踪难，烯碳起，机会显。资本蜂拥，媒体热捧，借光者众，实干者鲜。金资技策有，尤缺产学研。创新又创业，开拓新纪元。吾希之，鉴美国硅谷，筑东方烯谷，持科技强国之志，展实业兴邦之愿。万事俱备，东风春艳，扬帆起航，领骚百年。

嗟夫，创新蓝图虽已绘就，人才涌现方能生动，创业拼搏才可成真。盛世中华，千载难逢。海阔天高，鸿图大展。雄关铁坎，与君同越。星火燎原，创客共勉。有道是：

真烯不怕极温，纳碳妙在宏观。
高士乐享孤静，君子偏喜平淡。
大任出于苦劳，雄才育乎实践。
霸企创自穷白，伟业发端梦幻。

国之大者，顶天立地；烯之愿者，文明承载。惟愿科技人才井喷，创新企业涌现，执第六次科技革命牛耳，写新世纪东方文明新篇。则我巍巍中华，崛起腾飞之日可期也。